节点地震仪器原理与测试

杨茂君　夏　颖　甘志强　岩　巍　易碧金　编著

電子工業出版社
Publishing House of Electronics Industry
北京 • BEIJING

内 容 简 介

本书全面阐述节点地震仪器的起源、原理、设计要点、测试方法与测试用例，并介绍目前已规模化应用的先进节点地震仪器的技术性能和特点。全书共 6 章，第 1 章简述地震仪器的发展历程、技术现状及面临的挑战，重点叙述节点地震仪器的起源与技术内涵、先进性、与其他仪器在研制和应用上的优劣势对比、现状与发展趋势、校准与溯源的需求；第 2 章介绍节点地震仪器常用技术及其作用，以及与节点地震仪器设计和应用相关的典型芯片；第 3 章阐述节点地震仪器的总体结构、各组成部件的原理及设计要点、系统软件的性能需求及其他辅助配件的基本功能需求；第 4 章阐述节点地震仪器各种性能指标的含义、测试原理与测试方法；第 5 章介绍目前常用的测试检验系统及使用方法；第 6 章全面介绍目前陆地及海洋规模化应用的先进节点地震仪器的性能特点，并对石油地球物理勘探行业标准进行解读。

本书作为物探开发装备的节点地震仪器著作，可适用于物探开发领域装备的研究、开发、制造等技术人员参考，也可作为物探开发技术人员的基础培训教材。

图书在版编目（CIP）数据

节点地震仪器原理与测试/杨茂君等编著. —北京：电子工业出版社，2023.7
ISBN 978-7-121-45995-5

Ⅰ. ①节… Ⅱ. ①杨… Ⅲ. ①地震勘探－地质勘探仪器－研究 Ⅳ. ①P631.4

中国国家版本馆 CIP 数据核字（2023）第 131869 号

责任编辑：凌　毅
印　　刷：三河市鑫金马印装有限公司
装　　订：三河市鑫金马印装有限公司
出版发行：电子工业出版社
　　　　　北京市海淀区万寿路 173 信箱　邮编　100036
开　　本：787×1 092　1/16　印张：16　字数：410 千字
版　　次：2023 年 7 月第 1 版
印　　次：2023 年 7 月第 1 次印刷
定　　价：89.00 元

凡所购买电子工业出版社图书有缺损问题，请向购买书店调换。若书店售缺，请与本社发行部联系，联系及邮购电话：（010）88254888，88258888。

质量投诉请发邮件至 zlts@phei.com.cn，盗版侵权举报请发邮件至 dbqq@phei.com.cn。

本书咨询联系方式：（010）88254528，lingyi@phei.com.cn。

序

地震仪器作为油气地震勘探的核心设备，随着地球物理勘探（简称物探）开发进程及开发技术的不断进步及发展，陆上勘探要求向山地、城市等复杂地区扩展，海上勘探也逐步成为主流物探公司最重要的成长性业务。而为进一步提高勘探精度、解决隐蔽油气藏勘探，以及寻找在解决复杂地震问题、直接寻找油气方面的独到优势技术和手段，“两宽一高”（宽频、宽方位、高密度）等大道数精细勘探、多波多分量和三维 VSP 勘探发展非常迅速。这些新的勘探开发技术和方法都凸显了对物探装备技术新的需求。节点地震仪器拥有连续采集等独特的技术及应用方法，它在山地、城市、海上等复杂地区作业的适应性和高效、低成本等方面具有独到的优势，为低成本的高精度勘探、无缝勘探提供了新的希望。节点地震仪器具有广阔的应用前景，或将成为未来勘探市场的主角！

地震仪器作为物探开发最为关键的测量和记录设备，其性能指标又直接影响采集地震数据的质量进而决定地质成像的质量和精度，对其进行全面的质量控制和评价是最基本的要求。与物探开发的大型地震数据采集记录系统（如有线地震仪器、无线地震仪器）相比，节点地震仪器的功能及其应用方法的特殊性（其关键技术单一），大大降低了节点地震仪器的开发或准入门槛，导致目前节点地震仪器种类繁多、功能不一、性能指标参差不齐，缺乏量值溯源的有效方法，这不仅影响了地震仪器的市场秩序，而且单一的低成本追求、非专业的产品设计严重影响了地震数据采集和勘探质量，进而耽误物探开发的进程。如何设计制造出既能满足物探的数据采集需求，又能降低产品的制造和应用成本，并且满足现代物探开发及其发展的设备质量控制要求及计量方面的量值溯源要求的节点地震仪器，已成为物探开发装备技术人员的重要课题。另外，如何正确、有效评价地震仪器的技术性能水平更已成为业内迫切需要解决的技术问题之一。特别是对各种地震数据采集部件的地震数据响应指标进行校准，确保采集地震数据的一致性；解决不同地震仪器采集地震数据的一致性、通用性问题而实现不同仪器采集的地震数据相互兼容，实现地震数据的互换互认；开展地震勘探设备量值溯源方法研究，开发地震仪器量值溯源与校准装置，并对地震仪器进行量值溯源和参数校准，已越来越引起行业的重视。

本书由杨茂君、夏颖、甘志强、岩巍、易碧金共同编写，从物探开发的设备需求出发，详细阐述了节点地震仪器的起源、原理、设计要点、测试方法与测试用例，并介绍目前已规模化应用的先进节点地震仪器的技术性能和特点。本书可作为物探开发领域中从事地震数据采集装备的研究、开发、制造及应用的技术人员的参考资料，也可作为物探开发技术人员的基础培训教材。

本书的出版得到了中国石油集团东方地球物理勘探有限责任公司的大力支持，在此深表感谢。同时，对本书参考文献中被引用相关资料的所有作者深表谢意。限于水平，书中难免有错误与不妥之处，恳请读者批评指正。

目　录

第1章 概 述

地震勘探是油气、煤炭、矿藏等资源勘探与开发中地质调查最主要的物探方法。这种勘探方法的基本原理是在地震勘探中用人工爆炸、冲击（脉冲震源）或其他（可控震源）振动方式激发产生向地下发射的地震波，地震波向下传播时在不同的介质中传播的速度不同，遇到地下不同岩层（介质）的界面发生反射和折射而返回到地表，被放置在地表或井中的传感器（也称检波器）阵列检测到并且转换成可存储（记录）的电压信号，然后对采集的地震信号进行处理和分析，分析地震波在地下岩石（介质）中的传播规律，从而获取地下地质结构和岩层（介质）性质的信息，确定地震界面的埋藏深度和形状等。地震数据采集记录系统（以下简称地震勘探仪器或地震仪器）就是控制激发地震波，并且准确地记录地震波的物探与开发的核心装备，地震仪器的技术性能直接关系到地震勘探成像的精度，代表着物探技术的发展，是物探开发技术发展及其进步的标志，在物探开发中有着极其重要的作用。

1.1 地震仪器简介

地震仪器成为地震勘探中实施地震数据采集记录的核心装备，就是要能够真实、同步地记录激发的动态地震波信号转换为静态的数字化地震数据。用于物探开发的地震仪器多种多样，但在工程、煤田地质和石油勘探开发中，习惯地把用于浅层地表调查的仪器或用于勘探深度近数百米范围内的地震仪器称为石油浅层勘探地震仪器或折射仪（因其也常用于工程地质领域，又称工程地震仪），把用于中深层物探的大道数采集记录仪器或地震数据采集记录系统称为地震仪器。前者的采样率较高（一般可达 8kHz 以上），同时采集记录的道数较少、连续采集记录的时间较短；后者的采样率相对较低（一般不大于 4kHz），同时采集记录的道数较大（数千道至数十万道）、连续采集记录的时间较长（数十秒以上，直至连续采集记录）。

地震仪器作为地震勘探中实施地震数据采集记录的重要装备，其发展随着物探的需求和当代电子、通信、制造等新技术的发展而发展。一方面，地震仪器是服务于物探开发的时间同步数据采集系统，其作用是同步激发和地震数据采集，需要不断满足物探开发技术的发展需求。另一方面，地震仪器是集当前高新技术的电子测量系统，其研究、制造及应用与当前的信号采集技术、遥测与监控技术（包括远程控制、时钟与同步管理、过程控制）、通信技术、数据管理技术（包括数据传输、存储、处理）、电源管理技术、计算机技术、嵌入式技术、测试技术（包括故障检测与诊断）、制造技术等息息相关。按照地震波信息的采集与记录的方式为标志点，地震仪器的发展已经历了 6 次大发展或变革。

1.1.1 地震仪器的发展历程

通常认为首次应用于物探的仪器是模拟光点记录地震仪。20 世纪 50 年代至 60 年代初期，我国先后引进了 CC-26-51、CC-30/60-58、CII-24 及 SZ-26-53 型光点地震仪，并在 1956 年开发出替代进口的 DZ-571 型光点地震仪。这代地震仪器大多由电子管制成，采用自动增益控制技术。受光点感光方式的限制，其动态范围仅有 20dB 左右，频带宽度约 30Hz，记录结果不能进行数字处理。

20 世纪 60 年代中期，出现了采用模拟磁带记录地震波信息的模拟磁带地震仪。我国先后引进了 CGG-59 型和 626 轻便型模拟磁带地震仪及 CS-621 回放仪。这代地震仪器大多采用晶体管电路，采用公共增益控制或程序增益控制技术。其动态范围提升到了 50dB，频带宽度扩展为 15～120Hz。由于利用磁带记录，可多次回放，并可进行多次叠加和其他数据处理。这代地震仪直至被 1971 年开发出的 SCD-711 型二进制增益放大器的数字磁带地震仪所取代。

20 世纪 70 年代至 80 年代初，数字记录地震波信息的地震仪器（也称集中式数字地震仪）推出，我国先后开发出 SDZ-751、SDZ-751B、SK-8000 等采用瞬时浮点增益控制的数字地震仪。这代地震仪器采用了小规模集成电路、二进制增益控制方式和瞬时浮点增益控制及模数（A/D）转换技术。它把各检波点的模拟信号（每一道检波器的输出信号）以模拟信号的形式，通过其专用的模拟电缆（双绞线）全部传输到仪器（也称仪器车）上，进行模拟滤波和前置放大后，以几十道（如 48、60 或 120 道检波器接收到的地震信号）为一组，经多路转换开关对各道地震信号进行采样，然后进行瞬时浮点放大和模数转换后，转化为数字化信息，并且以数字信号的形式记录在磁带上。集中式数字地震仪的工作示意图如图 1-1 所示，其动态范围达到 120～170dB，频带宽度扩展为 3～250Hz，记录的振幅精度高达 0.1%～0.01%。我国规模化应用的典型代表性仪器有 DFS-V、SN368（进口）及国产的 SDZ-751B、SK-8000/48/96、SK-240（240CH）等。由于其检波器道数受电缆芯数（道数的 2 倍）的限制，国内最大采集道数达到 240 道（SK-240）。

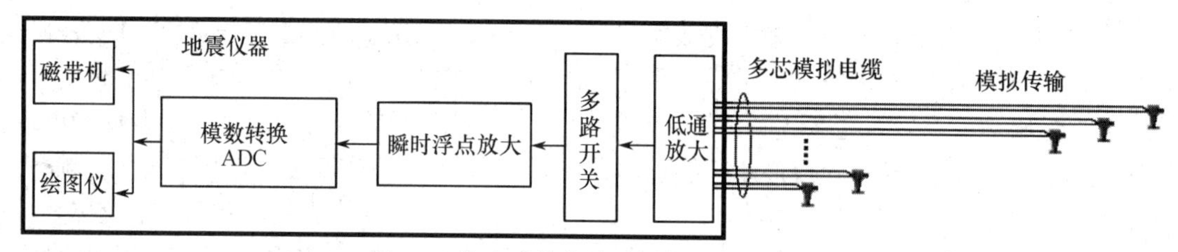

图 1-1　集中式数字地震仪的工作示意图

随着物探技术的发展，特别是三维地震勘探技术的发展，以每一道占用一对双绞线传输检波器信号的集中式仪器已经不能满足物探开发的需求了。1991 年，我国自主研制的 YKZ-480、SK-1004 通过国家鉴定，标志着第四代地震仪器——分布式遥测地震仪推出。这代地震仪器的标志就是分布式采集，即把仪器中对各检波点的模拟信号进行滤波、放大且转化为数字化信息的功能或电路，分散到一个叫野外地震数据采集站（简称采集站）的部件之中。分布式遥测地震勘探仪由采集站和中央控制器件（简称主机或 CCU）组成。采集站把数字化后的地震波信息通过数据传输（数传）电缆以数字信号传输的方式传输到主机并进行处理和记录（存储）。由于各检波点的模拟信号就近采集站进行数字化，数传电缆取代模拟电缆，道数仅受数据传输带宽（数据传输速率）的限制，采集的道数不再受模拟电缆（双绞线）芯数的限制而大幅提升。分布式遥测地震仪的工作示意图如图 1-2 所示。

为满足高密度、高精度勘探的迅速发展需求，1997 年原西安石油仪器厂、物探局仪器厂分别推出 GYZ-4000 和 SK-1006 第五代地震仪器，其标志为采用 24 位定点的 Σ-Δ型 ADC。以 24 位定点记录代替了主放大器（IFP）与 16 位 ADC 组合的浮点记录，以数字滤波代替了模拟滤波（包括低切和限波），从而大幅简化了模拟电路，最小量化单位达到 1μV，瞬时动态范围达到 120dB 以上，降低了仪器的噪声水平，提高了各项性能指标，仪器的稳定性得到增强。

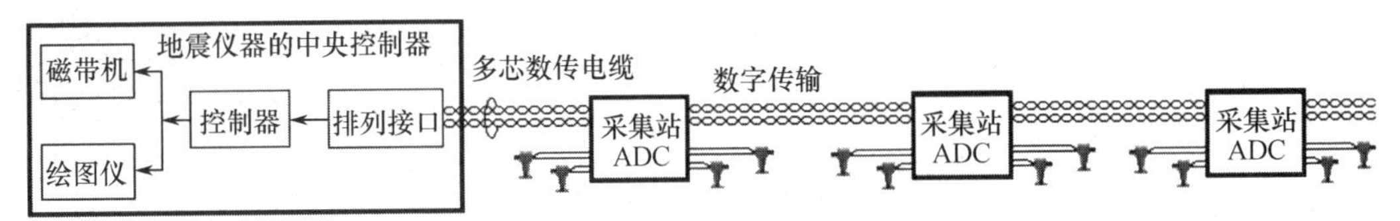

图 1-2　分布式遥测地震仪的工作示意图

2001 年，中国石油集团东方地球物理勘探有限责任公司为解决有线地震仪器和无线地震仪器的采集道数瓶颈，且为了满足山地及复杂地区的勘探需求，首次开发出了 3S-1 型 GPS 授时地震仪器，吹响了节点地震仪器的号角。

1.1.2　地震仪器现状

目前，用于物探开发的主流地震仪器按照地震勘探作业时地震数据采集的控制（同步）方式及采集的地震数据传输或回收的途径，可归纳为有线地震仪器（包括采用光纤地震采集技术的光纤地震仪器）、无线地震仪器、节点地震仪器。

1．有线地震仪器

有线地震仪器的结构示意图如图 1-3 所示。它一般由主机和地面设备（包括交叉站、电源站、采集站、检波器、电缆、光缆等）构成，其特点是实时（实时性较好）、可分散供电或集中供电、采用有线（光缆、电缆）通信，抗干扰、稳定；地震数据实时回收、风险低、勘探周期短；但这种仪器需要通过电缆或光缆连通各个部件而受地表通过性环境限制，且采集站的故障关联度高。

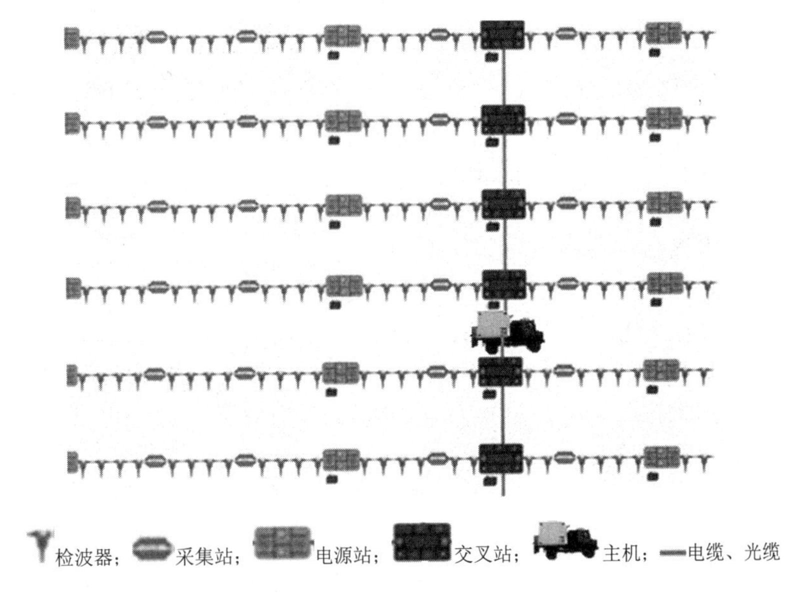

图 1-3　有线地震仪器的结构示意图

（1）主机

主机（俗称仪器车）是物探施工的管理中心，是地震数据采集、处理、记录、分析和设备监控、质量监控的核心部件，其基本功能有以下几个方面：

- 提供友好的人机界面，使用户对系统进行正常的操作控制（包括系统各种参数的设置、更新、显示、存储和打印）；

- 灵活地完成野外观测系统的设计，支持 SPS 文件的输入/输出，显示整个野外站单元的连接情况（包括辅助道和地震波激发点），允许用户交互式地以图形方式选定排列；
- 系统自检、野外测试（采集站性能测试、检波器性能测试）；
- 排列测试结果实时显示、分析和存储；
- 地震数据采集，包括对各种激发源（炸药震源、可控震源、气枪震源、重锤震源等）的同步控制管理；
- 可控震源时，支持多种施工方法，如标准扫描、交替扫描、滑动扫描等；
- 支持有线放炮方式；
- 辅助道数据采集；
- 噪声监视；
- 生成电子班报及各种日志信息；
- 对地震数据进行相关和叠加处理；
- 按照一定格式进行数据记录，支持多种记录介质（磁带、硬盘、光盘等）；
- 对数据进行自动增益控制（AGC）、滤波等处理，把数据转换成绘图格式，生成图头，并按给定参数绘图；
- 实时现场质量监控（QC）；
- 具有远程数据传输、车辆跟踪系统等可选功能。

（2）交叉站

交叉站是整个有线地震仪器的二级网络管理单元，直接管理本测线的电源站、采集站和检波器。与原来传统意义的交叉站相比，它是一台智能小主机，是主机与各测线（排列）之间的通信枢纽。根据地震仪器的总体目标设计需求，交叉站的功能包括：排列管理、中继、供电、数传错误检测与重传、数据存储、软件在线升级、接口防雷与抗干扰、过压与过流保护、数据预处理（可以通过软件控制）、GPS 信号处理（可选）、无线通信（可选）、支持有线放炮（可选）等。

（3）电源站

电源站是一个为采集站提供电源及供电管理的单元，主要将 12V 电瓶电压提升为±24V 后通过电缆提供给采集站、主机命令的中继下传和地震采集数据的中继（或整理后）上传，并且能使用排列助手对连接排列进行简单的测试。根据地震仪器的总体目标设计需求，电源站的功能包括：排列加电与卸电管理、电瓶切换及保护、工作模式设置、参数接收设置、在线软件升级、指令与数传方向判断、命令与数据中继、数据整理上传（软件选项）、测试、连接排列助手时的排列判断、状态监测及指示、GPS 信号接收及处理（可选）等。

（4）采集站

采集站作为地震仪器进行数据采集的具体执行单元，负责按照指定的方式收集检波器的信号，完成模拟信号到数字信号的转换，并且把相应的数据按一定的格式传回主机记录。地震仪器与模拟信号有关的技术指标（也称地震信号响应指标）都由采集站体现。根据地震仪器的总体目标设计需求，采集站的功能包括：状态指示、采集站参数配置与存储、数据采集、采集数据存储、数据传输、命令接收和转发、采集通道测试、检波器测试、中继、上电自检、方向自动识别、待机、系统在线升级、防雷击与防静电、无损数据压缩（可选）等。

（5）检波器

检波器完成地震波或地震信号到模拟电信号的转换。

（6）光缆电缆

电缆承担交叉站、电源站和采集站之间的连接，实现电源、数字信号（控制命令、地震数据）和模拟信号（检波器输出的模拟电信号，仅对于单站多道的采集站）的传输。

光缆承担交叉站、仪器主机之间的连接，实现数字信号（控制命令、地震数据）的高速传输。

2. 光纤地震仪器

采用光纤地震采集技术的地震仪器称为光纤地震仪器，是另外一种形式的有线地震仪器。这种仪器通常有3种，即光纤干涉式地震仪、光纤光栅地震仪、分布式光纤声波传感系统（DAS）。光纤地震仪器一般由光纤检波器、光缆和主机组成，主要用于深水永久油藏监测，陆上地震勘探还处于完善或试验阶段。分布式光纤声波传感系统仅由光缆和主机构成，由于光缆本身就是传感器，已广泛应用于石油与页岩气压裂声波振动过程监测、管道泄漏监测及周边安防、基于探测地震波的石油/矿藏勘探、高铁与舰船及机场监测、基于振动的周界安全监测和战场侦察等领域。

3. 无线地震仪器

无线地震仪器的结构示意图如图1-4所示。它一般由主机、基站、采集站、检波器、光缆（可选）等构成，其特点是结构简单，采集站单独供电，采集站的故障关联度低，地震数据实时回收、风险低、勘探周期短；采用无线通信，地表通过性好，但易受无线电环境干扰，功耗大。与有线地震仪器相比，基站代替了交叉站，无线通信介质（空气或无设备）取代了数传电缆，其他部件的功能类似于有线地震仪器对应的部件。

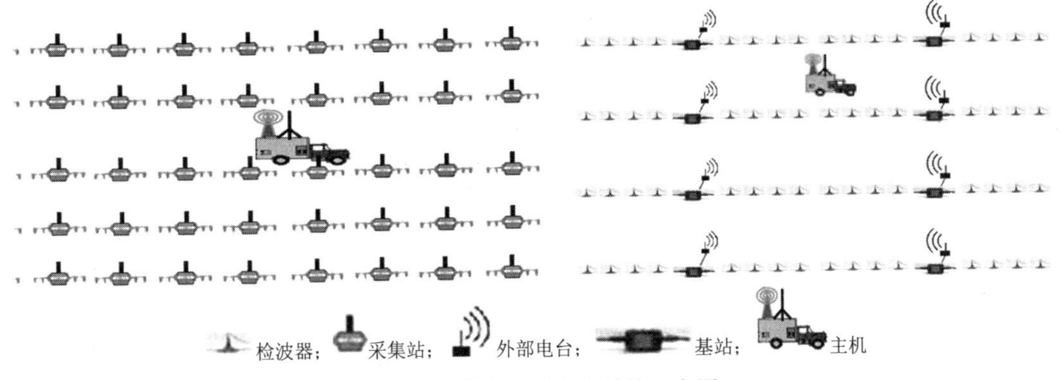

图1-4　无线地震仪器的结构示意图

4. 节点地震仪器

节点地震仪器的结构示意图如图1-5所示。它一般由营地（室内）系统、节点单元（也称采集站，RCU）和其他辅助部件（数据下载部件、充电部件、QC设备等）构成。其特点是结构简单，包括激发源控制器在内，参与采集作业的各个部件（如采集站）的时钟，统一校准到一个高精度的时钟体系（如GPS时钟系统），各个节点单元按照预定的方式（或设定的参数）独立自主地完成测试、地震数据采集、地震数据存储以及进行时间校准和定位等任务。而激发源控制器则在同一个时间系统下，按照预定的方式（或参数）独立完成对激发源的测试、激发及激发信息（包括激发位置、激发时间、激发状况等）的记录且存储等任务。最后，通过数据后处理软件，根据激发的时间和位置等信息，从各个节点单元的连续采集数据中提取相关的有效数据，整理成需要的数据格式（如SEG-D、SEG-Y等）文件。由于参与地震数据采集作业的设备各自独立工作而无须进行实时的通信联系，节点地震仪器不仅结构简单、适合于全部复杂的勘探环境，而且能够大大提高数据采集作业的效率。

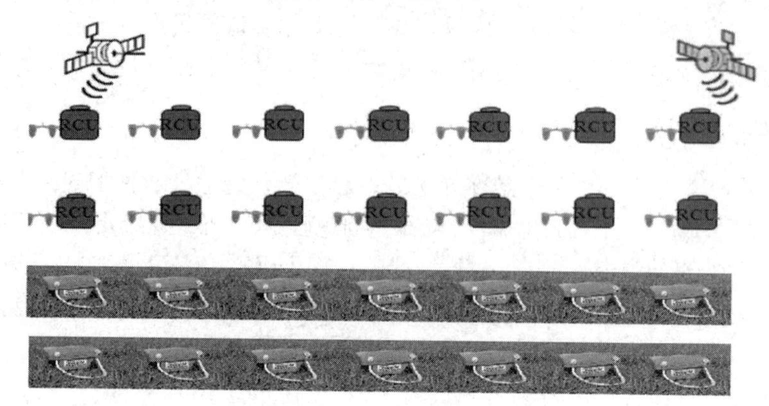

图 1-5　节点地震仪器的结构示意图

（1）营地（室内）系统

营地（室内）系统完成对节点单元（采集站）的测试、参数配置；完成对采集站数据的回收（下载）、整理，并且转换成所需要的 SEG-D 等格式文件。

（2）节点单元（采集站）

采集站作为节点地震仪器的数据采集的具体执行部件，负责按照指定的方式收集检波器的信号，完成模拟信号到数字信号的转换，并且把相应的数据按一定的格式存储在采集站中。

（3）数据集中下载柜（可选）

数据集中下载柜完成对批量采集站的测试、参数配置、地震数据的下载等，部分数据集中下载柜还具备对批量采集站进行充电的功能（仅适用于集成电池的一体化节点单元）。

近年来，在油气勘探开发的市场需求驱动下，油气勘探区域向着复杂地表、复杂构造背景和复杂油气藏延伸，勘探难度越来越大。为了解决复杂地质目标的高精度勘探问题，“两宽一高”物探技术得到了规模化应用，并已逐步得到石油公司的认可和青睐，成为地震勘探的技术发展趋势之一。在这种背景的推动下，地震勘探的采集道数越来越大，对平均日有效作业时长和日激发炮点数的要求也越来越高，从而使得采用纯有线地震仪器和无线地震仪器进行实时地震数据采集的传统作业方式面临新的问题。陆上节点地震仪器（以下简称节点地震仪器）采用自主采集、分布记录的工作方式，摒弃了有线地震仪器的传输线缆，可不受地形和带道能力的限制，能够很好地满足大道数、高密度、高效采集的技术需求，具有很好的应用前景。随着国内油气勘探迈入“隐、深、低、非、海”领域，地质目标更加隐蔽复杂，油气勘探开发始终面临着国际级难题，而地震勘探的工作环境越发复杂、工作难度不断提升，使得节点地震仪器的应用得到快速发展。目前，国内外在用的节点地震仪器产品有十余种，仅国内节点地震仪器采集设备总数量已经超过 50 万道，而且还有逐步增多的趋势。表 1-1 列出了目前国内市场上几种主流节点地震仪器的参数对比。

表 1-1　国内主流节点地震仪器的参数对比

参数	型号							
	eSeis	Quantum	Hawk	Hardvox	SmartSolo IGU-16HR	WiNG	GSX	NuSeis
ADC 位数	32 位	SAR+ FPGA，24 位	32 位	32 位	32 位	24 位	24 位	24 位

续表

参数	型号							
	eSeis	Quantum	Hawk	Hardvox	SmartSolo IGU-16HR	WiNG	GSX	NuSeis
等效输入噪声@0dB/μV	0.8	1.408	0.79	0.81	1.11	0.35	1.6	1.5
总谐波畸变	<0.001‰	<0.001‰	<0.001‰	<0.001‰	<0.001‰	<0.005‰	<0.005‰	<0.001‰
系统动态范围/dB	124	128	130	123	123	132	102	127
重量/kg	1.2/0.8	0.65	4.3	1.45	1.1	0.83	2.90（BX6 电池）	0.6
采集站结构	一体式	分体式	分体式	一体式	外接式	分体式	一体式	一体式
质量监控	蓝牙/无线电台	蓝牙	WiFi/蓝牙	蓝牙	无	窄带自组网	蓝牙	蓝牙

1.1.3 目前地震仪器面临的挑战

近年来，其他科学技术领域新的硬件和软件技术的引入，带来了采集理念、观测方式、地震资料数量和质量上的重大变化，并引起数据处理方式等方面的一系列变革，从而可以获得更多、更精确、更可靠的地质信息。面向复杂地表、多类型地质目标、提高油气田开发采收率等地球物理技术正成为未来的发展方向。然而，目前地震勘探开发依然面临诸多需求和挑战，包括复杂区地震勘探、隐蔽油气藏勘探、海上勘探、多波多分量和三维 VSP 勘探等。目前的地震仪器，无论是有线地震仪器、无线地震仪器还是节点地震仪器，对满足物探的需求都存在一定的局限性。

有线地震仪器采用电缆连接采集站，虽然电缆连接时回路的封闭性特点，使有线地震仪器具有排列稳定、抗干扰、集中供电等其他类型仪器无可媲美的优越性，但对于超大排列而言，专用地震电缆的重量、地震数据传输速率较低、电缆及连接点接触故障等问题已成为目前环境保护、施工成本过高的主要因素。更重要的是，受传输速率的限制，道数的扩展有限。

无线地震仪器由于采集站与主机采用电台进行通信，省去了笨重的专用地震电缆，这无疑会提高排列部署的效率，并且降低对作业环境的影响。但无线传输频率资源缺乏（带宽的限制制约了仪器的实时地震数据采集能力）、传输速率低、传输的数据量与传输的距离及所消耗的电量高度依存、使用公共频段时无线电干扰不确定等一系列原因，使无线地震仪器在超大道数的实际采集作业时面临施工效率低等风险。

节点地震仪器采用 GPS 同步或高精度的独立时钟并且统一校准到一个标准的时间系统方式来保持采集设备及激发源的同步、配置大容量存储器来存储采集的地震数据方式，解决了地震数据传输限制、有线传输需要笨重的专用地震电缆、无线传输需要的大量电能等问题，而且这种非实时数据回收的地震勘探开发作业方式在理论上可以实现无道数限制的大道数地震数据采集，并且支持可控震源高效采集技术，能够提高施工效率，降低勘探成本。但这种非实时数据回收采集记录的方式，不能对采集的数据质量实施有效的全面监控以及采集的地震数据在数据回收前可能丢失而面临影响勘探开发质量的风险，数据的后期回收与整理也延长了勘探周期；另外，目前节点地震仪器的大规模应用还存在采集站成本和功耗仍然较高、数据回收手段单一、作业工作状态监控和数据质量控制困难、设备管理风险高等一系列实际问题。

随着电子、数据处理等技术的飞速发展，与地震数据采集作业有关的数据采集、传输、管理、控制等关键技术越来越成熟，极大地推动了物探开发仪器的进步和发展。目前一般较为普通的物探开发，根据地质和地表条件，可针对性地选择节点地震仪器、无线地震仪器和有线地震仪器，或对这 3 种类型的仪器做一些互为补充的配置方案，就可以满足野外数据采集作业的需求。但是对满足高精度、高效采集作业的大道数物探开发而言，面对海量的地震数据，在真正满足安全、高效、高质量方面，现有的各类仪器都还存在不足之处，这也正是新一代地震仪器所面临的问题。

受数据传输介质、通信技术和应用环境的限制以及野外地震勘探开发数据采集作业的特殊要求，仅采用单一数据传输方式设计的地震仪器很难满足大道数高效采集的作业需求。相对于有线地震仪器而言，无线地震仪器或独立节点地震仪器在限制区域较多，特别是地表通行状况复杂的区域可以简化野外排列布设，同时避免由于有线电缆受电缆故障（如人为断线）而影响施工效率的情况。但是在功耗没有显著下降和无线传输速率没有显著提升的前提下，无线地震仪器或独立节点地震仪器难以全面替代有线地震仪器。特别是对于小道距、高密度的数据采集作业，有线地震仪器可以通过缩短电缆长度，并且能够给更多的采集站集中供电而使无缆地震仪器需要众多电池的弱点得以充分暴露。为了满足高分辨率、大道数、大数据（1ms 采样，百万道采集时的数据传输速率为 18Gb/s）、大动态、低成本、适应范围广且复杂的地表和地下条件区域勘探，地震仪器面临的问题包括：

- 同步采集与激发（百万个采集站与激发同步）；
- 海量数据的管理（QC、转储）；
- 真正的大动态范围（宽频率数据，兼顾大的低频信号和微弱的高频小信号）；
- 低成本、高效益（多功能、稳定、低功耗）。

电子技术、计算机技术的飞速发展，云存储、云计算及地理信息系统的引入，都给物探开发增添了新的能量，使物探技术更加智能化、模块化、数字化，同时探测的精度也越来越高。随着物探开发的不断深入，石油物探技术将从目前的勘探地球物理为主，逐渐转向开发地球物理为主；为满足复杂勘探对象的地下成像、油藏检测和储层描述等需求，以高密度、宽方位为主导的高精度三维地震（包括 3D3C）勘探、全方位纵波地震勘探、时延地震勘探、三维 VSP 勘探、井地联合勘探、井间地震勘探、微地震勘探等新方法、新技术正在发展、完善和成熟。全地表条件下的安全、高效、高精度地震数据采集作业已经成为物探开发的主题，对地震仪器性能提出了新的需求，将推动地震仪器向更高的层次发展。

1.2 节点地震仪器概述

1.2.1 节点地震仪器的起源

进入 21 世纪，随着可控震源高效作业等高精度勘探技术的发展，大道数地震数据采集成为迫切需求，以地震电缆、无线电台实时传输集中记录一次激发所采集的地震数据的地震仪器，受传输带宽及数据传输技术的限制，成为地震仪器记录总道数扩展的瓶颈。而且大道数的应用更使这些类型的地震仪器应用于山区、黄土塬、城市等复杂地区时装备的不适应（有线地震仪器布线困难、无线地震仪器因距离和盲区通信困难、地震仪器主机停不到合适的位置等）和勘探成本问题日显突出。

为解决大道数勘探、山地等复杂地区勘探问题，同时满足物探开发的发展装备需求，中国石油集团东方地球物理勘探有限责任公司（原物探局）特勘处，在原物探局2000年技术研讨会上正式提出大规模应用于物探开发的 GPS 授时的地震数据存储式地震数据采集系统——GPS 授时地震仪的研制设想，在原物探局李庆忠院士的支持下，同年 6 月由原物探局特勘处具体负责开展 GPS 授时地震仪的研制工作。2001 年年初，首先推出的第一套节点式地震数据采集系统称为高精度 GPS 授时地震仪（3S-1）。一种“随地安置接收点”的无大线、无电台、无主机的“三无”地震仪器设计思想应运而生。不久，日本的 JGI 公司推出 MS2000 独立系统，主要解决有线地震仪器布线困难（如山地）、无线地震仪器通信困难（距离和盲区）等特别复杂地区的地震数据采集。但当时该类仪器受到非实时采集的作业方式（不能立即监控采集的地震数据质量）以及当时的存储技术（主要是存储容量）、嵌入式技术（稳定性和功耗）、GPS 技术（授时）的影响，加之没有普及大规模的大道数物探开发，节点地震仪器的优势（大道数、低成本勘探）得不到体现而不为物探工作者所关注。随着电子技术的发展，特别是计算机、嵌入式系统、存储技术、电源管理及 GPS 技术的高速发展，直到后来美国 Fairfield 公司推出 Nodal 系统并且大力推广，节点地震仪器才逐步被大家关注并得到实质的发展和应用。

1.2.2 节点地震仪器的先进性

节点地震仪器是为了满足复杂区域和超大排列施工、降低设备成本、提高野外生产效益为目标而设计开发的新概念仪器，因此与其他现有有线或无线地震仪器相比，在许多方面显示了其卓越的先进性。

① 由于节点地震仪器省去了通信、同步等功耗较大的电路，使电源波动减少而降低了仪器本身的噪声，从而提升了地震仪器的动态范围，扩展了地震数据的采集频带，提高了地震数据的采集质量。另外，由于节点地震仪器采用自主控制，缩短了与传感器的连线长度，减少了传感器信号的干扰路径，能够提升地震数据信号的采集质量。

② 由于节点地震仪器有效地降低了电路的复杂性，不仅降低了仪器的功耗使电池工作时间更长，而且使系统更简单、电路工作更稳定可靠、重量更轻、成本更低以及施工灵活性增加，从而提高了仪器的稳定性，以更好地适应低成本与可持续勘探的需求。

③ 节点地震仪器能够实现无限道数的连续采集，不仅能够解决目前高密度、高精度勘探开发中大道数、高效采集施工作业的主要问题，而且由于其轻便灵活，可以部署于各种地表环境，从而获得更加丰富的地质信息，实现无缝勘探的数据采集需求。

④ 在海洋（底）勘探中，节点地震仪器也由于相互之间不需要连接，不仅可以解决常规拖缆及海底电缆无法适应的复杂海域施工，以及道距与电缆长度的限制等问题，而且采用节点采集技术可以使传感器耦合更好，从而获得多分量、宽方位的地震数据，提高四维地震勘探的可重复性，推动大道数、四维勘探的发展。

⑤ 由于节点地震仪器的激发源激发与仪器数据采集相互独立，因而无仪器故障等待时间，从而使勘探作业效率高、勘探作业成本低廉且有效降低 HSE 风险。

⑥ 由于节点地震仪器具有统一的高精度时间控制系统，可以作为有线地震仪器在复杂地区的补充采集来填补电缆采集的缺失数据，使地质数据更完整、地质成像更清晰。

1.2.3 节点地震仪器与其他类型仪器应用的优劣势对比

节点地震仪器是2000年后开始研发的新概念仪器，由于地震数据采集的最终目的相同，节点地震仪器与其他有线或无线地震仪器相比，除得到最终地震数据结果的过程不同外（有线和无线地震仪器在激发前可以监控采集设备是否正常才确定是否激发，激发后就可以得到地震数据；而节点地震仪器在激发前无须确定采集设备是否完好，地震数据也需要在整个采集作业结束后通过数据回收才能得到），其他的数据质量完全相同。节点地震仪器在数据采集后直接本地存储地震数据，省去了通信、同步等许多环节，也就省去了不少电路而使产品更简单、重量更轻、成本更低等。在陆地勘探施工中，节点地震仪器可以部署于各种地表环境。另外，相类似的节点地震仪器可以混合使用而使设备利用率提高。

与其他类型仪器相比节点地震仪器的劣势也较为明显。由于各采集站各自独立自主地采集数据，没有统一的控制或监控中心来实时监控设备的工作状态及分析采集数据的质量，在采集过程中存在设备故障或其他影响数据质量的事件时，不能及时发现和解决问题，而在采集作业结束后，也可能由于采集设备的故障或丢失而不能回收采集的数据，存在一定的勘探风险。另外，节点地震仪器基于高精度的时间控制系统，需要依赖卫星或其他设备进行时间校准，在卫星信号覆盖不太完善的地区，需要额外提供本地时钟的精度。由于不能实时监控采集的地震数据，这种操作简单的地震仪器在陆地的中小规模勘探中的优势不太明显，从而导致产业化方向不明，一直停留在节点地震仪器有关的技术跟踪研究上。

最为重要的一点在于数据的完整性（或安全性），目前的节点地震仪器是在仪器本身无故障或故障概率非常小的基础之上、基本没有考虑采集站丢失等因素导致数据不能完整回收等问题，即使部分仪器考虑到采集站可能存在或工作过程中会出现故障，因而采取了一些抽查状态信息来进行间接监控的方法，但这些方法或设计大多不太完善，或操作复杂以致在实际应用过程中给用户带来了极大的不便。数据采集的完整性是高精度勘探中颇为关键的一个环节，数据回收不全（采集站的采集故障包括错误的采集、存储数据或设备丢失等）将影响地质成像的效果，给整个数据采集作业带来风险。采集道数越多、采集（作业）时间越长，风险也可能越大。这也是节点地震仪器在没有较好地解决数据的完整性、单点数据采集及其他仪器还能够基本满足勘探作业需求的情况下，很长一段时间一直不为物探所重用的主要原因。

1.2.4 节点地震仪器与其他类型仪器研制的优劣势对比

在地震仪器研发和制造方面，节点地震仪器相对于有线或无线地震仪器而言，如前面所提到的由于节点地震仪器采用了不需要实时控制的非实时采集，降低了整个地震仪器系统的复杂性，各个部件相互独立，不需要通信，甚至可以不需要了解物探方法，也剥离了物探开发有关的行业专用技术，进一步简化了大型地震仪器系统软件的设计难度，甚至无须设计地震仪器主机，也就降低了进入地震仪器开发的门槛。因为没有主机、不需要有线地震仪器进行数据传输的数据线及传输技术，所以节点地震仪器的制造和研发成本比较低。由于其复杂程度低，作为一个独立自主的嵌入式数据采集设备可以参考、移植甚至直接利用社会上较为通用的先进技术（如物联网的数据采集和管理技术），兼容或引入其他行业的先进技术，因而节点地震仪器的开发周期短，投入设备和资金少。另外，各个厂家相同类型的节点地震仪器的数据后期处理软件通用，节点部署也可兼容，极大地方便了仪器的野外测试和验证，缩短了投入生产的准入周期，降低了仪器的准入门槛。由于研制节点地震仪器本身所需要投入的资源（包括人力和物力）较少，国内外有许多公司都在进行节点地震仪器的研究。由于没有统一的标准，即使研制成功，加上物探方法、物探作业的传统模式的影响，也不易推广。这也是目前节点地震仪器类型较多、众多名称不一的原因之一。因此，要想研制一种能够满足目前和未来全地表、高精度、低成本勘探的新型节点地震仪器，来取代目前主流的有线地震仪器也不是一件容易的事情。

1.2.5 节点地震仪器的现状、技术需求与发展趋势

1．现状

目前，有线地震仪器仍是石油勘探等主要的地震数据采集系统，但随着科学技术的发展，无缆采集（节点地震仪器、无线地震仪器）越来越引起了人们的重视，并且作为有线传输的补充，正逐步融入地震勘探开发中，越来越显示了它们的优越性和不可缺少性。节点地震仪器具有成本低、操作部署简单、完全独立的自主连续采集无故障等待时间（不传递故障），甚至没有外部电源或传感器（集成传感器和电池）、适合全地表环境及大道数等优点，极有可能完全取代目前的有线地震仪器。

地震数据的采集过程不能得到有效的监控、数据集中回收存在风险一直是节点地震仪器最为关键的两个问题，多年来，仪器工作者试图寻找一种能够兼顾质量控制和采集效率的有效方法。

2．技术需求

随着物探的进程及其技术的发展，物探开发目前或下一步的工作主要体现在以下 3 个方面。

（1）如何保证勘探的完整性

为了得到完整的地质资料，数据采集必须覆盖地面的所有区域，实现无缝勘探。也就是说，勘探将向复杂区域延伸，包括城市、沙漠、丘陵、江湖、山地、黄土塬、沼泽、海洋等。这就要求地震仪器是有良好的通过能力，适应各种复杂的地表条件。

（2）如何提高地质成像的精度

提高勘探精度的有效方法之一是小面元均匀采集，通过减少道距、增加覆盖次数可以有效提高成像的精度。这就要求地震仪器具有宽频、大道数的接收能力。

（3）如何在保证勘探质量的情况下降低勘探成本

随着道数的增加、数据采集作业地表环境复杂程度的增加，设备、人力资源投入快速增长。这就要求地震仪器操作简单，成本低，野外数据采集作业效率高。

由上可以看出，节点地震仪器是满足物探开发所需求的仪器。但是由于目前的节点地震仪器基本上不能监控采集设备的工作状况和地震数据质量，或是监控操作非常烦琐，在使用时存在很大的风险，需要实际的试验和验证。

3．发展趋势

物探开发技术通过计算机硬件和软件的支持，对数据进行输出、查询、管理、存储和采集的方式发生了微妙的变化。一方面，计算机硬件和软件的快速发展给物探开发的“大数据”勘探技术提供了强有力的支撑，导致大道数、高效勘探快速发展和普及。另一方面，随着物探开发的不断深入，油气勘探的难度不断增大，对目标成像精度和油藏特征精度的要求越来越高，深层勘探、油藏描述已经成为全球勘探的大趋势。新的勘探技术、新的方法、新的勘探目标给地震仪器带来了新的需求——能够实现在全地表范围内（包括海洋）、以较低的成本、较小的

面元完成宽频、高保真、多分量的数据采集，把地震仪器的宽频数据保真采集能力、带道能力和数据管理能力、设备的可管理性和操作的方便性以及使用该仪器所需的成本和风险提升到一个新高度。

因此开发重量轻、能够适应全地表环境条件、采集道数达到百万道以上且具有科学的质量控制方法和设备管理功能的节点地震仪器，满足主营业务向海洋和山地等复杂地区延伸，并且大幅提高成像质量，大大降低勘探成本，真正实现低成本、安全和可持续的无缝高精度勘探开发，是节点地震仪器不断发展的方向。

1.3 地震仪器校准与溯源的需求

物探开发的原理是利用激发产生的地震波在不同介质中传输时其速度、能量衰减不同，这就要求接收地震波的地震仪器能够尽可能真实地接收激发产生的地震波，并且能够辨别地震波传输过程中的细微变化或地震波在传输过程中所携带的地质信息。不仅能够记录其传输的时间变化（相位或频率特征），而且能够记录其在传输过程中的衰减或反射的能量变化（幅度特征），从而区分地下不同的地质结构或地质属性。

地震仪器作为油气勘探的核心设备，其主要性能指标，特别是地震信号响应指标直接关系到物探的精细程度。随着高精度、低成本物探开发技术的发展，超大道数接收的高精度物探开发作业模式已成为物探开发的主流，这不仅对地震仪器超大道数采集记录能力、地震数据采集精度等技术性能指标的要求大幅提高，而且地震仪器的应用成本更是成为能否满足项目运作的关键条件。为了适应高精度、高效、低成本的勘探需求，人们大量采用新型的地震仪器，不同厂商、不同类型及不同数量的地震仪器混合使用，导致仪器性能参数名称不统一、性能指标考核方式各异、参数值不对应等一系列问题，严重影响了地震勘探精度和地震仪器的正常使用。如何正确、有效评价地震仪器产品的技术性能水平已成为业内迫切需要解决的问题之一。国内外早期虽有对地震仪器参数进行量值溯源与校准的研究，但随着物探技术、装备技术和电子技术的发展，原有校准方法或装置已很难满足现代物探的校准需求，也不能涵盖目前主流地震仪器。地震仪器校准的目的主要是解决计量方面的参数溯源和物探行业需求方面的质量控制问题。地震仪器校准是地震仪器参数溯源最有效的方法之一，是保证地震信号高保真、一致性的重要手段。开展地震勘探设备量值溯源方法的研究，开发地震仪器量值溯源与校准装置，并对地震仪器进行量值溯源和参数校准，已越来越引起行业的重视。

参 考 文 献

[1] 易碧金，赵汀，刘晓明．地震仪器技术现状、发展方向及存在问题概述．物探装备，2018，28（9）．

[2] 刘振武，撒利明，董世泰，等．地震数据采集核心装备现状及发展方向．石油地球物理勘探，2013，48（4）：663-675．

[3] 孙传友，潘正良．地震勘探仪器原理．北京：石油工业出版社，1996．

[4] 李庆忠．寻找油气的物探理论与方法.第二分册.方法篇.青岛：中国海洋大学出版社，2015.

[5] 易碧金，穆群英，岩巍．地震勘探仪器发展的机遇、挑战及研发分析与展望．物探装备，2016，26（6）．

[6] 石油工业标准化技术委员会石油仪器仪表专业标准化技术委员会. SY/T 5391—2018 石油地震数据采集系统通用技术规范.北京：石油工业出版社，2019.

[7] 石油工业标准化技术委员会石油仪器仪表专业标准化技术委员会. SY/T 6145—2019 石油浅层勘探地震仪. 北京：石油工业出版社，2019.
[8] 易碧金，姜耕，刘益成，等.地震数据采集站原理与测试. 北京：电子工业出版社，2010.
[9] 易碧金，仲明惟，郭延伟. 地震仪器性能指标对高精度勘探的影响. 石油管材与仪器，2020，3（6）：51-54.
[10] 易碧金，穆群英，罗富龙. 当前地震勘探仪器的应用技术分析. 地球物理学进展，2004，19（4）：837-846.

第2章　节点地震仪器技术基础

节点地震仪器是集多种高端技术于一体的复杂电子设备，在信号采集、高精度时钟管理、通信、海量数据管理、电源管理等方面，无一例外地直接或间接应用了相关行业的先进技术。近年来，适用于节点地震仪器的电子技术得到了快速发展，特别是在功耗、成本、体积、性能等方面的进步，使节点地震仪器的研发有更大的灵活性及更高的效率，大大缩短了开发周期，降低了产品制造和产品应用的成本，并极大地提升了地球物理野外勘探作业的效率。随着嵌入式技术的发展、可双向通信的北斗系统投入运行、物联网相关技术的完善与广泛应用，节点地震仪器在成本、功耗、数据回收、工作状态和数据质量监控、设备管理上将有全新的突破。然而，节点地震仪器是一个响应速度快、信号采集精度高、时间同步精度高、实时性要求高、数据量大且完整性要求高的高效地震数据采集系统，相关行业的先进技术引入节点地震仪器时，需要根据物探装备应用的具体应用场景进行筛选、优化、改造，包括应用场景的定义、协议含义的再定义、握手信息的标识化等，最终达到节点地震仪器性能指标突破或优化的目的。本章将结合市场上相关成熟电子产品的技术特性，对节点地震仪器涉及的高精度模数转换、无线低功耗通信、智能电源管理、无线充电等关键技术进行阐述。

2.1　高精度地震数据采集及模数转换技术

高精度地震数据采集是当前地震勘探最基本的功能要求，也是节点地震仪器最重要、最关键的技术特征。目前的地震勘探仍以电磁感应式检波器为主体，电磁感应式检波器把地面振动信号转换成对应的模拟电压信号，由地震仪器将模拟电压信号经过滤波、放大及数字化后进行记录（存储）。作为一种新型的地震数据采集系统，节点地震仪器的主要功能仍然是将模拟地震检波器输出的模拟信号进行调理（放大、滤波等），再经模数转换过程转变为数字信号并进行时间标记后在本地存储。

2.1.1　信号调理与滤波

当前主流地震仪器的模拟信号采集通道一般由前置的信号调理电路和模数转换器（ADC）组成。模拟信号采集通道的设计会直接影响地震数据采集系统的地震信号响应指标，如地震信号带宽、信号失真、动态范围等，也同样会决定地震仪器内部噪声水平的高低（地震仪器噪声的另一个主要来源是 ADC），以及地震数据采集站的稳定性和故障率。设计合理的信号调理电路，不仅能够扩展地震信号的频带范围，提升地震数据的采集质量，而且能够保护检波器和数据采集部件电路板上的元器件不受损坏而大大提高采集站在野外不同环境时的适应能力，从而增强系统的稳定性。

节点地震仪器的信号调理电路主要用于地震信号传感器输出信号的桥接或匹配，目前用于油气勘探的地震仪器大多使用 Σ-Δ 型 ADC 套片来简化地震信号 ADC 前端的模拟电路，包括低通滤波、抗混叠滤波、采样保持等一系列模拟电路，实现频率在 2kHz 以下地震信号的拾取、记录。同时，地震仪器常用的 Σ-Δ 型 ADC 还内置了具有极低的噪声和高输入阻抗的可编程增益放大器（PGA），很容易实现地震信号传感器（地震检波器、水听器）的匹配连接，省去了其他类型ADC(如积分型或逐次逼近型ADC)所需的前置放大器及复杂的模拟匹配电路，进一步简化 PCB 电路布局。典型节点地震仪器采集通道的信号调理电路设计如图 2-1 所示。

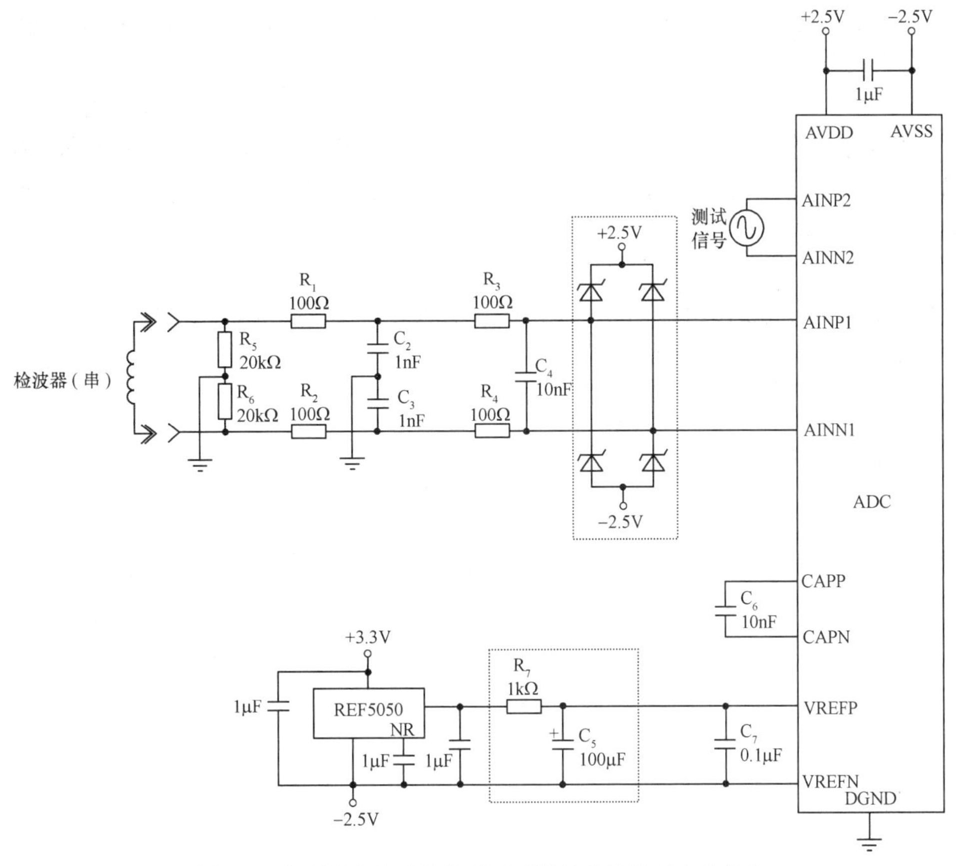

图 2-1　典型节点地震仪器采集通道的信号调理电路设计

2.1.2 Σ-Δ 型 ADC

模数转换是地震数据采集的重要环节，而衡量 ADC 的诸多指标中，采样间隔、分辨率（转换位数）、精度（ENOB）及信噪比（SNR）是高精度数据采集重点关注的指标。其中，分辨率代表 ADC 的最小刻度，间接衡量 ADC 采样的准确性，在使用的参考电压相同时，位数越高，能够采集到的最小电压值就越小，例如参考电压为 0～2.5V 时，16 位 ADC 的最小刻度为 2.5V/216（即 0.038mV），而 24 位 ADC 的最小刻度却达到 2.5V/224（即 0.149μV）；精度是在 ADC 最小刻度基础上叠加各种误差的参数，代表 ADC 的集散误差，可直接衡量 ADC 采样的精准性；信噪比定义为基频幅值与所有噪声频率 RMS 之和的比。对于转换位数为 N 的 ADC，其理论信噪比的值为

$$\mathrm{SNR} = 6.02N + 1.76\mathrm{dB} \tag{2-1}$$

由式（2-1）可知，提高 ADC 的转换位数，就能提高采集电路的信噪比。然而，对于逐次比较型 ADC，提高转换位数除了会带来噪声增加、转换精度降低等问题，还会带来成本的急剧上升。Σ-Δ 型 ADC 是一种低速、高精度的过采样模数转换器件，既可充分利用现代 VLSI 技术高速、高集成度的优点，又可以避免模拟元器件失配对传统采用奈奎斯特速率的 ADC 精度

的限制，具有精度高、线性度好、抗干扰能力强的特点，目前在地震勘探领域普遍采用 24 位及以上的 Σ-Δ 型 ADC。

Σ-Δ 型 ADC 采用增量编码及过采样架构，一般由简单的模拟电路（Σ-Δ 调制器，也称过采样 ADC）及复杂的数字信号处理电路（数字抽取滤波器）两部分构成，如图 2-2 所示。Σ-Δ 型 ADC 不直接根据采样数据的每一样值的大小进行量化编码，而是根据前一量值和后一量值的差值（即增量）大小来进行量化编码的，如图 2-3 所示。实际应用时，Σ-Δ 调制器以极高的采样频率（即 kf_s，k 为高出奈奎斯特采样频率 f_s 的倍数，与时钟 CLK 相关）对输入模拟信号进行采样，并对两个采样之间的差值进行低位量化（通常为 1 位），从而得到用低位数码表示的数字信号，即 Σ-Δ 码；之后 Σ-Δ 码数据流经过数字抽取滤波器进行抽取滤波，滤除含有噪声的数字信号，以频率 f_s 输出 N 位数字信号，从而得到高分辨率的线性脉冲编码调制的数字信号，即低噪声、高精度的转换结果。在时域上，Σ-Δ 调制器把模拟输入信号转换成高速脉冲数字信号，脉冲占空比反映了模拟输入电压的大小；在频域上，量化噪声被整形分布在更宽频率范围内，如图 2-4 所示。因此，数字抽取滤波器实际上相当于数字低通滤波器和一个码型变换器。

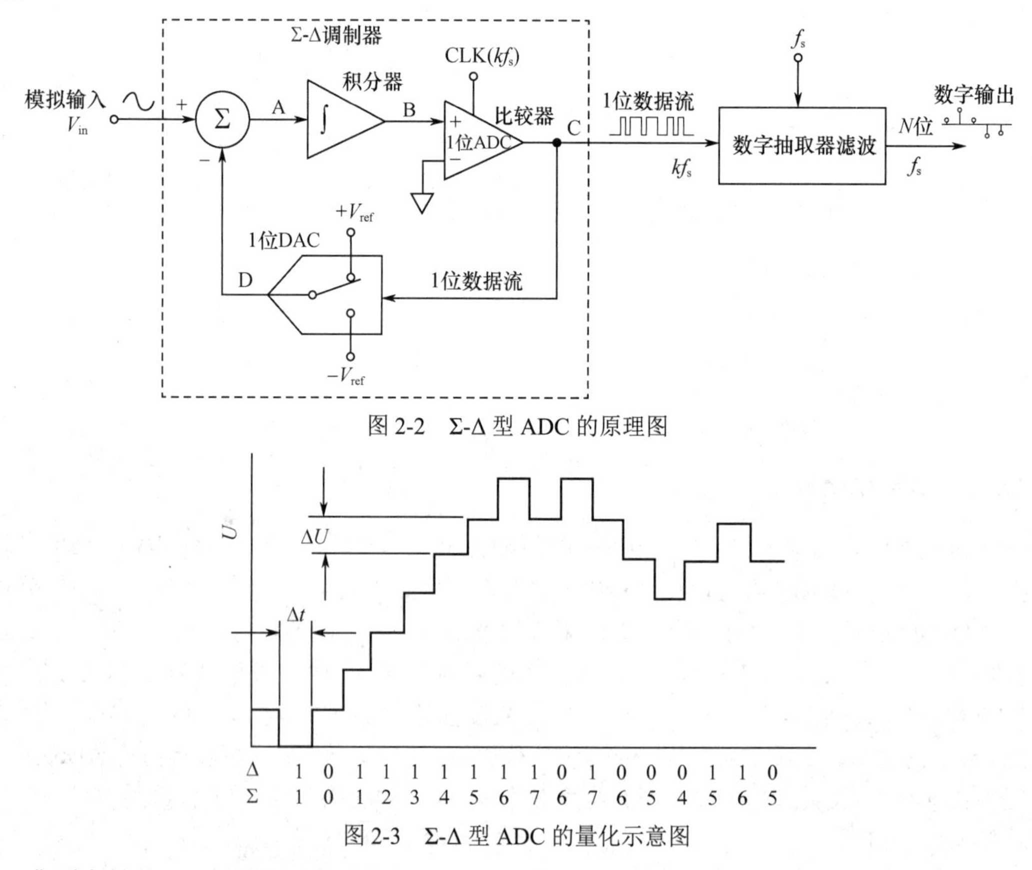

图 2-2　Σ-Δ 型 ADC 的原理图

图 2-3　Σ-Δ 型 ADC 的量化示意图

典型高性能 Σ-Δ 型 ADC 芯片如下。

（1）超低功耗型芯片 AD4130-8

ADI 公司推出的 AD4130-8 是一款 24 位、超低功耗 Σ-Δ 型 ADC，适用于采用低带宽电池工作的应用场所。AD4130-8 具有完全集成的模拟前端（AFE），包括一个用于多达 16 个单端或 8 个差分输入的多路复用器。AD4130-8 还具有可编程增益放大器（PGA）、24 位 Σ-Δ 型

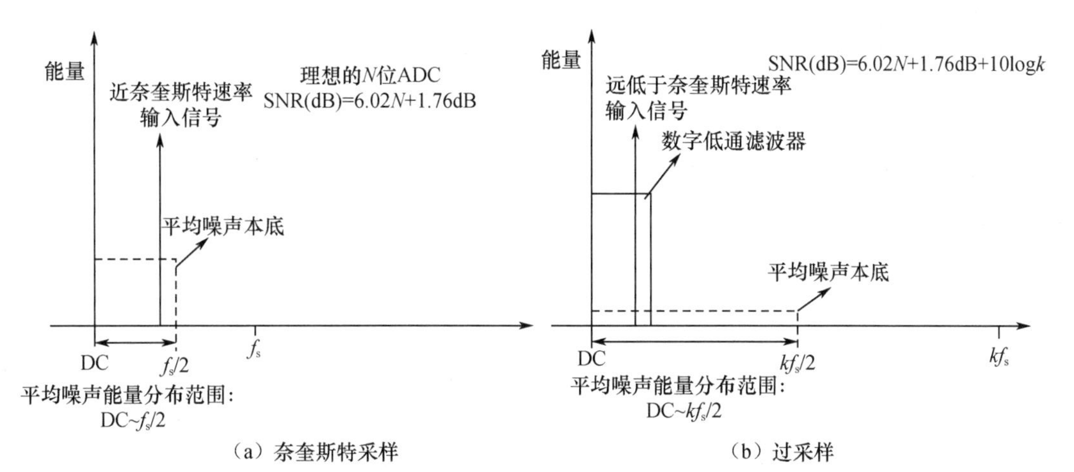

（a）奈奎斯特采样　　（b）过采样

图 2-4　奈奎斯特采样与过采样量化噪声分布

ADC 以及片内基准电压和振荡器。这些功能可改善电池运行的寿命，即先进先出（FIFO）缓冲区和占空比。AD4130-8 的功能框图如图 2-5 所示，其主要功能特性如下。

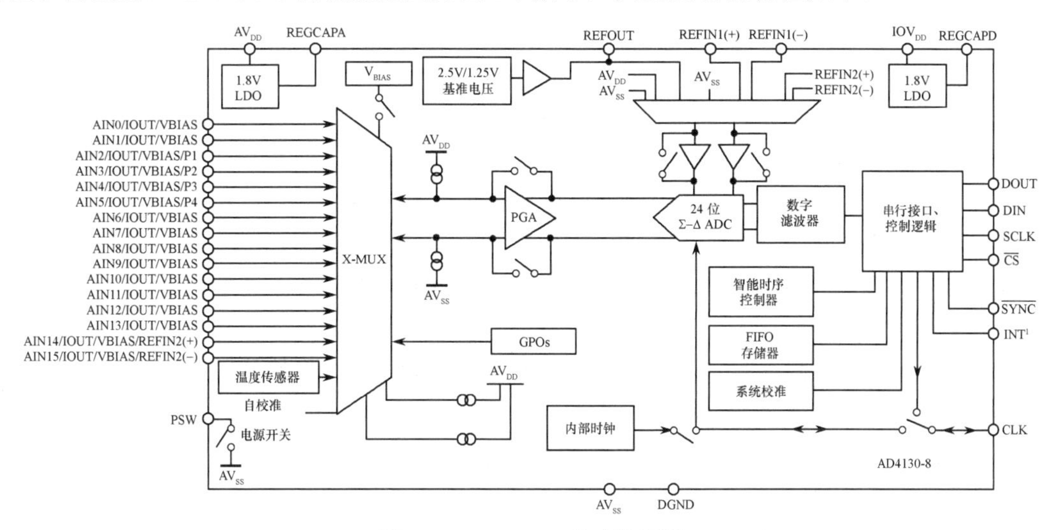

图 2-5　AD4130-8 的功能框图

① 超低电流消耗（典型值）：

● 连续转换模式，32μA（增益=128）；

● 占空比模式，5μA（占空比=1/16）；

● 待机模式，0.5μA；

● 关断模式，0.1μA。

② 内置各种系统级节能功能：

● 节电占空比为 1/4 或 1/16；

● 智能时序控制器和每个通道配置能够尽可能降低主机的负载；

● 深度嵌入式 FIFO 能够尽可能降低主机的负载（256 个采样深度）；

● 自主 FIFO 中断功能、阈值检测；

● 低至 1.71V 的单电源，可延长电池的工作时间。

③ RMS 噪声：25nV（1.15Sa/s，增益=128 时），$-48\text{nV}/\sqrt{\text{Hz}}$。

④ 输出数据速率：1.15Sa/s～2.4kSa/s。

⑤ 具有轨到轨模拟输入的 PGA。

⑥ 内部温度传感器和振荡器。

⑦ 自校准和系统校准。

⑧ 灵活的滤波器选项。

⑨ 同时进行 50Hz/60Hz 抑制（所选滤波器选项上）。

⑩ 温度范围：−40～+105℃。

（2）高精度型芯片 ADS1282

TI 公司推出的 ADS1282 是一款针对工业应用、具有极高性能的 32 位、单芯片 Σ-Δ 型 ADC。ADS1282 集成了低噪声可编程增益放大器（PGA）、双通道输入多路复用器（MUX）、四阶固有稳定的 Σ-Δ 调制器、数字抽取滤波器，具有优良的噪声和线性性能，适用于能源探测、地震检测、高精度仪器仪表等要求苛刻的应用领域。ADS1282 的功能框图如图 2-6 所示，其主要特性如下。

① 高分辨率：高精度模式，输出数据速率为 250Sa/s 时信噪比（SNR）达 130dB；低功耗模式，输出数据速率为 250Sa/s 时信噪比（SNR）达 127dB。

② 高精度：总谐波失真（THD）为−122dB，积分非线性（INL）为 0.5×10^{-6}。

③ 低噪声可编程增益放大器（PGA）。

④ 双通道输入多路复用器（MUX）。

⑤ 超量程，快速检测功能的 4 阶固有稳定 Σ-Δ 调制器。

⑥ 灵活的数字滤波器：Sinc+FIR+IIR（可选），线性或最小相位响应，可编程高通滤波器，FIR 滤波方式可编程设置为输出数据速率可在 250Sa/s 至 4kSa/s 之间选择。

⑦ 滤波器可旁路。

⑧ 低功耗：高精度模式为 25mW，低功耗模式为 17mW，待机模式为 90μW，掉电模式仅为 10μW。

⑨ SYNC 输入。

⑩ 失调及增益校准引擎。

⑪ 供电：模拟电源单电源（+5V）或双电源（±2.5V）；数字电源为 1.8～3.3V。

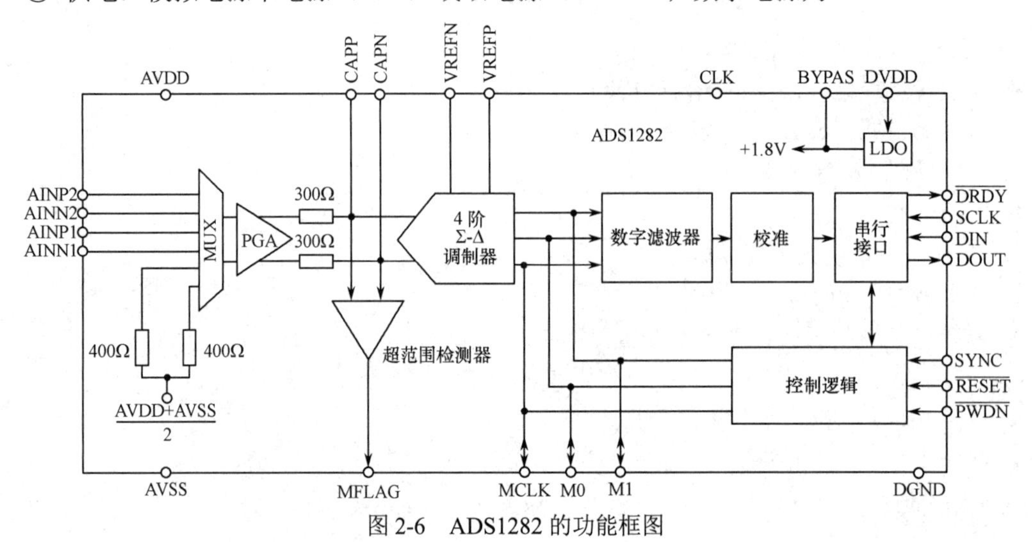

图 2-6　ADS1282 的功能框图

（3）低功率高分辨率型芯片 ADS1284

TI 公司推出的 ADS1284 是一款高性能、单芯片 ADC，包括一个低噪声可编程增益放大器（PGA）、Σ-Δ 调制器和数字滤波器，支持低功耗或高分辨率两种运行模式，可在功耗与分辨率之间实现最佳平衡，适用于能源探测、地震检测、高精度仪器仪表等要求苛刻的应用领域。ADS1284 的功能框图如图 2-7 所示，其主要特性如下。

① 可选择工作模式。

② 低功耗模式：–12mW（增益=1、2、4 和 8），–127dB SNR（250Sa/s，增益=1）。

③ 高分辨率模式：–18mW（增益=1、2、4 和 8），–130dB SNR（250Sa/s，增益=1）。

④ THD：–122dB。

⑤ CMRR：110dB。

⑥ 双通道输入多路复用器。

⑦ 固有稳定的 Δ-Σ 调制器。

⑧ 快速响应超范围检测器。

⑨ 灵活的数字滤波器：

- Sinc+ FIR+ IIR（可选）。
- 线性或最小相位选项。
- 可编程高通滤波器。

⑩ 偏移和增益校准。

⑪ SYNC 输入。

⑫ 模拟电源：单电源（+5V）或双电源（±2.5V）。

⑬ 数字电源：1.8～3.3V。

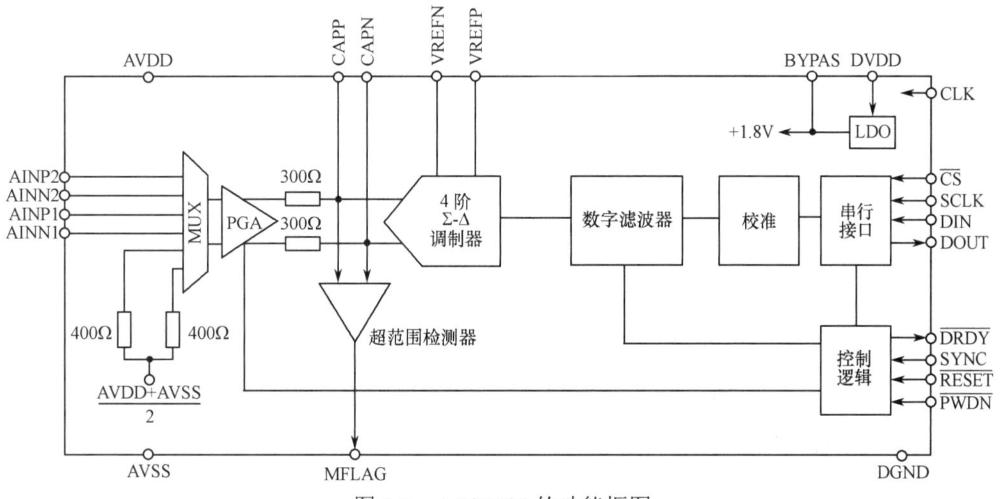

图 2-7　ADS1284 的功能框图

（4）24 位可变带宽 ADC 芯片组 CS5321/CS5322

Cirrus Logic 公司推出的 CS5321 和 CS5322 分别是 Σ-Δ 调制器和可编程多级 FIR 线性相位数字抽取滤波器，二者结合可得到 24 位高精度 A/D 转换器。工作时，CS5321 作为 Σ-Δ 调制器完成对模拟信号的过采样，工作频带为 0～1600Hz，无须外部模拟抗混叠滤波器，可输出两种不同速率的过采样 1 位 Σ-Δ 码；CS5322 作为采样间隔可调的 3 级线性相位 FIR 数字滤波器，将 CS5321 的 Σ-Δ 调制器输出的 Σ-Δ 码数字流按配置抽取得到采样间隔为 16ms、8ms、

4ms、2ms、1ms、0.5ms 或 0.25ms 的 24 位高精度 A/D 转换数据。CS5322 输出为 24 位串行比特流，只需要加入少量多路控制逻辑，就能实现多通道的 A/D 转换器与 DSP 的直接连接，几乎不需要加入其他的任何接口电路。CS5321/CS5322 芯片组用作一个独特的 Σ-Δ 型 ADC，具有采样、A/D 转换和抗混叠滤波功能，用于 1600Hz 以下信号的高分辨率测量。CS5321/CS5322 芯片组的功能框图如图 2-8 所示，其主要特性如下。

① CMOS A/D 转换器芯片组。

② 动态范围：130dB@25Hz 带宽；121dB@411Hz 带宽。

③ Σ-Δ 架构：

- 4 阶调制器；
- 可变过采样，64～4096 倍。
- 内部跟踪保持放大器。

④ CS5321 信号失真：115dB。

⑤ 时钟抖动容忍架构。

⑥ 输入电压范围：+4.5V。

⑦ 灵活的滤波器选项：

- 硬件或软件可选；
- 7 个可选滤波器角（−3dB）；
- 频率（单位：Hz）：25、51、102、205、411、824 和 1650。

⑧ 低功耗：<100mW。

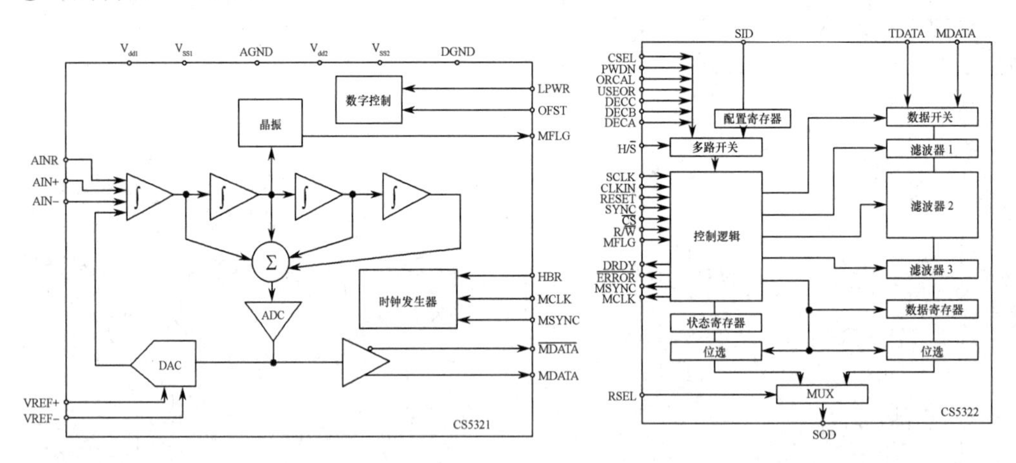

图 2-8 CS5321/CS5322 芯片组的功能框图

（5）低功耗、高性能 ADC 芯片组 CS5371（CS5372 双通道）/CS5376

Cirrus Logic 公司推出的 CS5371 是单通道（CS5372 双通道）、高动态范围的 4 阶 Σ-Δ调制器，具有高动态范围（127dB@215Hz 带宽）和低总谐波失真（通常为−118dB）的技术特征，与 CS5376 数字滤波器结合使用，可构成独特的高分辨率 A/D 测量系统。在正常模式下（LPWR=0，MCLK=2.048MHz），每个通道功耗为 25mW；在低功耗模式（LPWR=1，MCLK=1.024MHz）下，每个通道功耗为 15mW。若停止输入时钟，将进入微功率状态，每个通道仅使用 10μW。CS5371、CS5372 的功能框图如图 2-9 所示，CS5376 的功能框图如图 2-10 所示。CS5371（CS5372 双通道）/CS5376 芯片组的主要性能如下。

① 4 阶 Σ-Δ调制器。

② 时钟抖动容忍体系结构。

③ 输入电压范围 5V 峰值（差分 2.5V）。

④ 高动态范围（SNR）：124dB@411Hz 带宽；121dB@822Hz 带宽。

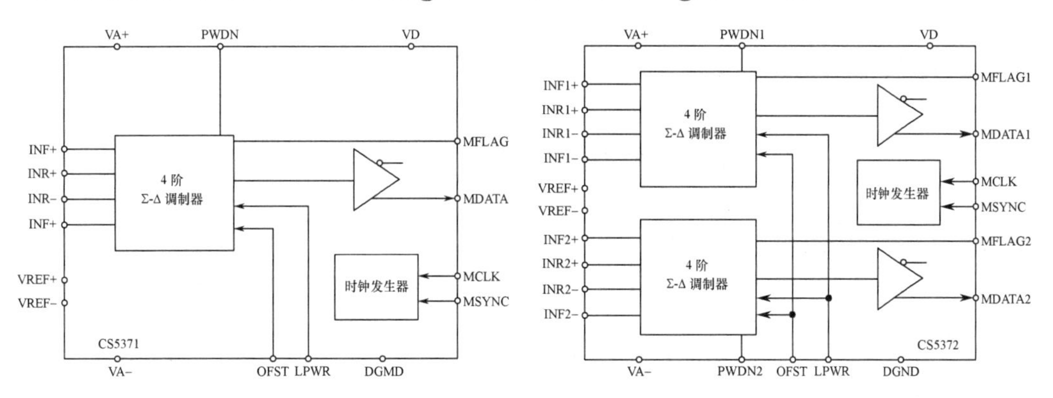

图 2-9　CS5371、CS5372 的功能框图

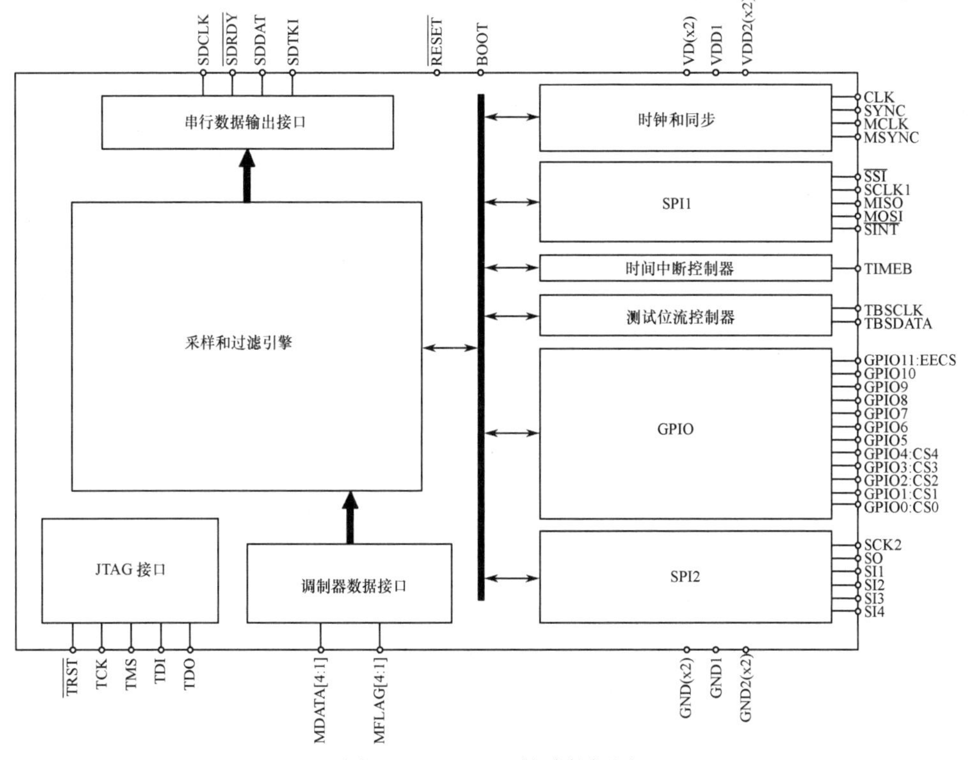

图 2-10　CS5376 的功能框图

⑤ 低总谐波失真（THD）：典型值为-118dB，最大值为-112dB。

⑥ 低功耗：正常模式下，每个通道 25mW；低功耗模式下，每个通道 15mW。

⑦ 小型 24 引脚 SSOP 封装。

⑧ 单通道或多通道系统支持：

- 1 通道系统，CS5371；
- 2 通道系统，CS5372；

● 3 通道系统，CS5371+CS5372；

● 4 通道系统，CS5372+CS5372。

⑨ 单电源或双电源配置：

● VA+=+5V、VA−=0V、VD=+3～+5V；

● VA+=+2.5V、VA−=−2.5V、VD=+3～+5V；

● VA+=+3V、VA−=−3V、VD=+3V。

2.2 节点地震仪器常用通信技术

节点地震仪器与通信相关的技术主要包括两个方面，一是用于现场作业相关的网络遥测、现场参数配置、设备状态监控及地震数据采集或数据质量监控相关的无线通信技术，主要有Bluetooth（蓝牙）、ZigBee、WiFi、LoRa 等运行在 2.4GHz 的非授权工业、科学和医疗（ISM）频段，且具有组网功能的无线通信技术；二是营地批量节点单元数据下载、设备测试、参数配置及设备自动化管理等所采用的万兆以太网、USB 等有线通信技术，或蓝牙、WiFi、TransferJet、RFID 等兼容短距离、快速、点对点或点对多点功能的无线数据传输技术。目前节点地震仪器常用的通信技术及作用见表 2-1。

表 2-1　节点地震仪器常用通信技术及作用

技术名称	技术内涵	主要作用
Bluetooth（蓝牙）	为固定设备与移动设备之间提供低成本的近距离无线连接技术。采用分散式网络结构及快跳频和短包技术，支持点对点及点对多点通信；工作在 2.4GHz ISM 频段，支持 100m 内短距离无线通信。使用简单，且能确保多种设备连接的互操作性，以最低耗能提供持久的无线连接	现场参数配置、监控、QC 数据回收、地震数据回收与批量下载
WiFi	无线局域互联技术。与蓝牙技术一样，使用 2.4GHz 附近的频段，是一种短距离无线互联技术	现场参数配置、监控、QC 数据回收、地震数据回收
ZigBee	基于 IEEE 802.15.4 规范、工作在 2.4GHz 和 868/915MHz 频段、短距离、低复杂度、低速率、低功耗、低成本、自组网的双向无线通信技术。理论上，ZigBee 通信的覆盖面积可无限扩展。主要用于近距离无线连接及距离短、功耗低，并且数据传输速率不高的场合，可以嵌入到各种电子设备中	组网、命令和数据传输（中继）、现场监控、QC 数据回收
LoRa	一种低功耗局域网无线标准或物理层的协议，也是物联网（IoT）的无线平台，采用基于线性调频扩频技术实现远距离无线传输，具有远距离、低功耗、多节点、低成本的特性。由于其广泛的覆盖能力而被用作无线广域网，实现低功耗、低数据传输速率和长距离无线系统，非常适用于节点间的 P2P 通信	组网、命令和数据传输、现场监控、QC 数据回收
TransferJet	一种类似于近场通信的近距离无线数据传输技术，采用电感磁场原理让两个贴近的电子装置以点对点方式高速交换数据，让他人无法干扰或复制。4.48GHz 频段、运行在 560MHz 频带，数据传输速率可达 375Mb/s	现场参数配置、数据（地震数据、QC 数据）高速下载
RFID	无接触自动识别技术。利用射频信号及其空间耦合、传输特性，实现对静止或移动中的待识别物品的自动识别。典型运行频段：125kHz、225kHz、13.56MHz、433MHz、868MHz、915MHz、2.45GHz、5.8GHz	部件（节点单元/采集站等）的跟踪与自动化管理
BDS（北斗）	中国自主建设运行的全球卫星导航系统，为全球用户提供全天候、全天时、高精度的定位、导航和授时服务的重要时空基础设施	各部件（节点单元/采集站等）的授时、定位
万兆以太网		地震数据批量下载

2.2.1 蓝牙

蓝牙（Bluetooth）技术是最早应用于地震仪器的一种短距离无线网络通信技术，主要用于手持设备或移动设备（包括掌上电脑、手机、无人机及车载设备）对节点单元的近距离控制与数据回收，例如参数配置、状态监控和数据下载，以加强地震数据采集过程中的质量控制，并提高节点地震仪器应用的灵活性，从而提高生产效率。目前蓝牙技术分为两种：一种是Bluetooth Classic（蓝牙经典版），也称为Bluetooth BR/EDR（基本速率/增强数据速率），这是一种低功率无线电，支持点对点设备通信，主要用于野外（现场）对节点单元的参数配置或点对点的状态数据回收和地震数据下载；另外一种是为低功率应用场景需求而设计的Bluetooth LE（BLE），支持多种通信拓扑结构，即点对点、点对多点或广播等模式，以满足不同应用场景的需求。在节点地震仪器中，BLE 主要采用网格网创建大规模的节点单元网络传输节点单元的状态信息。为了缩短配对或连接的时间，提高通信效率，大多采用点对多点或广播模式。Bluetooth LE 和 Bluetooth BR/EDR 的主要性能指标见表 2-2，蓝牙设备通信拓扑示意图如图 2-11 所示。

表 2-2　Bluetooth LE 和 Bluetooth BR/EDR 的主要性能指标

参数	Bluetooth LE	Bluetooth BR/EDR
频带	2.4GHz ISM 频段（现用 2.402～2.480GHz）	2.4GHz ISM 频段（现用 2.402～2.480GHz）
频道	40 个通道，间隔 2MHz（3 个广播通道/37 个数据通道）	79 个自适应跳频信道，间隔 1MHz
频道使用	跳频扩频（FHSS）	跳频扩频（FHSS）
调制	GFSK	GFSK，π/4DQPSK，8DPSK
传输速率	125kb/s，500kb/s，1Mb/s，2Mb/s	1Mb/s，2Mb/s，3Mb/s
数据速率	LE 2M 物理层：2Mb/s LE 1M 物理：1Mb/s LE 编码 PHY（S=2）：500kb/s LE 编码 PHY（S=8）：125kb/s	EDR PHY（8DPSK）：3Mb/s EDR PHY（π/4DQPSK）：2Mb/s BR PHY（GFSK）：1Mb/s
发射功率	≤100mW（+20dBm）	≤100mW（+20dBm）
接收灵敏度	LE 2M 物理层：≤-70dBm LE 1M 物理：≤-70dBm LE 编码 PHY（S=2）：≤-75dBm LE 编码 PHY（S=8）：≤-82dBm	≤-70dBm
数据传输	面向异步连接 面向等时连接 异步无连接 同步无连接 等时无连接	面向异步连接 面向同步连接
通信拓扑	点对点（包括微微网）、广播、网格网	点对点（包括微微网）
定位功能	展示：广播 方向：测向（AoA/AoD） 距离：RSSI、HADM（即将到来）	无
应用领域	音频流媒体、数据传输、位置服务、设备网络	音频流媒体、数据传输

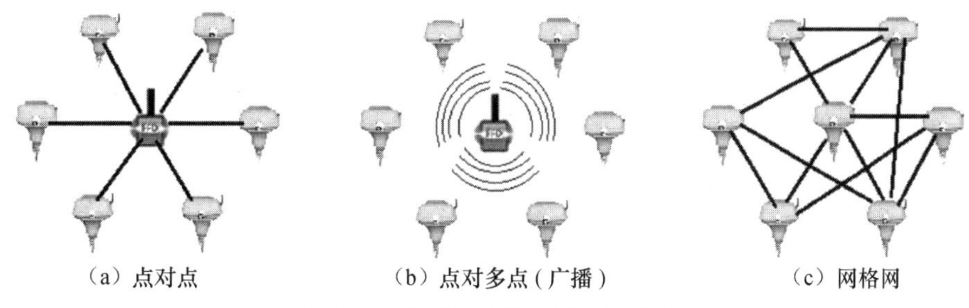

图 2-11　蓝牙设备通信拓扑示意图

典型的高性能蓝牙芯片介绍如下。

（1）蓝牙芯片 RSL15

RSL15 是 Onsemi 公司推出的一款基于 ARM Cortex-M33 处理器、BLE5.2 技术的超低功耗蓝牙微控制器，具有内置电源管理、宽电源电压范围、灵活的 GPIO 和时钟方案以及广泛的外设，为高性能和超低功耗应用提供了最大的设计灵活性。RSL15 的主要特性如下。

① BLE 5.2 关键功能认证：

- 最多 10 个同时连接数；
- 兼容 BLE4.0、BLE4.1、BLE4.2、BLE5.0 和 BLE5.1。

② 超低功耗运行。

- 休眠模式（GPIO 唤醒）@3V VBAT：36nA。
- 休眠模式（晶体振荡器、RTC 定时器唤醒）@3V VBAT，81nA。
- 智能感应模式允许一些数字和模拟外设保持活动状态，以非常低的系统功耗来监测和获取外部传感器的数据。
- 智能感应模式下的连续 ADC 操作，ADC 阈值唤醒@3V VBAT：186nA。
- 峰值接收电流 1Mb/s@3V VBAT：2.7mA。
- 峰值发射电流 0dBm 输出功率@3V VBAT：4.3mA。
- 以 5s 为间隔的不可连接广播@3V VBAT：1.1A（平均）。
- 以 5s 为间隔的可连接广播@3V VBAT：1.3A（平均）。

③ 接收灵敏度（BLE 技术）：-96dBm@1Mb/s，-94dBm@2Mb/s。

④ 可配置的发射功率：-17～+6dBm。

⑤ 62.5kb/s 至 2000kb/s 的数据传输速率。

（2）低功耗蓝牙收发模组 ISP1507

ISP1507 是一个完整的 BLE 4.2 模块，采用了小型系统内包（SiP）格式，基于 Nordic Semi 公司的 nRF52832 芯片组，包括电源、匹配晶振和集成天线，集成了 64MHz ARM Cortex-M4 处理器、512KB 闪存、64KB RAM、USB、ARM CryptoCell 和其他外设接口，如 SPI、UART、I²C 和 GPIO 等。ISP1507 的功能框图如图 2-12 所示。

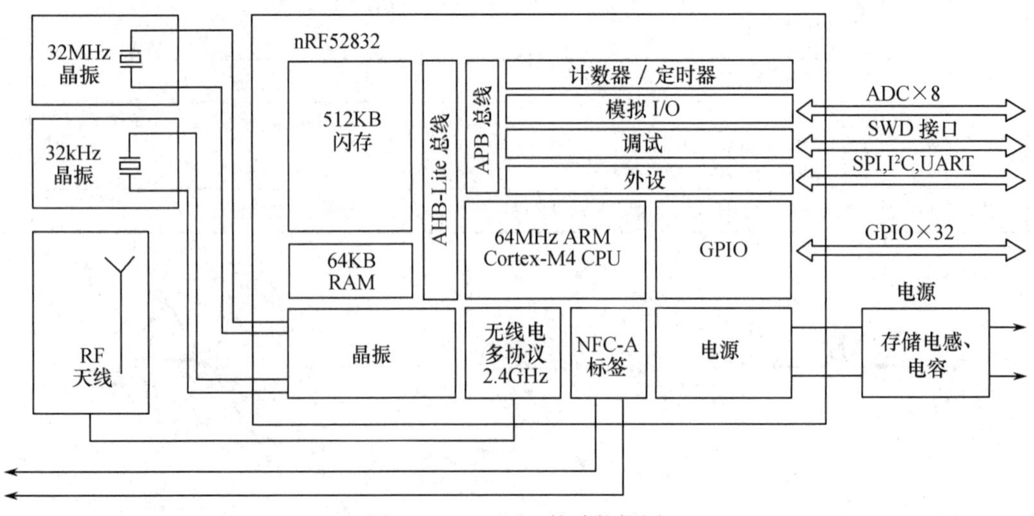

图 2-12　ISP1507 的功能框图

（3）AIROC CYW20835 低功耗蓝牙片上系统（SoC）

Infineon（英飞凌）公司推出的 AIROC CYW20835 片上系统集 ARM Cortex-M4 处理器、BLE 无线通信技术支持于一体，可支持蓝牙网格网。AIROC CYW20835 的功能框图如图 2-13 所示，其主要特性如下：

① 符合 2Mb/s 的 BLE5.2 核心规范；

② 支持基本速率和低功耗蓝牙；

③ 94.5dBm 接收灵敏度（BLE）；

④ 用于 BLE 的 12dBm 射频输出；

⑤ HID-Off 模式下的 1μA 电流；

⑥ 384KB 内存，2MB ROM；

⑦ 带浮点单元的 96MHz ARM Cortex-M4。

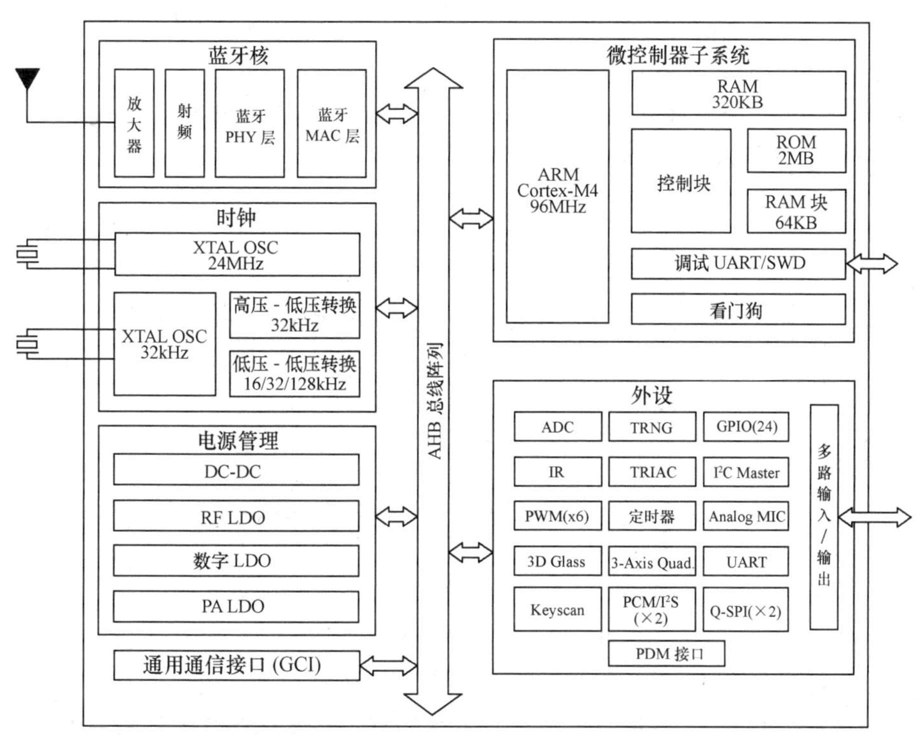

图 2-13　AIROC CYW20835 的功能框图

（4）蓝牙 Smart Ready 控制器 CC256x

TI（德州仪器）公司推出的 CC256x 是一款完整的蓝牙 BR/EDR/LE 解决方案，集成了基于 TI 的第七代蓝牙内核。与微控制器（MCU）配合使用时，与其他 BLE 解决方案相比，该控制器提供同类最佳的 RF 性能。CC256x 的功能框图如图 2-14 所示，其主要特性如下。

① BLE 功能：

- 支持最多 10 个（CC2564B）连接；
- 紧密耦合的多个嗅探实例实现最低功耗；
- BLE 的独立缓冲允许大量多个连接而不影响蓝牙 BR/EDR 性能；
- 内置共存和优先级处理用于 BR /EDR 和 LE。

② 最佳的 RF 性能：

- 1 类 TX 功率高达+10dBm；
- 典型的 95dBm RX 灵敏度；
- 内部温度检测和补偿，无须外部校准；
- 改进的自适应跳频（AFH）算法，具有最小适应时间；
- 提供更长的通信范围，优于其他 BLE 解决方案。

③ 高级电源管理，延长电池寿命和易于设计：

- 片上电源管理，包括直接连接到电池；
- 低功耗，用于活动、待机、扫描和扫描蓝牙模式；
- 关机和睡眠最小化功耗的模式消耗。

④ 物理接口：

- 支持最大蓝牙数据的 UART 接口速率；
- UART 传输层（H4），最大传输速率为 4Mb/s；
- 三线 UART 传输层（H5），最大传输速率为 4Mb/s（CC2560B 和 CC2564B）；
- 完全可编程数字 PCM/I²S 编/解码器接口。

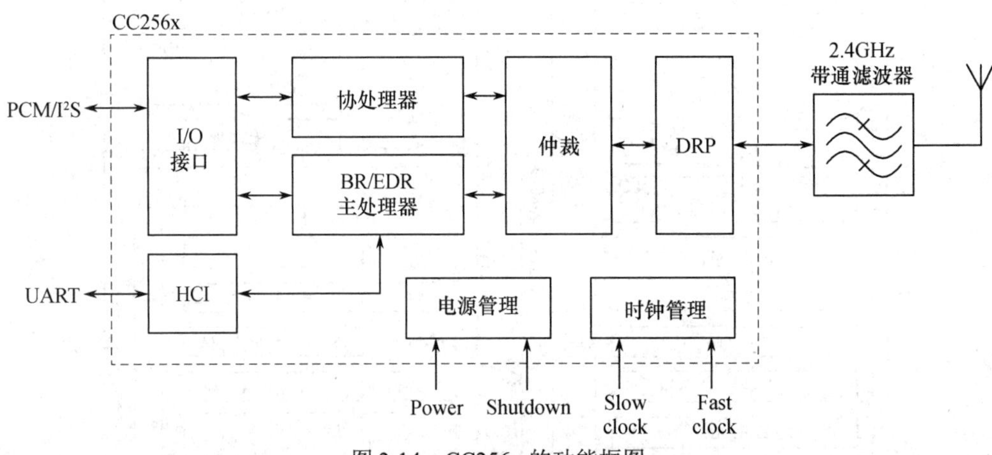

图 2-14　CC256x 的功能框图

（5）低功耗蓝牙系统级芯片 nRF52840

Nordic 公司发布的 nRF52840 具有高端的安全特性，包括在芯片上安装 ARM 加密单元和完整的 AES 128 位加密套件，以实现安全的最佳性能。此外，nRF52840 具有低功耗蓝牙和 Thread 动态多协议功能，即同时支持 S140 协议栈和 OpenThread RF 协议栈。其主要特性如下：

- 支持 Thread 无线通信协议；
- 支持 BLE 5.0；
- 支持 BLE 5.0 的数据传输速率，即 125kb/s，500kb/s，2Mb/s，1Mb/s；
- 32 位 ARM Cortex-M4 F 处理器，64MHz 时钟；
- 高速 2Mb/s 数据传输速率；
- 高达 104dB 的链路预算；
- 全速 12Mb/s USB 控制器；
- 片上 NFC-A 标签；

- 独立于协议栈的应用程序开发；
- 输出功率－20～8dBm；
- 接收灵敏度－96dBm；
- 与 nRF52、nRF51、nRF24L、nRF24AP 系列兼容；
- ARM Trust Zone CryptoCell 310 密码加速器；
- 宽供电电压范围，1.7～5.5V；
- SPI / UART / PWM 接口；
- 32Mb/s 高速 SPI 接口；
- 所有的数字接口都支持 EasyDMA；
- 12 位 / 200kSa/s ADC；
- 128 位 AES / ECB / CCM / AAR 协处理器；
- 单端天线输出；
- 片上 DC-DC 降压变换器；
- 正交解码器（QDEC）；
- 所有的外设模块都支持独立电源管理；
- 为外部元器件提供高达 25mA 的稳定电流。

2.2.2 WiFi

WiFi 是基于 IEEE 802.11 标准的无线局域网技术，与蓝牙技术一样，同属于短距离无线技术，也是一种网络传输标准。WiFi 的网络组成包括站点（STAtion，STA，也称终端设备、客户端等）、无线介质（Wireless Medium，WM）、接入点（Access Point，AP，也称“网桥”，俗称“热点”）和分布式系统（Distribution System，DS）。WiFi 网络组成结构示意图如图 2-15 所示。其中，STA 是 WiFi 最基本的组成单位，用于接收目的信息，可以是移动设备，也可以是固定设备；WM 是 WiFi 技术使用的传输介质，负责 STA 与 AP、STA 与 STA 之间的数据交换；AP 的全称为“无线访问接入点”，主要在介质访问控制（MAC）层中扮演无线工作站及有线局域网络的桥梁，除将同一个基本服务集（Basic Service Set，BSS，也称基本业务组）中的 STA 连接到一起实现通信外，还可以连接有线网和无线网；DS 通过以太网或使用无线介质将多个 BSS 组成一个扩展网络，这些 BSS 中的 AP 可以相互通信，大大提高了整个体系的灵活性，增加了无线网络的覆盖范围。

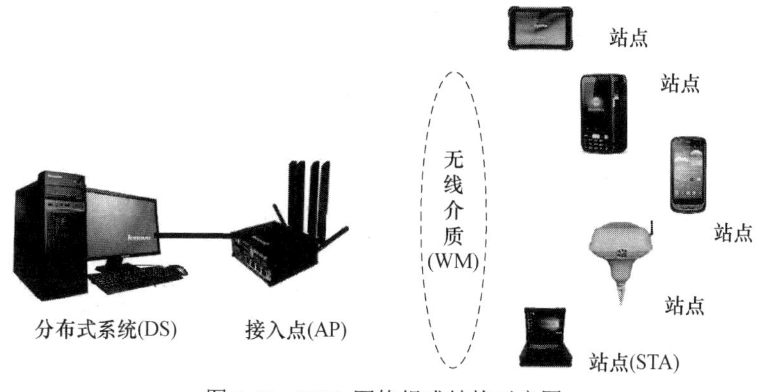

图 2-15　WiFi 网络组成结构示意图

WiFi 是 IEEE 定义的无线网技术，在 IEEE 官方定义 802.11 标准时选择并认定了该无线网技术。WiFi 联盟是全球 WiFi 通信的国际倡导者，其目标是使用基于 WiFi 标准的网络技术展开协作，共同促进和推广开放式无线通信。IEEE 负责制定标准，规定 WiFi 必须遵守的技术规范。WiFi 联盟根据这些规范制定测试计划、服务及认证计划，确保 WiFi 产品符合相互兼容的规范指南并提供预期的性能和功能。

IEEE 802.11 没有具体定义分布式系统，只是定义了分布式系统应该提供的服务。整个无线局域网定义了 9 种服务，5 种服务属于分布式系统的任务（分别为连接、结束连接、分配、集成、再连接），4 种服务属于站点的任务（分别为鉴权、结束鉴权、隐私、MAC 数据传输）。IEEE 802.11 只负责在站点使用的无线介质上的寻址。分布式系统和其他局域网的寻址不属于无线局域网的范围。随着第六代 WiFi 标准 IEEE 802.11ax 标准的发布，WiFi 联盟将其定义为 WiFi 6，从这个标准起，将原来的 IEEE 802.11a/b/g/n/ac 依次命名为 WiFi 1/2/3/4/5。2.4GHz 频段支持 IEEE 802.11b/g/n/ax 标准，5GHz 频段支持 IEEE 802.11a/n/ac/ax 标准，而 IEEE 802.11n/ax 可同时工作在 2.4GHz 和 5GHz 频段，所以这两个标准兼容双频工作。WiFi 标准的版本及对应的参数、特点见表 2-3。节点地震仪器一般使用该技术作为对节点采集站的监控，包括对采集站进行参数配置、控制其工作或运行、回收采集站的状态信息及采集的地震数据。

表 2-3　WiFi 标准的版本及对应的参数、特点

版本	标准（IEEE）	最高速率	工作频段	采用技术*	发布时间
WiFi 0	802.11	2Mb/s	2.4GHz	MM、FEC、IA	1997 年
WiFi 1	802.11a	54Mb/s	5GHz		1999 年
WiFi 2	802.11b	11Mb/s	2.4GHz	DSSS、FHSS	1999 年
WiFi 3	802.11g	54Mb/s	2.4GHz	OFDM、CCK	2003 年
WiFi 4	802.11n	600Mb/s	2.4GHz 或 5GHz	BF、MCS、MIMO	2009 年
WiFi 5	802.11ac	1Gb/s	5GHz	MU-MIMO SU-MIMO、256QAM	2013 年
WiFi 6	802.11ax	11Gb/s	2.4GHz 或 5GHz	OFDMA、8×8 MIMO、1024QAM、160MHz 信道	2019 年

另外，WiFi 使用的 2.4GHz 频段，是指 2.4～2.4835GHz 这个频段范围，而不是 2.4GHz 这一特定的频率。同理，5GHz 是指 5.15～5.85GHz 的频段范围。根据 WiFi 的标准不同，每个信道的频宽从 1～160MHz 不等，主流的 WiFi 标准从 IEEE 802.11b 到 IEEE 802.11ax，主要的无线电调制技术有三种：DSSS、FHSS 和 OFDM。2.4GHz 频带被划分成 14 个信道，每个信道的中心频率点参见表 2-4。目前主流的无线 WiFi 设备一般都支持第 1～13 信道，第 14 信道仅日本在 IEEE 802.11b 支持，美国不支持第 12 和第 13 信道，以色列仅支持第 3～9 信道。

表 2-4　WiFi 标准 2.4GHz 频段信道划分

信道号	1	2	3	4	5	6	7	8	9	10	11	12	13	14
信道中心频率点/MHz	2412	2417	2422	2427	2432	2437	2442	2447	2452	2457	2462	2467	2472	2484
图示	信道 1 2 3 4 5 6 7 8 9 10 11 12 13 14；2.402GHz；22MHz；2.483GHz													

IEEE 802.11 协议规定了 BSS 和 ESS（Extended Service Set，扩展服务集）两种结构。其中，BSS 又分基础结构模式（Infrastructure Mode）和自组网模式（Adaptive Heuristic for opponent classification，Ad Hoc）两种模式。基础结构模式如图 2-16 所示，该模式包括至少一个接入点（AP）、若干个终端设备（STA）。一个 AP 和若干个 STA 组成 BSS，两个或者多个 BSS 构成 ESS。

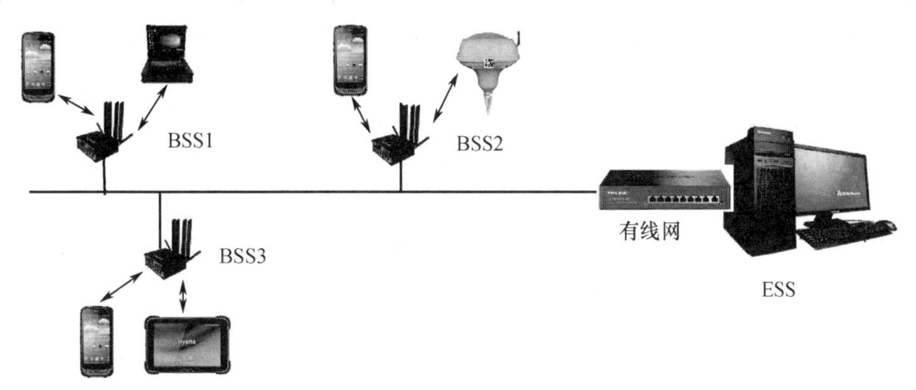

图 2-16　基础结构模式

自组网模式（Ad Hoc）又称为点对点模式，是一种无中心的自组织无线网络。如图 2-17 所示，该模式网络由若干 STA 组成临时性网络，各个 STA 之间可以直接通信，即网络中每个节点都是移动的，都能以任意方式动态地保持与其他节点的联系，整个网络没有固定的基础设施。

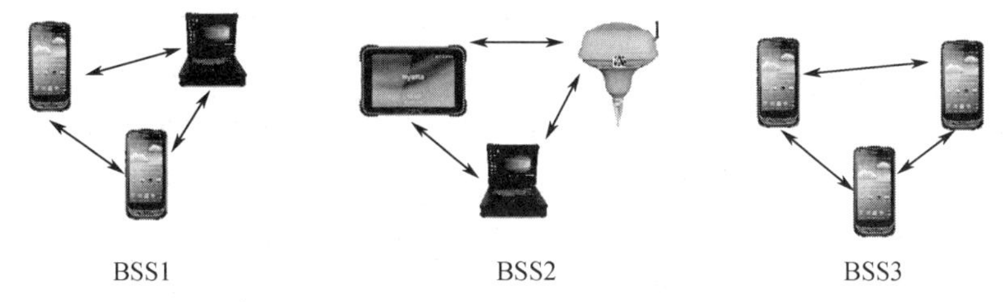

图 2-17　自组网模式

目前，成熟的 WiFi 组网方案有无线扩展器、无线桥接、有线级联、电力猫、AC 加 AP、Mesh 6 种（见表 2-5）。随着 5G 信号、WiFi 6 的普及，更多地采用 AC 加 AP 和 Mesh 这两种组网方式。

表 2-5　6 种 WiFi 组网方案对比

对比项目	无线扩展器组网	无线桥接组网	有线级联组网	电力猫组网	AC 加 AP 组网	Mesh 组网
连接方式	无线	无线	网线	网线	电力线	无线/有线
配置与调试	无	复杂	复杂	复杂	无	一般
稳定性	良	良	优	优	优	优
扩展性	不宜过多	不宜过多	无限制	取决于 AC	不大于 7 个	不宜过多
网线布置	否	否	是	是	否	否
成本	低	低	中	高	中	高

无线扩展器组网：将 IEEE 802.11 网络信号通过放大扩展范围，用于信号较弱的地方，将无线路由器信号增强，和原有网络组建成漫游网络。这种组网方案的优点是可方便、快速地解

决信号弱的问题；缺点是扩展器在同一个信道上接收和转发，传输速率降低，且同一个路由器下挂载的扩展器不宜过多。

无线桥接组网：两个路由器通过无线连接，其中一个作为中继器，终端连接中继器信号进行上网。

有线级联组网：采用网线连接交换机或路由器的方式来扩展接口数量或无线网络信号范围。路由器的级联方式有两种，分别是 LAN 连接 WAN 和 LAN 连接 LAN，可以实现整个网络只有一个无线信号。

电力猫组网：这是一种扩大有线、无线网络范围最简单的方式。电力猫是一个 PLC 设备，它采用 IEEE 802.11n 标准，支持主流 HomePlug AV 和 IEEE 1901 标准，电力线传输速率可达 200Mb/s。

AC（接入控制器）加 AP 组网：这种网络系统实际上由路由器、AC 控制器、PoE 交换机和 AP 组成。AP 是网络信号发射点和无线接入点，提供稳定的信号，实现无缝漫游（注：带有路由功能的 AP，可以单独使用）。

Mesh 组网：也称为无线网格网络，可以实现有线和无线的混合使用（通过有线或无线方式扩展 Mesh）。Mesh 系统可根据网络情况，自动调整节点路由使网络保持在最优状态，从而做到无缝漫游。

尽管 WiFi 可用于全球设备的局域网和全球互联网接入，但每个国家/地区对使用的 WiFi 频率、允许的 WiFi 信道和最大允许传输功率（EIRP）有不同的要求，不同的 WiFi 无线电频段也使用不同的监管功率限制。欧盟与美国在 2.4GHz 和 5GHz 时 WiFi 最高功率限制见表 2-6。

表 2-6　欧盟与美国在 2.4GHz 和 5GHz 时 WiFi 最高功率限制

最大功率频段	ETSI（欧洲电信标准协会）	FCC（美国联邦通信委员会）
接入点在 2.4GHz 时	20dBm（100mW）	30dBm（1W）
接入点在 5GHz 时	U-NII-1（无 TCP/DFS）：23dBm（200mW）	U-NII-1 接入点：30dBm（1W）
	U-NII-2A（无 TCP）：20dBm（100mW）	U-NII-1 客户端设备：24dBm（250mW）
	U-NII-2C（无 TCP/DFS）：20dBm（100mW）	U-NII-2A 和 U-NII-2C：23dBm（200mW）
	U-NII-3（SRD）：14dBm（25mW）	U-NII-3：30dBm（1W）

WiFi HaLow 是 WiFi 联盟在 WiFi 的基础上推出的另一种开放标准的无线网络技术，是一种安全、节能的星形网络拓扑结构，可以实现 1km 以内距离的通信。WiFi HaLow 通过 WiFi 技术实现了中短程高速视频流及远距离数据传输的强大性能。WiFi HaLow 运行在 850～950MHz，此频段运行时信号传播更远，且可以穿透墙壁和障碍物；而标准 WiFi 使用 2.4GHz、5GHz 或 6GHz 等更高无线频率，实现短距离内高吞吐量的数据传输，如图 2-18 所示。WiFi HaLow 标准不仅扩展了 WiFi 的范围，还降低了功耗，从而延长了电池寿命，大大降低了偏远地区或难以到达地区的运营维护成本。WiFi HaLow 的数据传输速率达到数十 Mb/s，使之成为唯一能够在网络上传输视频的协议（见表 2-7）。因此，WiFi HaLow 在市场上众多的其他低功耗广域网（LPWAN）中脱颖而出。WiFi HaLow 的主要优势包括：

- 基于 IEEE 802.11ah 的开放标准；
- 星形网络拓扑结构，亚 GHz 范围运行；
- 支持远距离传输，最远可达 1km，该距离是目前 WiFi 的 10 倍；
- 信号可以穿透墙壁和障碍物；

● 根据不同的应用，电池寿命可达 5 年以上；
● 无须专有的集线器或网关就能接入互联网；
● 基于 WPA3 和 WiFi Enhanced Open 的内置安全性；
● 链接数据速率在远距离（>1km）时可达 150kb/s，在 1m 左右的短距离时可达 86.7Mb/s。

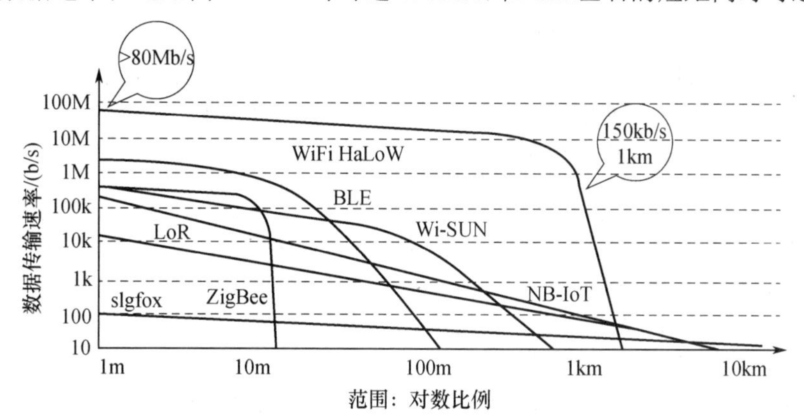

图 2-18 WiFi HaLow 不同距离传输数据速率对比

表 2-7 WiFi HaLow 与其他 LPWAN 技术的比较（来源：摩尔斯微电子）

标准	WiFi HaLow	IEEE 802.11n	LoRa	Sigfox	NB-IoT
电源效率	高	高	低	低	低
闲置功耗	低	高	低	低	低
数据传输速率	150kb/s～86.7Mb/s	6.5～600Mb/s	100b/s～50kb/s	150～600kb/s	20～25kb/s
通信范围	1km	100m	10km	10km	10km
安全性	最好	最好	差	差	好
频谱许可	免许可	免许可	免许可	免许可	需要许可
本地 IP 支持	是	是	否	否	是（有限）

2.2.3 ZigBee

ZigBee，也称紫蜂，名字的灵感来源于蜂群的交流方式，之前常被称为“HomeRF Lite”无线技术、“RF-EasyLink”或“fireFly”无线电技术。ZigBee 是一种新兴的短距离、低复杂度、低速率、低功耗、低成本的双向无线通信技术，是一种介于无线标记技术和蓝牙技术之间的技术，主要用于近距离无线连接及距离短、功耗低，并且数据传输速率不高的场合，可以嵌入到各种电子设备中。它依托专门（自己）的无线电标准在数千个微小的传感器数据采集点（数字设备或节点设备）之间实现相互协调通信。这些传感器只需要很低的功耗、非常高的通信效率以接力的方式通过无线电波将数据从一个传感器部署点传到另一个传感器部署点，这些数据最终传输到计算机并用于分析或者被另外一种无线技术如 WiMax 收集。ZigBee 协议属于高级通信协议，基于 IEEE 制定的 IEEE 802.15.4 标准（Low Rate Wireless Personal Area Networks，LR-WPAN，低速率无线个人局域网），主要约束了网络的无线协议、通信协议、安全协议和应用需求等内容。ZigBee 数传（数据传输）模块的有效转播速率可达 300kb/s，通信距离从标准的 75m 到几百米，也可扩展到几千米，并且支持无限扩展。理论上，ZigBee 通信的覆盖面积可无限扩展，其低数据速率无法应对高精度勘探中大数据量的传输，但其带路由的自组网功能正被物探装备技术开发人员应用于超大规模节点采集应用场合的设备状态监控。

简单来说，ZigBee 是一种高可靠的无线数传网络，是一个由可多到 65536 个无线数传模块组成的无线数传网络平台，在整个网络范围内，每个 ZigBee 数传模块之间可以相互通信，并且每个 ZigBee 网络节点不仅本身可以作为监控对象（如对其所连接的传感器直接进行数据采集和监控），还可以自动中转其他网络节点传过来的数据，每个网络节点间的距离可以从标准的 75m 无限扩展。ZigBee 主要是为工业现场自动化控制数据传输而建立的，相较于传统网络通信技术，具有简单高效、使用方便、工作可靠、价格低的特点，尤为适用于数据流量偏小的业务，并在固定式、便携式移动终端中便捷安装，实现多种不同数字设备相互间的无线组网通信，或者接入因特网，在物联网领域中越来越受到人们的重视。这种适用于近距离控制与数据回收的无线通信技术，目前已经广泛应用于物探的地震数据采集设备以及物探的重、磁、电等非地震勘探领域中的数据采集设备中。

ZigBee 联盟所制定的标准覆盖了整个开放系统互连（OSI）的七层协议，非常利于厂家的实现。相比于常见的无线通信标准，ZigBee 协议套件紧凑而简单，具体实现的要求较低。因此，在涉及传感器网络/物联网的产品和解决方案时，ZigBee 都被认为是一种成熟的解决方案。ZigBee 设备类型与拓扑关系参见表 2-8。ZigBee 支持星形、树形、网状这 3 种网络拓扑结构。ZigBee 的 3 种组网方式如图 2-19 所示。ZigBee 星形结构可以由一个 ZigBee 协调器和一个或多个（理论上可以高达 65536 个）ZigBee 终端设备构成。网状网络的路由器则可以形成任何源设备到任何目标设备的路径。

表 2-8　ZigBee 设备类型与拓扑关系

设备类型	拓扑类型	是否成为协调器	通信对象
全功能设备 FFD	星形、树形、网状	可以	与任何 ZigBee 设备通信
简化功能设备 RFD	星形结构	不可以	与协调器、路由器通信，不能与终端设备通信

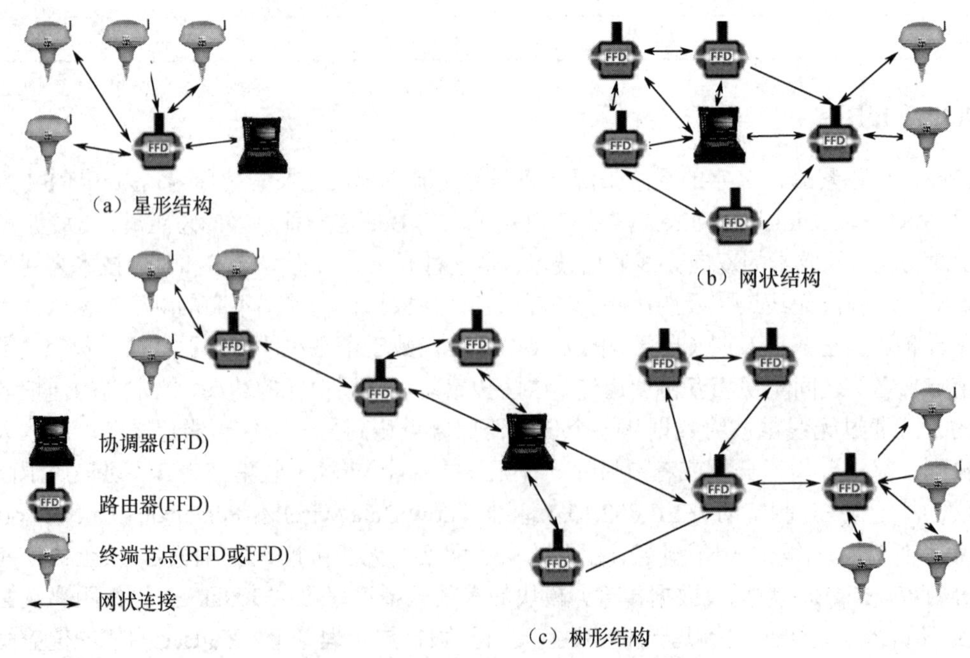

图 2-19　ZigBee 的 3 种组网方式

相较于蓝牙等无线通信技术，ZigBee 技术可有效降低使用成本。ZigBee 技术的特征主要表现为以下方面。

① 低功耗。功耗显著低于其他无线通信技术是 ZigBee 的突出优势。ZigBee 的传输速率低，发射功率仅为 1mW。而且在休眠状态或低耗电待机模式下，其所需的功率将更低。据估算，ZigBee 设备在小功率待机模式下，仅靠两节普通 5 号电池便可持续运行 6～24 个月。相比较而言，蓝牙能工作数周、WiFi 可工作数小时。

② 低成本。ZigBee 协议免专利费，使用免费频段，ZigBee 协议简单，降低了对通信控制器的要求，以 8 位微控制器 8051 测算，全功能主节点需要 32KB 代码，子功能节点则少至 4KB 代码，所以成本较低。

③ 低速率。ZigBee 的传输速率在 10～250kb/s 之间，在 2.4GHz（全球）、915MHz（美国）和 868MHz（欧洲）3 个频段上，分别提供 250kb/s（2.4GHz）、40kb/s（915MHz）和 20kb/s（868MHz）的传输速率，满足低速率传输数据的应用需求。

④ 近距离。相邻节点间的传输距离一般介于 10～100m 之间，在增加发射功率后，也可增加到 1～3km。如果通过路由器和节点间通信的接力，传输距离将可以更远。

⑤ 时延短。ZigBee 的响应速度较快，通信时延、从休眠状态激活的时延都非常短。一般情况下，从休眠状态激活的时延为 15ms，节点连接进入网络（设备搜索时延）只需 30ms，活动设备信道接入的时延为 15ms，进一步节省了电能。相比较而言，蓝牙需要 3～10s，WiFi 需要 3s，因此 ZigBee 技术适用于对时延要求苛刻的无线控制应用（如工业控制场合等）。

⑥ 网络容量大，支持多种网络拓扑。自组网（网络中的任意节点之间都可进行数据通信）和信息容量大的数据传输是 ZigBee 组网的两个鲜明的特点。ZigBee 网络的理论最大节点数是 2^{16}（即 65536）个节点，远超蓝牙的 8 个节点和 WiFi 的 32 个节点。ZigBee 可采用星形、树形和网状结构，由一个主节点管理若干子节点，一个主节点最多可管理 254 个子节点；一个星形结构的 ZigBee 网络最多可以容纳 254 个从设备和一个主设备，一个区域内同时存在的 ZigBee 网络最多可达 100 个。同时，主节点还可由上一层网络节点管理，最多可组成 65000 个节点的大网络。ZigBee 协议在满足条件的情况下，协调器将会自动组网。ZigBee 网络模块终端移动或彼此之间的连接发生变化时，只要它们彼此间在网络模块的通信范围内，网络模块可以通过重新搜索通信对象，彼此自动寻找，很快就可以形成一个互联互通的 ZigBee 网络。

⑦ 可靠、兼容性能强大。ZigBee 的另外一个优点是兼容性能很强大。它采用了高效的碰撞避免机制，为需要固定带宽的通信业务预留了专用时隙，避免在传输数据时发生信号碰撞，产生不稳定的传输。MAC 层采用了完全确认的数据传输模式，较好地保障了数据的安全传输。

⑧ 较高的数据安全性。ZigBee 的安全性源于其系统性的设计，ZigBee 提供了基于循环冗余校验（CRC）的数据包完整性检查和语音功能，支持鉴权和认证，采用了 AES（高级加密系统）-128 的加密算法，每个应用程序都可以灵活地确定其安全属性。ZigBee 可实现十分完备的检测功能，在应用 ZigBee 时需进行反复的检验流程，确保 ZigBee 的安全可靠性。ZigBee 具备双向通信的能力，不仅能发送命令到设备，同时设备也会把执行状态和相关数据反馈回来。

⑨ 免执照频段。使用工业、科学、医疗（ISM）频段：915MHz（美国），868MHz（欧洲），2.4GHz（全球）。

⑩ ZigBee 的可维护性好。ZigBee 自组网是一种静态常连接的方式，一旦组好网后，设备

不会轻易断开，即使设备关机了，下次开机还在网络中，不需要重新设置。另外，ZigBee 是 Mesh 网络，设备和设备之间可以绕开网关直接通信，因此 ZigBee 很适合一些无人值守的场所。

典型的 ZigBee 芯片如下。

（1）ADI 公司的 SmartMesh IP 无线解决方案（LTC5800-WHM）

SmartMesh IP 无线解决方案（属于 Dust Networks 产品系列）是各类嵌入式芯片预先认证的 PCB 模块，配有经全面开发和现场验证的智能无线网状网络软件。SmartMesh IP 网络具有超低功耗和超高数据可靠性（>99.999%），可实现安全的无线通信，其网络拓扑如图 2-20 所示。

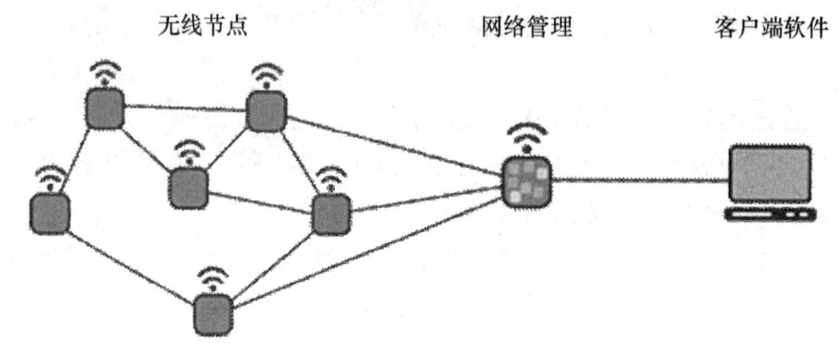

图 2-20　SmartMesh IP 网络拓扑图

LTC5800-WHM，采用 Dust Networks 产品高度集成的低功耗无线电设计，以及运行 Dust 嵌入式 SmartMesh 无线 HART 网络软件的 32 位 ARM Cortex-M3 微处理器，具有片上功率放大器（PA）和收发器，只需要电源去耦、晶振和带匹配电路的天线即可创建完整的无线节点。LTC5800-WHM 的功能框图及典型应用如图 2-21 所示，其主要特性如下。

① 具有用于形成自愈网状网络完整的无线电收发器、嵌入式处理器和网络软件。

② 符合无线 HART（IEC62591）标准。

③ SmartMesh 网络包括：

- 时间同步网络范围调度；
- 自适应随机跳频；
- 冗余空间分散拓扑；
- 全网可靠性和功率优化；
- NIST 认证安全。

④ SmartMesh 网络提供：

- 最具挑战性的动态 RF 环境中实现大于 99.999%的网络可靠性；
- Sub 50μA 路由节点。

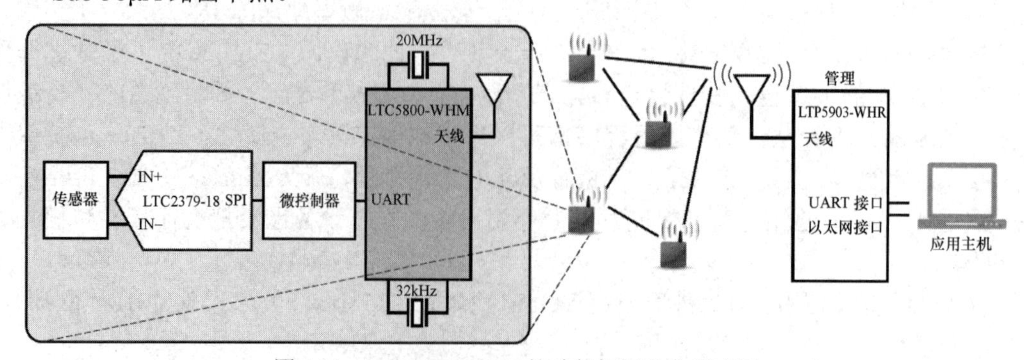

图 2-21　LTC5800-WHM 的功能框图及典型应用

⑤ 业界领先的低功率无线电技术，具有：

● 4.5mA 用于接收数据包；

● 5.4mA 以 0dBm 传输；

● 9.7mA 以 8dBm 传输。

（2）具有 8KB RAM 的无线 MCU：CC2530

TI（德州仪器）公司生产的 CC2530 是用于 2.4GHz IEEE 802.15.4、ZigBee 和 RF4CE 的片上系统（SoC）解决方案。CC2530 结合了领先的 RF 收发器的优良性能，业界标准的增强型 8051 CPU，系统内可编程闪存，8KB RAM 和许多其他强大的功能，其主要特性如下。

① RF/布局：

● 适应 2.4GHz IEEE 802.15.4 的 RF 收发器；

● 极高的接收灵敏度和抗干扰性能；

● 可编程的输出功率，高达 4.5dBm；

● 只需极少的外接元件和一个晶振，即可满足网状网络的需要；

● 符合世界范围的无线电频率法规：ETSI EN 300 328 和 EN 300440（欧洲）、FCC CFR47 第 15 部分（美国）和 ARIB STD-T-66（日本）。

② 低功耗。

● 主动模式 RX（CPU 空闲）：24mA。

● 主动模式 TX 在 1dBm（CPU 空闲）：29mA。

● 供电模式 1（4μs 唤醒）：0.2mA。

● 供电模式 2（睡眠定时器运行）：1μA。

● 供电模式 3（外部中断）：0.4μA。

● 宽电源电压范围（2～3.6V）。

③ 微控制器：

● 具有代码预取功能的低功耗 8051 微控制器内核；

● 32KB、64KB 或 128KB 系统内可编程闪存；

● 8KB RAM，具备在各种供电方式下的数据保持能力；

● 支持硬件调试。

④ 外设：

● 具有强大的 5 通道 DMA；

● IEEE 802.15.4 MAC 定时器和通用定时器（一个 16 位定时器，两个 8 位定时器）；

● 具有捕获功能的 32kHz 睡眠定时器；

● 硬件支持 CSMA/CA；

● 支持精确的数字化 RSSI/LQI；

● 具有电池监视器和温度传感器；

● 具有 8 路输入和可配置分辨率的 12 位 ADC；

● AES 安全协处理器；

● 2 个支持多种串行通信协议的强大 USART；

● 21 个通用 I/O 引脚（19×4mA，2×20mA）；

● 看门狗定时器。

（3）SimpleLink 多标准无线 MCU：CC2650

CC2650 属于 CC26xx 系列的经济高效型超低功耗 2.4GHz RF 器件，是一款面向蓝牙、ZigBee 和 6LoWPAN，以及 ZigBee RF4CE 远程控制应用的无线 MCU，具有极低的有源 RF 和 MCU 电流，可确保卓越的电池使用寿命。其主要特性如下。

① 微控制器：

- ARM Cortex-M3；
- 高达 48MHz 的时钟速度；
- 128KB 系统内可编程闪存；
- 8KB 静态 RAM（SRAM）；
- 20KB 超低泄露 SRAM；
- 2 引脚 cJTAG 和 JTAG 调试；
- 支持无线升级（OTA）。

② 超低功耗传感器控制器：

- 可独立于系统其余部分自主运行；
- 16 位架构；
- 存储代码和数据的 2KB 超低泄露 SRAM。

③ 高效代码尺寸架构：

- 只读存储器（ROM）中装载驱动程序；
- 蓝牙低能耗控制器；
- IEEE 802.15.4 MAC 和引导加载程序。

④ 外设：

- 所有数字外设引脚均可连接任意 GPIO；
- 4 个通用定时器模块（8×16 位或 4×32 位，均采用脉宽调制）；
- 12 位 ADC，200MSa/s、8 通道模拟多路复用器；
- 持续时间比较器；
- 超低功耗模拟比较器；
- 可编程电流源；
- 2 个同步串行接口（SSI）；
- I^2C、I^2S；
- 实时时钟（RTC）；
- AES-128 安全模块；
- 真随机数发生器（TRNG）；
- 10 个、15 个或 31 个 GPIO，具体取决于所用封装；
- 支持 8 个电容感测按钮；
- 集成温度传感器。

⑤ 外部系统：

- 片上内部 DC-DC 转换器；
- 无缝集成 SimpleLink CC2590 和 CC2592。

⑥ 低功耗、宽电源电压范围。

- 正常工作电压：1.8～3.8V。

- 外部稳压器模式：1.7～1.95V。
- 有源模式 RX：5.9mA。
- 有源模式 TX：6.1mA（0dBm）、9.1mA（+5dBm）。
- 有源模式 MCU：61μA/MHz。
- 有源模式传感器控制器：8.2μA/MHz。
- 待机电流：1μA（RTC 运行，RAM/CPU 保持）。
- 关断电流：100nA（发生外部事件时唤醒）。

⑦ 射频（RF）部分：

- 2.4GHz RF 收发器，符合 BLE4.1 规范及 IEEE 802.15.4 PHY 和 MAC 层；
- 出色的接收器灵敏度（BLE 对应–97dBm，IEEE 802.15.4 对应–100dBm）、可选择性和阻断性能；
- 102dB/105dB（BLE/IEEE 802.15.4）的链路预算；
- 最高达+5dBm 的可编程输出功率；
- 单端或差分 RF 接口。

2.2.4 LoRa

LoRa 是诸多低功耗广域网（Low-Power Wide-Area Network，LPWAN）通信技术中的一种基于扩频技术的超远距离无线传输方案，实际上是物联网（IoT）的无线平台，最早由美国 Semtech 公司采用和推广。“LoRa”意为远距离无线电（Long Range Radio），其目的是解决功耗与传输覆盖距离的矛盾问题。一般情况下，低功耗则传输距离近，高功耗则传输距离远，而 LoRa 这一方案改变了以往传输距离与功耗的折中方式，提供了实现远距离、低功耗（长电池寿命）、大容量的简单系统，其最大特点就是在同样的功耗条件下比其他无线方式传播的距离更远，比传统的无线射频通信距离扩大 3～5 倍，实现了低功耗和远距离的统一。节点地震仪器采用 LoRa 技术对节点单元进行远程控制（包括参数配置）和 QC 或状态数据回收，实现地震数据采集的过程控制。

LoRa 联盟发布的 LoRaWAN（低功耗广域网）通信协议是基于开源 MAC 层协议的低功耗广域网通信协议，采用自下而上的设计方法，定义了网络的通信协议和系统架构，即定义了基于 LoRa 芯片的 LPWAN 技术的通信协议，在数据链路层定义了介质访问控制（MAC），可为用户提供一种实现远距离、低功耗无线通信的手段，LoRaWAN 通信协议于 2021 年被 ITU 正式认可为全球物联网标准。LoRa 技术具有相对独立、远距离、低功耗、多节点、低成本的特性，能够对远距离的双向通信提供安全的数据传输，并且覆盖区域使用的网络基础设施少，能在保证更远距离传输的同时，最大限度地降低功耗，节约传输成本。因此，LoRaWAN 由于其广泛的覆盖能力而被用作广域网（WAN）的无线网络，非常适用于节点间的 P2P 通信。LoRa 技术的主要优势体现在以下方面。

① 改善了接收灵敏度，降低了功耗：高达 157dB 的链路预算使其通信距离可达 15km（与环境有关）。其接收电流仅 10mA，睡眠电流 200nA，大大提高了电池的使用时间。

② 基于该技术的网关/集中器支持多信道多数据传输速率的并行处理，系统容量大：网关是节点与 IP 网络之间的桥梁，每个网关每天可以处理 500 万次各节点之间的通信（假设每次发送 10B，网络占用率 10%）。如果把网关安装在现有移动通信基站的位置，发射功率 20dBm（100mW），那么在建筑密集的城市环境可以覆盖 2km 左右，而在密度较低的郊区，覆盖范围

可达 10km。

③ 基于终端和网关/集中器的系统可以支持测距和定位：LoRa 技术对距离的测量基于信号的空中传输时间而非传统的 RSSI（Received Signal Strength Indication），而定位则基于多点（网关）对一点（节点）的空中传输时间差的测量。其定位精度可达 5m（假设 10km 的范围）。

LoRaWAN 是一种星形或星形对星形拓扑结构，主要由终端（也称传感器节点，可内置 LoRa 模块）、网关/集中器（或称基站）、中继器（可选）、服务器（包括网络服务器、应用服务器）和云 5 部分组成。LoRaWAN 网络拓扑如图 2-22 所示。

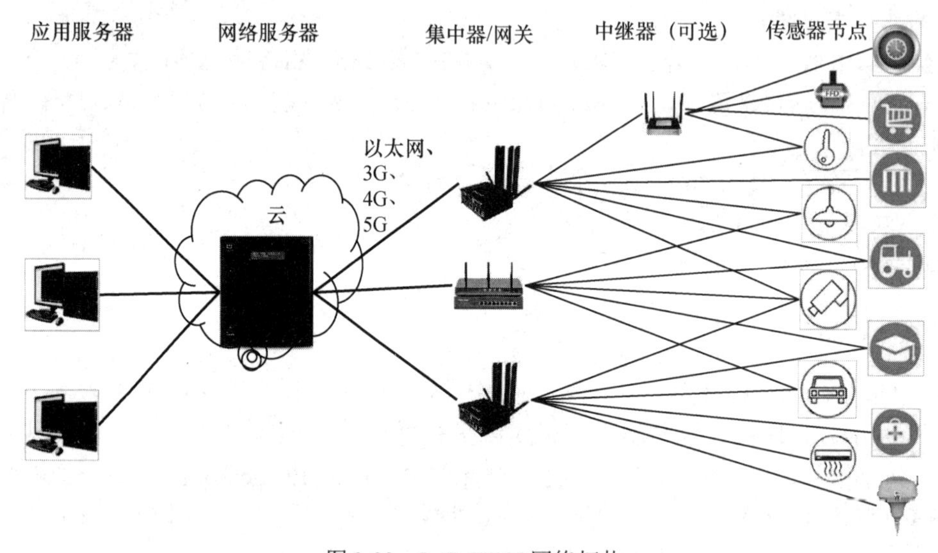

图 2-22 LoRaWAN 网络拓扑

一般来说，传输速率、工作频段和网络拓扑结构是影响系统特性的 3 个主要因素。其中，传输速率的选择将影响系统的传输距离和电池寿命；工作频段的选择要折中考虑频段和系统的设计目标；而在 FSK 系统中，网络拓扑结构的选择是由传输距离要求和系统需要的节点数目来决定的。LoRa 融合了数字扩频、数字信号处理和前向纠错编码技术等只有那些高等级的工业无线电通信才融合的技术，赋予了 LoRa 前所未有的性能，使其能够以低发射功率获得更远的传输距离，致使嵌入式无线通信领域的局面发生了彻底的改变。

典型 LoRa 芯片介绍如下。

（1）LoRa 单芯片 SoC：ASR6501

ASR6501 是在 Semtech 公司授权下，阿里巴巴联合翱捷科技设计出的一款集成低功耗 LoRa 收发器和低功耗 MCU 的单芯片 SoC。ASR6501 具有超小尺寸、超低功耗，采用 Semtech 先进的低功耗 LoRa 收发器 SX1262，并集成一片 32 位 ARM Cortex-M0+低功耗 MCU，集成 LoRaWAN、LinkWAN 及 AliOS，芯片内部即完成了协议通信，加强了芯片的安全性，在体积要求严苛的场景中，仍然可以做到应对自如，适用于多种物联网应用场景。ASR6501 的功能框图如图 2-23 所示，其主要性能特点如下：

- 小尺寸，6mm×6mm×0.9mm；
- LoRa 无线收发和 LoRa 调制解调器；
- 频率范围为 150～960MHz；
- 最大功率+21dBm，恒定射频输出；
- 高灵敏度，低至−141dBm；

- 在 LoRa 调制模式下，可编程传输速率高达 62.5kb/s；
- 在（G）FSK（调制模式）下，可编程传输速率高达 300kb/s；
- 前置码检测；
- 嵌入式存储器（高达 28KB 闪存和 16KB SRAM）；
- 6 个可配置 GPIO、1 个 I^2C、1 个 UART、1 个 SWD；
- 48MHz ARM Cortex-M0 MPU；
- 8 通道 DMA 引擎；
- 嵌入式 12 位 1MSa/s SAR AX；
- 32.768kHz 外部晶体振荡器；
- 用于 MCU 的 4～33MHz 外部晶体振荡器（可选）；
- 用于 LoRa 无线电的 32MHz 外部晶体振荡器；
- 内置高频（48MHz）RC 振荡器；
- 嵌入式内部低频（40kHz）RC 振荡器；
- 嵌入式内部 PLL，以产生 48MHz 时钟。

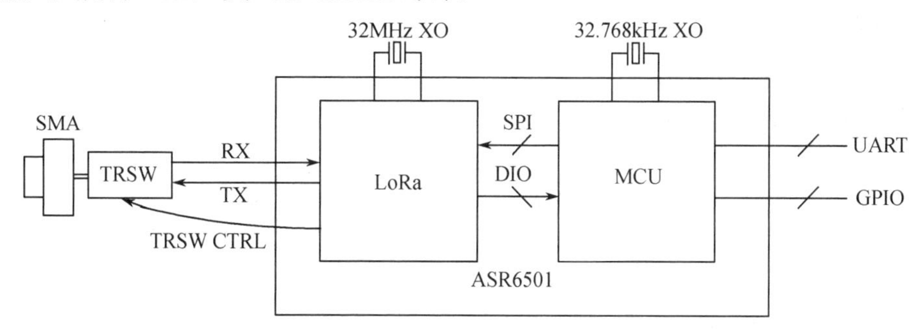

图 2-23　ASR6501 的功能框图

（2）LoRa 集成单芯片 SoC：ASR6601

ASR6601 是一款通用的 LPWAN 无线通信 SoC，具有集成射频收发器、调制解调器和 32 位 RISC MCU，使用 ARM Cortex-M4 作为内核，工作频率为 48MHz。射频收发器具有从 150MHz 到 960MHz 的连续频率覆盖。调制解调器支持 LPWAN 的 LoRa 调制和传统的（G）FSK 调制，还支持 TX 中的 BPSK 调制及 TX 和 RX 中的（G）MSK 调制。ASR6601 可以实现-148dBm 的高灵敏度，最大发射功率高达+22dBm。ASR6601 的功能框图如图 2-24 所示，其主要性能特点如下。

- 频率范围：150～960MHz（兼容 SX1262 系列频率）。
- 最大发射功率：+22dBm。
- 灵敏度：-148dBm。
- 可编程传输速率：62.5kb/s@LoRa 调制模式，300kb/s@(G)FSK 调制模式。
- 前导码检测。
- 内嵌存储器（高达 256KB 的内存和 64KB SRAM）。
- 高达 42 个可配置 GPIO。
- 4 个 GP 定时器，2 个基本定时器，3 个 LP 定时器和 1 个 SYS。
- 48MHz ARM Cortex-M4 MPU。
- 2 个 4 通道 DMA 引擎。

- 嵌入式 12 位 1MSa/s SAR 型 ADC。
- 嵌入式 12 位 DAC。
- 32.768kHz 外部晶体振荡器。
- 32MHz 外部晶体振荡器（用于 RF 收发）。
- 24MHz 外部晶体振荡器（用于 SoC，可选）。
- 嵌入式内部 4MHz RC 振荡器。
- 嵌入式内部高频（48MHz）RC 振荡器。
- 嵌入式内部低频（32.768MHz）RC 振荡器。
- 用于 MCU 的 4～33MHz 外部晶体振荡器（可选）。
- 用于 LoRa 无线电的 32MHz 外部晶体振荡器。
- 内置高频（48MHz）RC 振荡器。
- 嵌入式内部低频（40kHz）RC 振荡器。
- 嵌入式内部 PLL，以产生 48MHz 时钟。
- 内置 3 个 OPA。
- 内置 2 个低功耗比较器。
- 内置 LCD 驱动器。
- 内置 LD，TD，VD 和 FD。
- 支持 AES，DES，RSA，ECC，SHA 和 SN2/3/4。

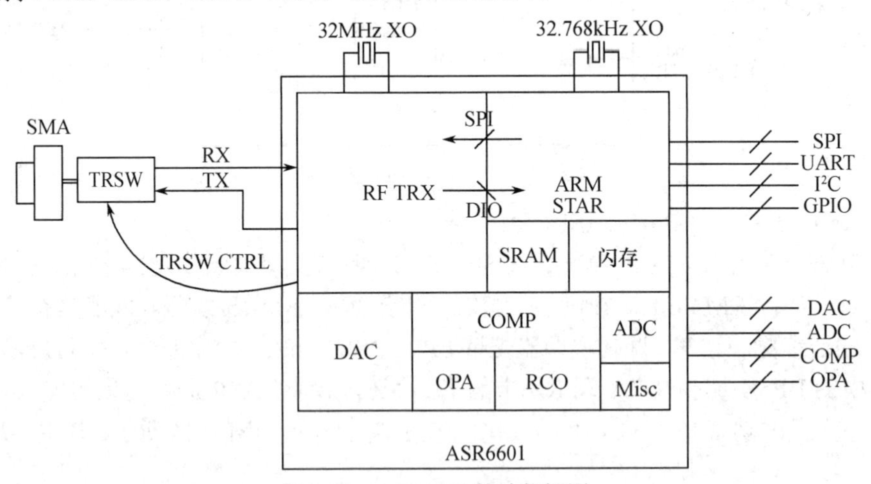

图 2-24　ASR6601 的功能框图

（3）ZSL64 系列 LoRa 系统级芯片

广州致远微电子研发的 ZSL64 系列 LoRa 系统级芯片内部集成 RF 匹配、时钟、DC 电路、无线收发器、射频收发匹配电路和高精度时钟电路，支持 LoRa、（G）FSK 等调制方式，用户只需外接 50Ω 阻抗标准天线，即可实现无线收发功能。ZSL64 系列 LoRa 系统级芯片的功能框图如图 2-25 所示，其主要技术性能如下。

① ZSL64BZALHA 特性：

- 发射电流，124.3mA@22dBm；
- 接收电流，5mA；
- 休眠电流，0.2μA；

- LoRa 接收灵敏度，-124dBm@4.5kb/s。

② ZSL64B3ALHA 特性：

- 发射电流，128mA@22dBm；
- 接收电流，5.55mA；
- 休眠电流，0.4μA；
- LoRa 接收灵敏度，-124dB@4.5kb/s。

③ 共有特性：

- 工作频段，863～870MHz；
- 发射功率可调，-9～+22dBm@step1dBm；
- LoRa 调制模式的通信速率为 0.018～62.5kb/s；
- FSK 调制模式的通信速率为 0.6～300kb/s。

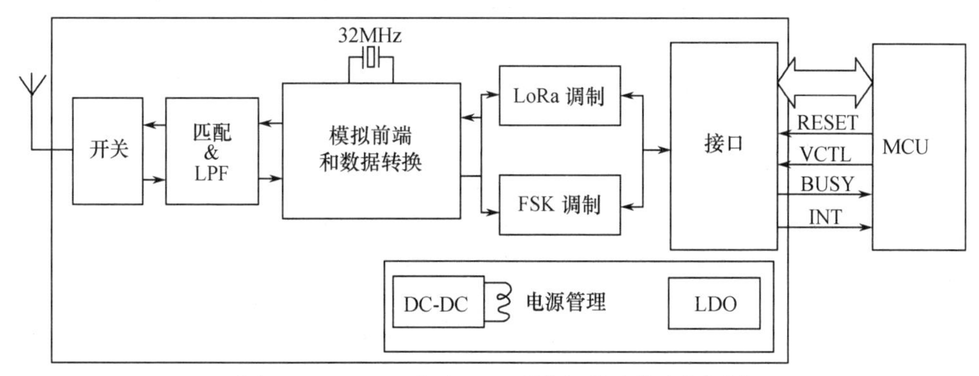

图 2-25　ZSL64 系列 LoRa 系统级芯片的功能框图

（4）SX1278/76

SX1278/76 是 Semtech 公司推出的一款远距离、低功耗无线收发器，是一款性能高的物联网无线收发器，具备特殊的 LoRa 调制方式，在一定程度上增加了通信距离。SX1278/76 均带有多种调制方式，其中包含 LoRa 及传统的（G）FSK 调制方式，在 LoRa 调制下，SX1278/76 的扩频因子为 6～12，频带为 7.8～500kHz，通信速率为 0.018～37.5kb/s。SX1278 支持的频段为 137～525MHz；SX1276 支持的频段为 137～1020MHz。SX1278/76 的功能框图如图 2-26 所示，其主要技术性能如下：

- LoRa 调制解调器，最大链路预算为 168dB；
- 在恒定射频输出功率 100mW 和电源电压下，最大发射功率为+20dBm；
- +14dBm 高效率 PA；
- 可编程传输速率高达 300kb/s；
- 灵敏度高，低至-148dBm；
- 防弹前端，IIP3=-11dBm；
- 出色的阻断抗扰性；
- 电流低，RX 为 9.9mA，保持寄存器时为 200nA；
- 高度集成的合成器，分辨率为 61Hz；
- FSK、GFSK、MSK、GMSK、LoRa 和 OOK 调制；
- 内置位同步器，可用于时钟恢复；
- 前导检测；

- 127dB 动态范围 RSSI；
- 自动射频感应和带超快速 AFC 的 CAD；
- 使用 CRC 的封包引擎，高达 256 字节；
- 内置温度传感器和低电量指示灯。

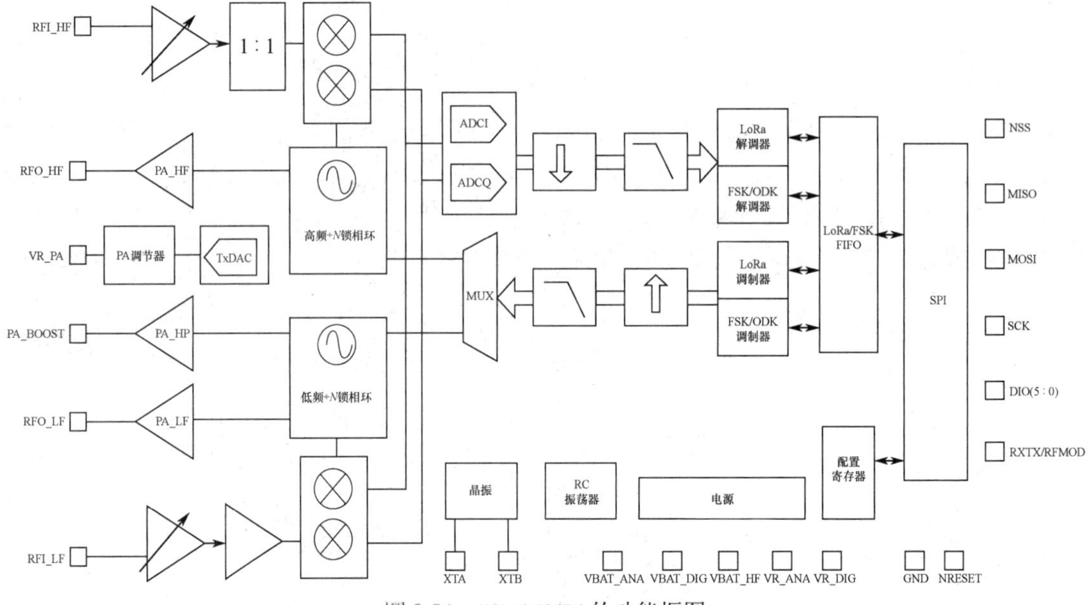

图 2-26　SX1278/76 的功能框图

2.2.5　TransferJet

TransferJet 属于近距离无线通信（NFC）技术的范畴，是一种类似于近场通信的近距离无线数据传输技术，采用电感磁场原理让两个贴近的电子装置（仅 3cm 左右的有效传输或触碰范围），以点对点方式高速交换数据，让他人无法在数据传输过程中进行干预或复制。TransferJet 技术作为最新的大数据传输技术，利用 NFC 结合了 UWB（Ultra-Wide Band，超宽频）的速度，采用 4.48GHz 频道、运行在 560MHz 频带，传输速率可达 375Mb/s。TransferJet 有别于现行一般的无线传输技术，在进行传输时无须繁复的连接设定，也不需要无线网络桥接器，只需将搭载 TransferJet 的产品靠在一起简单配对后就可进行数据传输，不会因无线电干扰而引起传输速率的下降。在地震仪器中，TransferJet 主要用于设备/部件的自动化管理。

与传统 NFC 偏向慢速传输的应用场景相比，TransferJet 则结合 UWB 来达到高速传输的目的。由于 TransferJet 消除了数据链路层的安全性（直接触碰）、距离近（小于 3cm）、点对点通信以及 0.1s 的对接时间和 375Mb/s 的传输速率，从而具有操作简单（即使任何人同时使用）、功耗低、安全、高速等特点。该技术的传输速率是 WiFi、蓝牙及 NFC 的 10～1000 倍。TransferJet 与 WiFi 传输方式对比示意图如图 2-27 所示。TransferJet 的主要技术规格见表 2-9。

典型 TransferJet 芯片介绍如下。

（1）TC35420AXLG

TC35420AXLG 是一款集成了滤波器和高频部件的小型模块 TJM35420XLQ、USB 端子连接型芯片 TJM35420UX 及 microUSB 端子连接型芯片 TJM35420MU 的器件。 TC35420AXLG 的功能框图如图 2-28 所示，其主要性能特点如下。

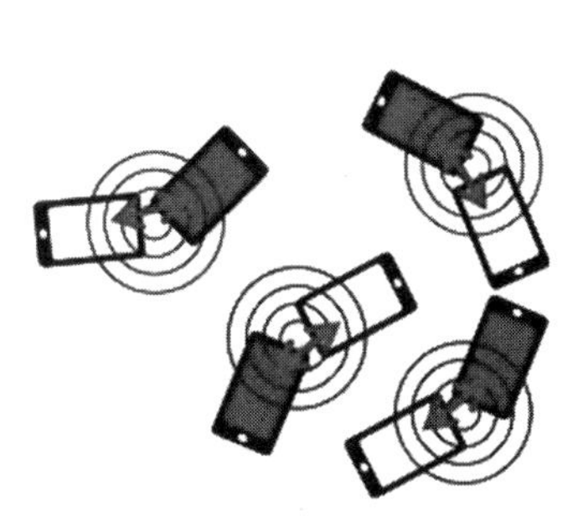

（a）TransferJet

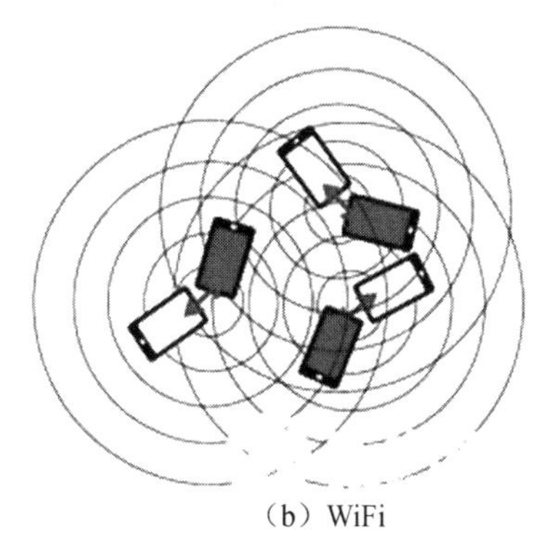

（b）WiFi

图 2-27　TransferJet 与 WiFi 传输方式对比示意图

表 2-9　TransferJet 的主要技术规格

项目名称	技术指标
中心频率	4.48GHz
通信频带	560MHz（4.2～4.76GHz）
发送功率	-70dBm/MHz 以下（平均） 遵从日本弱电台的规定，在其他国家符合各国的无线电管理条例
调制方式	DS-SS+π/2 BPSK
通信速率	560Mb/s
连接形式	1∶1（点到点）
通信距离	几厘米以内
天线	感应电场耦合的耦合器

- 单晶片解决方案：无线、数字信号处理功能集成在单一晶片上。
- RF-CMOS 工艺：内置射频部件、RF 射频开关、匹配电路和低噪声放大器。
- 非常高传输速率的主机接口：SDIO UHS-I 支持。
- 低功耗：功率减少的结构使电池漏电很少；单电源供电。
- 小型封装 LGA81：4.0mm×4.0mm×0.75mm（最大）。
- 接收器的灵敏度（错包率=1%）：522Mb/s 时为-70.7dBm；261Mb/s 时为-77.2dBm；65Mb/s 时为-84.0dBm。
- 发送器的输出功率范围：-62～-35dBm。
- EVM（误差向量幅度）：-31dB。

（2）CXD3271GW

索尼公司 2012 年推出支持 TransferJet 的大规模集成电路芯片 CXD3271GW，传输速率高达 350Mb/s，具有接收灵敏度高、工作功耗小、组成部件少的特点。此外，预嵌入外部接口连接部件，包括射频平衡-不平衡转换器、射频发射器/接收器开关、低压差线性稳压器（LDO）和一次性可编程只读存储器（OTP-ROM）。该芯片还支持多基准时钟功能，无须外接专用晶体振荡器。CXD3271GW 的功能框图如图 2-29 所示，其关键性能指标如下。

- 工作频率：4.48GHz。
- 码片速率：560Mcps。
- 传输速率：自主选择最佳速率。

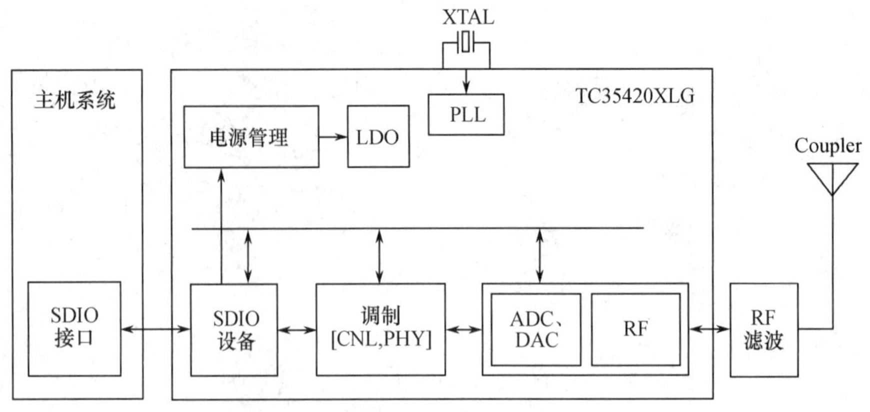

图 2-28　TC35420AXLG 的功能框图

- 接收灵敏度：-82dBm/MHz（65Mb/s 接收时，标准值为-71dBm）；-70dBm/MHz（522Mb/s 接收时，标准值为-59dBm）。
- 调制方式：直接序列扩频。
- 功耗：持续接收，265mW；持续发送，118mW；间歇接收，263μW。
- 连接模式：1∶1。
- 其他特性：嵌入式射频平衡-不平衡转换器、射频发射器/接收器开关、低压差线性稳压器和一次性可编程只读存储器；多基准时种；纠错编码器和解码器；低噪声放大器（LNA）和电压控制振荡器/锁相环（VCO/PLL）；通用输出端口（LED 控制等）；电源管理功能。
- 主机接口：SDIO UHS-I。

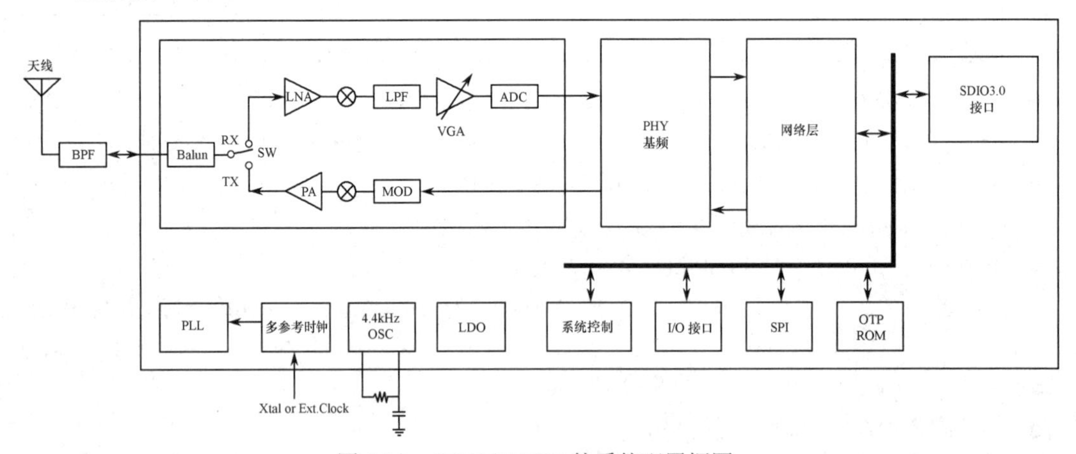

图 2-29　CXD3271GW 的系统配置框图

2.2.6　RFID

RFID（Radio Frequency Identification）即射频识别，是一种先进的自动识别（Auto ID）技术，它使用无线射频信号以非接触式的双向通信方式，来识别带标签的物品和交换数据，实现对各种标签对象在不同状态下的自动识别和管理，最早应用于第二次世界大战中敌我战机的识别。经过多年的发展，13.56MHz 以下的 RFID 技术已相对成熟，位于 860～960MHz（UHF 频段）高频段的远距离 RFID 技术最受关注，而 2.45GHz 和 5.8GHz 频段由于拥挤和干扰问题，技术相对复杂，研究和应用仍处于优化和改进阶段。与传统的识别方式相比，RFID 技术允许同时监测多个物品，在物品识别或数据的输入、交换和处理中无须光学可视，不需要直接接触每件物品和人工干预，且操作方便快捷。RFID 技术已渗透到我们日常生活的许多方面，广泛应用于商业供应链、公共交通、防伪、物流、生产线的自动化及过程控制、身份识别和门禁、设备和资产管理等需要收集和处理数据的应用领域，实现设施中产品和资产的实时、端到端可视性，并被认为是条形码标签的未来替代品。RFID 技术在节点地震仪器中主要用于设备或部件的自动化管理。

1. RFID 系统组成

一个典型的 RFID 系统一般由无线标签、带天线的阅读器或读写（RW）装置以及计算机（主机）等组成。RFID 系统的基本模型和构成组件如图 2-30 所示。无线标签与 RW 装置之间通过耦合元件实现射频信号的空间（无接触）耦合，在耦合通道内，根据时序关系实现能量的传递、数据的交换。RW 装置利用连接的天线发送出一定频率的射频信号对无线标签进行信息的读写。天线标签（或带有无线标签的物品）进入 RW 装置发送的射频区域时，其天线产生感应电流，从而天线标签获得能量被激活，利用所接收无线信号的反射波载入标签 ID 或所需的各种处理结果等信息，传送到 RW 装置。RW 装置对接收到来自无线标签的载波信号进行解调和解码处理，并将数据送至计算机；计算机应用程序根据逻辑运算判断该标签的合法性，针对不同的设定做出相应的处理和控制，将数据转换为可理解的格式，并且通过网络转发到各个需要的地点或部门进行应用。

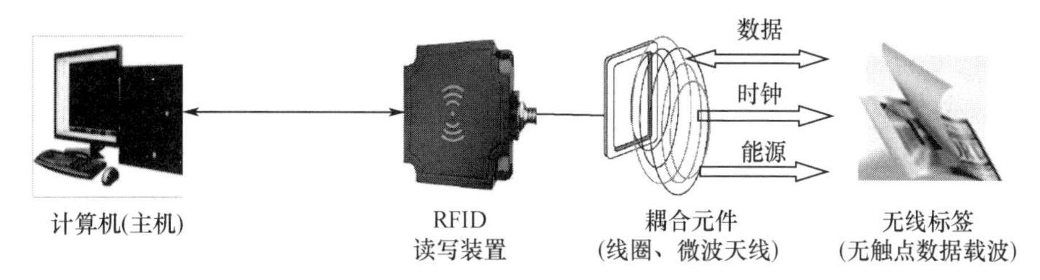

图 2-30　RFID 系统的基本模型与构成组件

（1）无线标签

无线标签也称 RFID 标签、电子标签、射频标签、数据载体、应答器，简称标签，是保存有约定格式的编码数据的装置，用于接收和响应数据请求，用以唯一标识标签所附着的物品。该数据可以预先编码或在字段中编码。一个 RFID 标签通常包括用于保存该标签所在物品个体信息的嵌入式芯片（IC 或 LSI 芯片）、用于接收来自 RW 装置的 RF 信息并发送信息的天线（通常是印制电路天线）和某种载体或外壳。无线标签分为有源标签（也称主动标签/活动标签）和无源标签（也称被动标签）两大类型，并且有多种形状和尺寸。有源标签本身通过内置的电源工作，通常由轻质电池供电。无源标签由 RW 装置产生的射频场供电，即标签本身将来自 RW 装置的接收电波作为电源而工作。无源标签比有源标签轻且便宜，寿命也更长。随着 RFID 技术应用场景的扩展，目前还出现了一种半有源标签（也称半主动标签），它将 RF 能量返回到 RW 装置来发送标识信息，但采用内置电池为标签中的部分芯片供电来支持一些既可发送静态的标识数据又可发送一些具有实时属性的动态数据（如温/湿度、时间）的特殊应用，能够实现在成本、尺寸和工作范围之间的折中。无线标签具有快速扫描、体积小、易封装、抗污染能力和耐久性、可重复使用、穿透性和无屏阅读、数据的记忆容量大、安全等特点。另外，无线标签按其工作的频段分为低频（LF）标签、高频（HF）标签、超高频（UHF）标签及微波标签。LF 标签通常采用 125～135kHz 频段，HF 标签主要工作在 13.56MHz 频段，允许的工作距离范围约为 0.3m 或 0.6m，LF 和 HF 标签一般采用电磁耦合原理。UHF 标签主要工作在 860～960MHz 频段，允许 3m 甚至更远的工作距离范围，微波标签工作在 2.45GHz 和 5.8GHz 频段，UHF 及微波标签一般采用电磁发射原理，且 RW 装置可以同时查询多个 UHF 标签。

（2）RW 装置

RW 装置也称读写器、扫描器、通信器或阅读器，主要有 3 个功能：一是发送和接收功能，使用连接的天线发送射频波，产生的射频场为标签供电和充电，标签使用射频功率来调制载波信号；二是对接收信息进行初始化处理功能；三是链接服务器，用来将信息传送到计算机。RW 装置根据应用场合分为固定式 RW 装置和手持式 RW 装置。手持式 RW 装置由操作人员在特定场合完成对标签相关信息的采集、存储及显示，通过 USB 等串行通信接口、无线通信接口将收集存储的数据传送到本地计算机或通过网络接口传送到远程网络计算机，以便计算机进行相应的数据处理及应用。RW 装置还提供过滤、CRC 校验和标记写入等功能。根据不同的应用和工作条件，为了完全覆盖规定的区域可以使用多个 RW 装置。

（3）计算机（主机）

计算机主要实现对应用场景的实时监控。计算机应用程序将数据转换为可理解的格式，实现物品的实时、端到端可视化，以及数据的网络共享等。

2. 智能卡

按照工作距离分类，目前非接触式智能卡可分为 3 种不同标准适应类型（参见表 2-10）：CICC 卡（Close-Couple ICC，紧密耦合卡）、PICC 卡（Proximity ICC，接近耦合卡）、VICC（Vicinity ICC，邻近耦合卡）。

表 2-10　非接触式智能卡的可用标准

标准及名称	卡类型	近似范围	主要内容
ISO/IEC 10536 识别卡-非接触式集成电路卡-紧密耦合卡	紧密耦合卡（CICC）	0～1cm	第 1 部分：物理特性 第 2 部分：耦合区域的尺寸和位置 第 3 部分：电子信号和复位程序 第 4 部分：重置和传输协议的答案
ISO/IEC 14443 识别卡-非接触式集成电路卡-接近耦合卡	接近耦合卡（PICC）	0～10cm	第 1 部分：物理特性 第 2 部分：射频电源和信号接口 第 3 部分：初始化和防碰撞 第 4 部分：传输协议
ISO/IEC 15693 识别卡-非接触式集成电路卡-邻近耦合卡	邻近耦合卡（VICC）	0～1m， 可扩展到 100m	第 1 部分：物理特性 第 2 部分：射频电源、信号接口和框架 第 3 部分：协议 第 4 部分：申请/发行人注册
ISO/IEC 10373 识别卡-智能卡的测试方法			与 RFID 系统相关的标准部分（第 4 部分、第 6 部分、第 7 部分）

目前定义 RFID 产品的工作频率有低频、高频和超高频，不同频段的 RFID 产品会有不同的特性，其工作频率范围内符合的标准也不同。日本 RFID 标准采用的频段为 2.45GHz 和 13.56MHz，无线标签的信息位数为 128 位；欧美的 EPC 标准采用 860～930MHz 的 UHF 频段，位数则为 96 位。RFID 产品工作频率、特性、主要应用场合及相应标准见表 2-11。图 2-31 则示出包括相关 ISO 标准的智能卡大家族。

表 2-11 RFID 产品工作频率、特性、主要应用场合及相应标准

	工作频率	工作原理	特性	主要应用场合	RFID 协议 符合的国际标准
低频 （LF）	125～ 135kHz	通过电感耦合的方式进行工作。在读写器线圈和应答器线圈间存在着变压器耦合作用，通过读写器交变场的作用在应答器天线中感应的电压被整流，可作供电电压使用。磁场区域能够很好地被定义，但是场强下降得太快	① 该频段波长约 2500m； ② 除金属材料影响外，信号能够穿透任意材料的物品而不降低读取距离； ③ 读写器在全球没有许可限制； ④ 有不同的封装形式，好的封装有 10 年以上的使用寿命； ⑤ 应答器充电时间长，数据传输速率相对较低； ⑥ 磁场区域下降很快，能产生相对均匀的读写区域	① 畜牧业管理系统； ② 汽车防盗和无钥匙开门系统； ③ 马拉松赛跑系统； ④ 自动停车场收费和车辆管理系统； ⑤ 自动加油系统； ⑥ 酒店门锁系统； ⑦ 门禁和安全管理系统	① ISO 11784 RFID 畜牧业的应用一编码结构； ② ISO 11785 RFID 畜牧业的应用一技术理论； ③ ISO 14223-1 RFID 畜牧业的应用一空中接口； ④ ISO 14223-2 RFID 畜牧业的应用一协议定义； ⑤ ISO 18000-2 定义低频的物理层、防碰撞算法和通信协议
高频 （HF）	13.56MHz[①]	应答器天线可以腐蚀附着印刷。应答器一般通过负载调制的方式工作。通过应答器上的负载电阻的接通和断开促使读写器天线上的电压发生变化，实现用远距离应答器对天线电压进行振幅调制。通过数据控制负载电压的接通和断开，把数据从应答器传输到读写器	① 该频率的波长约 22m； ② 除金属材料外，信号可穿过大多数材料，但读写距离降低。应答器需远离金属物一段距离； ③ 全球认可，没有特殊的限制； ④ 应答器一般设计成电子标签的形式； ⑤ 磁场区域下降很快，能产生相对均匀的读写区域； ⑥ 系统具有防碰撞特性，可同时读取多个电子标签； ⑦ 电子标签中可写入特定的数据； ⑧ 数据传输速率比低频要快	① 图书管理系统； ② 瓦斯钢瓶的管理； ③ 服装生产线和物流系统的管理及应用； ④ 三表预收费系统； ⑤ 酒店门锁系统； ⑥ 大型会议人员通道管理； ⑦ 固定资产管理； ⑧ 医药物流系统； ⑨ 智能货架的管理	① ISO/IEC 14443，最大的读取距离为 10cm； ② ISO/IEC 15693，最大的读取距离为 1m； ③ ISO/IEC 18000-3 定义 13.56MHz 系统的物理层、防碰撞算法和通信协议； ④ 13.56MHz ISM Band Class 1 定义 13.56MHz 符合 EPC 的接口
超高频 （UHF）	860～ 960MHz[②]	通过电场来传输能量。电场的能量下降不是很快，但是读取的区域不能很好地定义。该频段读取距离比较远，无源可达 10m 左右。主要是通过电容耦合的方式进行实现	① 该频段在全球的定义不同[②]，该频段波长为 30cm 左右； ② 输出功率没有统一的定义（美国定义为 4W；欧洲定义为 500mW，可能上升到 2W）； ③ 信号不能穿透大多数材料，特别是水、灰尘、雾等。与 HF 标签相比，UHF 标签无须远离金属物； ④ 电子标签的天线一般是长条和标签状，有线性和圆极化两种设计； ⑤ 读取距离较远，但是对读取区域很难进行定义； ⑥ 高的数据传输速率，在很短的时间可以读取大量的电子标签	① 供应链上的管理和应用； ② 生产线自动化的管理和应用； ③ 航空包裹的管理和应用； ④ 集装箱的管理和应用； ⑤ 铁路包裹的管理和应用； ⑥ 后勤管理系统的应用	① ISO/IEC 18000-6 定义了超高频的物理层和通信协议；空中接口定义了 Type A 和 Type B 两部分；支持可读和可写操作； ② EPCglobal 定义了电子物品编码的结构和超高频的空中接口及通信的协议，如 Class0，Class1，Gen2； ③ Ubiquitous ID（日本的组织）定义了 UID 编码结构和通信管理协议

注 1：在供应链的应用中，EPCglobal 规定用于 EPC 的载波频率为 13.56MHz 和 860～930MHz 两个频段，其中 13.56MHz 频率采用的标准原型是 ISO/IEC 15693，已经收入 ISO/IEC18000-3 中。

注 2：国际上各国对 860～960MHz 频段的应用频率不同：欧洲及部分亚洲国家为 869MHz；北美为 902～905MHz；美国为 915MHz；韩国为 908.5～914MHz；新加坡为 866～869MHz 和 923～925MHz；日本为 950～956MHz；中国被 GSM、CDMA 等占用，待定。

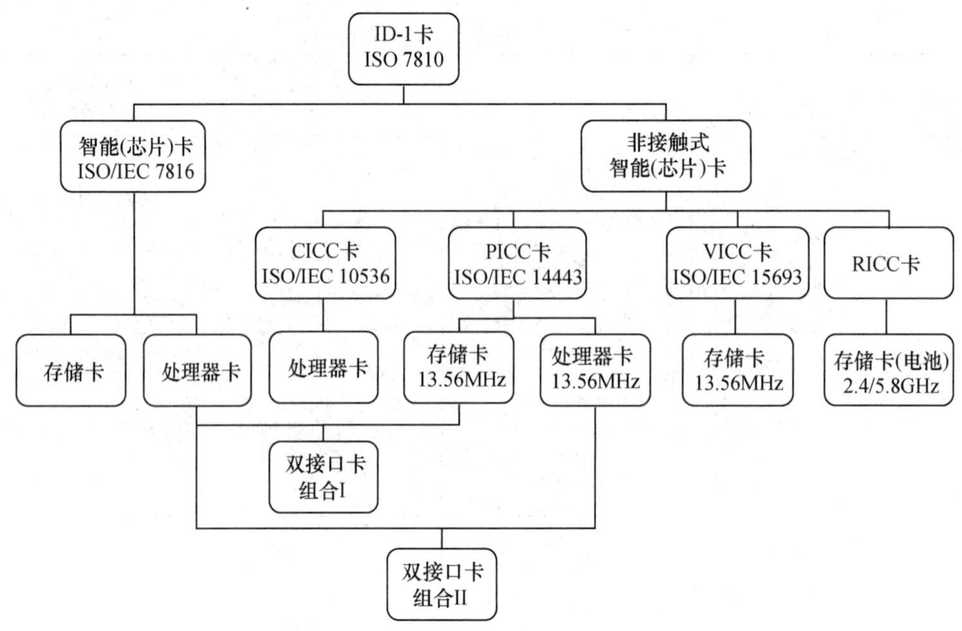

图 2-31　包括相关 ISO 标准的智能卡大家族

3. RFID 芯片

RFID 系统的核心之一是电子标签，而芯片作为电子标签记录信息的载体在 RFID 产品中举足轻重。电子标签的通信标准是电子标签芯片设计的核心依据，国际上与 RFID 相关的通信标准种类繁多，主要有 ISO/IEC 18000 标准（涉及 125kHz，13.56MHz，433MHz，860～960MHz，2.45GHz，5.8GHz 等频段）；ISO 11785 标准（用于低频）；ISO/IEC 14443 标准和 ISO/IEC 15693 标准（用于高频 13.56MHz）；EPC 标准（包括 Class0、Class1 和 Gen2 这 3 种协议，涉及高频和超高频两种频段）；DSRC 标准（欧洲 ETC 标准，含 5.8GHz）。电子标签芯片的国际标准正在完善和融合，ISO/IEC 15693 标准已经成为 ISO18000-3 标准的一部分，EPC Gen2 标准也已经成为 ISO 18000-6 Part C 标准。电子标签芯片一般都包含射频前端、模拟前端、数字基带和存储器单元等模块，具体芯片介绍如下。

（1）国外厂商生产的芯片

ICODE 系列芯片：ICODE 系列是飞利浦（Philips）特别面向高频 RFID 标签而设计的芯片，专为供应链与运筹管理应用所设计，具有高度防碰撞与长距离运作（在美国高达 7m，在欧洲则高达 6.6m）等优点，适合于高速、长距离应用场合。ICODE 系列芯片包括 ICODE SLI-S、SL2-S 等产品，目前 ICODE 是高频 RFID 标签方案的业界标准，是全球使用最普遍的智能型标签。整个 ICODE 系列产品都符合 ISO/IEC 15693、ISO/IEC 18000 与 EPCglobal 标准。

LRI2K 和 LRIS2K 芯片：LRI2K 和 LRIS2K 是 ST 公司的两款 2048 位远距离 RFID 资产跟踪专用存储器产品，符合 ISO/IEC 15693 和 ISO/IEC 18000-3 标准，特别适用于门禁、图书馆自动化和供应链管理等场合，以及药品和贵重物品等敏感产品的防伪应用。LRI2K、LRIS2K 都提供 2k 位的 EEPROM 和一个可选的标准高频 13.56MHz 载波片射频接口，具有高速数据传输速率，长达 1.5m 的应用读写距离，以及 13.56MHz RFID 技术优点，如高可靠性和低 RFID 阅读器成本。

SRF55V 系列芯片：SRF55V 系列由英飞凌公司出品，包括 SRF55V01P、SRF55V02P 和

SRF55V10P 三种普通型，以及 SRF55V02S 和 SRF55V10S 两种安全型。其 EEPROM 有 72 字节、320 字节和 1280 字节可供选择；每个芯片都有一个唯一的序列号（UID）；物理接口和防碰撞机制符合 ISO/IEC 15693。工作频率为 13.56MHz，数据传输速率高达 26.69kb/s，其防碰撞机制可以每秒处理 30 张标签，由非接触方式传送数据和提供工作能量，标签的读写距离可以达到 70cm（或更高，受读写器的天线电路影响），更新（擦除和编程）时间为 4ms/页，可以重复擦写 10 万次，数据可以保存 10 年。安全型产品除具有普通型产品的特点外，还增加了安全特性。

Tag-it HF-I Pro 应答器芯片：Tag-it HF-I Pro 是 TI 公司的 13.56MHz 标签产品系列之一。该产品基于 ISO/IEC 15693 标准和 ISO/IEC 18000-3 标准，封装成不同的形状，适用于需要对单品进行迅速准确识别的智能标签场合，如资产管理、电子客票、产品防伪、楼宇门禁卡等。

（2）国内厂商生产的芯片

中国在高频段方面的设计技术接近国际先进水平，高频段的 RFID 标签芯片比较成熟，自主开发的符合 ISO/IEC 14443 和 ISO/IEC 15693 标准的 RFID 芯片在交通领域、中国二代身份证等获得广泛应用。

SHC1105：上海华虹出品。它遵循 ISO/IEC15693 标准，内置逻辑控制电路、射频接口模块和 2k 位用户可操作 EEPROM，工作场强为 0.15A/m、工作频率为 13.56MHz，同时支持 ISO/IEC 15693 标准的高速率和低速率模式、10%和 100%两种调制幅度、1/256 和 1/4 两种编码方式，具有防碰撞功能，可同时识别多个标签。可用于物流、航空行李标签、邮政信函、安全管理等 RFID 应用领域。

SHC1507：上海华虹出品。其工作电压低，工作电流小，集成 RF 调制解调和发射等模拟电路（通过很少的外接元器件可直接驱动无源天线），符合 ISO/IEC 14443 A 和 B 标准，工作频率为 13.56MHz。除能对华虹系列（SHC110X 系列）非接触式智能卡进行操作外，还能对 M1 系列智能卡进行操作。适用于公交、地铁、门禁、校园一卡通、公司一卡通等多种不同应用场合的 POS 机，特别适合“三表”行业和手持式设备等低功耗要求的场合。

FM17XX 系列：复旦微电子股份有限公司出品。它支持 ISO/IEC 14443 A 和 B 标准、ISO/IEC 15693 标准，支持 MIFARE 和 SH 标准的加密算法，兼容飞利浦的 RC500、RC530、RC531 及 RC632 等。该芯片内部集成模拟调制解调电路、带有加密单元及保存密钥的 EEPROM，支持灵活的加密协议，支持 6 种微处理器接口，数字电路具有 TTL、CMOS 两种电压工作模式。适用于各类计费系统的读卡器的应用。其中 FM1702SL 是基于 ISO/IEC 14443 A 标准的非接触式读写器专用读写芯片，工作频率为 13.56MHz，支持多种加密算法，兼容飞利浦的 RC530（SPI 接口）读写器芯片，操作距离可达 10cm，内置 512B 的 EEPROM、64B 的 FIFO，数字电路具有 TTL/CMOS 两种电压工作模式，软件控制卸电模式。数字、模拟和发射模块都有独立的电源供电，电源范围为 3～5V。

（3）符合 EPC Gen2 标准的芯片

UCODE EPC Gen2 芯片：飞利浦是首家通过 EPC Gen2 标准认证的 RFID 芯片厂商，它出品的 UCODE EPC Gen2 芯片可涵盖所有的基本指令。UCODE EPC Gen2 芯片内部集成一组单次可程序化 96 位 EPC 的一次可编程存储器，采用防碰撞运算法则，在现行美国规范下每秒能读取多达 1600 张标签；反向散射数据传输速率高达 650kb/s；除支持 EPC Gen2 标准，还支持 ISO 18000-6 编码规范。该芯片具有全球兼容性，有效解决了不同地区为 RFID 分配不同 UHF 频段的规范问题。芯片中设有允许可程序化的读写字段，支持更快的标签读写率和在高密度读写器环境下的操作。

XRAG2 芯片：ST 公司提供的符合 ISO 和 EPC 标准的短距离、长距离和 UHF 三大系列的 RFID 芯片，在 UHF 频段，XRAG2 芯片符合 EPC Gen2 标准，工作频率为 860～960MHz。XRAG2 是一款 432 位的存储器芯片，有两种配置可供选择[3 个存储器（64 位 TID、304 位用于 EPC 代码、64 位备用）或 4 个存储器]，并允许标签存储专用的工业代码，采用 CMOS 技术，内置 EEPROM，有 40 年的有效期，擦写次数在 1 万次以上。在有 10 个以上读写器的环境中，XRAG2 能够在密集阅读模式下工作，即读写器发射和标签回应使用不同的频带，从而最大限度地降低信号干扰。XRAG2 的安全机制包括密码防篡改保护和 Kill 命令，Kill 命令支持现场禁用标签，使数据永远不能再被访问，这种永久禁用标签的功能在解决人们关心的消费者隐私问题上至关重要。

TI Gen2 硅芯片：TI 公司具有从芯片到标签内芯（Inlay）制造的完整工艺，在 TI 的标签内芯工艺中，对每一张标签内芯都经过激光调节以优化其性能，确保标签封装厂家不再进行全面的测试。TI 最新获得 EPCglobal 认证的 Gen2 硅芯片，内置的肖特基二极管提高了 RF 信号能量的转换效率，实现了低功耗和芯片至读写器的更高灵敏度。TI Gen2 硅芯片具备 96 位存储器，满足 EPC Gen2 与 ISO/IEC 18000-6 编码规范，可用于 860～960MHz 无源 RFID 标签产品的制造。

2.2.7 BDS/GNSS

卫星导航已成为当今社会重要的空间信息基础设施，其应用只受想象力的限制。目前能够在全球范围内应用的卫星导航系统称为 GNSS（Global Navigation Satellite System，全球卫星导航系统），仅有美国的 GPS（Global Positioning System，全球定位系统）、中国的 BDS（BeiDou Navigation Satellite System，北斗卫星导航系统）、俄罗斯的 GLONASS（Global Navigation Satellite System，格洛纳斯卫星导航系统）以及欧洲的 Galileo（Galileo Satellite Navigation System，伽利略卫星导航系统）。目前地震仪器普遍采用 GNSS 技术作为地震数据采集的时间同步，节点地震仪器中主要是用于节点单元的授时与定位。节点单元采用 GNSS 时钟同步技术（如 BDS 或 GPS）时，把 BDS 或 GPS 时钟作为参考信号，设备相对独立。配原子钟的卫星星座向地面发射多个波段的载波信号（1575.442MHz-L1 和 1227.6MHz-L2），卫星接收机接收卫星所发送的载波信号并解译出导航电文，计算出测点的三维位置、速度和时间。授时用卫星接收机定位后，可以输出精度保障的 PPS（Pulse Per Second，秒脉冲）信号。PPS 信号宽度可以 20ms 为间隔在 20～980ms 之间设置，授时准确至纳秒级。

BDS 是中国自主建设运行的全球卫星导航系统，是空间信息网络的重要组成，是为全球用户提供全天候、全天时、高精度的定位、导航和授时服务的重要时空基础设施。BDS 秉承“中国的北斗、世界的北斗、一流的北斗”发展理念，坚持“自主（自主建设、发展和运行，具备向全球用户独立提供卫星导航服务的能力）、开放（免费提供公开的卫星导航服务，鼓励开展全方位、多层次、高水平的国际合作与交流）、兼容（提倡与其他卫星导航系统兼容与互操作，鼓励国际合作与交流，致力于为用户提供更好的服务）、渐进（分步骤推进 BDS 建设发展，持续提升 BDS 服务性能，不断推动卫星导航产业全面、协调和可持续发展）”的原则建设和发展。目前 BDS 已建成开通，进入全球化服务、规模化应用、产业化发展新阶段。基于 BDS 的服务（导航、定位、授时等）已被电子商务、移动智能终端制造、位置服务等厂商采用，广泛进入大众消费、共享经济和民生领域，应用的新模式、新业态、新经济不断涌现。BDS 在交通、电力、通信、测绘、农业等领域的深入应用，深刻改变着人们的生产和生活方式。

北斗一号系统于 2000 年年底建成，向中国提供服务；2012 年年底建成北斗二号系统，向亚太地区提供服务；2020 年建成采用无源与有源导航方式相结合的北斗三号系统，为全球用户提供连续、稳定、可靠的服务。北斗三号系统的定位精度为 2.5～5m，授时精度为 20ns，测速精度为 0.2m/s，每次短报文字数也增加了，为民用用户免费提供约 10m 精度的定位服务、0.2m/s 的测速服务，并且将为付费用户提供更高精度等级的服务。2035年前，还将建设完善更加泛在、更加融合、更加智能的综合时空体系。

BDS 由空间段、地面段和用户段 3 部分组成。空间段由若干地球静止轨道卫星、倾斜地球同步轨道卫星和中圆地球轨道卫星等组成，北斗三号全球卫星导航星座示意图如图 2-32 所示。地面段包括主控站、时间同步/注入站和监测站等若干地面站，以及星间链路运行管理设施。用户段包括北斗兼容其他卫星导航系统的芯片、模块、天线等基础产品，以及终端产品、应用系统与应用服务等。

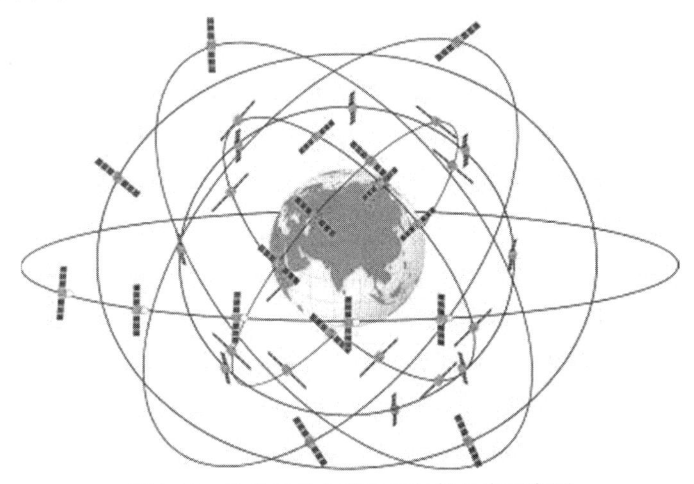

图 2-32　北斗三号全球卫星导航星座示意图

与美国的 GPS、俄罗斯的 GLONASS 和欧洲的 Galileo 相比，BDS 除具有高精度、高可靠性、高保险、多功能外，还具有以下独特的性能和特点。

① BDS 空间段是世界上唯一采用 3 种轨道卫星组成的混合星座导航系统，与其他卫星导航系统相比，高轨卫星更多，抗遮挡能力强，地面设备接收信号能力强，尤其低纬度地区性能优势更为明显。

② BDS 提供多个频点的导航信号，BDS 使用三频信号，能够通过多频信号组合使用等方式提高服务精度。

③ BDS 中圆地球轨道卫星采用了新型的导航卫星专用平台，具有功能拓展适应能力强等特点。除实现卫星导航系统的定位、授时和导航的服务外，还可作为天基数据传输网络的广播节点，兼容天基数据传输、新业务载荷的在轨应用，为系统后续功能和需求拓展提供了更大的空间。

④ BDS 卫星星座首次配备了相控阵星间链路（在卫星之间搭建的通信测量链路），不仅实现了卫星之间的双向精密测距和通信，而且能够进行多星测量、自主计算并修正卫星的轨道位置和时钟系统，提高了整个系统的定位和服务精度。

⑤ BDS 创新融合了导航与通信能力，地球静止轨道卫星与倾斜地球同步轨道卫星采用大

型卫星平台，采用无源和有源相结合的方式集成多种载荷，兼容定位导航授时、星基增强、可动点波束功率增强、地基增强、精密单点定位、短报文通信与位置报告等系统和国际搜救等多种服务能力，成为天基数据传输网络的中心节点。

⑥ BDS 采用我国新型高精度铷原子钟和氢原子钟。铷原子钟的天稳定度为每 1 万秒误差 10^{-14} 秒量级，氢原子钟的天稳定度为每 1 万秒误差 100^{-15} 秒量级。

中国卫星导航系统管理办公室2022年2月制定发布了《北斗卫星导航标准体系(2.0版)》。北斗卫星导航标准体系的基本架构包括基础标准、工程建设标准、运行维护标准和应用标准 4 个一级分支。北斗卫星导航标准体系（2.0 版）框架如图 2-33 所示。

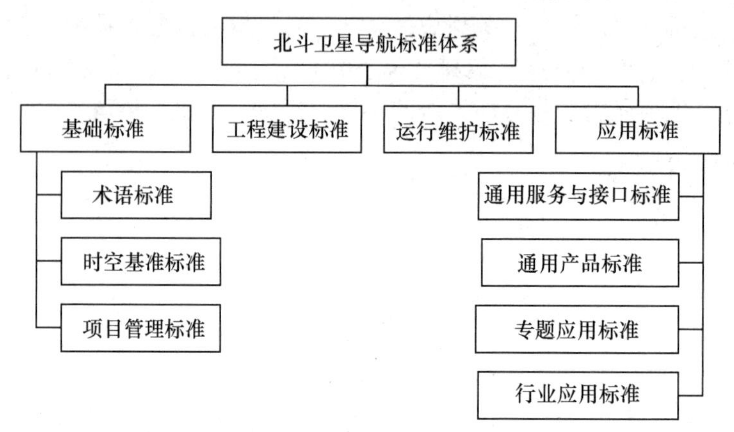

图 2-33　北斗卫星导航标准体系（2.0 版）框架

基础标准为卫星导航技术、工程和应用建立统一的基准及概念，收录了卫星导航技术及应用中具有广泛适用范围的相关标准，划分为术语（主要包括为统一北斗系统工程建设和应用过程中各技术领域的基本概念而规划的术语标准，共 2 项）、时空基准（主要包括为统一北斗系统的空间坐标和时间基准而制定的标准，共 9 项）及项目管理（主要包括为规范和指导北斗系统建设过程中项目管理和技术管理而制定的标准，共 3 项）3 个二级分支。

应用标准主要包括北斗系统应用推广过程中涉及的相关标准，围绕卫星导航产业发展和产业链建设需要，综合考虑卫星导航应用需求、产品、服务、推广等关键环节，可支撑构建完备的卫星导航应用产业体系。应用标准划分了通用服务与接口、通用产品、专题应用和行业应用 4 个二级分支。应用标准分支框架如图 2-34 所示。

① 通用服务与接口标准。主要包括为用户应用北斗系统提供基础输入条件和服务承诺而制定的标准，规划了系统接口、系统服务性能、通用数据格式与接口 3 个三级分支。

② 通用产品标准。主要包括规范北斗系统应用相关软硬件产品的设计、生产、研制、测试和使用等工作而制定的标准，规划了基础组件、通用软件产品、用户设备、测试设备 4 个三级分支。其中，基础组件分支包括芯片、天线、模块单元 3 个四级分支；通用软件产品分支包括数据、信息传输、软件产品规范等相关标准；用户设备分支包括接收机终端产品规范、性能要求、测试方法等相关标准；测试设备分支包括采集回放仪、模拟器等相关标准。

③ 专题应用标准。主要包括在北斗系统建设和应用推广中可以自成体系的标准，充分考虑北斗系统面向国际应用的属性，体现其特色服务。规划了北斗地基增强系统、全球连续监测评估系统、北斗地面试验验证系统、北斗星基增强系统、北斗短报文应用、北斗国际应用、北斗低轨增强系统、时频应用、北斗中轨卫星搜救系统 9 个三级分支。

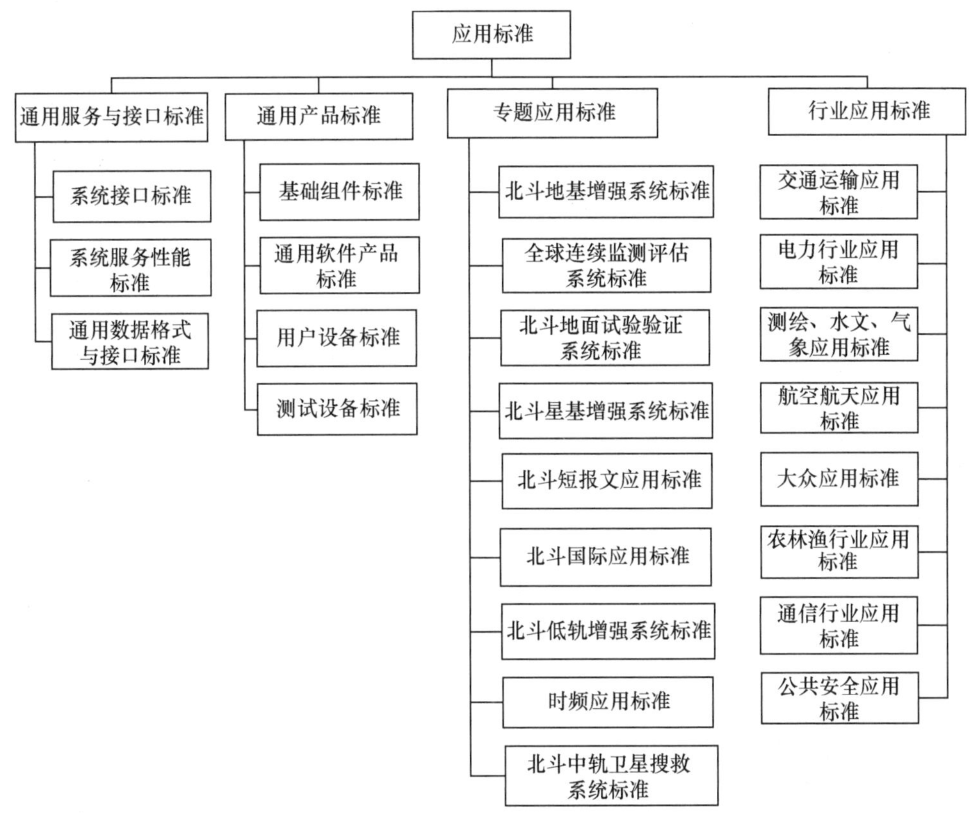

图 2-34　应用标准分支框架

④ 行业应用标准。主要包括各行业应用北斗系统而制定的相关标准，主要由收录的国家和行业标准构成，规划了交通运输应用，电力行业应用，测绘、水文、气象应用，航空航天应用，大众应用，农林渔行业应用，通信行业应用，公共安全应用 8 个三级分支。

截至 2022 年 8 月，中国卫星导航系统管理办公室批准发布《北斗卫星导航系统 RNSS 服务可用性确定方法》等 35 项北斗专项标准，35 项北斗专项标准清单见表 2-12。

表 2-12　《北斗卫星导航系统 RNSS 服务可用性确定方法》等 35 项北斗专项标准清单

序号	标准编号	标 准 名 称
1	BD 210009—2022	北斗卫星导航系统 RNSS 服务可用性确定方法
2	BD 210010—2022	北斗星载氢钟寿命评估方法
3	BD 210011—2022	北斗星载 Ka 相控阵天线加速寿命试验方法
4	BD 220013—2022	北斗导航卫星 L 波段氮化镓固态功率放大器规范
5	BD 410002A—2022	北斗/全球卫星导航系统（GNSS）接收机差分数据格式（一）（修订 BD 410002—2015）
6	BD 410003A—2022	北斗/全球卫星导航系统（GNSS）接收机差分数据格式（二）（修订 BD 410003—2015）
7	BD 410034—2022	北斗多模多频 SoC 性能要求与测试方法
8	BD 410035—2022	北斗/全球卫星导航系统（GNSS）宽带射频芯片性能要求及测试方法
9	BD 420036—2022	北斗导航卫星系统仿真软件设计要求
10	BD 420047.1—2022	兼容北斗的电子海图显示与信息系统 第 1 部分：技术要求
11	BD 420047.2—2022	兼容北斗的电子海图显示与信息系统 第 2 部分：测试方法
12	BDJ 210012—2022	北斗导航卫星批产技术流程制定要求

续表

序号	标准编号	标准名称
13	BDJ 220014—2022	北斗导航卫星飞控技术支持工作规程
14	BDJ 240015—2022	激光星间链路空间接口要求
15	BDJ 250016—2022	北斗导航卫星发射场远距离测发控设计要求
16	BDJ 310003—2022	北斗导航卫星与地面运控系统星地联通操作规程
17	BDJ 320004—2022	北斗卫星导航系统地面站电磁环境要求
18	BDJ 320006—2022	北斗导航卫星测控射频通道自主安全设计要求
19	BDJ 330007—2021	北斗地面运控系统注入站维护规程
20	BDJ 330008—2022	北斗卫星导航系统闰秒调整规程
21	BDJ 330010—2022	北斗导航卫星在轨基线管理要求
22	BDJ 330011—2022	北斗地面运控系统监测接收机技术要求及测试方法
23	BDJ 330012—2022	北斗导航卫星在轨重构软件流转规程
24	BDJ 330013—2022	北斗地面运控系统运行监测规范
25	BDJ 330014—2022	北斗地面运控系统地面站上下线操作规程
26	BDJ 330015—2022	北斗地面运控系统激光测距分系统观测操作及维护规程
27	BDJ 340016—2022	北斗卫星导航系统注入站故障诊断和处置规程
28	BDJ 340017—2022	北斗导航卫星上行 L 注入链路受扰应对与处置规程
29	BDJ 340018—2022	北斗导航卫星有效载荷故障处置规程
30	BDJ 440037—2022	北斗地面试验验证系统技术要求
31	BDJ 440038—2022	北斗地面试验验证系统内部接口要求
32	BDJ 440039—2022	北斗地面试验验证系统集成测试规范
33	BDJ 440040—2022	北斗地面试验验证系统空间段模拟器通用要求
34	BDJ 440041—2022	北斗地面试验验证系统导航信号传输信道模拟系统技术要求及测试方法
35	BDJ 440042—2022	北斗地面运控系统光纤双向时间比对设备技术要求及测试方法

注：第 1～11 项可直接在北斗网阅读原文并下载电子版；第 12～35 项可联系北斗标委会秘书处按相关程序领取纸质版。

2021 年 5 月，中国卫星导航系统管理办公室批准发布《车用外接式亚米级北斗定位模块通用规范》等 14 项北斗专项标准，14 项北斗专项标准清单见表 2-13。

表 2-13 《车用外接式亚米级北斗定位模块通用规范》等 14 项北斗专项标准清单

序号	标准编号	标准名称
1	BD 450026—2021	车用外接式亚米级北斗定位模块通用规范
2	BD 440027.1—2021	全球连续监测评估系统接入技术要求 第 1 部分：跟踪站
3	BD 440027.2—2021	全球连续监测评估系统接入技术要求 第 2 部分：数据中心
4	BD 440027.3—2021	全球连续监测评估系统接入技术要求 第 3 部分：分析中心
5	BD 440027.4—2021	全球连续监测评估系统接入技术要求 第 4 部分：监测评估中心
6	BD 450028—2021	北斗伪卫星信号接口规范
7	BD 450029—2021	航空辅助监视北斗机载设备规范
8	BD 450030—2021	北斗兼容 ADS-B 机载设备要求和测试方法规范

续表

序号	标准编号	标 准 名 称
9	BD 440031—2021	射频信号远程传输系统通用要求
10	BD 440032—2021	地面试验验证系统服务接口
11	BDJ 440033—2021	地面试验验证系统试验规程
12	BDJ 250006—2021	远征一号上面级规范
13	BDJ 250007—2021	上面级遥测遥控测试要求
14	BDJ 250008—2021	导航卫星与运载火箭上面级、基础级联合操作要求

注：第 1～10 项可在北斗网直接单击表格中的文字下载电子版；第 11～14 项可联系北斗标委会秘书处按照相关程序领取纸质版。

国家标准化管理委员会 2020 年第 26 号公告批准发布了《北斗卫星导航术语》等 19 项北斗领域国家标准，2020 年第 28 号公告批准发布了《GNSS 接收机数据自主交换格式》等 4 项北斗领域国家标准，涵盖了数据格式、地图应用、地基增强系统、原子钟等领域。已经发布的这 23 项国家标准清单见表 2-14。

表 2-14　北斗国家标准清单

序号	标准编号	标 准 名 称
1	GB/T 27606—2020	GNSS 接收机数据自主交换格式
2	GB/T 39584—2020	导航电子地图应用开发中间件接口规范
3	GB/T 39723—2020	北斗地基增强系统通信网络系统技术规范
4	GB/T 39724—2020	铯原子钟技术要求及测试方法
5	GB/T 39267—2020	北斗卫星导航术语
6	GB/T 39268—2020	低轨星载 GNSS 导航型接收机通用规范
7	GB/T 39396.1—2020	全球连续监测评估系统（iGMAS）质量要求　第 1 部分：观测数据
8	GB/T 39396.2—2020	全球连续监测评估系统（iGMAS）质量要求　第 2 部分：产品
9	GB/T 39397.1—2020	全球连续监测评估系统（iGMAS）文件格式　第 1 部分：观测数据
10	GB/T 39397.2—2020	全球连续监测评估系统（iGMAS）文件格式　第 2 部分：产品
11	GB/T 39398—2020	全球连续监测评估系统（iGMAS）监测评估参数
12	GB/T 39399—2020	北斗卫星导航系统测量型接收机通用规范
13	GB/T 39409—2020	北斗网格位置码
14	GB/T 39410—2020	低轨星载 GNSS 测量型接收机通用规范
15	GB/T 39411—2020	北斗卫星共视时间传递技术要求
16	GB/T 39413—2020	北斗卫星导航系统信号模拟器性能要求及测试方法
17	GB/T 39414.1—2020	北斗卫星导航系统空间信号接口规范　第 1 部分：公开服务信号 B1C
18	GB/T 39414.2—2020	北斗卫星导航系统空间信号接口规范　第 2 部分：公开服务信号 B2a
19	GB/T 39414.3—2020	北斗卫星导航系统空间信号接口规范　第 3 部分：公开服务信号 B1I
20	GB/T 39414.4—2020	北斗卫星导航系统空间信号接口规范　第 4 部分：公开服务信号 B3I
21	GB/T 39467—2020	北斗精密服务产品规范
22	GB/T 39472—2020	北斗卫星导航系统信号采集回放仪性能要求及测试方法
23	GB/T 39473—2020	北斗卫星导航系统公开服务性能规范
24	GB/T 37018—2018	卫星导航增强系统数据处理中心数据接口规范

续表

序号	标准编号	标 准 名 称
25	GB/T 37019.1—2018	卫星导航增强系统播发接口规范 第 1 部分：移动通信网
26	GB/T 37019.2—2018	卫星导航增强系统播发接口规范 第 2 部分：中国移动多媒体广播
27	GB/T 37019.3—2018	卫星导航增强系统播发接口规范 第 3 部分：数字调频广播
28	GB/T 39721—2021	北斗地基增强系统基准站入网技术要求
29	GB/T 39783—2021	北斗地基增强系统数据处理中心技术要求
30	GB/T 39772.1—2021	北斗地基增强系统基准站建设和验收技术规范 第 1 部分：建设规范
31	GB/T 39772.2—2021	北斗地基增强系统基准站建设和验收技术规范 第 2 部分：验收规范
32	GB/T 39787—2021	北斗卫星导航系统坐标系

2.2.8 千兆以太网

千兆以太网也称吉比特以太网，是在基础以太网标准之上发展而来的，是目前最为主流的网络技术。千兆以太网可以简单认为是速度和性能得到了提升，或是网络传输速率为吉比特每秒的基础以太网的升级版，其以高效、高速、高性能的特点，广泛应用于金融、商业、教育、政府机关及厂矿企业等。千兆以太网在有线地震仪器中主要用于仪器主机内部部件（如服务器、集线器、NAS 磁盘）的地震数据传输以及主机与交叉站之间的连接，而在节点地震仪器中主要用于采集站数据的批量下载。

千兆以太网与大量使用的基础以太网完全兼容，并兼容基础以太网的全部技术规范。千兆以太网络由千兆交换机、千兆网卡、综合布线系统等构成。千兆交换机为网络的骨干部分，千兆网卡安插在服务器上。IEEE 802.3z 千兆以太网标准针对单模光纤、多模光纤、非屏蔽双绞线 3 种类型的传输介质，规范了其对应的编解码方式。单模/多模光纤长波激光（1000Base-LX）传输采用 8B/10B 编解码方式，最大传输距离为 5000m。多模光纤短波激光（1000Base-SX）传输采用 8B/10B 编解码方式，最大传输距离为 300～500m（使用 50μm 或 62.5μm 多模光缆）。平衡、屏蔽铜缆（1000Base-CX）传输采用 8B/10B 编解码方式，最大传输距离为 25m。非屏蔽双绞线（1000Base-T）传输采用 1000Base-T 铜物理层编解码方式，传输距离为 100m。

以太网主要有 RTP（Real-time Transport Protocol，实时传输协议）、TCP（Transfer Control Protocol，传输控制协议）和 UDP（User Datagram Protocol，用户数据报协议）3 种协议。

RTP 协议是 IETF 组织提出的一个标准，有配套的相关协议 RTCP（Real-time Transport Control Protocol，即实时传输控制协议）。RTP 为以太网端到端的实时传输提供时间信息和流同步，而 RTCP 用来保证服务质量。RTP 主要在单播或多播网络中传送实时数据，用来为 IP 网上的语音、图像、传真等多媒体数据提供端到端的实时传输服务。

TCP 协议工作在 OSI 的传输层，提供面向连接的可靠传输服务。TCP 的工作主要是建立连接，然后从应用层程序中接收数据并进行传输。TCP 采用虚电路连接方式进行工作，在发送数据前，它需要在发送方和接收方之间建立一个连接，数据发送出去后，发送方会等待接收方给出一个确认性的应答，否则发送方将认为此数据丢失，并重新发送此数据。

UDP 协议直接位于 IP 协议（网际协议）的顶层，UDP 协议和 TCP 协议都属于传输层协议。UDP 协议的主要作用是将网络数据流压缩成数据报的形式，用来支持那些需要在计算机之间传输数据的网络应用，包括网络视频会议系统在内的众多客户/服务器模式的网络应用都可以使用 UDP 协议。一个典型的数据报就是一个二进制数据的传输单位。每一个数据报的前 8 个字节用来包含报头信息，剩余字节则用来包含具体的传输数据。节点地震仪器采用千兆以太网技术主要用于地震数据的集中下载。为了提高工作效率，减少服务器与采集站设备的连接时间，提高数据下载速率，节点地震仪器的采集站地震数据下载系统主要采用了 UDP 协议。TCP 协议和 UDP 协议的主要特点及性能对比见表 2-15。

表 2-15 TCP 协议和 UDP 协议的主要特点及性能对比

类型	TCP 协议	UDP 协议
特点	面向连接、可靠、字节流、首部开销大（20～60 字节）、连接建立时间长、复杂性高、不支持组播	无连接、不可靠、数据报文段、首部开销小（仅 8 字节）、连接建立时间短、复杂性低、支持组播
对数据的处理	面向字节流（实现可靠传输、流量控制及拥塞控制的基础）、全双工通信	面向应用报文（对应用层传来的报文直接打包，不合并，不拆分，保留这些报文的边界）
性能	传输效率低、所需资源多	传输效率高、所需资源少
传输方式	仅支持单播（一对一的通信）	支持单播、多播及广播（支持一对一、一对多、一对全的通信）
数据传输时间	可靠传输，使用流量控制和拥塞控制。数据传输之前，通信双方需使用三报文握手建立连接，成功后才能进行数据传输，传输结束后需使用四报文挥手释放连接	尽最大努力交付，不使用流量控制和拥塞控制，通信双方可以随时发送数据
应用场景	数据和控制信令传输（文件、邮件传输）	语音、视频、直播（大数据、文件传输）
首部字节	20～60 字节	8 字节

2.3 电池与充电管理（智能电源管理）

作为一种适用于物探开发的野外作业设备，地震仪器的电源配置具有较高的需求，但随着降本增效和绿色勘探的深入开展，地震仪器的供电也趋向于大众化。目前节点地震仪器的节点单元特别是一体化的节点单元大多采用锂电池供电，而考虑到野外操作的方便性，除数据下载趋向无线连接外，电池充电也在向无线连接方向发展，以便进一步提高设备的稳定性和可操作性、降低设备的制造成本和应用成本。本节简单介绍锂电池和无线充电相关的内容。

2.3.1 锂电池

锂电池是一类由锂金属或锂合金为正/负极材料、使用非水电解质溶液的电池。由于具有电能容量大、平均输出电压高、自放电小、使用寿命长，以及没有记忆效应、循环性能优越、可快速充放电等特点，目前锂电池已经成为电子产品能源的主流。但由于锂金属的化学特性非常活泼，使得锂电池的加工、保存、使用和对环境的要求都非常高。

锂电池分锂原电池（也称一次锂电池）和锂离子（包括锂离子聚合物）电池（也称二次锂电池）。锂原电池不能充电，电能耗尽便不能再用，可以连续放电，也可以间歇放电，并且自放电很低，保存期长达 3 年，一般用于耗电量较低的电子产品中。锂离子电池是可充电电池，是目前手机、笔记本电脑等电子设备广泛使用的能源电池。锂离子电池也是以锂离子嵌入化合物为正极材料电池的总称，它以碳素材料（如石墨化碳材料）和铜箔组成负极，正极由含锂的化合物（如钴酸锂、镍钴锰酸锂、锰酸锂、磷酸亚铁锂等）及铝箔组成，没有金属锂，只有锂离子。电池内充有有机电解质，并且还装有安全阀和 PTC 元件（部分圆柱式使用）等非正常状态或输出短路时的保护电路。锂离子电池按所用电解质材料的不同而分为液态锂离子电池

（Liquified Lithium-Ion Battery，LIB）和聚合物锂离子电池（Polymer Lithium-Ion Battery，PLB）。液态锂离子电池的外壳一般是硬的（如铝壳或钢壳），而聚合物锂离子电池的电解液为固态。

锂离子电池一般根据电子产品的应用需求而设计成各种不同的现状，如圆柱形、棱柱形、砖形、扁平长方形、方形等。IEC 61960 标准主要是针对电芯及电池产品的电性能指标测试的标准，该国际标准定义了电芯和电池的电性能指标参数（容量、循环、内阻等），规定了圆柱形和方形电池的命名规则。锂离子电池的标识由 3 位字母加 5 位（圆柱形锂离子电池）或 6 位（方形锂离子电池）数字组成。其中，第 1 个字母表示电池的负极材料（I 表示有内置电池的锂离子，L 表示锂金属电极或锂合金电极）；第 2 个字母表示电池的正极材料（C 表示钴，N 表示镍，M 表示锰，V 表示钒，T 表示钛）；第 3 个字母表示电池的形状（R 表示圆柱形，L 表示方形）。圆柱形锂离子电池的 5 位数字分别代表电池的直径和高度，前两位代表电池的直径，中间两位代表电池的长度（圆柱形锂离子电池 18650 命名方法示例见图 2-35），单位均为 mm，直径或高度中任一尺寸大于或等于 100mm 时，两个尺寸之间应加一条斜线。最后一位 0 表示圆形。锂离子电池的额定电压一般为 3.7V（磷酸铁锂正极为 3.2V），充满电时的终止充电电压国际标准是 4.2V（酸铁锂为 3.6V）。圆柱形锂离子电池型号及参数参见表 2-16；常见圆柱形锂离子电池型号及参数见表 2-17。

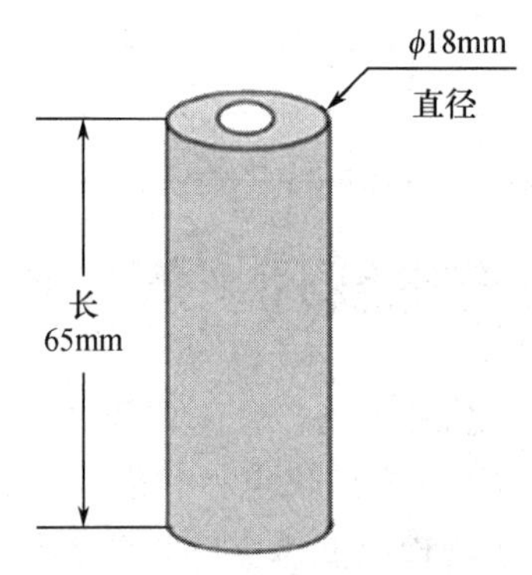

图 2-35　圆柱形锂离子电池 18650 命名方法示例

表 2-16　圆柱形锂离子电池型号及参数

型号	标称电压/V	标称容量/mAh	直径/mm	高度/mm	应用领域
14500	3.7	800	14	50	仪器仪表，消费电子
18650	3.7	2000～3500	18	65	特种设备，医疗设备，机器人
18500	3.6	800～1500	18	18	安防通信，轨道交通
26650	3.2	3200～3500	26.2	65.6	动力/储能领域，机器人，应急后备电源
21700	3.6	3000～4800	21	70	数码设备，电动工具
32650（32700）	3.2	4500～6500	32.4	70.5	仪器仪表，后备电源，特种设备

表 2-17　常见圆柱形锂离子电池型号及参数

类别	型号	额定容量/mAh	标称电压/V	放电终止电压/V	额定充电电压/V	内阻/mΩ	直径/mm	高度/mm
常规型	ICR18650	1800~2600	3.6～3.7	3.0	4.2	≤70	18	65
	ICR18490	1400	3.6～3.7	3.0	4.2	≤70	18	49
	ICR14650	1100	3.6～3.7	3.0	4.2	≤80	14	65
	ICR14500	800	3.6～3.7	3.0	4.2	≤80	14	50

续表

类别	型号	额定容量/mAh	标称电压/V	放电终止电压/V	额定充电电压/V	内阻/mΩ	直径/mm	高度/mm
常规型	ICR14430	700	3.6～3.7	3.0	4.2	≤80	14	43
	js14500	700	3.0V（配调压器）	3.0	4.2	≤80	14	50
动力型	INR18650	1200~1500	3.6	3.0	4.2	≤60	18	65
	INR18490	1100	3.6	3.0	4.2	≤60	18	49
磷酸铁锂型	IFR26650	3000	3.2	2.0	3.6	≤80	26	65
	IFR22650	1800	3.2	2.0	3.6	≤80	22	65
	IFR18650	1100~1400	3.2	2.0	3.6	≤80	18	65
	IFR18490	1000	3.2	2.0	3.6	≤80	18	49

注：“内阻≤多少 mΩ”意为在充满电的情况下，以最大放电电流进行恒流放电，当内阻达到多少 mΩ 时，电池接近报废。锂离子电池由于正极材料较多，与不同的负极搭配，具有不同的工作电压，如 3.6V 或 3.7V。

方形锂离子电池型号的 6 位数字分别代表电池的厚度、宽度、高度，单位均为 mm。前两位代表电池的厚度（带 1 位小数），中间两位代表电池的宽度，最后两位代表电池的长度，误差为±0.02mm。3 个尺寸中任一个大于或等于 100mm 时，尺寸之间应加斜线；3 个尺寸中若有任一个小于 1mm，则在此尺寸中前加字母 t，此尺寸单位为 1/10mm。例如，型号为 ICP103450 的锂离子电池表示该方形锂离子电池的正极材料为钴，厚约为 10mm，宽约为 34mm，长约为 50mm。而型号为 ICP08/34/150 的锂离子电池表示该方形锂离子电池的正极材料为钴，厚约为 8mm，宽约为 34mm，长约为 150mm。型号为 ICPt73448 的锂离子电池表示该方形锂离子电池的正极材料为钴，厚约为 0.7mm，宽约为 34mm，长约为 48mm。方形锂离子电池 383450 命名方法示例如图 2-36 所示。需要注意的是，由于各电池厂商采用的封装方式不同，同型号的方形锂离子电池的容量存在 300mAh 以内的差别。

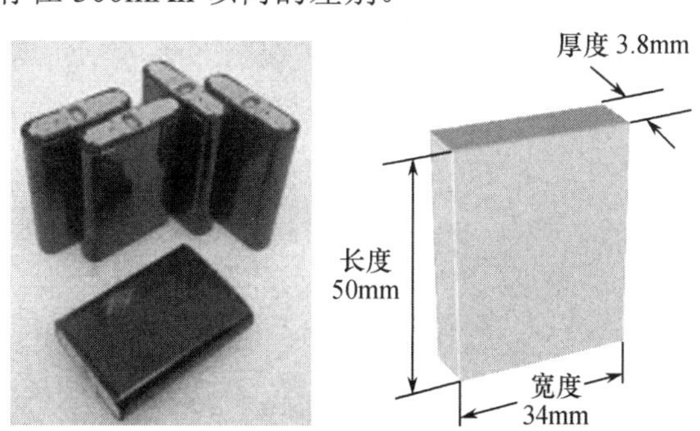

图 2-36　方形锂离子电池 383450 命名方法示例

方形锂离子电池的标称电压一般为 3.6～3.7V，充电终止电压一般为 4.2V。方形锂离子电池的型号众多，手机、航模等移动电子产品上被广泛使用。常用方形锂离子电池型号及参数见表 2-18。

锂离子电池的充放电过程就是锂离子的嵌入和脱嵌过程。IEC 标准规定电池的循环使用寿命为 500 次后保持为初始容量的 60%，国标规定循环 300 次后容量应保持为初始容量的 70%。锂离子电池的充电电流与电压曲线如图 2-37 所示，一般认为恒压充电时充电电流为恒流充电的 0.1 倍左右就认为充满了。

表 2-18　常用方形锂离子电池型号及参数

型号标称	容量/mAh	内阻/mΩ	标称电压/V	厚度（±0.3）/mm	宽度（±0.3）/mm	高度（±0.5）/mm
3578131	4000	＜40	3.7	3.5	78	131
3463110	2700	＜40	3.7	3.4	63	110
3845120	2200	＜40	3.7	3.8	45	120
366090	2000	＜40	3.7	3.6	60	90
3435165	1800	＜40	3.7	3.4	35	165
2453135	1400	＜40	3.7	2.4	53	132
385085	1300	＜60	3.7	3.8	50	85
344461	1200	＜60	3.7	3.4	44	61
255480	1150	＜50	3.7	2.5	52	80
393278	1100	＜65	3.7	3.9	32	78
305060	900	＜40	3.7	3.0	50	60
383450	600	＜70	3.7	3.8	34	50
383450	450	＜80	3.7	3.8	34	50
233759	380	＜80	3.7	2.4	37	59
392339	330	＜80	3.7	3.9	23	39
302441	250	＜100	3.7	2.8	24	40.5
251776	230	＜120	3.7	2.5	17	76
302145	210	＜150	3.7	3	21	45
222530	120	＜180	3.7	2.5	25	30
321239	100	＜200	3.7	3.1	12	39

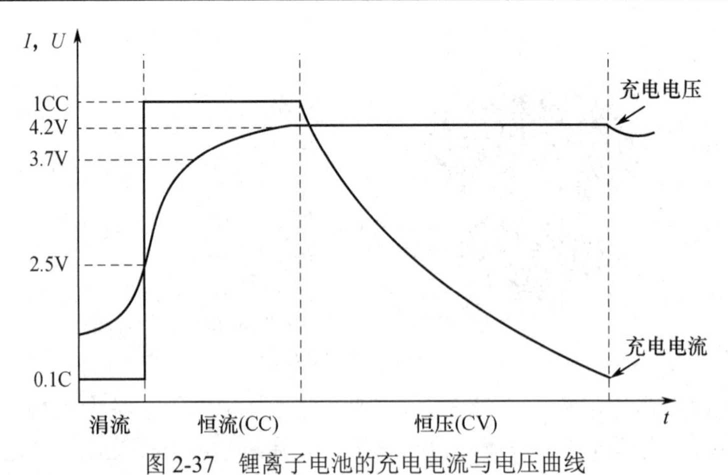

图 2-37　锂离子电池的充电电流与电压曲线

2.3.2　锂离子电池的充电管理

锂离子电池的充电方法有很多种，按充电效率可分为常规充电法和快速充电法。其中，常规充电法包括恒流充电法、恒压充电法、恒流恒压充电法和间歇充电法，快速充电法包括脉冲充电法、Reflex 快速充电法和智能充电法。

1．恒流充电法

按充电电流大小，恒流充电又可分为快速充电、标准充电和涓流充电。在充电过程中，一般采用调整电源充电电压或改变与电池串联的电阻值来维持电池的充电电流大小不变。这种方法的优点是控制简单，适用于对多个电池串联的电池组进行充电。缺点是锂离子电池的可接受充电的能力会随着充电的进行逐渐降低，在充电后期过大的充电电流会使电池内部产生气泡，从而对电池造成损坏。因此恒流充电常常是作为恒流恒压充电中的一个环节。

2．恒压充电法

恒压充电法就是在整个充电过程中充电电压保持恒定，充电电流的大小随着电池状态的变化自动调整。随着充电的进行，充电电流逐渐减小。与恒流充电相比，其充电过程更加接近最佳充电曲线，控制简单、成本低。缺点是充电时间较长，并且在充电初期电池充电电流过大，直接影响锂离子电池的寿命和使用质量。所以恒压充电法很少单独使用，只有在充电电源电压低而电流大时采用。

3．恒流恒压充电法

参考图 2-37，在开始充电之前，首先检测电池电压，若电池电压低于门限电压（2.5V 左右），则以 CC/10 的小电流对电池进行涓流充电，使电池电压缓慢上升；当电池电压达到门限电压时，进入恒流充电，在此阶段以较大的电流（0.5CC～1CC）对电池进行快速充电，电池电压上升较快，电池容量将达到其额定值的 85%左右；在电池电压上升到上限电压（4.2V）后，电路切换到恒压充电模式，电池电压基本维持在 4.2V，充电电流逐渐减小，充电速度变慢，这一阶段主要是保证电池充满，当充电电流降到 0.1CC 或 0.05CC 时，即判定电池充满。恒流恒压充电避免了恒压充电开始时充电电流过大的问题，又克服了恒流充电后期容易出现过充的现象，结构简单，成本较低，目前被广泛使用，但它不能消除电池充电时的极化现象。

4．脉冲充电法

如图 2-38 所示为脉冲充电曲线，主要包括 3 个阶段：预充、恒流充电和脉冲充电。在脉冲充电过程中，电池电压的下降速度会渐渐减慢，停充时间 T_0 会变长，当恒流充电占空比低至 5%～10%时，认为电池已经充满，终止充电。与常规充电方法相比，脉冲充电能以较大的电流充电，在停充期电池的浓差极化和欧姆极化会被消除，使下一轮的充电更加顺利地进行，充电速度快、温度的变化小、对电池寿命影响小，因而目前被广泛使用。但其缺点很明显：需要一个有限流功能的电源，这增加了脉冲充电的成本。

5．间歇充电法

锂离子电池间歇充电法包括变电流间歇充电法和变电压间歇充电法。其中，变电流间歇充电法是由厦门大学陈体衔教授提出来的，它的特点是将恒流充电改为限压变电流间歇充电。如图 2-39（a）所示，变电流间歇充电法的第一阶段（也是主要阶段），先采用较大电流对电池充电，在电池电压达到截止电压 U_0 时停止充电，此时电池电压急剧下降。保持一段停充时间后，采用减小的充电电流继续充电。当电池电压再次上升到截止电压 U_0 时停止充电，如此往复数次（一般为 3～4 次），充电电流将减小到设定的截止电流。然后进入恒压充电阶段，以恒定

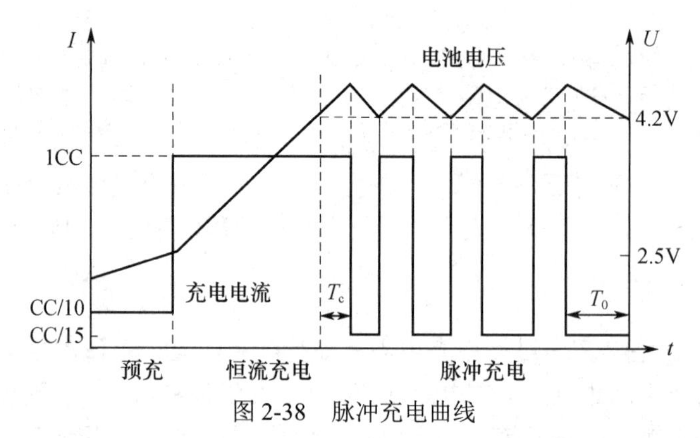

图 2-38 脉冲充电曲线

电压对电池充电直到充电电流减小到下限值，充电结束。变电流间歇充电法的主要阶段在限定充电电压条件下，采用了电流逐渐减小的间歇方式加大了充电电流，即加快了充电过程，缩短了充电时间。但是这种充电模式电路比较复杂、造价高，一般只有在大功率快充时才考虑采用。

在变电流间歇充电法的基础上，有人又研究了变电压间歇充电法。两者的差异就在于第一阶段的充电过程，将间歇恒流换成间歇恒压。比较图 2-39（a）和（b），可见恒压间歇充电更符合最佳充电曲线。在每个恒压充电阶段，由于电压恒定，充电电流自然按照指数规律下降，符合电池电流随着充电的进行逐渐下降的特点。

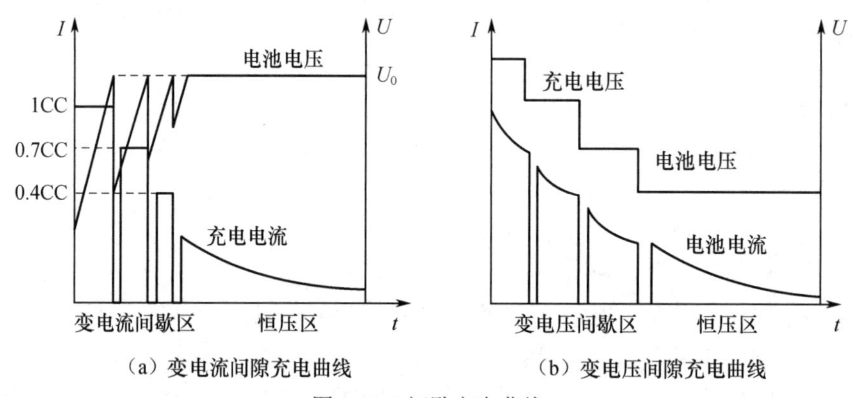

图 2-39 间歇充电曲线

6. Reflex 快速充电法

Reflex 快速充电法又被称为反射充电法或“打嗝”充电法。该方法的每个工作周期都包括正向充电、反向瞬间放电和停充 3 个阶段。它在很大程度上解决了电池极化现象，加快了充电速度。但是反向瞬间放电会缩短锂离子电池的寿命。Sheng-Yuan Ou 和 Jen-Hung Tian 对 Reflex 快速充电法进行了研究，Reflex 快速充电曲线如图 2-40 所示，在每个充电周期，先采用 2CC 的电流充电，充电时间 T_c 为 10s，然后停止充电，停充时间 T_{r1} 为 0.5s，接着反向瞬间放电，放电时间 T_d 为 1s，最后停止充电，停充时间 T_{r2} 为 0.5s，每个充电循环时间为 12s。随着充电的进行，充电电流会逐渐变小。实验证明，这种充电方法可以使单体锂离子电池的充电时间提升到 40min，电池温度仅仅升高 1.1℃，充电效率达到 87.51%。

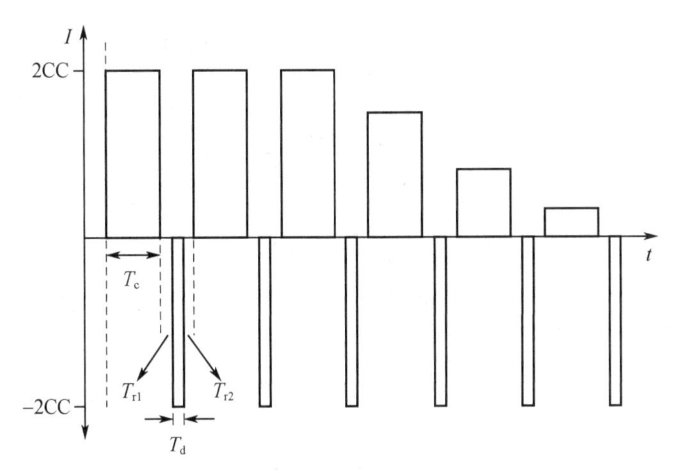

图 2-40　Reflex 快速充电曲线

7．智能充电法

智能充电是目前较先进的充电方法，如图 2-41（a）所示，其主要原理是应用 du/dt 和 di/dt 控制技术，通过检查电池电压和电流的增量来判断电池的充电状态，动态跟踪电池可接受的充电电流，使充电电流自始至终在电池可接受的最大充电曲线附近，这样电池能在很少析气的状态下快速充满。

如图 2-41（b）所示，将神经网络与模糊控制相结合，专家研究出了模糊神经网络控制器、神经网络模型，设计了智能充电控制系统。它既具有模糊控制器的善于表达人类的经验知识、推理能力强等特点，又具有神经网络控制器的直接从控制数据中学习知识、学习能力强等特点。实验证明，智能充电法在充电过程中电压变化平稳，充电时间短，因此作为模糊自适应控制方案中的一种，未来将受到越来越多的重视。

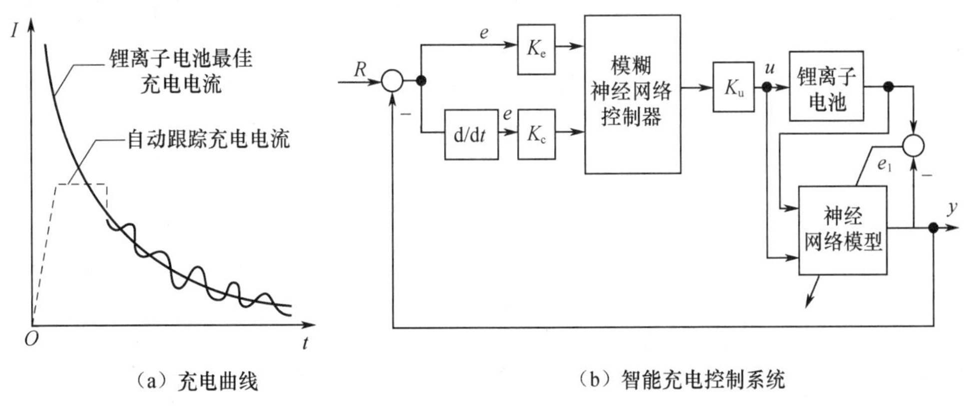

（a）充电曲线　　（b）智能充电控制系统

图 2-41　智能充电

2.3.3　常用电池无线充电技术

1．实现无线充电的方式

无线充电也称为无线电力传输（WPT），由供电设备（充电器）将能量传送至用电装置，该装置使用接收到的能量对电池充电。由于充电器与用电装置之间不用电线连接，也就没有物理上的导电连接点，解决了部署连接线及充电物理接口不一致等问题。电和磁息息相关，目前的无线充电方式大多基于电磁感应现象或者由此衍生而来。目前，实现无线充电主要有电磁感应方式、磁共振方式、无线电波方式和电场耦合方式 4 种。4 种无线充电方式的比较见表 2-19。

表 2-19　4 种无线充电方式的比较

充电方式	电磁感应方式	磁共振方式	无线电波方式	电场耦合方式
原理	电流通过线圈产生磁场，对附近线圈产生感应电动势并产生电流	发送端能量遇到共振频率相同的接收端，由共振效应进行电能传输。（使用线圈作为谐振器，并使用磁共振发送电力）	将环境电磁波转换为电流	利用沿垂直方向耦合两组非对称偶极子而产生的感应电场来传输电能
传输功率	1～5W	数千瓦	大于 100mW	1～10W（以内）
传输距离	几毫米至几厘米	几厘米至几米	大于 10 米	几厘米至几米
使用频率范围	22kHz	13.56MHz	2.45GHz	560～700kHz
充电效率	80%	50%	38%	70%～80%
优点	适合短距离充电，转换效率较高	适合远距离大功率充电，转换效率适中	适合远距离小功率充电，自动随时随地充电	适合短距离充电，转换效率较高，位置可不固定
挑战	摆放位置要求严，金属感应接触发热	效率较低，安全与健康	传输功率小，转换效率较低，充电时间较长	体积较大，功率较小

（1）电磁感应方式

利用电流流过线圈产生磁场，通过高频磁场进行磁场的感应从而实现近场无线充电。目前的无线充电产品中，大多采用这种方式。该无线充电技术的主要挑战是充电距离、充电设备摆放位置及线圈感应产生的热。电磁感应方式原理示意图如图 2-42 所示。

（2）磁共振方式

磁共振方式也称为谐振方式，能量发送装置和能量接收装置在相同频率或者一个特定的频率上产生共振，交换彼此的能量。与电磁感应方式相比，磁共振方式的线圈在位置上不需要严格对准，其垂直距离得到了提高。另外，此方式支持消费电子和物联网设备快速无线充电，并支持多个设备同时充电。目前，磁共振方式的无线充电面临最大的挑战就是产品的商业化。磁共振方式原理示意图如图 2-43 所示。

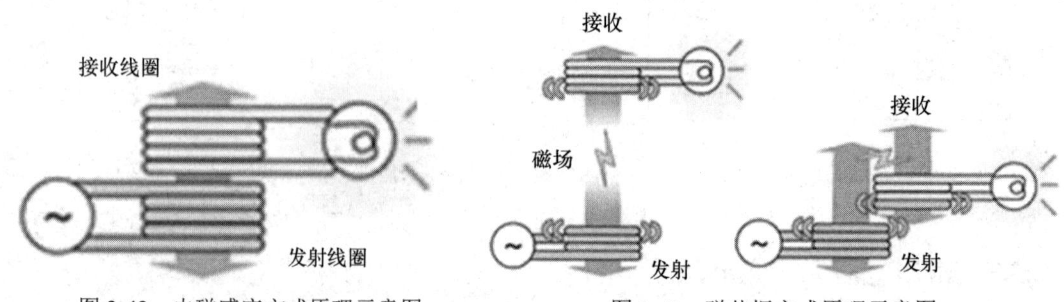

图 2-42　电磁感应方式原理示意图　　　图 2-43　磁共振方式原理示意图

（3）无线电波方式

系统由微波发射装置和微波接收装置组成，接收装置可以捕捉到无线电波（包括反射回来的）能量，在随负载作出调整的同时保持稳定的充电直流/电压。这种方式极大提高了无线充电的自由度与便捷性。无线电波方式原理示意图如图 2-44 所示。

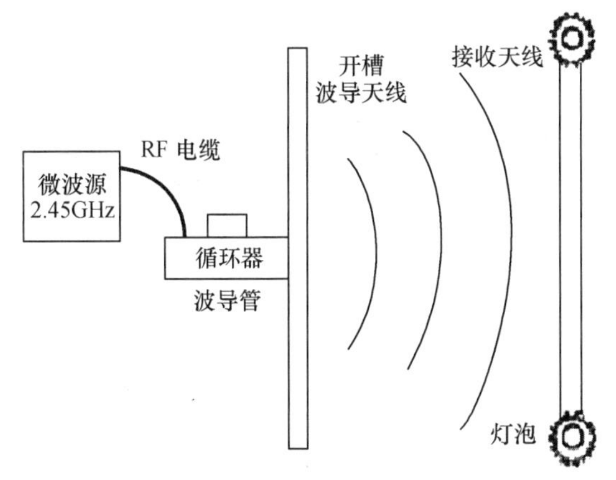

图 2-44　无线电波方式原理示意图

（4）电场耦合方式

电场耦合方式是因为分布电容的存在而产生的一种充电方式，信号或能量在电路的不同节点之间通过电容进行传递（第一级向第二级传递，又称静电耦合或电容耦合），利用通过沿垂直方向耦合两组非对称偶极子而产生的感应电场来传输电力。电场耦合方式充电时，充电座和接收装置通过两者之间形成的电容中的高频电场交换能量，具有构造简单、位置自由、成本低、容易嵌入产品等其他方式所没有的特点。

2. 无线充电技术标准

无线充电技术含量高，经济成本投入较大，造价远高于目前广泛使用的有线充电和万能充电器。加之无线充电距离短、电能转换功率低、易遭干扰及有辐射等负面效应，目前在全球范围内尚未形成一个通用的无线充电技术标准。而且不同运营商的终端供电参数不同，采用了不同的充电方式和不同的无线充电标准，也给标准的兼容性带来了一定的难度。但随着电子产品参数、接口的统一，无线充电标准的融合将为期不远。目前主流的无线充电标准有 Qi 标准、Power 2.0 标准、A4WP v1.0 标准、iNPOFi 技术和 Wi-Po 这 5 种，见表 2-20。

表 2-20　几种无线充电标准的技术特点

标准名称	Qi	Power 2.0	A4WP v1.0	iNPOFi	Wi-Po
制定组织	无线充电联盟（Wireless Power Consortium，WPC）	电源事业联盟（Powermatters Alliance，PMA）	无线电源联盟（Alliance for Wireless Power，A4WP）	中国大连硅展公司	宁波微鹅电子科技有限公司
采用基本技术	电磁感应	电磁感应	电磁谐振	电场脉冲	电磁共振
电源频率	100～205kHz	277～357kHz	6.75MHz		
通信频率	100～205kHz	277～357kHz	2.4GHz ISM 频带		2.4GHz ISM 频带
技术特点	便携性、通用性	便携性、通用性	便携性、可自由移动充电板上的设备、对多台设备充电	无辐射及电磁干扰、电能转换效率高、热效应弱、轻薄、需求电压低	采用蓝牙通信，并支持一对多同步通信
应用场景	手机、平板电脑、小型设备等拥有 Qi 标识的产品	符合 IEEE 协会标准的手机和电子设备	便携式电子产品、电动汽车	苹果 iPhone、三星 Galaxy S III	便携式电子产品、智能家居、医疗设备、电动汽车

3. 无线充电产品

研发无线充电技术产品的国外企业主要包括 IDT、TI、Freescale、高通、博通、恩智浦（NXP）、Fulton、Energous、Delphi、松下、东芝、富士通等，国内企业主要有中惠创智、新页、中兴、劲芯微、美嗒嗒、微鹅、斯普奥汀、华润矽科、新捷及伏达等。典型的无线充电产品介绍如下。

（1）IDT 无线充电解决方案

IDT 公司的无线充电解决方案是具备高集成度的单芯片 SoC 方案，内部处理器基于 32 位 ARM Cortex-M0 架构，通过 I^2C 通信控制，并且提供扩展的数字 I/O 引脚及相关软件库，支持 Qi 标准，同时具有加密通信（FSK、ASK 实现）、异物检测功能。该单芯片 SoC 在 15W 时无线充电效率最高可达 87%，提高了系统的热性能，可以媲美传统的有线充电架构。IDT 无线充电解决方案原理图如图 2-45 所示。IDT 无线发射与接收器件包括：P9242−RNDGI（15W 发射器）、P9221-RAHGI8（15W 接收器）、P9038−RNDGI（5W 发射器）、P9025AC-RNBGI（5W 接收器）。

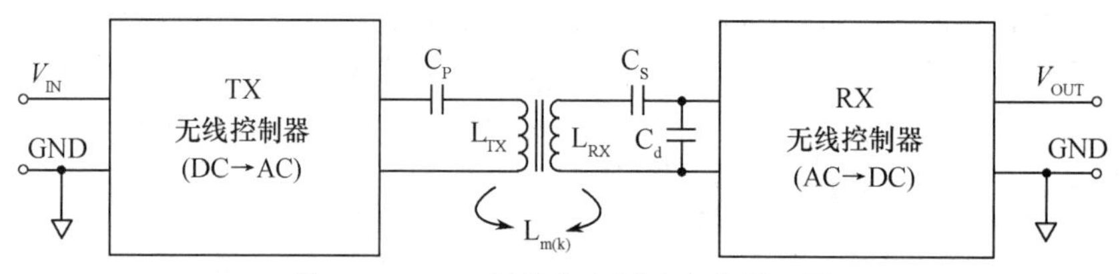

图 2-45 IDT 无线充电解决方案原理图

（2）恩智浦 MW 系列无线充电芯片方案

恩智浦提供的解决方案涵盖 5W 的低功耗产品到 15W 的中等功耗产品，适用于消费电子、工业控制和汽车电子市场，包含发射与接收器件、相关软件、评估板和参考设计等。主要器件包括：

- MWCT1x1x 发射器——内核 56800EX，功率为 15W，单/多线圈，存储器为 64KB；
- MWCT1x0x 发射器——内核 56800EX，功率为 5W，单/多线圈，存储器为 32KB/64KB；
- MWCT1x1xA 发射器——内核 56800EX，功率为 15W，多线圈，存储器为 64KB/288KB；
- MWCT1x0xA 发射器——内核 56800EX，功率为 5W，多线圈，存储器为 64KB/256KB；
- MWPR1516 接收器——内核 ARM Cortex-M0，功率为 15W，单线圈，存储器为 16KB。

（3）TI 的 BQ 系列无线充电方案

TI 是最早量产无线充电方案的公司，其 10W 无线充电解决方案中，从发射端输入到接收端输出的效率可达 84%。BQ51025 为 10W 兼容 WPC 的单芯片无线充电接收器，符合 WPC1.2 标准；BQ500215 为固定频率的 10W 无线充电发射器，符合 WPC1.2 标准。两种芯片的功能框图分别如图 2-46 和图 2-47 所示。

此外，TI 公司推出的第三代无线充电接收器芯片 BQ51020 和 BQ51021，以及世界上第一个满足 WPC1.1 和 PMA 标准的双模型芯片 BQ51221，这些接收器解决方案已达到 96% 的超高效率，解决了在 5W 的条件下应用于智能手机及其他便携式设备中全面运转的散热问题。

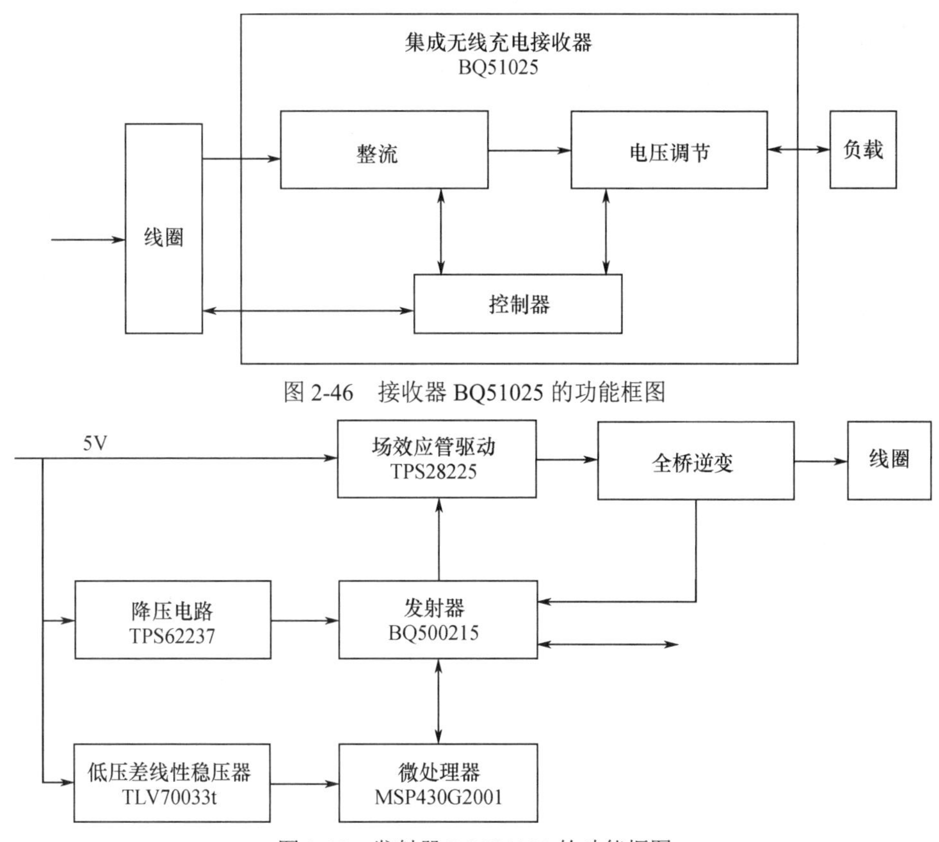

图 2-46　接收器 BQ51025 的功能框图

图 2-47　发射器 BQ500215 的功能框图

（4）东芝无线充电芯片方案

东芝推出的 15W 无线充电发射器芯片 TC7718FTG。采用支持简单系统配置的 MP-A2[由无线充电联盟（WPC）定义的使用 12V 单线圈的无线充电发射器系统]，符合 WPC 制定的 Qi v1.2 EPP（扩展功率分布）标准。而 TC7766WBG 是通过 Qi 认证的 15W 接收器芯片，也符合 WPC 制定的 Qi v1.2 EPP 标准。

参 考 文 献

[1] 易碧金，仲明惟，郭延伟. 地震仪器性能指标对高精度勘探的影响. 石油管材与仪器，2020，3（6）：51-54.

[2] 徐欣，周丽娟，陈良，等.典型无线传输技术应用. 2 版. 北京：高等教育出版社，2021.

[3] 洪贝，姜学鹏，章思宇. 基于蓝牙的安全连接与传输研究综述.科学与信息化，2018（22）：8.

[4] QST 青软实训. ZigBee 技术开发——Z-Stack 协议栈原理及应用. 北京：清华大学出版社，2016.

[5] 卢俊文. Zigbee 技术的原理及特点.通信世界，2019，26（3）.

[6] 朱洲，曹长修. ZigBee 技术及其应用.全国测控、计量、仪器仪表学术年会，2005.

[7] 杨磊，梁活泉，张正，等. 基于 LoRa 的物联网低功耗广域系统设计.信息通信技术，2017，11（1）：40-46.

[8] 王鹏，刘志杰，郑欣. LoRa 无线网络技术与应用现状研究. 信息通信技术，2017，11（5）：6.

[9] 许毅，陈建军. RFID 原理与应用. 2 版. 北京：清华大学出版社，2021.

[10] 吴海涛，李变，武建锋，等. 北斗授时技术及其应用. 北京：电子工业出版社，2016.

[11] 胡杨，李艳，钟盛文，等. 18650 型锂离子电池的安全性能研究. 电池，2006，36（3）：192-194.

[12] 何秋生，徐磊，吴雪雪. 锂电池充电技术综述. 电源技术，2013，37（8）：3.
[13] 谢晓华，解晶莹，夏保佳. 锂离子电池低温充放电性能的研究. 化学世界，2008（10）：581.
[14] 沈锦飞. 磁共振无线充电应用技术. 北京：机械工业出版社，2019.

第 3 章　节点地震仪器原理

节点地震仪器采用离线地震数据采集及地震数据非实时回收的方法，其关键技术是利用 GPS 高精度时钟作为同步信号，控制激发系统起爆和检波器采集记录。把所有参与采集作业的各个采集站及激发源控制器的时钟，校准到一个统一的高精度时钟体系（如 GPS 时钟系统），各个采集站按照预定的方式（或设定的参数）独立自主地完成时间校准、自测试、地震数据采集与存储等任务，检波器采集的地震信号就地存储在该检波点的采集站中而不通过电缆（有线地震仪器）或电台（无线地震仪器）传输到主机（中央控制部件，俗称仪器车）进行集中存储。激发源控制器在同一个时间系统下，按照预定的方式（设定的参数）独立完成时间校准、系统自测试、激发、激发信息的确认和激发状态信息的记录、存储等任务。在野外采集作业全部完成后，通过专用的数据下载设备和数据处理软件，集中对参与采集的采集站中的测试（状态）数据和地震数据进行一次性下载，并结合激发源控制器激发班报的激发时间信息和观测系统（SPS）要求，从各个采集站的连续采集数据中提取相关的有效数据，整理成与通常物探开发中地震数据处理和交换相兼容的数据格式进行记录和转存。整个系统由具有 GPS 授时功能的采集站、具有 GPS 同步和激发时间记录功能的激发源控制器（独立同步激发爆炸控制系统）、数据下载或回收单元（包含相应的参数设置、测试、数据后处理软件）等组成。由于参与地震数据采集作业的设备各自独立工作而无须进行实时信息交换，大大提高了数据采集作业的效率；而且能够使地震数据采集仪器（设备）和激发源控制器的结构与工作时序简单、稳定性好而适合于复杂的勘探环境，大大降低设备成本和应用成本。

3.1　节点地震仪器总体结构

3.1.1　节点地震仪器系统构成

依据节点地震仪器各部分的功能划分，节点地震仪器的系统结构示意图如图 3-1 所示。

1. 节点单元（也称采集站）

节点单元是集成了授时部件、数据采集（数字化）与控制部件、测试与通信部件、数据存储器于一体的地震数据采集记录设备，是节点地震仪器的核心。应满足高精度授时或守时、高精度地震数据连续采集、地震数据存储、采集参数设置、数据（状态数据和地震数据）下载及自校准（关键参数自检或测试），还需要具备高度的可靠性、稳定性及野外环境的适应性和可操作性。根据设计和需求的不同，节点单元又可以分为一体式节点单元和分体式节点单元。一体式节点单元在集成了以上关键部件的基础上还增加了地震波传感器（简称检波器）及电源（电池），其优势是集成度高，没有任何外接电缆，但相较于分体式节点单元而言，无法使用外接式检波器串进行采集，这对于某些特殊地区适用性不佳。分体式节点单元已经由最初的检波器、电池和采集电路各自独立发展到以检波器外接式为主、电池和采集电路采用整体设计。

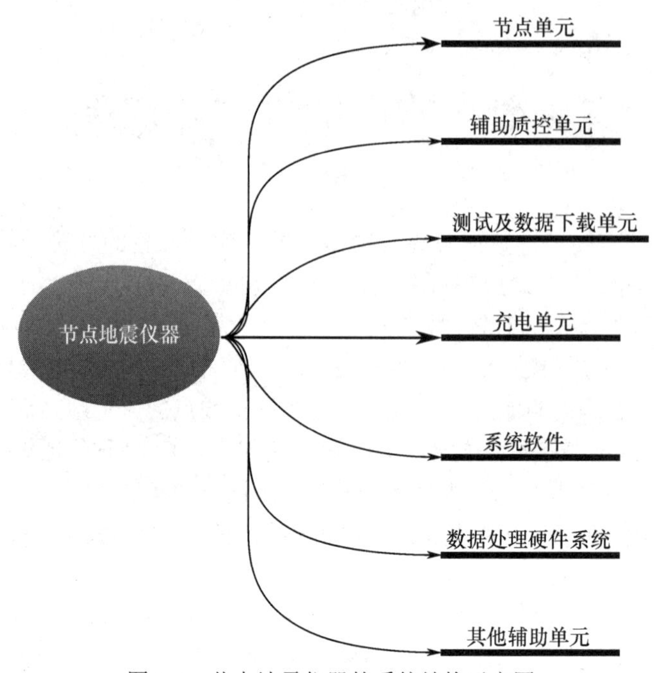

图 3-1　节点地震仪器的系统结构示意图

2. 辅助质控单元（也称质控部件）

质控（QC）部件是获取并监控节点单元工作状态的设备。质控数据直接关系到地震仪器野外数据采集作业的质量和效益。目前主流节点地震仪器基本具备终端距离无线方式的质控数据回收功能（个别还具备组网式长距离实时回传质控数据的功能），可通过人员、车辆或无人机携带质控回收单元在排列中批量回收质控数据。但一些“经济型”节点地震仪器的应用和推广为人们提供了一种新思路。这类节点地震仪器一般只进行少量简单测试甚至没有测试电路，测试状态通过指示灯显示，甚至不显示。只是下载地震数据时一并下载测试数据，在野外不具备质控回收功能，不能直观地判别这些节点地震仪器当前的工作状态，较难很好地对节点地震仪器的布设和工作过程进行监控。

3. 测试及数据下载单元

测试及数据下载单元的主要功能是对节点单元进行测试及地震数据下载。测试功能包含对节点单元的采集通道、内置或外接检波器进行测试，实现对节点单元的质量控制，一般由带高精度低畸变信号源的测试单元完成。采集通道测试项包括总谐波畸变、共模抑制比、动态范围、增益精度及内部噪声等。内置或外接检波器测试项包括直流电阻、绝缘电阻、阻尼系数、自然频率、灵敏度、失真系数、假频等。下载功能是指可以下载节点单元内置存储器中的状态数据和地震数据。

4. 充电单元

充电单元用于给节点单元的电池组进行充电。由于节点地震仪器的工作特点，布设后自主采集，在设备回收后可以根据实际情况进行补电。目前主流节点地震仪器均使用锂离子电池，锂离子电池对充电的要求较高，最适合的充电过程可以分为 4 个阶段：涓流充电、恒流充电、恒压充电及充电终止，需要保护电路，所以锂离子电池充电器通常都有较高的控制精度。充电单元应具备恒压、恒流充电，过热保护，过压保护，过流保护等多种功能及控制。在有些节点地震仪器中，测试及数据下载单元与充电单元集成在一起，有些则分开，在实际使用中各有利弊。例如，充电下载一体式单元虽然无须额外单独配置充电或下载单元，节省了设备用量，但是由于节点单元设计所限，触点长期暴露在外，易出现接触不良等问题。

5. 系统软件

根据功能的不同，软件可分为节点单元管理（包括参数配置、设备管理等）软件、数据下载软件、数据处理软件等。此外，对有质控手簿软件的产品还需配套质控手簿软件。

6. 数据处理硬件系统

数据存储介质主要用于存储地震数据。随着现代地震勘探技术的发展，大道数、高密度、宽频、宽方位高效采集已逐渐得到众多油气公司的认可而成为主流，但是大道数高效采集就意味着地震仪器记录的地震数据量是传统采集项目的几十倍甚至百倍，理论上节点地震仪器的带道能力可以不受限制，同时节点地震仪器具备地震数据全排列接收的灵活性，数据处理的过程中会出现海量的道集、炮集、非相关数据等过程数据，对数据存储有更高的要求。使用传统的磁带对采集数据转出的方式存在一定的弊端，而阵列存储器具有面向高带宽、高并发的常见应用场景优势，使用 SSD 缓存加速，采用大容量 SATA 磁盘，用户可根据性能及容量需求综合选择硬盘大小、种类及数目，部署灵活稳定，可支持存储与应用集成部署的超融合架构（存储即计算），提升资源利用效率，节省用户投资，依照用户策略自动将小文件存放在 SSD 之上，提升小文件的性能，并优化大文件及小文件混合存储。

7. 其他附属单元

除以上单元外，节点地震仪器还包括支持各部分供电、数据连接、安装支撑的部件，如不间断电源（UPS）、交换机和智能服务器机柜等辅助设备。辅助设备服务于整个节点地震仪器，使其可以更加稳定地运转。UPS 是将蓄电池（多为铅酸免维护蓄电池）与主机相连接，通过主机逆变器等模块将直流电转换成市电（交流电）的设备。UPS 的三大基本功能为稳压、滤波、不间断，主要用于给单台计算机、计算机网络系统或其他电力电子设备（如电磁阀、压力变送器等）提供稳定、不间断的电力供应。交换机主要用于提供服务器、数据存储介质、数据下载单元之间的数据交换，因为交换机有带宽很高的内部交换矩阵和背部总线，并且背部总线上挂接了所有的接口，通过内部交换矩阵，能够把数据包直接而迅速地传送到目的节点而非所有节点，这样就不会浪费网络资源，从而产生非常高的效率，同时在此过程中，数据传输的安全程度非常高。智能服务器机柜主要提供数据处理系统的工作环境，具备空调温控系统，提供稳定可靠的电源系统，集成 UPS、智能配电 IPD、综合管理柜 IMC 及 PDU、环境监控 DEMS、照明、可视化监控器、门禁系统等。除以上部件外，还包括为了提升节点地震仪器施工效率和数据质量的其他辅助设备，如节点单元自动布设装置、辅助耦合装置、批量质控回收装置、图形化综合管理平台、OBN 声学定位系统、维修测试工装等。

以上各部分协同工作，配套激发源、激发源控制器，最终形成可以进行物探采集作业的装备。如图 3-2 所示。

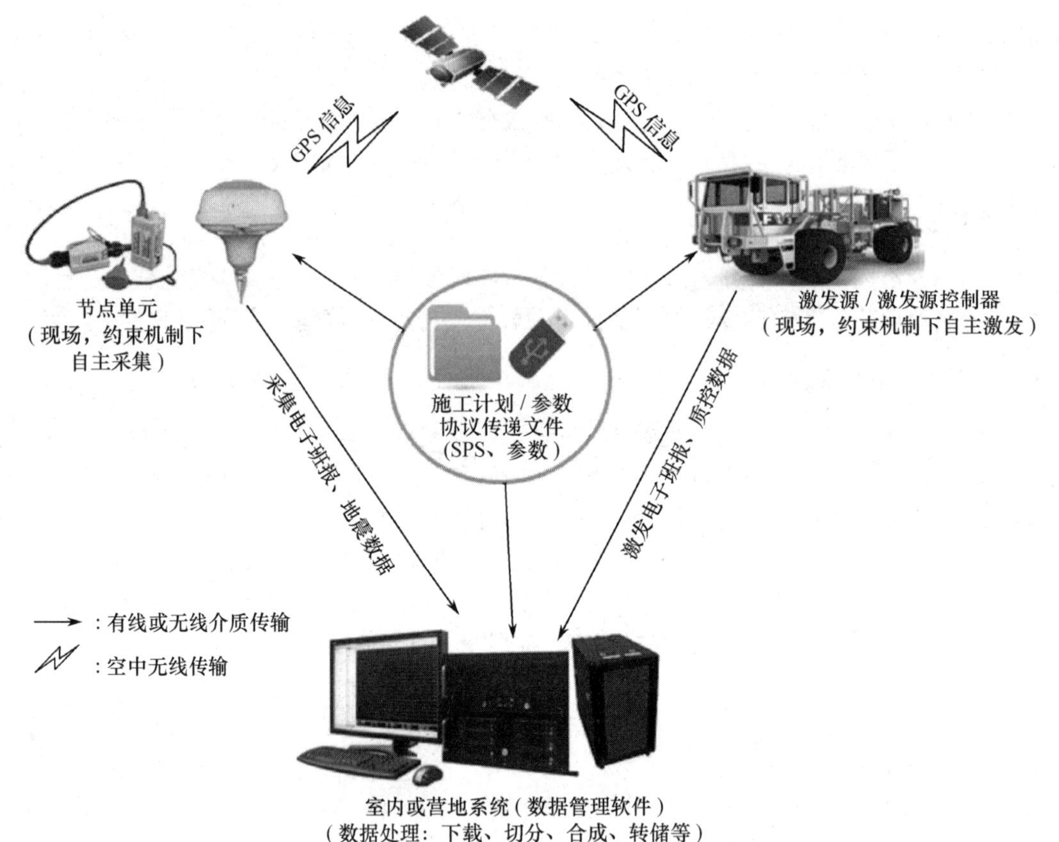

图 3-2　节点地震仪器物探采集作业示意图

3.1.2　节点地震仪器示例

图 3-3 是中国石油集团东方地球物理勘探有限责任公司（BGP 公司）于 2001 年开发的 3S-1 型 GPS 授时地震仪部件实物图。整个系统由授时采集站、GPS 同步爆炸控制系统、排列助手或智能回收器和 3S-1 系统软件（包括数据回收与整理系统软件、爆炸控制系统软件等，也称数据后处理平台）组成。采集站加电以后，安装在授时地震仪外壳上的 GPS 天线进入信息接收状态，当接收到特定数量的 GPS 卫星信号后，采集站启动采集校时和定位程序，校时完成后，采集站内部时钟与 GPS 卫星信号时间同步，然后采集站顺序启动可配置测试程序和采集程序，并且周期性地存储测试和采集的数据。每个采集站内装有独立的计算机控制系统和存储介质（硬盘、SD 卡等），采集结束后按照 GPS 同步爆炸控制系统的放炮班报，采用排列助手或智能回收器对采集站存储的数据进行一次性复制后，转存至地震数据后处理平台，地震数据后处理平台对所有回收的采集站数据按照观测系统的施工要求，整理成与地震数据处理格式相兼容的炮序格式 SEG-D 文件，并进行数据回放、转存到磁带或磁盘等记录介质上。

3S-1 型 GPS 授时地震仪采集站[参考图 3-3（a）、（b）]采用 24 位 ADC（模数转换器），动态范围达到 120dB 以上，最高采样间隔为 0.25ms，连续采集根据存储容量可达上千小时；采用高精度的温度补偿晶体振荡器，稳定度高达 2×10^{-7}。采集站与 GPS 时钟校准精度达 1μs，采集站的 GPS 定位地理位置写在文件道头里；控制核心采用嵌入式 DSP520 芯片，其体积更小、功能更强，提高了授时地震仪的自动化和智能化程度。

3S-1 型 GPS 同步爆炸控制系统[参考图 3-3（c）]采用嵌入式技术，通过 GPS 授时确保时间满足高精度要求，确保爆炸控制系统和采集站的时间精确地同步到微秒级。除同步激发炸药外，爆炸控制系统能够自动记录放炮的相关信息并形成采集站数据回收班报，还能够对环境噪声和激发的能量进行分析，确保激发的有效性及较好的信噪比。

3S-1 型排列助手[参考图 3-3（d）]可授权对采集站采集参数、爆炸控制系统激发时间规则及激发参数进行设置，并且在获取激发班报后对采集站的采集数据进行本地下载（回收）。

（a）单电路板图（3 道）

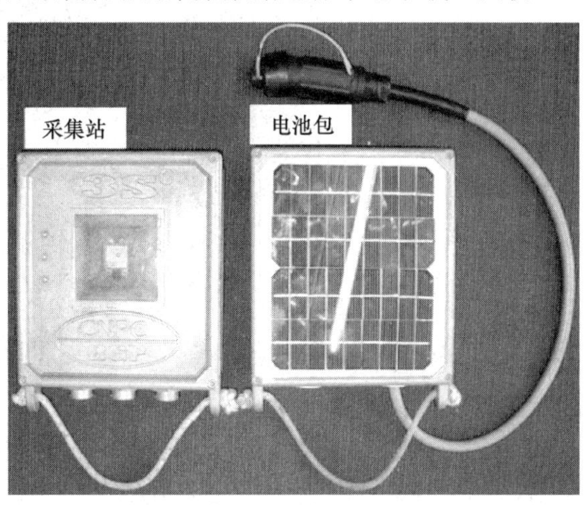

（b）单电路板结构的节点采集站（3 道）与电池包

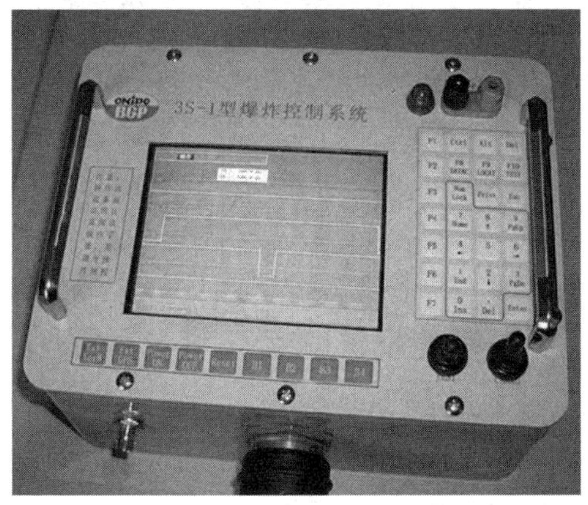

（c）GPS 同步爆炸控制系统

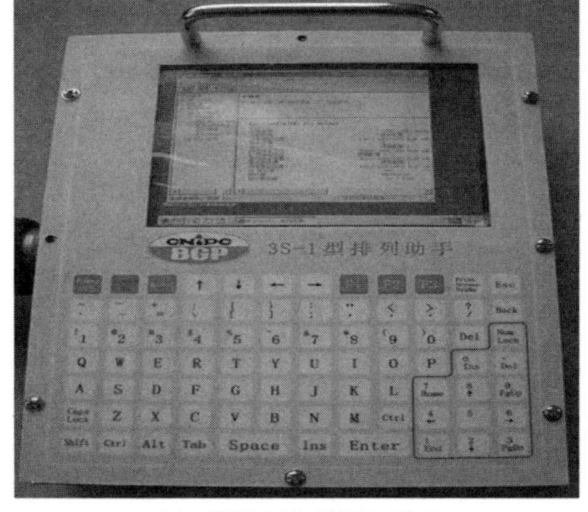

（d）排列助手（数据回收器）

图 3-3　3S-1 型 GPS 授时地震仪部件实物图

3S-1 系统软件负责把相关采集站连续记录的地震数据转换成符合实际施工要求的炮序文件，并根据需要进行转存。部分功能界面参考图 3-4。

3.1.3　节点地震仪器工作性能指标

节点地震仪器采集通道的性能评价与常规地震仪器相同，包括采样位数、采样率、增益、最大输入信号、等效输入噪声、瞬时动态范围、谐波畸变等指标，其指标主要受采用的 ADC 芯片性能的影响，同时受 PCB 设计电源噪声、传输线干扰、耦合和电磁干扰（EMI）等方面的影响。噪声的类型如图 3-5 所示。

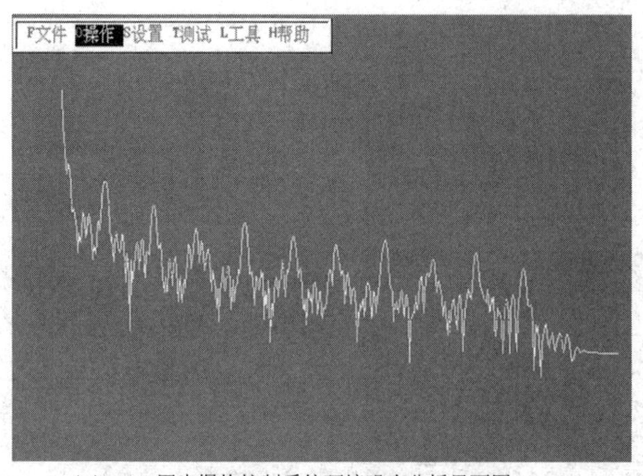

（a）GPS 同步爆炸控制系统环境噪声分析界面图

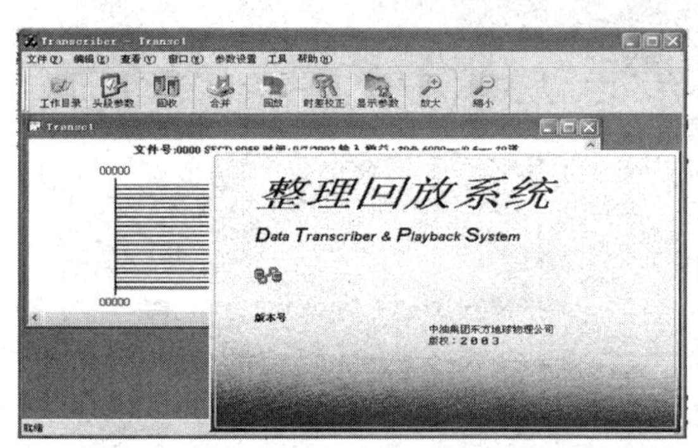

（b）数据整理回放系统软件初始界面

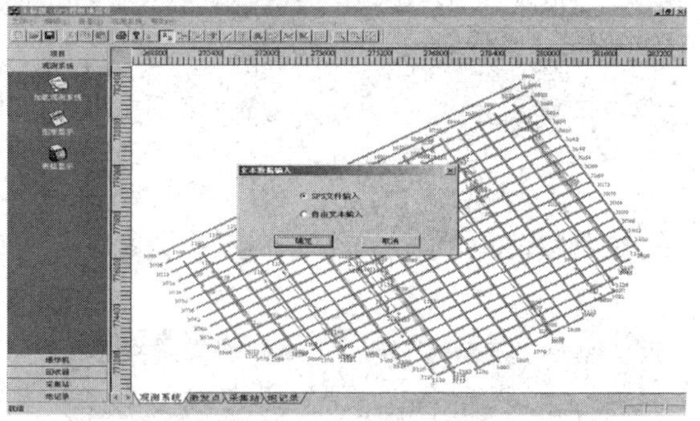

（c） 数据整理观测系统管理界面

图 3-4　3S-1 系统软件部分功能界面

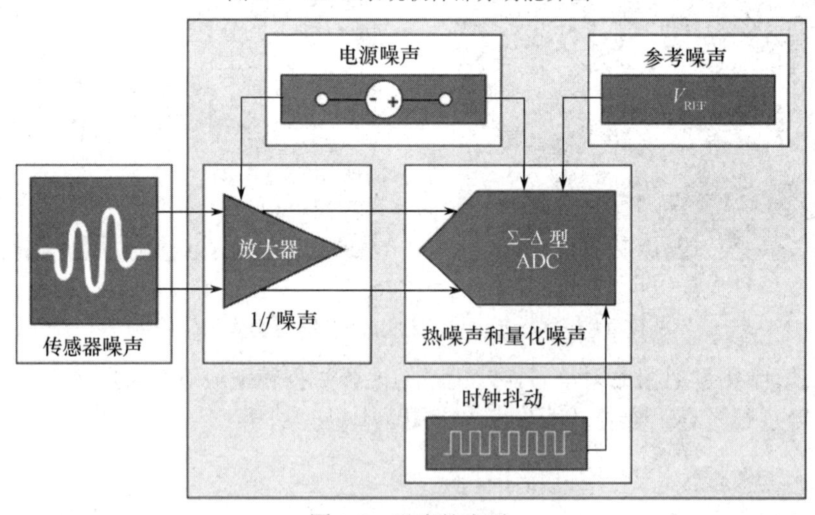

图 3-5　噪声的类型

1. 直流漂移与等效输入噪声

在地震信号响应指标中，直流漂移与等效输入噪声是地震仪器最为关键的两个指标，需要记录的地震信号只有大于仪器噪声信号值才能被采集记录下来，因此地震仪器的噪声值就是地震信号进入记录的门槛。

2. 总谐波畸变（THD）与动态范围

畸变又称失真，是输入信号与输出信号在幅度比例关系、相位变化关系及波形形状产生变化的现象。节点地震仪器的动态范围定义为节点地震仪器在系统畸变允许范围内可接收的最大信号和最小信号的比值。

3. ADC 及其精度

ADC 是数据采集设备最为重要的环节，而在衡量 ADC 性能的诸多指标中，采样率、分辨率（位数）、精度（ENOB）或信噪比（SNR）是高精度数据采集中最为重要的指标。这里的分辨率代表 ADC 的最小刻度，间接衡量 ADC 采样的准确性。精度或信噪比是在 ADC 最小刻度基础上叠加各种误差的参数，代表 ADC 的集散误差，可直接衡量 ADC 采样的精准性。信噪比定义为基频幅值与所有噪声频率的有效值和之比。

以上指标的含义及计算由后续章节进行阐述。由于节点单元采集时独立工作，影响其工作性能的指标还包括以下几个。

① 数据存储容量，一般指除系统固件占用空间外，能够存储地震数据及质控数据的内置硬件存储容量。

② 电池续航能力，由节点单元电路功耗及电池容量共同确定，影响节点地震仪器在布设开机后连续工作的时长。特别是在工期较多受外界影响因素不确定的工作区域，若续航无法满足连续施工要求，则需要专门回收更替或回收充电。

③ 物理指标，包括体积、重量等。物理指标的大部分仅和应用相关联，即使是外壳的设计（包括结构、形状、材料等），除考虑抗感应（抗干扰）等与数据采集关联的因素外，还需额外考虑密封、天线的接收灵敏度与干扰（如果配备了天线，如 GPS、电台及其他 WiFi 等无线通信器件）、重量、环境的实用性和操作的方便性（包括无线电充电）等。这些指标直接影响地震仪器使用过程中的适用环境和施工效率。

④ 授时精度，主要由 GNSS 芯片、GNSS 天线及配套授时算法决定，影响节点采集数据的同步精度。

3.2 节 点 单 元

3.2.1 节点单元的功能

作为节点地震仪器中的核心部分，节点单元承载着地震数据采集的重要作用。它和有线地震仪器的采集站一样，能够实现对地震勘探采集作业中震源（激发设备）激发的地震波经过地层反射的振动信号采集的功能。此外，不同于有线地震仪器的采集站，它还具备高精度授时功能、定位功能及地震数据本地存储功能。不同于有线地震仪器，其串联接力传输模式可以实时监控采集设备出现的问题，节点单元彼此独立，除极少部分具备实时传输数据功能外，最终地震数据采集的质量完全依靠每一个独立节点单元工作的稳定性。

3.2.2 节点单元的分类

节点单元依照节点结构、检波器类型、质控方式不同等多维度进行分类，以分别适应不同的施工需求，见表 3-1。

表 3-1　节点单元分类

分类		适应	特征
检波器类型	数字检波器节点	单点采集	MEMS+ASIC 芯片直接输出加速度信号
	模拟检波器节点	单点或组合采集	动圈式检波器信号接入 ADC 芯片
节点结构	分体式节点	外接检波器串或热交换电池	核心电路、检波器、电池包分离设计，通过接口连接
	一体式节点	单点接收	一体化设计接口
质控方式	无现场质控节点	低成本、高稳定性节点	高度依赖节点单元的稳定性
	人工回收质控数据节点	常规节点设计	当前主流设计
	实时回传质控数据节点	现场质控要求高	功耗略高
	实时回传质控及地震数据节点	无线地震仪器	功耗及重量最高
作业环境	陆上节点	陆上常规作业	采用 GNSS+晶振校时方式实现同步，防水要求一般
	海底节点	OBN 勘探作业	采用 OCXO（恒温晶振）或 CSAC（芯片级原子钟）实现同步，抗压、密闭性要求高

3.2.3　节点单元的基本构成

节点单元依据各部件的功能划分，其基本结构包括 MCU 模块、ADC 模块、GNSS（全球导航卫星系统）模块、时钟模块、电台模块、内部存储器、电池组模块、测试模块、外部接口、外壳/指示灯、检波器等。节点单元结构示意图如图 3-6 所示。

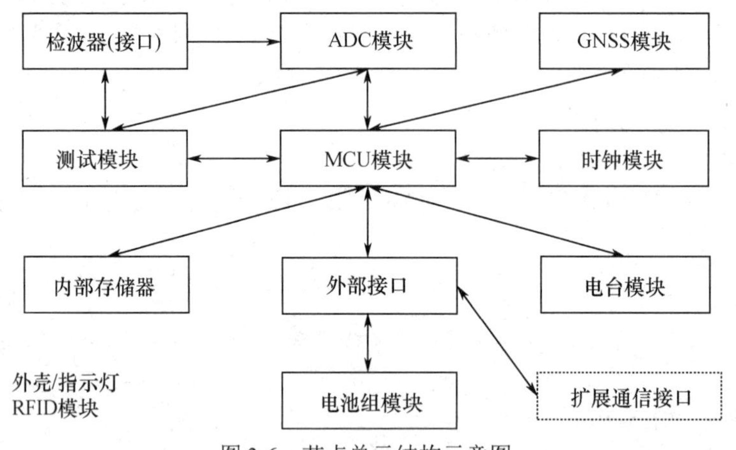

图 3-6　节点单元结构示意图

1. MCU 模块

微控制单元（MicroController Unit，MCU），又称单片微型计算机（Single Chip MicroComputer）或单片机，是把中央处理器（Central Process Unit，CPU）的频率与规格做适当缩减，并将内存、计数器、USB、A/D 转换、UART、DMA 等周边接口，甚至 LCD 驱动电路都整合在单一芯片上，形成芯片级的计算机，为不同的应用场合做不同的组合控制。

MCU 是整个节点单元的核心，它是一个具有多引脚、超低功耗的微型控制芯片，基于高性能的 ARM 处理器内核，工作频率高达几十兆赫（MHz），支持所有 ARM 单精度数据处理指令与数据类型，用于管理完成整个节点单元的数据采集、数据存储和下载、通信等工作。MCU 工作原理示意图如图 3-7 所示。

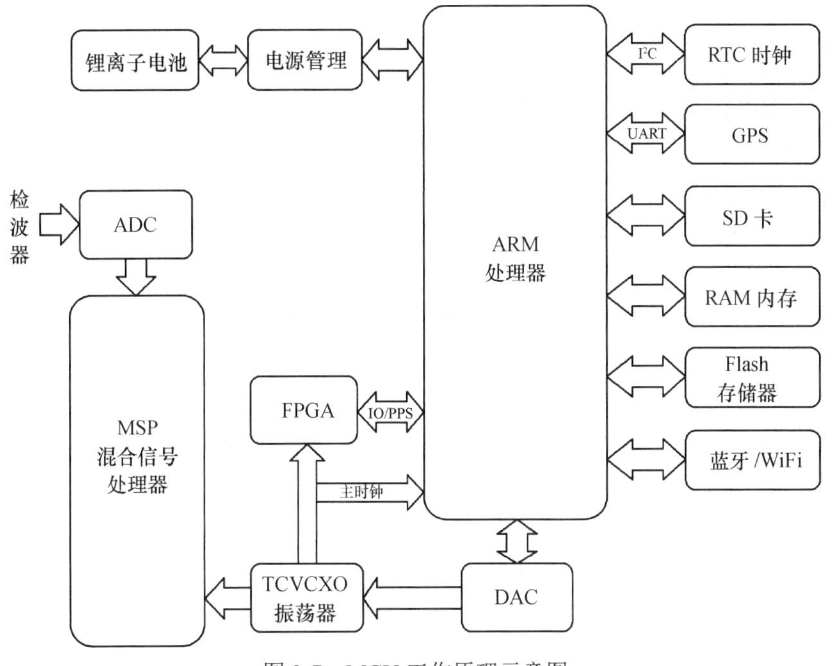

图 3-7　MCU 工作原理示意图

2．ADC 模块

地震勘探领域常见的两种 ADC 分别是 SAR 型 ADC 和 Σ-Δ 型 ADC。二者的主要区别在于：SAR 型 ADC 转换更快，但是要达到很高的精度并不容易；Σ-Δ 型 ADC 虽然转换比较慢，但是容易达到较高的精度。因此，两种 ADC 的特性决定了其应用场景。SAR 型 ADC 应用于速度要求较快的场景，如数控机床、电力系统保护及负压测量等；在精度要求较高，并且不需要快速响应的应用需求下，一般用 Σ-Δ 型 ADC，如音频（录制一首超高质量的数字唱片）、医疗影像（CT）等。在一些既不要求速度也不要求精度的场景下，如测体温、量体重、万用表等，两种 ADC 都是可以的。

目前物探中的有线地震仪器采集站和节点地震仪器上可供选择的 ADC 芯片众多，使用较多的是 ADS128X（包括 ADS1282、ADS1283、ADS1284），该系列芯片的价格相对较高但噪声量级处于一个较低的水平。其中，ADS1282 在 Σ-Δ 调制器前面集成了可编程增益放大器（PGA）和多通道多路复用器（MUX）；ADS1283 更改为更小型封装，降低了器件功耗，添加了内部偏移；ADS1284 添加了可选的低功耗模式（从 18mW 到 12mW），低功耗模式下的 SNR 降低了 3dB。

3．测试模块

测试模块用于验证 ADC 模块和检波器的工作状态。根据需要，此模块可设计于节点单元内，可以设计为专用测试柜。

4．GNSS 模块

GNSS 模块的主要作用是定位、同步和授时，为了对采集的地震数据进行处理最终形成地层剖面信息，需要采集数据精准同步。同步包括采集设备间的同步和采集激发的同步。为了实现以上两种同步，传统有线地震仪器大多依靠计数同步或直接使用如 IEEE1588 等网络同步协议。由于设备间不通信或较少通信，节点单元大多采用内置GNSS芯片。在芯片的控制下通过一定的授时算法对内置晶振进行校准，最终获得满足地震勘探采集同步要求的时钟信号。也有部分节点单元采用锁相电台授时，或通过无线模块由附近的节点单元或专用 GNSS 信号广播设备进行辅助授时。

陆上节点一般采用GNSS芯片，通过芯片输出坐标、卫星质量和时间信息，结合PPS（秒脉冲）信号校准电路板上的内部晶振，最终通过时间戳等方式为采集的地震数据进行授时。海底节点（Ocean Bottom Node，OBN）大多采用高精度驯服时钟或原子钟在海面完成授时，驯服后沉入海底进行采集工作，同步原理与陆上节点类似。此外，大部分节点单元还周期性地记录 GNSS 芯片输出的位置信息，为后期数据合成提供依据。海底节点则会内置或外挂高精度罗盘或声学定位系统，用于辅助确认采集工作时设备的位置。

目前使用的卫星接收芯片一般支持接收4个（L1-GPS / QZSS、GLONASS、北斗、Galileo）卫星系统的数据，但都以 GPS 为主，其他的作为辅助。如在中国使用时，北斗卫星系统可以辅助GPS卫星系统快速收敛以提高定位精度。节点单元中GNSS芯片可采用不同类型的消费级芯片，具体根据地震勘探采集接收点道距选择，一般需长期定位收敛精度小于接收点道距的一半。节点单元内 GNSS 芯片的位置信息主要用于后续数据处理阶段使节点单元布设位置与桩号对应，而非提供检波点的高精度测量成果。

5. 时钟模块

时钟模块主要由晶振和调整电路组成。晶振由石英晶体经过加工并镀上电极而形成，采用一种能把电能和机械能进行相互转化的晶体在共振的状态下工作，以提供稳定、精确的单频振荡。晶振的主要特性就是通电后会产生机械振荡，可以给MCU提供稳定的时钟源。晶振提供的时钟频率越高，MCU的运行速度也就越快。晶振的主要作用是为系统提供基本的时钟信号。通常一个系统公用一个晶振，便于各部分保持同步。有些通信系统的基频和射频使用不同的晶振，而通过电子调整频率的方法保持同步。晶振与锁相环电路配合使用，可提供系统所需的时钟频率。如果不同子系统需要不同频率的时钟信号，可以用与同一个晶振相连的不同锁相环来获得。

陆上节点所用晶振的晶片多为石英半导体材料，外壳用金属封装。晶振周期性输出的信号为工作频率标称信号，就是晶振规格书中标识的正常工作输出频率，输出频率不可避免地会有一定的偏差，规格说明书中用频率误差或频率稳定度来表示。另外，还有一个温度频差，表示在特定温度范围内实际输出频率相对于基准温度时的输出频率的允许偏离。陆上节点的工作环境为陆地上，除茂密的雨林和巍峨的大峡谷环境外，通常工作环境都存在较强的卫星信号，陆上节点可正常搜星，规律地完成节点授时。陆上节点所用晶振按大类可分为无源晶振和有源晶振，一般将“无源晶振”简称为“晶体”，将“有源晶振”简称为“晶振”。

一般情况下，有源晶振的各项性能参数和时钟指标都优于无源晶振。对比有源晶振，无源晶振最大的优势是其极高的性价比和设计的灵活性。灵活性具体指的是：无源晶振的输出时钟信号没有具体的电压值，时钟信号的幅值与其连接的CPU有关，同一无源晶振无须修改电路设计方案，即可与多种类型的CPU进行适配，因此适配性强，灵活度高。而同一有源晶振的输出时钟信号幅值是唯一的，只能搭配相同“电压系”类型的CPU使用，搭配不同“电压系”类型的 CPU，需要修改电路设计方案，将有源晶振输出的时钟信号幅值通过电位变换等方式，变化成 CPU 可正常识别的时钟电压范围。有源晶振电路设计方案简单，无须配套 CPU 内部时钟驱动器，只需要给有源晶振供电，即可正常起振。因此，有源晶振调试简单，可单独测试时钟输出引脚的信号。而且，有源晶振无须过多的外围电路参数计算，即能完成电路设计和方案定型。对于电路设计方案中所使用的 CPU，若其内部无时钟驱动器，则配套使用的晶振必须为有源晶振。另外，对比无源晶振，有源晶振的驱动能力强，并且因其内部设计有“调节”电路，所以有源晶振输出的时钟信号更稳定、精度更高，抗干扰能力更强。

在节点地震仪器中，时间漂移累积到一定程度会造成相位误差，在地震数据的切分与处理时一般按照采样间隔来确定允许时间误差的最大值。目前节点单元使用的 GNSS 芯片的授时精度都是μs 级，误差一般小于 50μs，器件本身的精度远远满足物探要求。由于野外接收条件的不同，在某些时段不能接收到卫星信号或信号质量不佳时，没有外部校准只依靠晶振自身精度则可能造成时间漂移，漂移值根据时间的增加会逐渐累积，在设计电路和后期数据处理时可根据晶振漂移特性利用算法修正这个漂移值。一般在卫星信号失锁的条件下，其授时精度的最大允许值应不大于当前采样间隔的一半。为了不断校正晶振的时间漂移，在一定周期内需要利用 GNSS 芯片输出的 PPS 信号对时钟进行校时，校时周期取决于节点单元采集时间精度的需求，周期越短，校正频率越高，相对时钟漂移量越小。

6. 电台模块

电台模块作为节点单元和质控手簿单元进行数据通信的主要方式，利用蓝牙或 LoRa 等无线通信技术，实现节点单元的快速激活和质控数据回收，同时协助手持机完成放线、查线工作。

7. 内部存储器

内部存储器用于存储地震采集数据和质控数据，以及设备工作状态的日志信息等。出于对功耗、配套采集设备预计工作时长等的考虑，当前节点地震仪器的生产厂商大多使用 eMMC 芯片或 TF 卡进行存储。通常情况下，前者采用贴片焊接，工作稳定性较高，速度略慢于后者；后者在设备损坏时对内部数据的保护性恢复较为便捷。当前地震勘探采集中，对节点地震仪器的连续工作需求一般为 20～30 天，同时采样间隔大多使用 1ms 或 2ms。因此在一个工作周期，即两次数据下载之间，对地震数据存储的要求约为 9.67GB，同时考虑存储固件、测试数据、日志文件等，市场上的产品大多采用 16GB 或 32GB 存储器。

8. 电池组模块

节点单元工作的动力来源一般为电池组。依照电池组的安装位置，电池组可分为外接电池组和内置电池组。节点单元采用独立供电的方式，最常见的电池为锂离子电池。锂离子电池具有电压平稳、能量密度高、充电速度快等优点，成为节点地震仪器供电的最佳选择，也是业内发展的方向。通常电池容量需满足设备在−40～70℃连续执行采集和周期性测试工作 20～30 天。

锂离子电池是可反复进行充放电而多次使用的电池，通常由正极、负极、电解液、隔膜 4 部分组成。其中，电池正极常用金属氧化物，电池负极的材料比较固定，使用较多的是石墨。如图 3-8 所示，当锂离子电池充电时，正极的锂原子会分解成锂离子（Li^+）和电子（e^-），锂离子经过电解液穿过隔膜到达负极，和电子反应生成锂原子并镶嵌在负极的石墨间隙中。当锂离子电池放电时，负极的锂原子分解成锂离子和电子，锂离子同样通过电解液穿过隔膜到达正极，和通过外电路到达正极的电子反应生成锂原子。因此，锂离子电池的充放电过程实际上就是锂离子在正负极之间的迁移过程，故其也被称为摇摆电池。

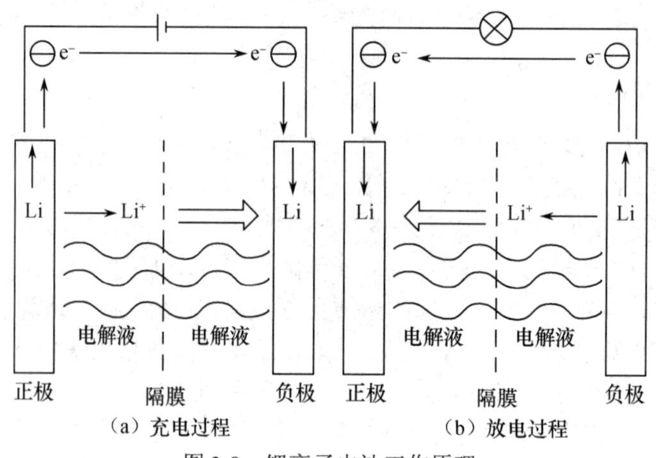

图 3-8　锂离子电池工作原理

锂离子电池是可重复使用的电池，每次电量释放到一定程度后都需要对电池进行充电，充电电流与充电时长的关系曲线如图 3-9 所示。在充电过程中，如果充电电流过大，会增加电池的析气量而对电池产生负面效应，如果充电电流过小则会降低电池的充电效率。因此，只有随着时间变化不断调整充电电流，才能使充电效果最佳。锂离子电池常见的充电方法有恒压充电和恒流充电两种。其中，恒压充电是指在充电过程中保持充电电压不变，随着时间的变化，电池电压不断升高，充电电流不断降低。这种充电方法在充电初期，如果充电电流过大会对电池的寿命产生影响。恒流充电是指在充电过程中保持电流不变。

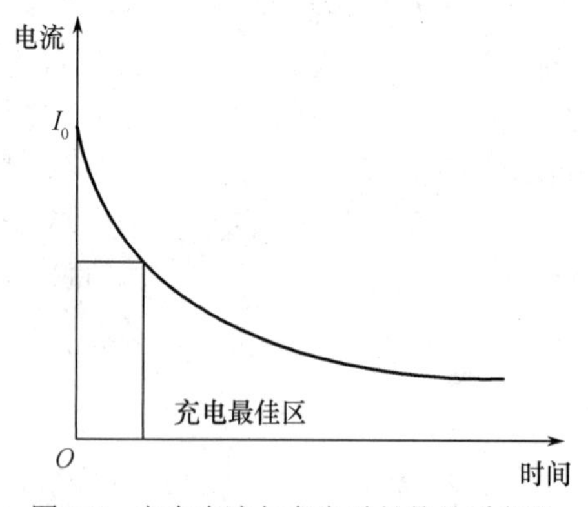

图 3-9　充电电流与充电时长的关系曲线

9. RFID 模块

RFID（Radio Frequency Identification）即射频识别。它是一种自动识别技术，利用射频信号实现无接触信息传递，从而达到物体识别的目的。识别工作无须与被识别物体进行接触，即可完成物体信息的输入和处理，并能快速、实时、准确地采集和处理物体的信息。目前，业内单个项目使用的节点单元数量最多的高达五六万个，在施工中突显出了节点单元管理的困难，主要体现在对节点单元的在队数量、节点单元的状态、使用情况、维修情况、历史记录等很难做到实时跟踪。因此，很难对节点单元做出应有的运行情况评估及提出精确的施工计划。

目前 RFID 已经成为节点地震仪器上的一种标配技术，就像手机上的 NFC（Near Field Communication，近场通信）技术一样，其设计目的是方便操作者能够快速获取节点单元的序列号。一套基本的 RFID 系统由阅读器、天线及电子标签 3 部分组成，其工作原理示意图如图 3-10 所示。阅读器通过天线发射特定频率的无线电波能量给电子标签，用以驱动电子标签内的电路将内部的信息送出，此时阅读器便接收信息并进行解码从而获取想要的信息。RFID 相关内容见第 2 章。

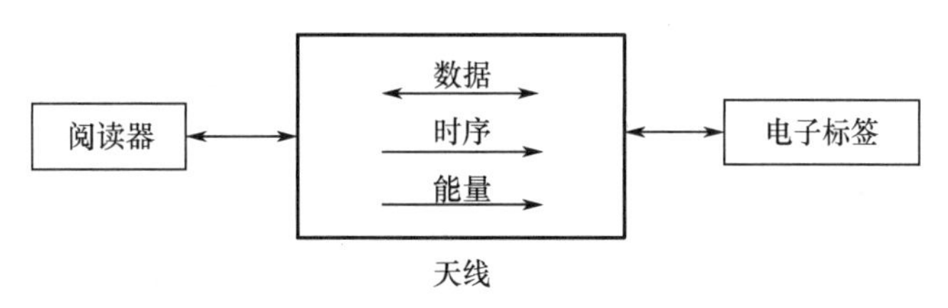

图 3-10　RFID 系统工作原理示意图

在实际生产中，由于节点单元经常收放，节点单元的表面会有很多污泥、尘土及其他附着物，因此，使用在节点单元上的 RFID 模块需要较高的对抗恶劣环境能力和穿透能力。RFID 技术具有识别距离远，反应速度快，可以识别高速运动物体及同时识读多个对象等优点。但是，在使用过程中仍会出现节点单元识别失败的现象，造成这种现象的原因和 RFID 电子标签在节点单元内部的位置、天线的安装位置、阅读器的功率、天线与电子标签的耦合效果、阅读器与天线连接的同轴电缆过长等都有很大的关系，特别是 RFID 电子标签在节点单元内部的位置是影响识别效果的关键因素。通过加强 RFID 电子标签和天线的耦合效果、加大阅读器的辐射功率、增大天线的覆盖范围是提高节点单元识别率的有效方法。

RFID 作为当今物联网的主流技术，在众多行业得到了广泛的应用，在石油勘探领域的节点单元管理上也有着广阔的应用前景，基于 RFID 技术的节点单元管理与基于 PLC 技术的自动收放系统的结合将是新型节点地震仪器收放与管理技术的发展趋势。

10．外部接口

节点单元的外部接口（含扩展通信接口）包括充电、数据交互、命令传输及检波器接口等，可用于对电池组进行充电、配置参数、下载数据（地震数据及采集单元状态数据）等。部分节点单元还具备检波器接口，以实现外接检波器的功能。外部接口由于长期暴露在外，应具备防水、防腐、防锈等特点。也有将接口设计在节点单元内部，采用电池和采集部分分离的方式，这种方式在触点保护方面有得天独厚的优势。随着无线技术的进步，也可利用无线充电模块和无线通信模块实现无触点接口，最大限度提升节点单元连接、通信的稳定性，但需注意当前成熟技术应用此类设计的充电转换效率较低、通信功耗较高。

11．外壳/指示灯

节点单元的外壳依照厂家设计具备一定的防水、防尘、防震能力，以保护内部电路板、检波器和电池组。内置检波器的外壳还应具备一定的耦合部件，如尾椎或托盘。外壳设计影响节点单元的采集能力、工作稳定性等。如外接检波器式节点设计不当容易造成放置不稳，丢失 GNSS 信号而中断采集；而一体式节点的外形设计应考虑检波器与外壳的耦合，特别应考虑在不同地形下外壳对于地面的耦合，尤其是当前地震勘探推崇“体耦合”概念，如何真实地拾取地震信号，耦合状态至关重要。部分节点单元的形状方正巨大，尾椎与站体半径差大，特别容易形成空洞，在地表砂石向空洞塌陷时容易影响地震信号。指示灯一般采用 LED，用于指示采集站的工作状态、检波器的工作状态、GPS 信号的状态及电池的容量。

12. 模拟检波器

拾取地震信号并转换为模拟或数字信号，一般由检波器执行。检波器连接至节点单元的采集通道，依照检波器的安装位置分为内置检波器和外置检波器。为了适配施工中可能使用的不同检波器和检波器串，外置检波器的节点单元的测试电路及算法较复杂。依照检波器将地震信号转换的信号类型分为模拟检波器和数字检波器，当前广泛应用的 MEMS 数字检波器需额外供电，功耗高于被动工作的模拟检波器。

一体式节点单元的检波器内置，结构和应用较简单。但由于检波器内置，存在采集和无线通信电路工作时影响检波器采集信号的可能。在设计时，需充分考虑电磁干扰的影响，当前一般使用坡莫合金包裹检波器及连接线。因为只需针对单一类型检波器进行测试，相关测试电路较简单。

分体式节点单元一般在节点单元外壳预留检波器接口，可以根据施工要求连接不同型号的单只、单串、串并组合等检波器。在应用中，需要额外连接检波器，较一体式节点单元布设烦琐，且检波器的连线可能引入外界电磁干扰，在天电感应严重的工作区域的应用效果一般比一体式节点单元差。因为可能连接的检波器类型不同，测试电路需要考虑有更大的适应性。

模拟检波器的测试项目一般包括以下几项。

① 直流电阻和绝缘电阻：检波器的直流电阻即线圈的电阻及节点电阻，是指检波器在通以直流电流情况下的内部阻抗。其大小会直接影响检波器的灵敏度，而又会受到环境温度的影响，所以必须对检波器的直流电阻进行测试。对常规检波器进行电阻测试时，主要是根据欧姆定律采用恒定电压法、恒定电流法进行测试，还可以灵活运用差动放大器对电阻进行测试。检波器的绝缘电阻是指检波器的线圈及其接线柱与地面接触的绝缘电阻。绝缘电阻越大越好，以免工作时外界工业电流等干扰形成的地电流通过检波器与地面之间的漏电阻进入地震仪器，从而对地震信号造成干扰。

② 阻尼系数：依据检波器的技术指标，检波器本身有内阻尼及并联电阻后的线圈电流阻尼两部分。检波器的内阻尼主要是其内部的弹簧振子在振动状态下受到阻力作用，使其由振动状态恢复为静止状态所受到的力，能量逐渐衰减。并联电阻的作用是解决检波器本身的负载电阻与相连的仪器设备输入的电阻相加后的匹配。国内生产的检波器一般不接内阻尼电阻，因为会消耗反射信号的输出能量。阻尼一般分为欠阻尼、过阻尼和临界阻尼，现在石油勘探上主要使用的是欠阻尼检波器。在分析了检波器的固有振动方程后，临界阻尼将周期性振动和非周期性振动分开。临界阻尼作为过渡状态，它表示惯性体回到平衡位置而在其相反方向没有任何偏移的值，相当于不产生“反冲”的最小阻尼量。

③ 自然频率：常规检波器的自然频率是指其内部的弹簧振子在接收到激励信号时做无阻尼振动的频率。自然频率决定了检波器接收或抑制低频信号的能力。在进行地震勘探时，一般要扩大地震勘探的深度，地震信号频谱向低频方向延伸，需要使用自然频率低的检波器。但不是说自然频率越低越好，还要依据所用地震仪器的谐波失真系数的大小来判断。谐波失真系数大，得到的可能完全是面波的谐波干扰，有效反射信号将被淹没。

④ 灵敏度：常规检波器的灵敏度是指机电转换效率，机电转换的效率越高，检波器相应的输出电压也就越大，同时灵敏度也就相应提高。因此，检波器制造厂商提高检波器灵敏度最常采用的方法是：减少检波器的线圈内阻、增大并联电阻，即在生产检波器时适当增加检波器内线圈圈数、加粗线径等。检波器灵敏度在过阻尼状态下会降低，在较低频率时比在高频率时降低更明显；检波器处在欠阻尼状态下，灵敏度在共振频率区增大。另外，通过使用强磁性材料，合理设计磁系统，也可以提高检波器的灵敏度。

⑤ 失真系数：常规检波器的失真是指给检波器一个脉冲信号，其输出波形与给定的原始波形的误差。检波器在输出波形时，显示的是正弦波，但不呈现出纯正弦规律，这是因为波形本身含有谐波及基波。谐波分量的有效值与基波的有效值之比的百分比即为常规检波器的总谐波失真。检波器的失真系数主要跟弹簧片有关，检波器受到激励信号处于振动状态，其内的弹簧振子开始压缩或伸长，若所加的外力不成比例，最终导致惯性体运动速度为非线性，从而造成输出电压的非线性失真。

⑥ 假频：常规检波器的假频是指检波器在接收到激励信号后弹簧振子在轴向振动，同时会有与轴向垂直的水平分量信号的干扰，这个干扰频率即为假频。假频信号是无用信号。假频的存在使得测试的数据不准确。为了保证测试结果的准确性，在生产检波器时，尽量让假频高一些，因为检波器接收的是低频小信号，只有保证高假频，检波器在工作时才能避免假频干扰。因此，检波器在工作时，检波器在频率范围内应尽可能使幅频特性平坦、相频特性线性变化。

地震勘探用节点单元内置或外接的模拟检波器芯体的指标应符合 SY/T 7449—2019《模拟地震检波器通用技术规范》中相关章节的规定，参见表 3-2 至表 3-4。

表 3-2　SY/T 7449—2019《模拟地震检波器通用技术规范》电磁式检波器芯体综合性能指标

自然频率/Hz	电气参数		技术指标		
	名称	单位	领先级	先进级	普通级
1.0	最小有效带宽	Hz	0.25～200	0.5～120	0.75～80
	动态范围	dB	≥90	≥80	≥65
	响应衰减时间	ms	≤0.35	≤0.6	≤1.2
	可识别最小振动	μm	≤0.1	≤0.5	≤1
	正交分量互感度	dB	≥48	≥30	≥20
	相位延迟	ms	≤0.25	≤0.5	≤1
2.5	最小有效带宽	Hz	0.5～300	1～200	1.5～100
	动态范围	dB	≥90	≥80	≥65
	响应衰减时间	ms	≤0.25	≤0.45	≤0.9
	可识别最小振动	μm	≤0.1	≤0.5	≤1
	正交分量互感度	dB	≥48	≥30	≥20
	相位延迟	ms	≤0.2	≤0.4	≤0.8
5	最小有效带宽	Hz	0.5～350	1～220	2.5～125
	动态范围	dB	≤90	≥80	≥65
	响应衰减时间	ms	≤0.2	≤0.35	≤0.7

续表

自然频率/Hz	电气参数		技术指标		
	名称	单位	领先级	先进级	普通级
5	可识别最小振动	μm	≤0.1	≤0.5	≤1
	正交分量互感度	dB	≥48	≥30	≥20
	相位延迟	ms	≤0.15	≤0.3	≤0.6
10	最小有效带宽	Hz	1.5～500	2.5～200	5～180
	动态范围	dB	≥90	≥80	≥65
	响应衰减时间	ms	≤0.15	≤0.3	≤0.6
	可识别最小振动	μm	≤0.1	≤0.5	≤1
	正交分量互感度	dB	≥48	≥30	≥20
	相位延迟	ms	≤0.125	≤0.25	≤0.5

表 3-3　SY/T 7449—2019《模拟地震检波器通用技术规范》电磁式速度型检波器芯体常规电气性能指标

电气参数		技术指标		
名称	单位	领先级	先进级	普通级
自然频率	Hz	1、2.5、5、10		
灵敏度（闭路时）	$V/(m \cdot s^{-1})$	120±3	80~100	19～28
阻尼系数（外并 20kΩ 电阻时）	—	0.707±0.003	0.65～0.75	0.62～<0.65 或 >0.75～0.83
失真度	%	≤0.005	≤0.01	≤0.1
带通失真度	%	≤0.02	≤0.1	≤0.5
直流电阻（灵敏度不大于 $30V/(m \cdot s^{-1})$时）	Ω	≤200	≤300	≤500
直流电阻（灵敏度不小于 $80V/(m \cdot s^{-1})$时）	Ω	≤1500	≤2000	≤2500
假频（自然频率 1Hz）	Hz	≥200	≥120	≥80
假频（自然频率 2.5Hz）	Hz	≥250	≥160	≥100
假频（自然频率 5Hz）	Hz	≥300	≥200	≥125
假频（自然频率 10Hz）	Hz	≥500	≥300	≥180
最大倾角（自然频率不小于 10Hz 时）	°	≥25	≥20	≥10
最大倾角（自然频率不小于 5Hz 时）	°	≥20	≥15	≥10
绝缘电阻	MΩ	≥40	≥20	≥10

表 3-4　SY/T 7449—2019《模拟地震检波器通用技术规范》检波器芯体常规电气性能指标一致性

电气参数		一致性		
名称	单位	领先级	先进级	普通级
自然频率（1Hz）	Hz	≤6	≤12	≤20
自然频率（2.5Hz）	Hz	≤4	≤8	≤12

续表

电气参数		一致性		
名称	单位	领先级	先进级	普通级
自然频率（5Hz）	Hz	≤2.5	≤5	≤7.5
自然频率（10Hz）	Hz	≤1.25	≤2.5	≤5
灵敏度（闭路）	V/(m·s^{-1})或 V/bar 或 V/g	≤1.25	≤2.5	≤5
阻尼系数（闭路）	—	≤1.25	≤2.5	≤5
失真度	%	≤1.25	≤2.5	≤5
相位延迟	ms	≤0.25	≤0.5	≤1
直流电阻	Ω	≤1.25	≤2.5	≤5
惯性体质量	g	≤1.25	≤2.5	≤3.5
惯性体位移	mm	≤1.25	≤2.5	≤5

13. 数字检波器

数字检波器由于拾取地震信号的原理及结构不同，可以采用基于 MEMS/ASIC 芯片的方案，如 INOVA 公司 AccuSeis 和 Sercel 公司的 QuiteSeis 数字检波器，也可使用 MEMS 接入 ADC 芯片的方案。

MEMS 芯片为数字检波器的核心，其横截面示意图如图 3-11 所示。惯性体的质量非常小，仅仅几毫克，其连接的弹簧较硬（弹性系数大），因此其具备高频机械共振特性，即自然频率非常高。弹簧是由相同的硅材料蚀刻而成的，同时将惯性体锚定在中间硅层中。弹簧仅被允许有少量的运动，在狭窄的位移范围内其弹性特性可视为线性。

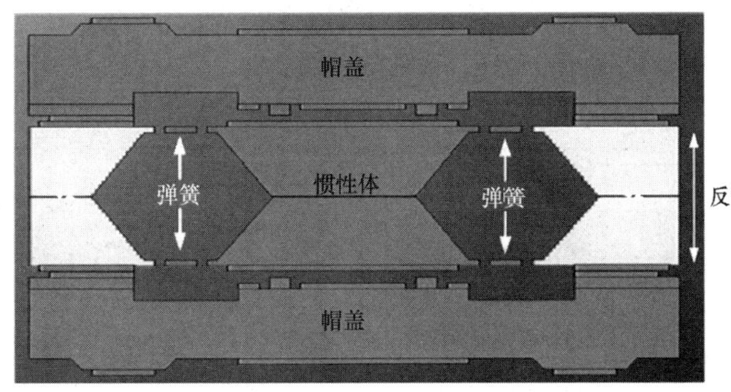

图 3-11　一种地震勘探用 MEMS 芯片的横截面示意图

惯性体通过反馈控制锁相对于地面运动，从而产生平滑的频率和相位响应。MEMS 芯片的帽盖与数字检波器的外壳刚性连接，当整体受到向上或向下的力时，惯性体靠近一个方向的帽盖。系统利用电容耦合来感应惯性体的位移，ASIC 芯片中的数字控制电路感应到距离的变化，并将静电感应力施加于帽盖上，使得惯性体向中心移动。传感器在闭环系统控制下工作，系统施加负反馈于感应组件上（负反馈限制惯性体的移动范围仅约 1nm），以改善其线性程度。

由于传感器在时域中记录的噪声输出高度依赖于输出滤波器的带宽设置，因此数字检波器的噪声被称为噪声密度。噪声密度定义了每平方根带宽中的噪声。在检波器中使用开关电容器感应反馈，以使感应电路获得最佳的噪声密度表现（几十 ng/$\sqrt{\text{Hz}}$）。

如图 3-12 所示，当检波器加电且惯性体处于平衡状态时，ASIC 芯片对 C^1 和 C^2 连续采样。当惯性体试图移动时，C^1 和 C^2 比例发生变化。反馈回路相应地调整 V^1 和 V^2 来补偿电容，以保持惯性体居中。传感器最终输出的数据，其根源是将惯性体回归并保持在中心位置的反馈校正量。

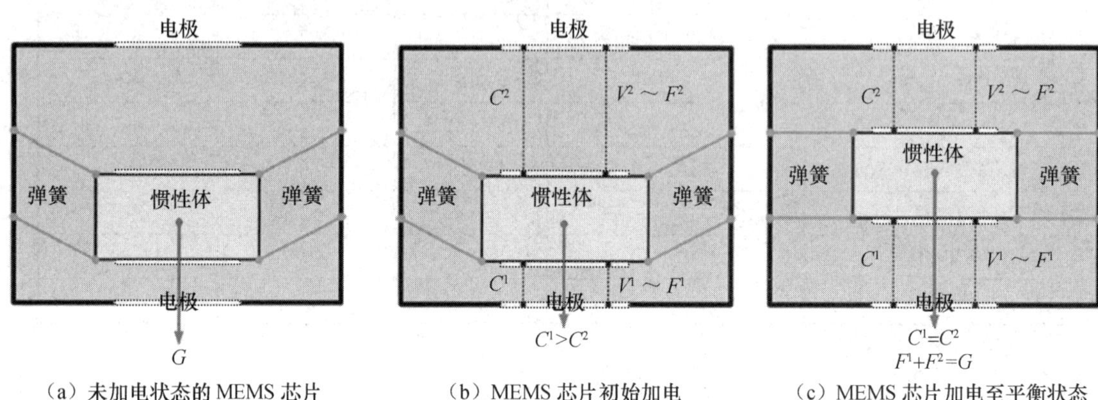

（a）未加电状态的 MEMS 芯片　（b）MEMS 芯片初始加电　（c）MEMS 芯片加电至平衡状态

图 3-12　MEMS 芯片各状态示意图

基于 MEMS/ASIC 芯片的数字检波器为当前市场上主流的地震勘探数字检波器方案，MEMS/ASIC 芯片以非常高的初始过采样位流数据通过 DSP（Digital Signal Processor）的抗混叠滤波器、去假频滤波器、去直流漂移滤波器、低通滤波器等，最终输出 24 位数据。图 3-13 所示为数字检波器简化模块图。

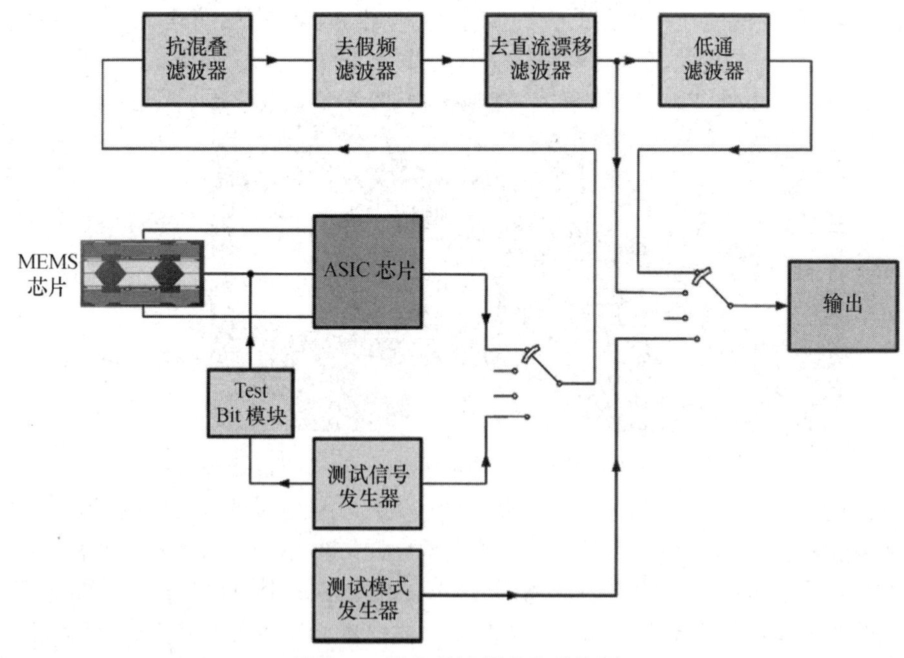

图 3-13　数字检波器简化模块图

（1）数字检波器的测试模式

对数字检波器的测试需内置测试信号发生器，其提供测试信号以验证数字检波器的工作性能。

① 模拟回路测试：通过 Test Bit 模块将测试信号输入 ASIC 芯片中（测试信号与 MEMS 芯片采集的外界信号是叠加输出的）。如果 ASIC 芯片未正确启动，则该道将被标记为坏检波器。

② 数字回路测试：断开 ASIC 芯片并将测试信号直接输入数字滤波器中。

测试模式发生器用于验证节点单元的数字控制模块和数字检波器之间的通信连接是否正常。

对应节点单元可进行响应测试、排列噪声测试、检波器数传测试和埋置测试，部分测试可设定阈值。这 4 项测试可在任意选定的采样率下进行，用于在施工现场验证数字检波器的工作性能，以证明其是否工作正常并提供了可靠的地震数据。

（2）响应测试

响应测试用于检测 MEMS/ASIC 芯片和 DSP 的工作状态，在测试时将 31.25Hz 的正弦信号发生器接入模拟回路测试。正弦波与 MEMS 芯片的输出数据叠加后，由 ASIC 芯片数字化输出至 DSP，最终输出数据在 31.25Hz 的信号精度。

（3）排列噪声测试

排列噪声测试用来测量检波器所在的环境噪声的均方根（RMS）值。在阈值外的检波器标记为超标的检波器。

（4）检波器数传测试

检波器数传测试用来检查数字检波器和节点单元数字控制模块之间的传输通道。测试模式发生器将 31.25Hz 的正弦波作为位流跨过数字滤波部分直接发往数字控制模块。此模式的位流包括零、全幅正、全幅负和介于两者之间的范围值。系统会计算不匹配的样点数，如果不匹配样点数大于零，则显示数传错误。

不同于传统模拟检波器，数字检波器与数字采集设备在通信过程中出现的任何丢码、误码都表现为数传测试不通过，因此传统模拟检波器的漏电、破皮、焊接反相等故障在数字检波器中都可以通过数传测试检测，因而一般无须进行泡水漏电、极性等专项测试。

（5）埋置测试

数字检波器测量重力的垂直分量，并检查它是否在制造过程中校准值的 10%范围内。当埋置角度与竖直方向夹角超过 20°时，检波器会将埋置错误信息发送至主机，以便现场操作人员判断检波器的布设是否合规或者布设后是否被移动过。

为了稳定地运行 Σ-Δ 型 ADC，检波器允许惯性体距离中点存在一定的偏移，过小偏移可能造成一定的噪声。此外，如果 ASIC 芯片控制 MEMS 芯片过程中出现了任何的不正常信息，漂移测试也无法通过。ASIC 芯片会定期检查传感器内的偏移量，以确保漂移在一个范围内。

现场布设的检波器不完全竖直时，如图 3-14（a）所示。在检波器出厂时，传感器的工作角度与竖直方向的夹角已经确定并写入检波器中，并在数据道头中体现，以供后期处理数据时使用。

数字检波器不同于模拟检波器，其倾斜角度不影响系统的灵敏度和动态范围。在应用中，角度不竖直的影响为拾取到的数据是地震波纵波加速度与倾斜角度余弦的乘积。当检波器倾斜 20° 时，检波器的拾取能力为完全竖直时的 94%，倾斜 45° 时依旧有 70.7%的拾取能力。即使检波器倾斜 90° ，即水平放置时，在水平方向的振动依旧可以影响传感器中的弹簧，即能够采集水平方向的振动信号，如图 3-14（b）所示。

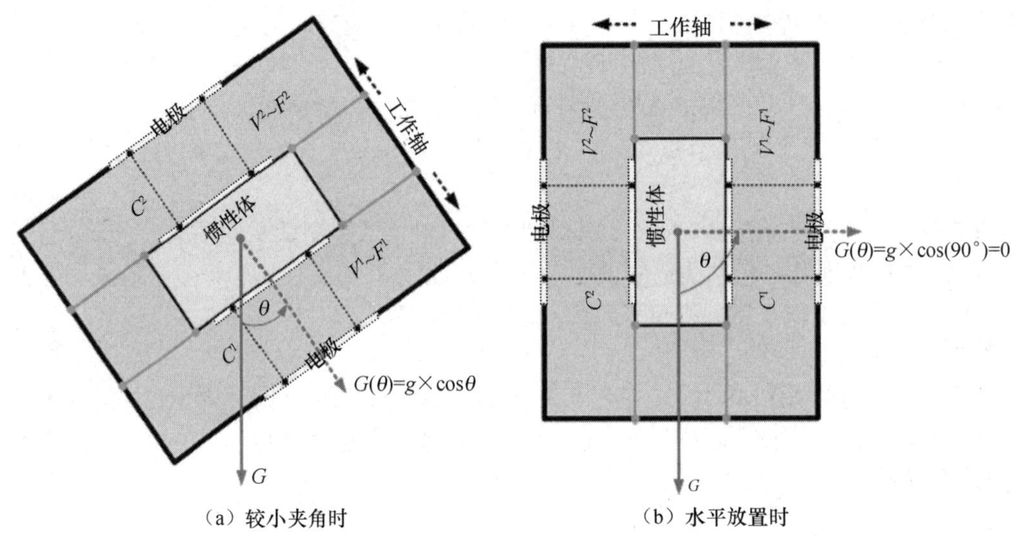

（a）较小夹角时　　　（b）水平放置时

图 3-14　检波器倾斜工作图

数字检波器的性能评价指标包括数字化位数、采样间隔、量程、噪声密度、等效输入噪声、动态范围、总谐波畸变等。由于当前市场上通用型 MEMS 芯片的频率范围、量程、噪声等指标难以满足地震勘探采集需求，地震勘探中常见的数字检波器大多为物探装备公司自行研发制造，各自评价方法和指标也不统一。

Sercel 公司的 QuiteSeis 数字检波器指标如下。

- 测试项目：噪声、畸变、倾斜度。
- 采样间隔：4ms，2ms，1ms，0.5ms。
- 带宽：0～800Hz。
- 满刻度（量程）：5m/s²。
- 噪声密度：15ng/$\sqrt{\text{Hz}}$（10～200Hz）。
- 动态范围：128dB。
- 总谐波畸变：-90dB。
- 增益精度：< 0.25%。
- 相位精度：< 20μs。
- 功耗：采集，85mW；待机，55mW。

INOVA 公司的 AccuSeis 数字检波器指标如下。

- 测试项目：噪声、检波器响应、传输、倾斜度。
- 数字化位数：24 位（23 位+符号位）。
- 采样间隔：4ms，2ms，1ms，0.5ms。
- 相应带宽：DC～400Hz。
- 量程：常规模式，3.3m/s²；高量程模式，4.9m/s²。
- 噪声密度：30ng/$\sqrt{\text{Hz}}$（3～400Hz）。
- 动态范围：118dB。
- 总谐波畸变：<-100dB。
- 功耗：85mW。

以上两种都是市场上得到验证并成熟应用的数字检波器，因此地震勘探采集用节点单元如选用数字检波器，指标不应低于以上两种产品。

3.3 辅助质控单元

对质控数据进行采集和识别，一般由质控手簿单元或批量回收单元配合质控软件完成。

3.3.1 质控手簿单元

使用质控手簿单元配套无线回收模块进行质控数据的回收是最常见的节点地震仪器质控数据回收方案。具体方式是采用通用系统的三防手簿或商用手机作为软件安装平台，外挂通信模块或利用手簿/手机的内置蓝牙、WiFi 模块进行质控数据传输。

节点单元通过无线通信模块与质控手簿单元的无线通信模块连接后，存储的质控数据自动传输至手簿中。之后可根据需要通过数据线传输至服务器，或通过移动网络、北斗短报文等公用传输途径传输至服务器，如图 3-15 所示。

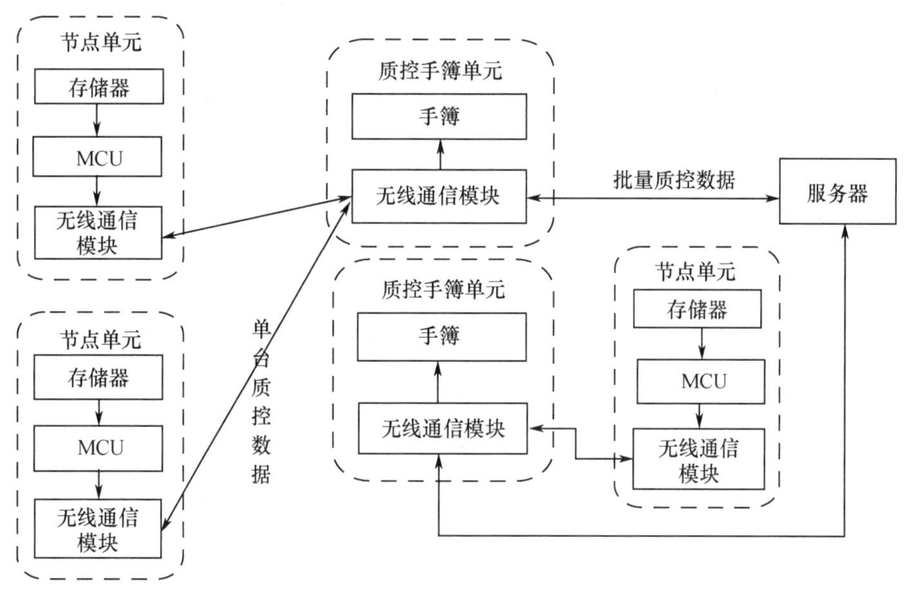

图 3-15 质控手簿单元及工作原理

3.3.2 批量回收单元

质控手簿单元一般由人员携带，受通信距离限制，每次仅能回收单台节点单元的质控数据，且大多需要设备通信模块间的协议握手后方可交互，质控效率不高。如需进行大规模批量质控，可在节点单元进行特殊设计：增加节点单元的无线通信模块功率、定制高性能天线或使用长距离无线通信模块；结合载具速度并评估功耗情况周期性地广播发射本台节点单元的质控数据。由此配套广播式回收单元，挂载于高速车辆、无人机等载具，可在经过单个节点单元通信半径时接收其无线通信模块广播的质控信息，之后根据需要通过数据线传输至服务器，或通过移动网络、北斗短报文等公用传输途径传输至服务器，如图 3-16 所示。

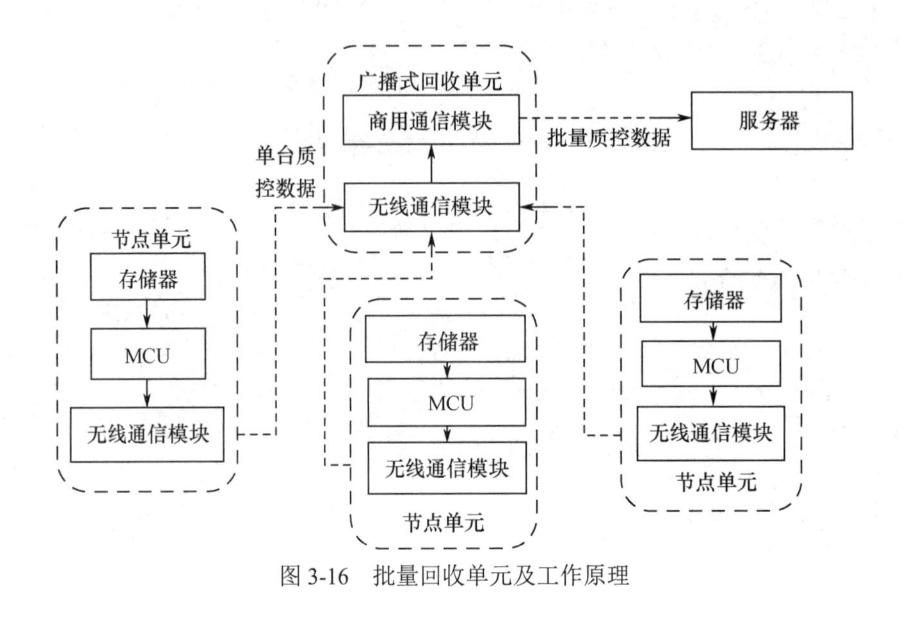

图 3-16　批量回收单元及工作原理

3.4　充电、测试及数据下载单元

节点单元工作时主要在预设的地点拾取并记录振动信号，即进行地震数据采集。为了支持节点单元循环往复连续工作，还需要其他设备进行支持，如：

- 为了保证节点单元依照预设的采集参数、启停时间、测试时间执行对应工作，需要对其进行参数配置；
- 节点内部存储空间有限，还需周期性进行地震数据、测试数据及工作日志的数据下载，以便腾空节点单元的内部存储空间使其持续工作；
- 节点内置电池容量有限，还需对其进行周期性充电以保持持续工作；
- 节点单元经过长时间工作、搬迁运输，无法确定其采集振动信号能力是否损坏，需要对采集通道的工作状态进行评估。

表 3-5 列出了以上 4 项工作（功能）依照设计的不同思路由不同设备完成的情况。

表 3-5　充电、参数配置、测试、数据下载对应设备

序号	功能	描述	核心部件	对应设备
1	数据下载	将节点单元内的地震数据、测试数据、日志文件传输至服务器或存储阵列中	节点单元接口、接口控制模块、高速网络模块	下载柜
2	参数配置	配置节点单元的采集参数（前放增益、采样率等）和工作参数（工作时段、自检时段、校时周期等）	节点单元接口、接口控制模块、高速网络模块	下载柜
3	充电	为节点单元或节点外接电池组充电	AC-DC 电源、充电管理芯片/电路	充电柜
4	测试	测试节点单元采集通道的性能	高精度信号源、屏蔽信号线及屏蔽接口	测试柜

如图 3-17 中的虚线部分集数据下载、测试、充电于一体的一体柜示意图。

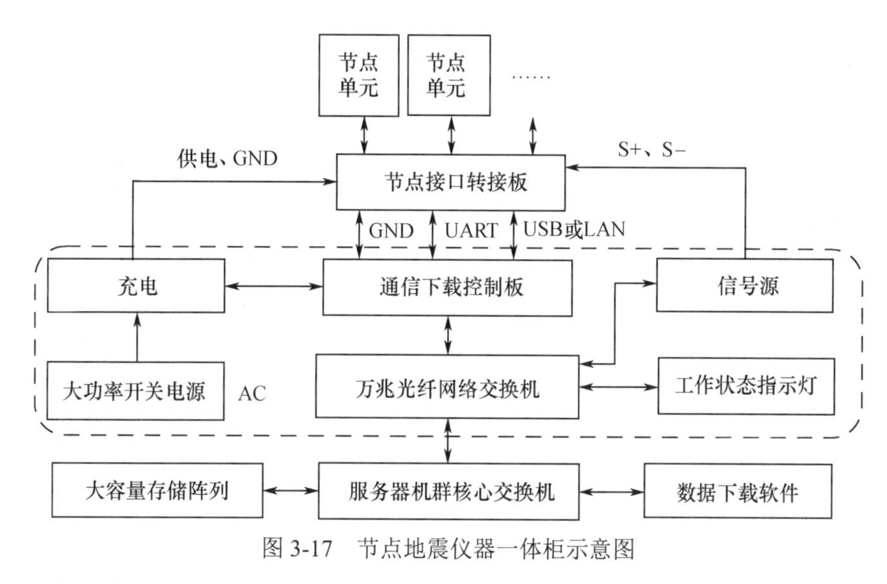

图 3-17　节点地震仪器一体柜示意图

3.4.1　充电单元

当前节点单元大多采用工业锂电池组供电，锂电池组由若干节锂离子电池、保护电路、电池组支架、充放电连线接口等构成。

锂离子电池具有重量轻、容量大等优点，因而得到了普遍应用。锂离子电池的能量密度很高，它的容量是同重量的镍氢电池的 1.5～2 倍，而且具有很低的自放电率。此外，锂离子电池几乎没有记忆效应及不含有毒物质等优点也是它被广泛应用的重要原因。应用最多的 18650 锂离子电池是日本 Sony 公司当年为了节省成本而确定的一种标准型的锂离子电池型号，其中 18 表示直径为 18mm，65 表示长度为 65mm，0 表示为圆柱形。锂离子电池上标 3.7V 或 4.2V 都是一样的，只生产厂商标注的不同而已。3.7V 是指电池使用过程中放电的平台电压（典型电压），而 4.2V 指的是电池充电满时的电压。18650 锂离子电池主流的容量为 1800～2600mAh（18650 动力锂离子电池的容量多为 2200～2600mAh）。一般认为将锂离子电池的空载电压放到 3.0V 以下就认为电用完了（具体值需要看锂离子电池保护板的门限值，比如有的低到 2.8V，也有的低到 3.2V）。大部分锂离子电池不能将空载电压放到 3.2V 以下，否则过度放电会损害电池（一般市场上的锂离子电池基本都是带保护板才使用的，过度放电会导致保护板检测不到电池，从而无法给电池充电）。4.2V 是锂离子电池充电的最高限制电压，一般认为将锂离子电池的空载电压充到 4.2V 就认为电充满了，在充电过程中，电池的电压由 3.7V 逐渐上升到 4.2V。

1972 年，美国科学家 J.A.Mas 提出蓄电池在充电过程中存在最佳充电曲线：$I=I_0e^{\alpha t}$，其中，I_0 为蓄电池初始的充电电流；α 为充电接受率；t 为充电时间。I_0 和 α 的值与蓄电池类型、结构和新旧程度有关。

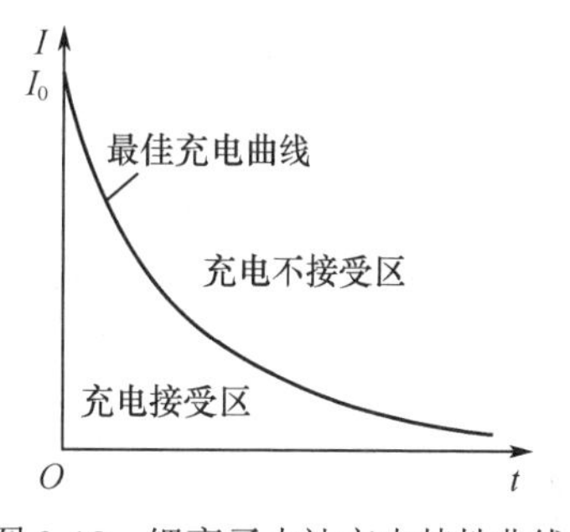

图 3-18　锂离子电池充电特性曲线

现阶段对锂离子电池充电方法的研究主要是基于最佳充电曲线来开展的。如图 3-18 所示，如果充电电流超过这条最佳充电曲线，不但不能提高充电速率，而且会增加锂离子电池的析气量；如果小于此最佳充电曲线，虽然不会对锂离子电池造成伤害，但是会延长充电时间，降低充电效率。锂离子电池的充电方法有很多种，按充电效率可分为常规充电和快速充电。其中常规充电包括恒流充电、恒压充电、阶段充电和间歇充电，而快速充电包括脉冲充电、Reflex 充电和智能充电。充电技术的具体细节可见第 2 章的相关内容。

锂离子电池在较冷的温度下可提供相当好的充电性能，并能在 5～45℃的温度范围内快速充电。充电时除了需考虑充电方式和电池组、保护芯片、充电电路的适配，还需考虑充电过程对环境的要求和充电过程中的放热现象。

低于 5℃时，充电电流应降低，在冰点以下不允许充电。当温度低于 0℃时，充电容易引发锂离子还原成金属锂枝晶，锂枝晶容易刺穿电池内部隔膜进而引发电池内部短路，存在安全隐患。不过在充电过程中，内部电池芯电阻会引起轻微的温度升高，从而对温度进行一些补偿。所有电池的内部电阻在寒冷时变得更高。

当超过 65℃时，充电电压会迅速升高到最高限制电压，恒流充电时间明显缩短，恒压充电时间几乎为 0，充电过程迅速结束。电池负极材料表面的 SEI 膜、电解液发生一定副反应，活性锂减少，电池内部结构发生不可逆变化，造成电池内阻增大，充入总电量减少。

因而，充电柜或一体柜应配套节点单元的电池组模块来设计充电方式，如采用先进的 PWM 方式对节点单元进行快速稳定的充电，保证节点单元锂离子电池的最长寿命，同时提供均衡的散热机制。

锂离子电池充放电寿命一般在 1000 次左右，但由于地震勘探现场环境恶劣，温差大，存在过放电可能性，锂离子电池的寿命大受影响。此外，在装卸、运输过程中存在高强度震动和外壳破损、刺穿，可能造成电池组自燃。为了保持节点单元的整体工作寿命并保证设备使用和运输过程中的安全性，充电柜或一体柜除充电功能外，还具备对电池组的放电功能：

- 设置为工作状态，可将所有连入电池充至 100%电量，保证使用时间；
- 设置为存储状态，可将所有连入电池统一充放至 70%电量，防止锂离子电池过放电损坏；
- 设置为运输状态，可将所有连入电池统一充放至 40%电量，保证运输中设备安全。

如 INOVA 公司的 Hawk 系统充电柜就具备以上功能。

3.4.2 数据下载及参数配置

节点单元在进行数据采集工作时，需通过下载柜或一体柜将内部存储的地震数据、测试数据和工作日志文件传输至服务器或存储阵列，传输的过程称为下载。节点单元依照硬件设计不同可采取不同的通信方式，如 USB、LAN、UART 等，因而数据下载也相应采取 USB 直连、FTP 协议传输、RS-232 接口等方式。对下载柜或一体柜而言，可在与每一个节点单元连接的接口都加入通信下载控制单元；也可以下载柜为单位进行控制；针对应用投入设备规模较小的系统，可采用服务器加交换机的直连方式。

图 3-19 示出了一种每一台（或几台）连入的节点单元都有与其连接的通信下载控制单元的设计方案。下载柜部分设计及制造成本略高，但对应节点单元的控制电路设计部分可以适当精简，同时多级管理和星形连接便于同时连入更多的下载柜及节点单元，此类设计适用于大规模使用的低成本节点单元。

以上设计的通信下载控制单元数量较多，可考虑采用低成本的工控机或卡片式迷你电脑（Pi），市场上较为成熟的产品为树莓派 Pi。树莓派 Pi 由注册于英国的 Raspberry Pi 慈善基金会开发，埃本·阿普顿（Eben Upton）为项目带头人。2012 年 3 月，英国剑桥大学的埃本·阿普顿研发成功世界上最小的台式机，又称卡片式迷你电脑，其外形只有信用卡大小，却具有个人计算机的所有基本功能。Raspberry Pi（树莓派 Pi）基于 ARM 内核，以 SD/MicroSD 卡为内存硬盘，主板周围有 1/2/4 个 USB 接口和 1 个 10/100Mb/s 以太网接口，可连接键盘、鼠标和网线，同时拥有视频模拟信号的电视输出接口和 HDMI 高清视频输出接口，只需接通电视机和键盘，就能执行如制作电子表格、文字处理、玩游戏、播放高清视频等诸多功能。不同型号的 Raspberry Pi 对比见表 3-6。

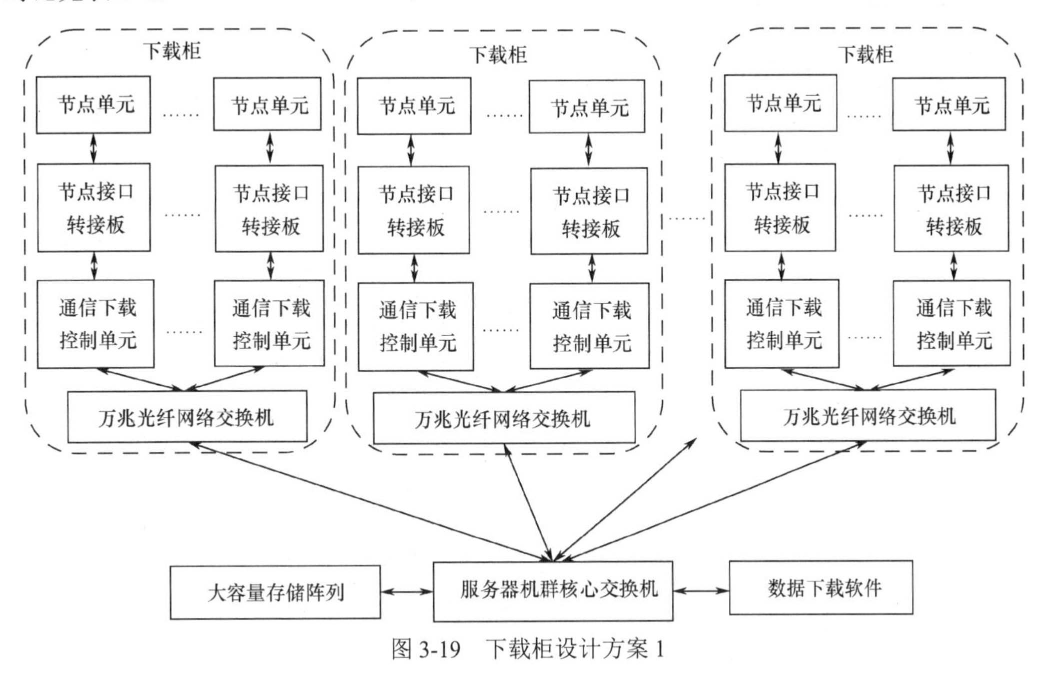

图 3-19　下载柜设计方案 1

除树莓派 Pi 外，类似产品还有香橙派 Pi、荔枝派 Pi、香蕉派 Pi、NanoPi、Rock Pi 等，可根据预算性能需求进行选择。

图 3-20 示出了由每一台下载柜直接通过 USB 级联设备或 LAN 连入一台通信下载控制单元的设计方案。此类设计方案可降低单台下载柜的成本，但受带宽和通信协议限制，单台下载柜难以同时全速下载全部接入的节点单元，实时连接速度降低，或需要采取分批轮流下载的方式。因而更适合于数量不多、数据实时性要求不强或同时具备充电功能的下载充电一体柜的设计，以较长的充电时间掩盖较低的下载速度。

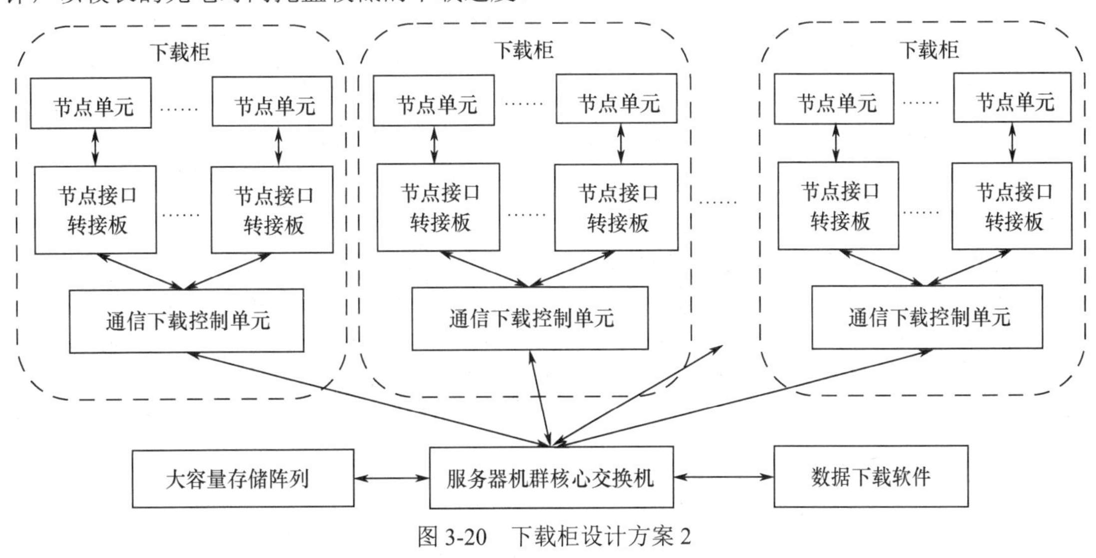

图 3-20　下载柜设计方案 2

表 3-6　不同型号的 Rasperry Pi 对比

项目	Raspberry Pi 4model B	Raspberry Pi 3model B+	Raspberry Pi 3model B	Raspberry Pi 2model B	Raspberry Pi model B+	Raspberry Pi model B	Raspberry Pi 3model A+	Raspberry Pi model A+	Raspberry Pi Zero W	Raspberry Pi Zero
发布时间	2019-06	2018-03	2016-02	2015-02	2014-07	2011-12	2018-11	2014-11	2017-03	2015-11
SoC	BCM2711	BCM2837B0	BCM2837	BCM2836/7	BCM2835	BCM2835	BCM2837B0	BCM2835	BCM2835	BCM2835
CPU	ARM Cortex-A72 1.5GHz，64 位四核	ARM Cortex-A53 1.4GHz，64 位四核	ARM Cortex-A53 1.2GHz，64 位四核	ARM Cortex-A7 900MHz，四核	ARM1176JZF-S 700MHz，单核	ARM1176JZF-S 700MHz，单核	ARM Cortex-A53 1.4GHz，64 位四核	ARM1176JZF-S 700MHz，单核	ARM11 1GHz，单核	ARM11 1GHz，单核
RAM	1GB/2GB/4GB/8GB	1GB	1GB	1GB	512MB	512MB	512MB LPDDR2 SDRAM	256MB（512MB）	512MB	512MB LPDDR2 SDRAM
USB 接口	USB2.0×2，USB3.0×2	USB2.0×4	USB2.0×4	USB2.0×4	USB2.0×4	USB2.0×2	USB2.0×1	USB2.0×1	Micro USB2.0×1，OTG 支持	Micro USB2.0×1
GPU	Broadcom VideoCore Ⅳ，OpenGL ES 3.x，4K，HEVC 视频硬解码器	Broadcom VideoCore Ⅳ，OpenGL ES 2.0，1080p，3D，h.264/MPEG-4 AVC 高清解码器	Bradcom VideoCore Ⅳ，OpenGL ES 2.0，1080p，3D，h.264/MPEG-4 AVC 高清解码器	Broadcom VideoCore Ⅳ，OpenGL ES 2.0，1080p，3D，h.264/MPEG-4 AVC 高清解码器	Broadcom VideoCore Ⅳ，OpenGL ES2.0，1080p，3D，h.264/MPEG-4 AVC 高清解码器	Broadcom VideoCore Ⅳ，OpenGL ES2.0，1080p，3D，h.264/MPEG-4 AVC 高清解码器	Broadcom VideoCore Ⅳ，OpenGL ES 2.0，1080p，3D，h.264/MPEG-4 AVC 高清解码器	Broadcom VideoCore Ⅳ，OpenGL ES 2.0，1080p，3D，h.264/MPEG-4 AVC 高清解码器	Broadcom VideoCore Ⅳ，OpenGL ES 2.0，1080p，3D，h.264/MPEG-4 AVC 高清解码器	Broadcom VideoCore Ⅳ，OpenGL ES 2.0，1080p，3D，h.264/MPEG-4 AVC 高清解码器
视频接口	micro HDMI 接口×2，支持双屏输出，最大分辨率为 4K 60Hz+1080p 或 2×4K 30Hz	支持 PAL 和 NTSC 制式，支持 HDMI（1.3 和 1.4），分辨率为 640×350 至 1920×1200，支持 PAL 和 NTSC 制式	支持 PAL 和 NTSC 制式，支持 HDMI（1.3 和 1.4），分辨率为 40×350 至 1920×1200，支持 PAL 和 NTSC 制式	支持 PAL 和 NTSC 制式，支持 HDMI（1.3 和 1.4），分辨率为 640×350 至 1920×1200，支持 PAL 和 NTSC 制式	支持 PAL 和 NTSC 制式，支持 HDMI（1.3 和 1.4），分辨率为 640×350 至 1920×1200，支持 PAL 和 NTSC 制式	支持 PAL 和 NTSC 制式，支持 HDMI（1.3 和 1.4），分辨率为 640×350 至 1920×1200，支持 PAL 和 NTSC 制式	支持 PAL 和 NTSC 制式，支持 HDMI（1.3 和 1.4），分辨率为 640×350 至 1920×1200，支持 PAL 和 NTSC 制式	支持 PAL 和 NTSC 制式，支持 HDMI（1.3 和 1.4），分辨率为 640×350 至 1920×1200，支持 PAL 和 NTSC 制式	mini-HDMI 接口，支持 1080p 60Hz 视频输出，CSI 摄像头	mini-HDMI 接口，支持 1080p 60Hz 视频输出
音频接口	3.5mm 插孔，microHDMI 接口	3.5mm 插孔，HDMI 接口	3.5mm 插孔，HDMI 接口	3.5mm 插孔，HDMI 接口	3.5mmn 插孔，HDMI 接口	3.5mm 插孔，HDMI 接口	3.5mm 插孔，HDMI 接口	3.5mm 插孔，HDMI 接口	HDMI 接口	HDMI 接口
SD 卡接口	Micro SD	Micro SD	Micro SD	Micro SD	Micro SD	标准 SD	Micro SD	Micro SD	Micro SD	Micro SD
网络接口	千兆以太网接口（RJ45 接口），内置 WiFi（2.4GHz/5GHz）、蓝牙 5.0/BLE	10/100 以太网接口（RJ45 接口），内置 WiFi（2.4GHz/5GHz）、蓝牙 4.2/BLE	10/100 以太网接口（RJ45 接口），内置 WiFi、蓝牙	10/100 以太网接口（RJ45 接口）	10/100 以太网接口（RJ45 接口）	10/100 以太网接口（RJ45 接口）	内置 WiFi（2.4GHz/5GHz）、蓝牙 4.2/BLE	无	内置 WiFi、蓝牙	无
GPIO 接口	40 个	40 个	40 个	40 个	40 个	26 个	40 个	40 个	40 个	40 个
电流	600~3000mA	500~2500mA	400~2500mA	350~1800mA	330~1800mA	500~1200mA	350~2500mA	180~700mA	150~1200mA	100~1200mA
电源接口	USB Type-C 5V	MicroUSB 5V	MicroUSB 5V	MicroUSB 5V	MicroUSB 5V	MicroUSB 5V	MicroUSB 5V	MicroUSB 5V	MicroUSB 5V	MicroUSB 5V
尺寸	85mm×56mm×17mm	85mm×56mm×17mm	85mm×56mm×17mm	85mm×58mm×17mm	85mm×56mm×17mm	85mm×53mm×17mm	65mm×56mm×10mm	65mm×56mm×10mm	65mm×30mm×5mm	65mm×30mm×5mm

图 3-21 示出了下载柜内无通信下载控制单元，节点接口转接板与下载服务器连接的设计方案。此种设计要求节点单元内的节点接口转接板有较强功能，同时为了保证下载速度，大多使用多台下载服务器共同工作，因此在支持较大量节点设备应用时会遇到一定困难。

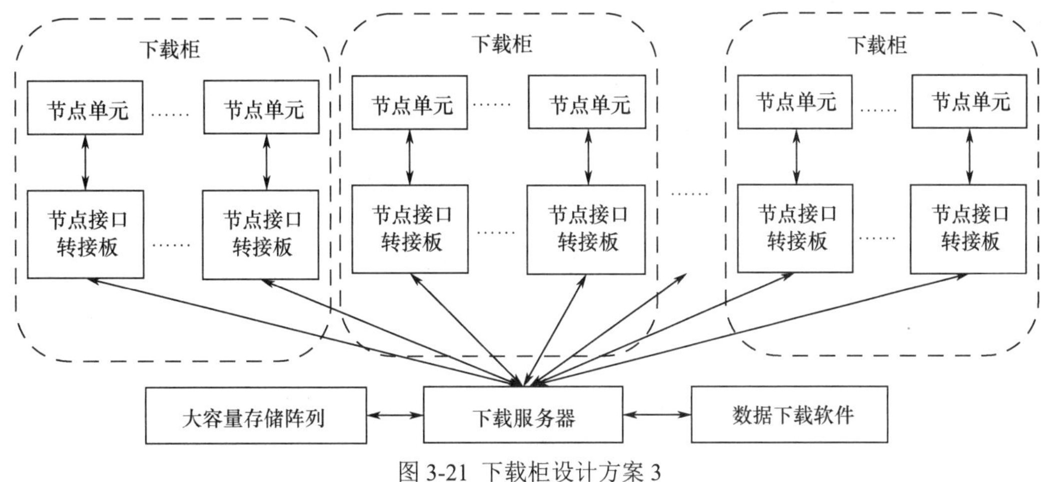

图 3-21 下载柜设计方案 3

依照节点单元设计方案的不同，其参数配置如采集参数（前放增益、采样率等）和工作参数（工作时段、自检时段、校时周期等）可通过向节点单元内的存储设备上传参数配置文件或直接与节点单元内的 MCU 通信来更改参数的方式完成，因而可直接通过下载柜便捷地批量执行。

同理，节点单元内部各模块固件的更新，也可直接通过下载柜便捷地批量执行。

3.4.3 测试单元

节点单元的测试分为检波器测试和通道测试，具体测试原理在其他章节已有详述。根据节点单元的设计不同，测试柜或一体柜执行测试的方法也有所不同。

① 有完整的测试电路、信号源的节点单元，测试柜或一体柜只需发送测试命令，待节点单元执行完测试后，下载测试数据或测试结果即可。通常情况下，内置数字检波器的节点单元和全功能节点系统采取此类方式，如图 3-22 所示。

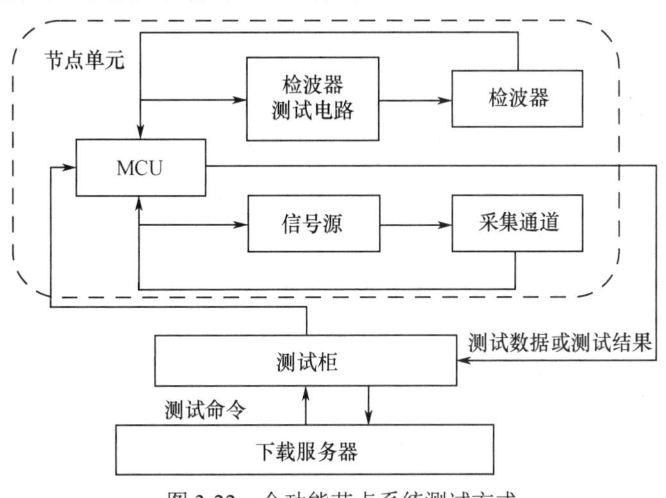

图 3-22 全功能节点系统测试方式

② 没有完整的测试电路、信号源的节点单元，测试柜或一体柜需根据测试项目的需要配置测试电路和信号源。测试时，将检波器转接到柜体的测试电路进行检波器测试，将采集通道转接至柜体的高精度信号源进行通道测试，测试完毕后，下载测试数据或测试结果即可。通常情况下低成本节点系统采用此类方式，如图 3-23 所示。

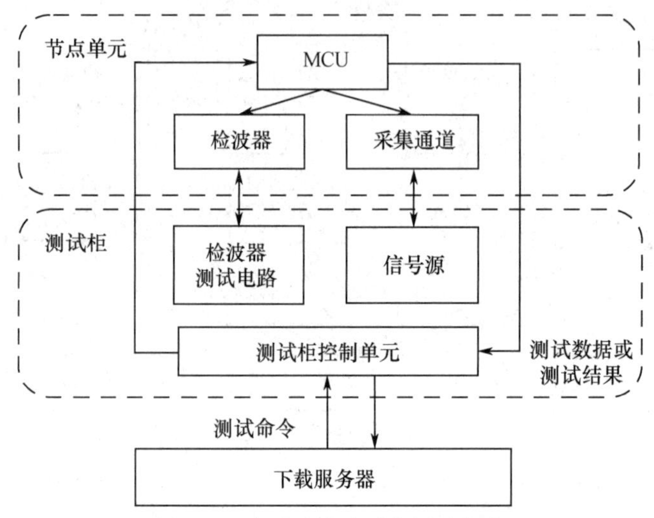

图 3-23　低成本节点系统测试方式

信号源一般采用高精度信号源，根据测试项目生成所需要的标准信号。最佳方式为每个节点单元对应独立的信号源，以信号的稳定性和一致性，避免节点单元间测试信号的互相干扰。实际应用中较多采用 TI 公司的 DAC1282 芯片制作信号源，如图 3-24 所示。

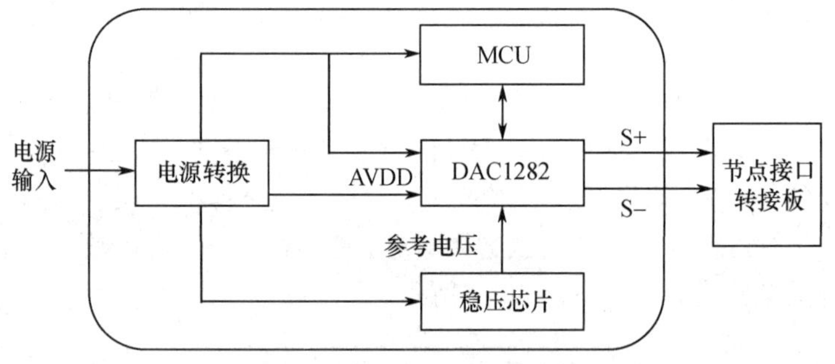

图 3-24　高精度信号源结构示例

DAC1282 是一款全集成数模转换器（DAC），此转换器可提供低失真的数字合成电压输出，适合于地震仪器的测试。DAC1282 采用 24 个引脚 TSSOP 封装，内部集成了一个数字信号生成器、一个 DAC 和一个可生成正弦波、DC 和脉冲输出电压的输出放大器，输出频率可编程范围为 0.5～250Hz，模拟增益和数字增益可分别在 6dB 步长和 0.5dB 步长内调节。通过输入位流数据可生成定制的输出信号。信号开关可将 DAC1282 的输出连接至传感器，此传感器用于 THD 和脉冲测试。开关计时受引脚和命令的控制。DAC1282 的内部结构示意图如图 3-25 所示，其主要参数如下。

- 总谐波失真（THD）：–125dB（增益为 1/1～1/8）。
- 信噪比（SNR）：120dB（413Hz 带宽，增益为 1）。
- 模拟和数字增益控制。
- 输出频率：0.5～250Hz。

- 正弦波、脉冲和直流（DC）模式。
- 数字数据输入模式。
- 低导通电阻信号开关。
- 同步输入。
- 省电模式。
- 模拟电源：5V 或±2.5V。
- 数字电源：1.8～3.3V。
- 功率：38mW。
- 温度：–50～+125℃。

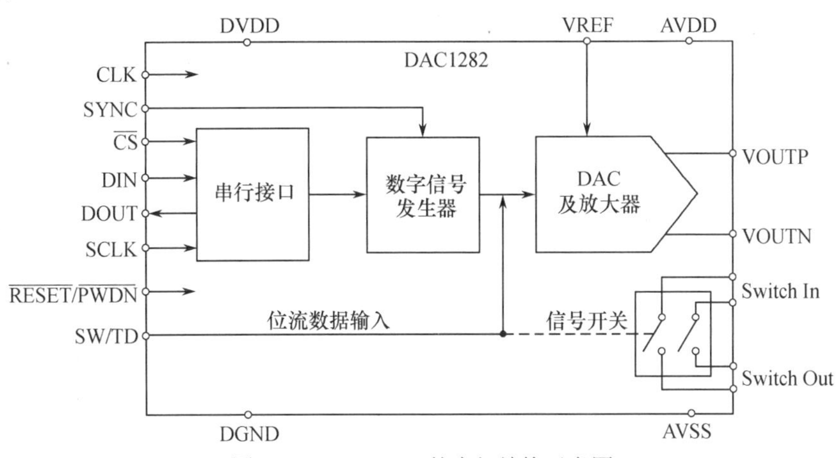

图 3-25　DAC1282 的内部结构示意图

3.4.4　接口

下载柜或一体柜的接口由节点单元的接口设计决定，通常包括：充、放电线 1～2 对；测试及信号源线 1～2 对；通信及数据下载线 2～4 对等。部分设计也支持线对的复用。例如，节点单元接口采用插针设计，则下载柜需使用插孔接插件，如图 3-26（a）所示；节点单元接口采用触点设计，则下载柜需使用弹片接插件，如图 3-26（b）所示。由于节点单元工作环境复杂，接插件容易锈蚀、污染，为了保证充电和测试信号的效果，连接柜体前一般需对节点单元进行简单清洁。

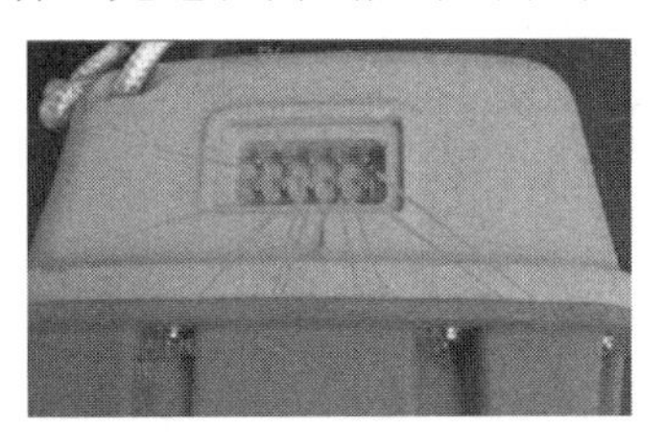

（a）一种插针插孔接插件设计

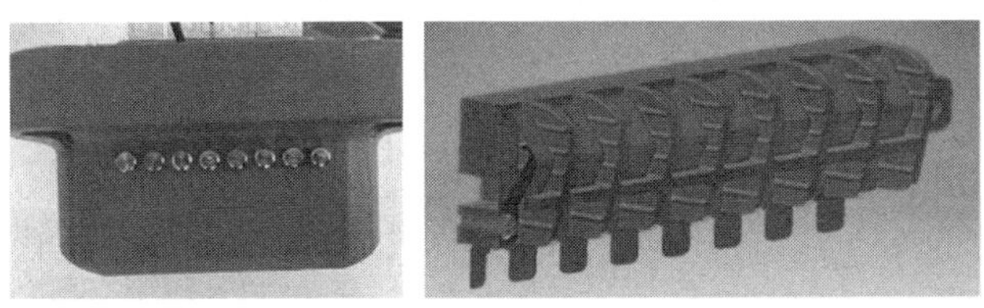

（b）一种触点和弹片接插件设计

图 3-26　节点单元接口设计

由于下载柜接插件需经历多次插拔，在应用中也应考虑接口材质和镀层。例如，铍青铜是以铍作为主要合金组元的一种无锡青铜，含有 1.7%～2.5%铍及少量镍、铬、钛等元素，经过淬火时效处理后，强度极限可达 1250～1500MPa，接近中等强度钢的水平。在淬火状态下塑性很好，可以加工成各种半成品。铍青铜具有很高的硬度、弹性极限、疲劳极限和耐磨性，还具有良好的耐蚀性、导热性和导电性，受冲击时不产生火花，广泛用作重要的弹性元件、耐磨零件和防爆工具等。锡磷青铜是一种合金铜，具有良好的导电性，不易发热，确保安全的同时具备很强的抗疲劳性。锡磷青铜的插孔簧片硬连线电气结构，无铆钉连接或无摩擦触点，可保证接触良好，弹力好，拔插平稳。增加镀层有两个主要原因：一是保护端子簧片的基材不受腐蚀。多数接插件簧片是铜合金制作的，通常会在使用环境中被腐蚀，如氧化、硫化等。二是优化端子表面的性能，建立和保持端子间的接触界面，特别是膜层控制。换句话说，使之更容易实现金属对金属的接触。下载柜接插件应用中大多采用镀金或镀钯两种工艺。

3.4.5 指示灯/状态显示屏

节点单元安装至下载柜或一体柜后，由于触点磨损、接触不到位等原因可能无法正确连接，其状态一般可在下载软件显示，无法直观指导现场装卸人员做出快速判断。处于此项考虑，下载柜或一体柜应设计指示灯或状态显示屏，以展示本台柜体各个接口的连接状态和与服务器的连接状态，便于现场装卸人员实时观察，以排查实际接入节点单元的接触故障。一般使用不同颜色指示灯、闪烁状态结合不同灯牌或屏幕指示节点单元与柜体的通信状态、电源状态等，如图 3-27 所示。

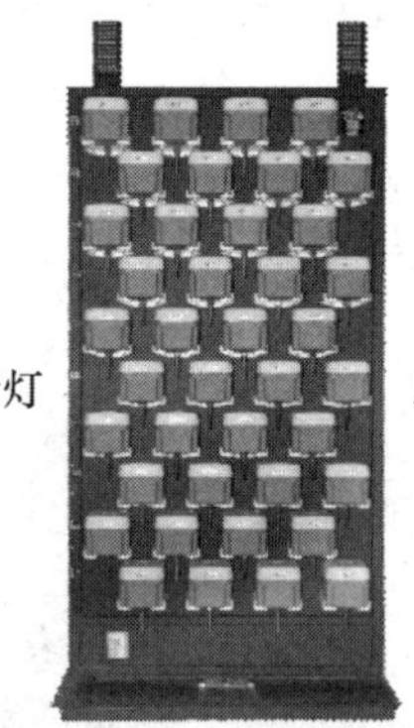

图 3-27　机柜指示灯

3.4.6 大功率直流电源

由于充电柜或一体柜需为节点单元内的电池组进行充电，不同充电阶段整体功率的波动较大，一般需配备大功率开关电源进行交直流转换（AC/DC），将输入的交流电转换成机柜内部模块和节点单元供电的直流电。一般 AC/DC 开关电源的内部模块如图 3-28 所示。

直流电源还应具备以下功能：

① 断电保护，即切换设备在正常工作时可存储最后的通道切换命令，当因突发情况发生断电后，设备仍将保存此命令，待接电后，设备自动恢复为原有的切换状态。

② 漏电保护，当被保护线路的相线直接或通过非预期负载对大地接通，而产生近似正弦波形并且其有效值是缓慢变化的剩余电流，该电流大于一定数值时，保护器切断该线路。

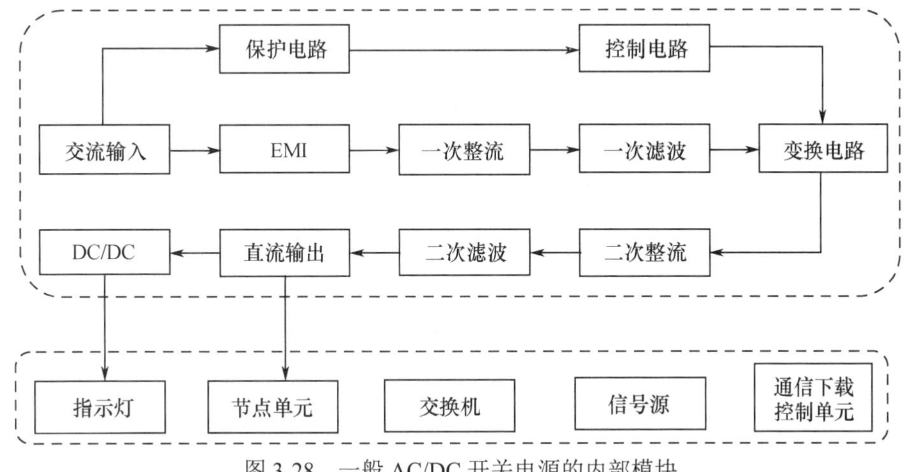

图 3-28　一般 AC/DC 开关电源的内部模块

③ 短路保护，当被保护线路趋于短路，而产生大于 5 倍额定电流时，保护器切断该线路。

④ 过流保护，当被保护线路负载增大，而产生大于 1.4 倍额定电流时，保护器延时后切断该线路。

⑤ 过压保护，当被保护线路的电源电压高于一定数值时，保护器切断该线路；当电源电压恢复到正常范围时，保护器自动接通。

3.4.7　机箱

机箱作为整个机柜的框架，承载全部设备的安装，需考虑以下因素。

① EMC 性能，机柜工作功率大，测试信号要求精度高，保证各模块稳定工作的同时需考虑动力线与信号线的隔离屏蔽。

② 便捷性，机箱整体需为调试、维修留足空间，特别是如插座等易损件，最好以模块形式安装，便于更换。

③ 稳固性，单个节点单元重量为 1～3kg，每台机柜满载超过 100kg，必须有足够稳固的固定、支撑部件，避免设备倾倒造成人员或设备损失，同时应可支持长途运输后内部电子设备完好。

3.5　数据处理硬件系统

数据处理硬件系统主要包括服务器、存储阵列、交换机、智能服务器机柜等，俗称主机系统，如图 3-29 中的虚线部分。

数据下载工作对于服务器性能要求不高但日常工作量较大，可使用不同性能的服务器执行数据下载和数据合成工作，即数据下载服务器和数据合成服务器；也可将两类服务器功能由同一性能较高的服务器完成。在实际设计中，需根据节点地震仪器的应用规模及数据量的多少确定。

如图 3-30 所示，服务器与下载柜、存储阵列组之间一般以高速光纤连接。

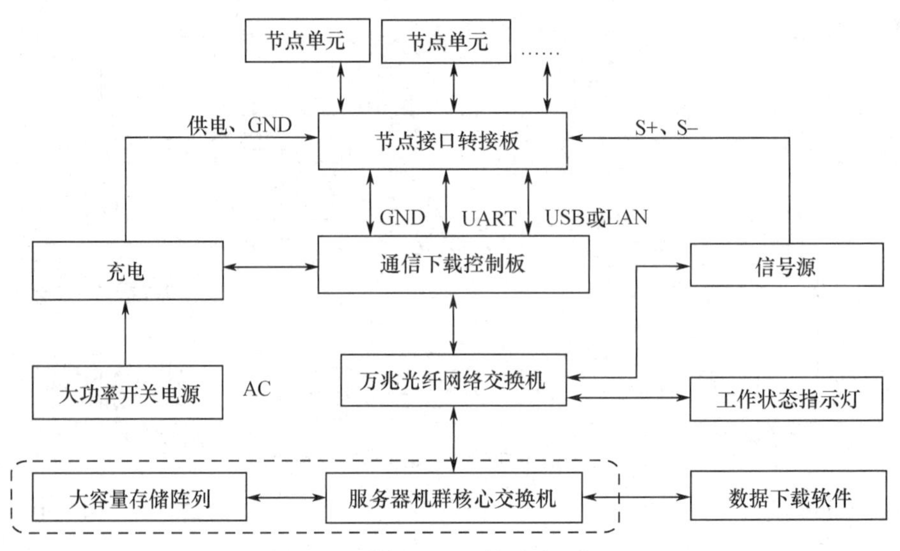

图 3-29　数据处理硬件系统示意图

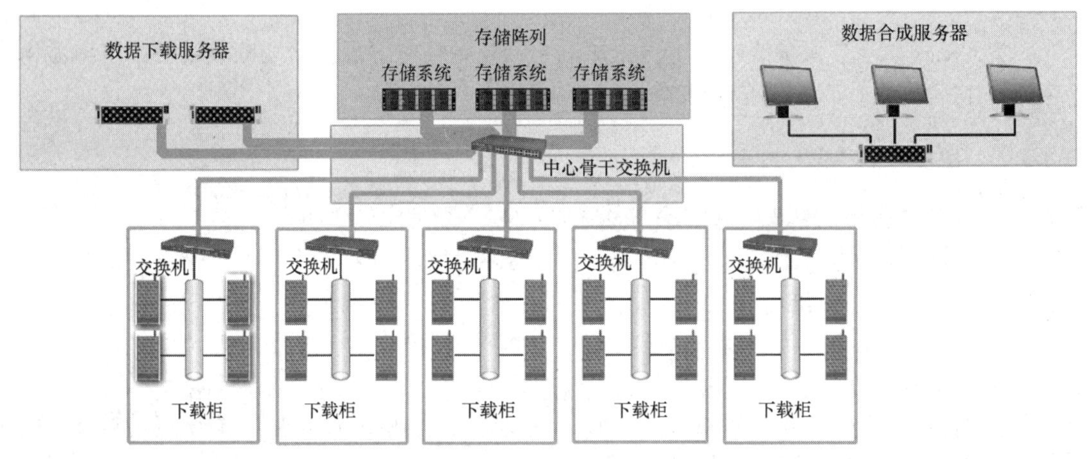

图 3-30　数据下载服务器、存储阵列、数据合成服务器与下载柜连接示意图

3.5.1　服务器

服务器是计算机的一种，但它比普通计算机运行更快、负载更高、价格更贵。服务器在网络中为其他客户机提供计算或应用服务。服务器具有高速的 CPU 运算能力、长时间的可靠运行、强大的 I/O 外部数据吞吐能力及更好的扩展性。在节点地震仪器中，服务器一般采用双电源供电并配备 UPS，以保证服务器稳定不间断地工作。

按服务器的机箱结构来分类，可以把服务器划分为台式服务器、机架式服务器、机柜式服务器和刀片式服务器 4 类。

1. 台式服务器

台式服务器也称为塔式服务器，有的台式服务器采用大小与普通立式计算机大致相当的机箱。由于台式服务器的功能较弱，整个服务器的内部结构比较简单，所以大多采用台式机箱结构。立式机箱也属于台式机箱的范围，这类服务器在整个服务器市场中占有相当大的份额。

2. 机架式服务器

机架式服务器的外形看起来不像计算机，而像交换机。作为为互联网设计的服务器模式，机架式服务器是一种外观按照统一标准设计的服务器，配合机柜统一使用。可以说，机架式服务器是一种优化结构的塔式服务器，它的设计宗旨主要是尽可能减少服务器空间的占用，而减少空间的直接好处就是在机房托管时价格会便宜很多。很多专业网络设备都采用机架式的结构（多为扁平式，就像一个抽屉），如交换机、路由器等。机架式服务器的宽度为 19 英寸，高度以 U 为单位，通常有 1U（1U=1.75 英寸=44.45mm）、2U、3U、4U、5U、7U 等规格。机柜的尺寸一般也采用通用的工业标准，通常从 22U 到 42U 不等；机柜内按 U 的高度有可拆卸的滑动拖架，用户可以根据自己服务器的标高灵活调节高度，以存放服务器、集线器、存储阵列等网络设备。服务器摆放好后，它的所有 I/O 线全部从机柜的后方引出（机架式服务器的所有接口也在后方），统一安置在机柜的线槽中，一般贴有标号，便于管理。

3. 机柜式服务器

在一些高档企业服务器中，由于其内部结构复杂，内部设备较多，有的还具有许多不同的设备单元或几个服务器都放在一个机柜中，这种服务器就是机柜式服务器。

4. 刀片式服务器

刀片式服务器是一种 HAHD（High Availability High Density，高可用高密度）的低成本服务器，是专门为特殊应用行业和高密度计算机环境设计的，其中每一块“刀片”实际上就是一块系统母板，类似于一个个独立的服务器。在这种模式下，每一个母板运行自己的系统，服务于指定的不同用户群，相互之间没有关联。不过，可以使用系统软件将这些母板集合成一个服务器集群。在集群模式下，所有的母板可以连接起来，从而提供高速的网络环境，并可以共享资源，为相同的用户群服务。

节点地震仪器根据需要支持不同应用规模节点单元的项目，可灵活采用不同的服务器。针对几十至几百道采集项目，可采用高性能笔记本或台式服务器；针对万道级采集项目，可采用机架式服务器；针对超 10 万道级采集项目，可采用机柜式服务器或由刀片式服务器组成的服务器集群。如图 3-31 所示为配套不同数据量使用的节点服务器。节点服务器的性能需求取决于需要处理的数据量和对获取上交数据即时性的要求。作为数据处理硬年系统的核心，节点服务器从功能上可分为数据合成服务器和数据下载服务器，分别用于地震数据的处理工作和站体的配置、数据下载工作。

（a）台式服务器

（b）机架式服务器

（c）机柜式服务器

图 3-31　节点服务器

3.5.2 存储阵列

磁盘由大量的存储单元组成，每个存储单元能存放 1 位二值数据（0，1），通常存储单元排列成 N 行×M 列矩阵形式。把多个磁盘组成一个阵列，当作单一磁盘使用，将数据以分段的方式存储在不同的磁盘中，存取数据时，阵列中的相关磁盘一起动作，大幅降低了数据的存取时间，同时有更佳的空间利用率。

节点采集仪器中的存储阵列用于存储地震数据，由于地震数据是地震勘探采集作业提交用户的唯一产品，其数据安全性至关重要。出于以上考虑，配套的存储阵列全部应用独立磁盘冗余阵列（RAID）技术。存储阵列所利用的不同的技术，称为 RAID Level，不同的 Level 针对不同的系统及应用，以解决数据安全的问题。RAID 是把相同的数据存储在多个硬盘的不同地方的方法。通过把数据存放在多个硬盘上，输入、输出操作能以平衡的方式交叠，从而硬盘性能得到改良。因为多个硬盘增加了平均故障间隔时间（MTBF），存储冗余数据也增加了容错。如某品牌高速存储器由 5 台存储阵列组成，均采用双电源供电，以保证数据稳定。每台存储阵列提供 24 个盘位，共计 120 个盘位，并采用 8TB 大容量 SATA 磁盘，如图 3-32 所示为其中的 1 台存储阵列。

图 3-32 存储阵列

RAID 技术主要有以下三个基本功能：

- 通过对磁盘上的数据进行条带化，实现对数据成块存取，减少磁盘的机械寻道时间，提高了数据的存取速度；
- 通过对一个阵列中的几块磁盘同时读取，减少了磁盘的机械寻道时间，提高数据的存取速度；
- 通过镜像或存储奇偶校验信息的方式，实现了对数据的冗余保护。

节点地震仪器应用较多的是 RAID 1、RAID 0+1、RAID 5、RAID 6、RAID 10 及 RAID 5 的改进等技术。

1. RAID 0+1

从 RAID 0+1 名称上我们便可以看出是 RAID 0 与 RAID 1 的结合体。在单独使用 RAID 1 时，会出现类似单独使用 RAID 0 那样的问题，即在同一时间内只能向一块磁盘写入数据，不能充分利用所有的资源。为了解决这一问题，可以在磁盘镜像中建立带区集。因为这种配置方式综合了带区集和镜像的优势，所以被称为 RAID 0+1。把 RAID0 和 RAID1 技术结合起来，数据除分布在多个磁盘上外，每个磁盘都有其物理镜像盘，提供全冗余能力，允许磁盘发生故障而不影响数据可用性，并具有快速读写能力。RAID0+1 要在磁盘镜像中建立带区集（至少 4 个磁盘），如图 3-33（a）所示。

2. RAID 5

RAID 5 为分布式奇偶校验的独立磁盘结构。从图 3-33（b）上可以看到，它的奇偶校验码存在于所有磁盘上。RAID 5 的读出效率很高，写入效率一般，块式的集体访问效率不错。因为奇偶校验码在不同的磁盘上，所以提高了可靠性。但是它对数据传输的并行性解决不好，而且控制器的设计也相当困难。在 RAID 5 中有“写损失”，即每一次写操作，将产生 4 个实际的读写操作，其中两次读旧的数据及奇偶信息，两次写新的数据及奇偶信息。

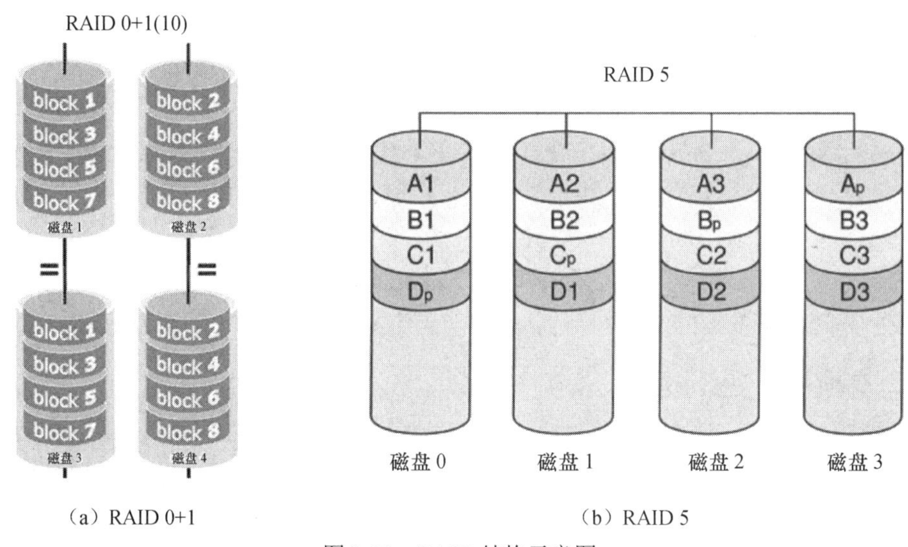

（a）RAID 0+1　　（b）RAID 5

图 3-33　RAID 结构示意图

3. RAID 6

RAID 6 为带两种分布存储的奇偶校验码的独立磁盘结构。它是对 RAID 5 的扩展，主要用于要求数据绝对不能出错的场合。由于引入了第二种奇偶校验值，所以需要 N+2 个磁盘，同时对控制器的设计变得十分复杂，写入速度也不好，用于计算奇偶校验值和验证数据正确性所花费的时间比较多，造成了不必要的负载。但由于其数据安全性好，地震勘探领域使用较多。

4. RAID 10

RAID 10 为高可靠性与高效磁盘结构。这种结构是一个带区结构加一个镜像结构，因为两种结构各有优缺点，因此可以相互补充，达到既高效又高速的目的。这种结构的价格高，可扩充性不好，主要用于数据容量不大但要求速度和差错控制的数据库中。RAID 10 是先做镜像，然后做条带；而 RAID 0+1 则是先做条带，然后做镜像。RAID 10 比 RAID 0+1 在安全性方面要强。从数据存储的逻辑位置来看，在正常的情况下，RAID 0+1 和 RAID 10 是完全一样的，而且每一个读写操作所产生的 I/O 数量也是一样的，所以在读写性能上两者没什么区别。而当有磁盘出现故障时，RAID 10 的读性能将优于 RAID 0+1。

5. RAID 5 的改进

（1）RAID 53

RAID 53 为高效数据传送磁盘结构。越到后面的结构就是对前面结构的一种重复和再利用，这种结构是RAID3和带区结构的统一，因此RAID 53的速度比较快，也有容错功能。这是因为所有的数据必须经过带区和按位存储两种方法，在考虑到效率的情况下，价格十分高，不易于实现。

（2）RAID 5E

RAID 5E是在RAID 5基础上的改进，与RAID 5类似，数据的校验信息均匀分布在各个磁盘上，但是，在每个磁盘上都保留了一部分未使用的空间，这部分空间没有进行条带化，最多允许两块物理磁盘出现故障。看起来，RAID 5E与 RAID 5加一块热备盘好像差不多，其实由于RAID 5E是把数据分布在所有的磁盘上，性能比RAID 5加一块热备盘要好。当一块磁盘出现故障时，有故障磁盘上的数据会被压缩到其他磁盘上未使用的空间。

（3）RAID 5EE

与RAID 5E相比，RAID 5EE的数据分布更有效率，每个磁盘的一部分空间被用作分布的热备盘，它们是存储阵列的一部分，当存储阵列中一个物理磁盘出现故障时，数据重建的速度会更快。

存储阵列一般采用高速光纤接口连接骨干交换机或直接连接服务器，以支持在下载和数据切分合成中高速读写数据的需求。

3.5.3 交换机及光纤网络设备

交换机（Switch）意为“开关”，是一种用于电（光）信号转发的网络设备。它可以为接入交换机的任意两个网络节点提供独享的电信号通路。节点地震仪器数据处理硬件系统中的交换机主要用于下载柜内不同下载接口的数据汇总，还负责提供服务器、存储阵列、下载充电一体柜之间的数据交换。

在实际应用中，需根据实际节点单元数量、地震数据量、下载柜连接数量并结合网络结构选择接口数量及接口速度。如：一台节点单元以1ms的采样间隔采集24小时原始数据约329MB，日志文件及测试数据根据设计不同容量差异较大，暂不计入。以此推算国内一般三维地震勘探采集项目投入设备30000道左右，依照生产进度约7天左右收放一个轮次，每日收放排列约3000道。受交换机接口限制，单台下载柜一般设计为40口左右（如Sercel公司的WiNG 36口、INOVA公司的Quantum 48口、BGP公司的eSeis 40或48口、DTCC的Smartsolo 32口）。节点单元与下载柜接口采用USB或100/1000Mb/s LAN连接，传输速度一般为10～30MB/s，单台下载柜实际传输速度为0.3～1.2GB/s。可见，若下载速度达到理想状态，下载柜上行使用的光纤网络最低需配置10Gb/s光纤及光模块。30000道设备一般配备30台左右的下载柜，满载设备下载时总需求带宽达到100～300Gb/s。可见，在一般三维地震勘探采集项目中，骨干交换机至存储阵列的传输速度为数据下载总进度的瓶颈。同样，当原始数据下载完成后，数据合成服务器对存储阵列中的数据读取进行切分合成再写入连续道集或炮集数据时，海量数据读写的I/O接口速度也成为制约此项工作的瓶颈。有以下3种思路可解决速度瓶颈问题：

① 采取多台下载主机分别连接不同骨干交换机至存储阵列，分组下载；

② 采取端口聚合或分层方式连接交换机，拓展总带宽，如图3-34所示；

③ 应用下载充电一体柜，以较长的充电时间掩盖下载速度受限的状况。

端口聚合是将两个设备间的多条物理链路捆绑在一起组成一条逻辑链路，从而达到带宽倍增的目的（这条逻辑链路的带宽相当于物理链路带宽之和）。除增加带宽外，端口聚合还可

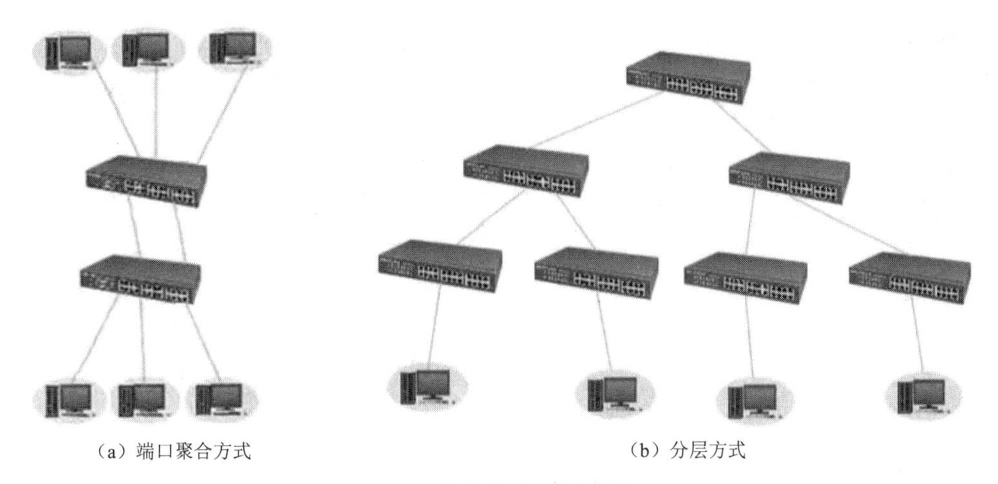

图 3-34　交换机扩展结构示意图

以在多条链路上均衡分配流量，起到负载分担的作用；当一条或多条链路故障时，只要还有链路正常，流量将转移到其他的链路上，整个过程在几毫秒内完成，从而起到冗余的作用，增强了网络的稳定性和安全性。分层方式连接应用于比较复杂的交换机结构中，按照功能可划分为接入层、汇聚层、核心层。这三层网络架构采用层次化模型设计，将复杂的网络设计分成几个层次，每个层次着重于某些特定的功能。

在实际配置中，下载柜交换机一般使用机架式万兆交换机配套网线（至下载连接口）、单模单芯光纤（至骨干交换机）10Gb/s 光模块。骨干交换机一般使用多台双供电电源接口的机架式万兆交换机配套高速光模块和多模多芯光纤，最大程度拓展带宽。

一般按传输模式的不同把光纤分为两种：多模光纤（MMF）和单模光纤（SMF）。所谓“模”，是指以一定角度进入光纤的一束光。单模光纤采用固体激光器做光源，多模光纤则采用发光二极管做光源。多模光纤允许多束同一波长的光在光纤中同时传播，从而形成模分散（因为每一束光进入光纤的角度不同，所以每束光到达另一端点的时间也不同，这种特征称为模分散），由于模分散的特点，多模光纤传输的带宽和距离会受限制，因此，多模光纤的芯线粗、传输距离短、整体传输性差，但是成本相对低廉，一般用于建筑物内部或地理位置相邻的环境下。单模光纤只能允许一束同一波长的光传播（可以同时传输不同波长的多束光，即波分复用），所以单模光纤没有模分散特点，因此，单模光纤的纤芯相应较细，传输距离远，但成本较高。多模光纤常用波长为 850nm 和 1300nm，单模光纤常用波长为 1310nm 和 1550nm。节点采集仪器设计时，需要考虑野外生产作业时数据下载中心和节点设备维护中心规模（占地大小），以确定取用的光纤及配套光模块型号。

光模块是进行光电和电光转换的光电子器件。光模块的发送端把电信号转换为光信号，接收端把光信号转换为电信号。光模块按照封装形式分类，常见的有 SFP、SFP+、SFF、千兆以太网络界面转换器（GBIC）等。

光纤接口全名是光纤（活动）连接器，国际电信联盟（ITU）建议将其定义为：用以稳定地，但不是永久地连接两根或多根光纤的无源组件。在光纤通信链路中，为了实现不同模块和设备之间灵活连接的目标，需要有一种能够在光纤与光纤之间进行可活动连接的器件。光纤连接器就是用于光纤与光纤之间进行可拆卸连接的器件，它是把光纤的两个端面精密地对接起来，使光能量前后达到最大限度的耦合。

光纤连接器属于高精密的器件，它将光纤穿入并固定在插头的支撑套管中，将对接端口进行打磨或抛光处理后，在套筒耦合管中实现对准。插头耦合对准用的套筒一般由陶瓷、玻璃纤维、增强塑料或金属等材料制成。为使光纤对得准，光纤连接器对插头和耦合器的加工精度要求相当高。

光纤连接器按插头的结构形式可分为 FC、SC、ST、LC、D4、DIN、MU、MT-R 等接口，常用的为 FC、ST、SC 和 LC 接口，如图 3-35 所示。

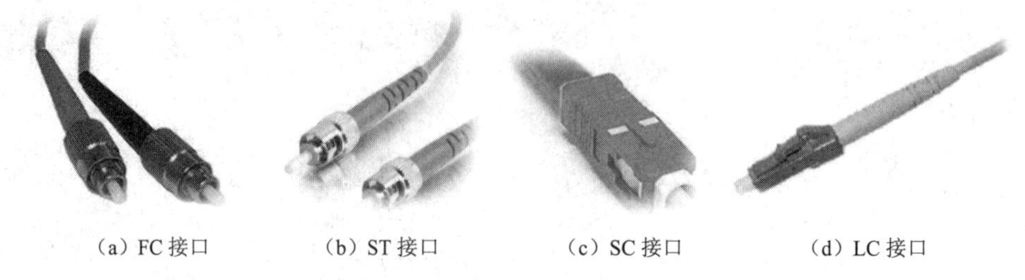

（a）FC 接口　（b）ST 接口　（c）SC 接口　（d）LC 接口

图 3-35　常用的光纤连接器

FC 接口材质为金属，接口处有螺纹，和光模块连接时可以固定得很好。

ST 接口材质为金属，接口处为卡扣式，常用于光纤配线架。

SC 接口材质为塑料，推拉式连接，接口可以卡在光模块上，常用于交换机。

LC 接口材质为塑料，用于连接 SFP 光模块，接口可以卡在光模块上。

3.5.4　智能服务器机柜及硬件连接

智能服务器机柜主要提供数据处理硬件系统的工作环境，具备空调温控系统、稳定可靠的电源系统、集成 UPS、智能配电 IPD、综合管理柜 IMC 及 PDU、环境监控 DEMS、照明、可视化监控器、门禁系统等，还包括环境湿度传感器、烟雾报警器、漏水感应绳、短信报警器、指纹门磁报警等。其内部一般安装服务器、骨干交换机、存储阵列等核心设备，在节点采集仪器中机柜为可选模块，但使用较好的机柜能够最大限度保证核心设备运行的稳定性和数据的安全性。

一般出于对数据量和 I/O 接口瓶颈的考虑，数据采集硬件系统所有硬件，包括服务器、存储阵列、交换机、下载充电一体柜大多采用光纤连接，所用到的连接设备包括 10GE SFP+多模光模块、多模室内光纤、40GE QSFP+多模光模块、MPO 光纤跳线等。以 BGP 公司的 eSeis 节点的数据处理硬件系统连接为例，其示意图如图 3-36 所示。

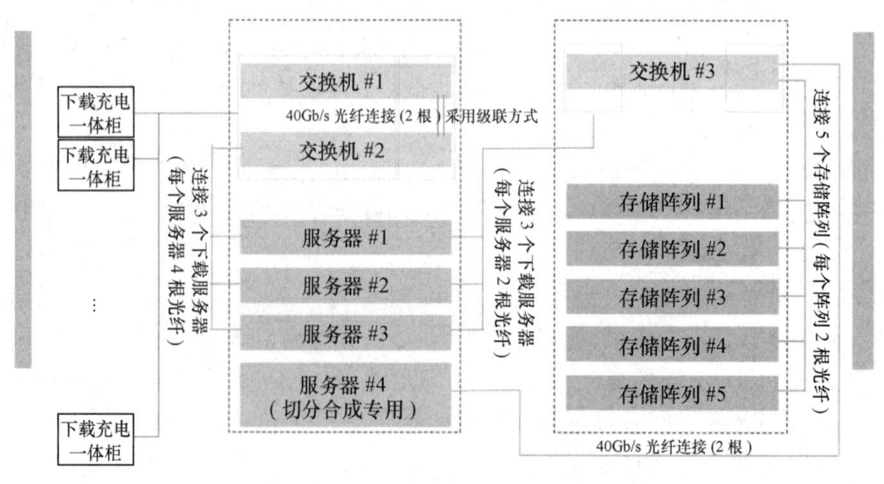

图 3-36　数据处理硬件系统连接示意图

3.6 系统软件

系统软件的功能主要包括对硬件系统配置与管理，节点单元管理（包括参数配置、设备管理等）与数据下载、数据处理等，此外对有质控软件的产品还需配套质控软件，可根据自身产品特点开发不同模块以实现以上功能。如 INOVA 公司的 iX1 平台软件系统同时支持有线、节点设备采集，其采集参数设置、数据下载、数据合成、单炮质控等功能全部由软件系统的不同模块完成，现场质控等功能则由安装了 Fieldtools 软件的手簿软件完成。又如，BGP 公司的 eSeis 软件则依照不同软件的使用频率、占用的系统资源分别开发：在下载服务器安装数据下载软件执行日常的数据下载功能；在数据合成服务器安装数据合成软件进行数据切分合成。无论是以多模块还是使用统一软件平台，节点地震仪器的系统软件或软件模块的功能基本相似，如图 3-37 所示。

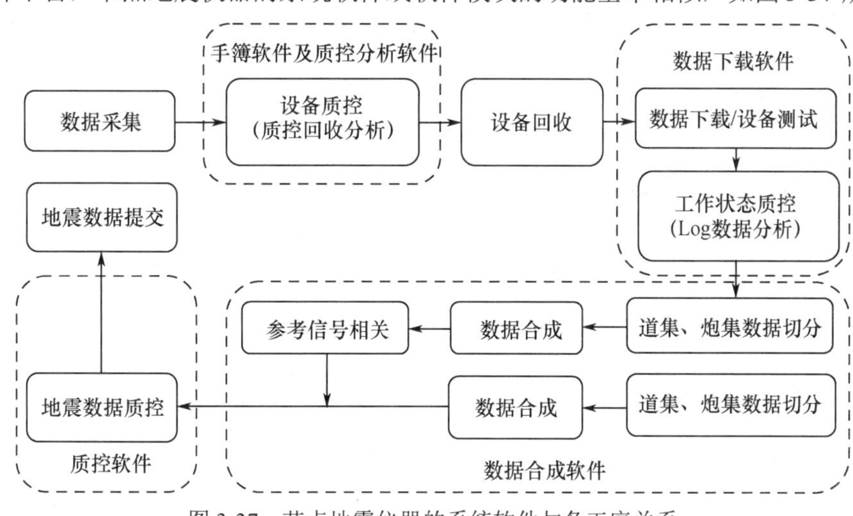

图 3-37　节点地震仪器的系统软件与各工序关系

3.6.1　手簿软件及质控分析软件

节点地震仪器的手簿软件，其功能框图如图 3-38 所示，主要负责的工作包括：

① 地图导航，能够使用在线方式导入工区地图文件，并导入施工设计 SPS 文件中的检波点位置文件，用于指引设备布设或故障排查人员到达需要工作的位置。

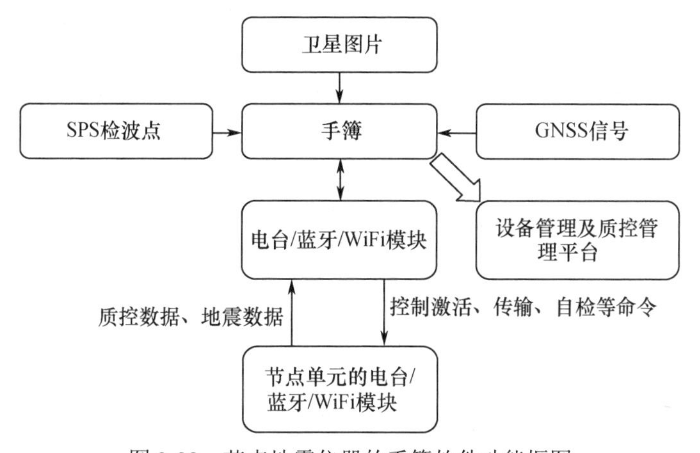

图 3-38　节点地震仪器的手簿软件功能框图

② 节点激活，为了节省设备电量，部分节点地震仪器具备休眠功能，设备每次充电完毕后，设置为休眠低功耗模式，到达预设地点后通过手簿遥控或其他方式开机后开始采集工作。

③ 节点查线，点对点模式回收指定节点单元的质控数据，或通过广播模式批量回收通信距离内节点单元的质控数据。

④ 质控，对已回收的节点单元的质控数据列表展示，对于指标超过预设门槛值的设备进行特殊标识，以便指引施工人员更换。

⑤ 数据整理，部分节点地震仪器的手簿软件还具备将位置信息与节点单元序列号匹配对应形成布站表的功能，以实现无桩施工或方便后续数据切分时的匹配处理。

⑥ 数据上传，部分节点地震仪器的手簿软件集成了将回收的质控数据和整理后的桩号匹配信息通过商用无线网络、Mesh 电台或北斗短报文等方式回传至设备管理及质控管理平台的功能。

3.6.2 数据下载软件

数据下载软件相关命令与数据流如图 3-39 所示，主要负责的工作包括：

① 下载柜状态监控,用于指示连入的各下载柜接口连接节点单元的数据传输和充电状态。

② 节点采集参数配置，用于向节点单元写入和查看前放增益、采样率、工作时长、自检时间等参数。

③ 节点性能指标测试，根据不同检测项目调用信号源输出相应标准信号至节点单元，通过与节点单元采集到的原始数据进行比对计算，获得反映节点单元工作状态的指标，并标识超过预设门槛值的设备。

④ 节点采集数据下载，根据需要将节点单元内部存储的原始地震数据、质控数据和工作日志下载至服务器或存储阵列中。

⑤ 数据统计，依照一定规则统计执行以上工作的节点单元数量。

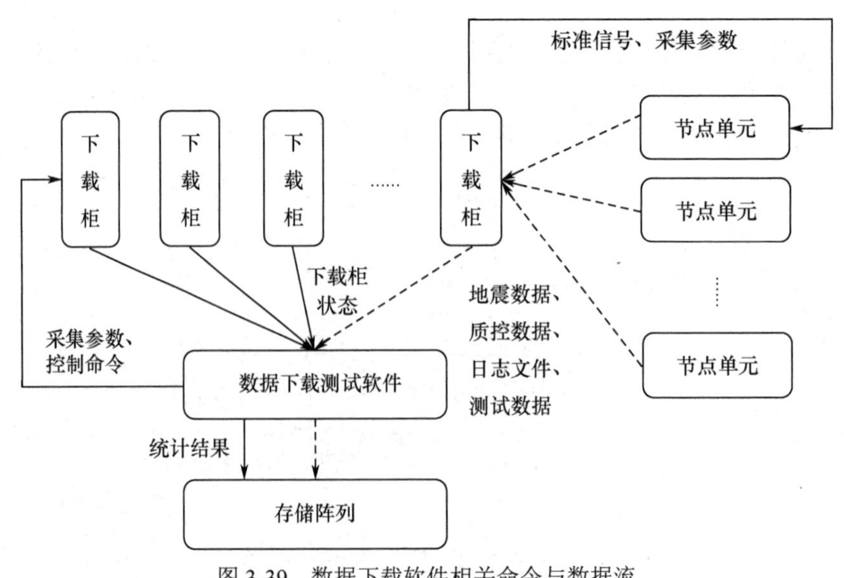

图 3-39　数据下载软件相关命令与数据流

3.6.3 数据合成软件

数据合成软件的工作流程如图 3-40 所示，主要负责的工作包括以下几个方面。

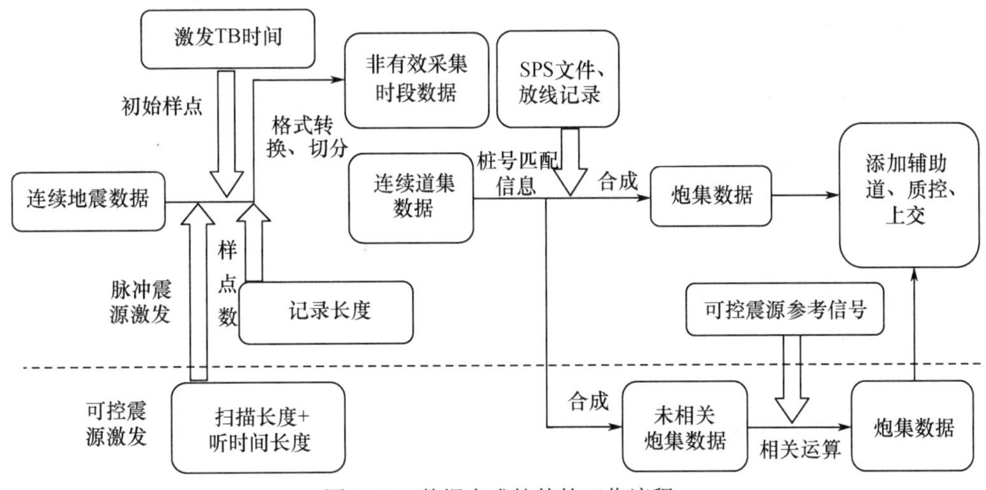

图 3-40　数据合成软件的工作流程

1．桩号匹配

依照节点单元内部存储的 GNSS 位置信息，或布设设备时记录的桩号与站号对应关系，形成节点单元在不同时间与 SPS 中不同接收点的对应关系，并具备匹配问题时的提示、要求人工介入的功能。

2．数据切分并合成

切分指根据施工所需记录长度和激发点激发时间在下载的原始连续地震记录中截取所需要的时间段内的数据，合成指将切分好的数据依照一定的时间和炮检关系进行排列组合，最终形成所需提交的炮集记录或连续道集记录。其中，时间关系大多参考激发设备记录导出的班报，炮检关系为桩号匹配的结果。数据合成软件还应具备将不同格式记录的原始文件转换成业内通用的地震数据格式（如不同版本的 SEG-Y、SEG-D 格式数据）的功能。此外，根据不同甲方的数据要求，还应具备根据合成的数据导出所需 SPS 文件、添加辅助道信息至炮集数据功能和在有线节点混合采集施工项目中将有线系统采集数据与节点系统采集数据合成所需提交格式的功能。

SEG 格式是 SEG（Society of Exploration Geophysicists，国际勘探地球物理学家学会）确定的一种被广泛使用的地震数据记录格式。SEG 格式使用方便、灵活，但其灵活性也导致记录格式的不统一，各设备厂商和物探公司根据其产品及工作需要进行较多自定义。下面以 INOVA 公司的 TX1 平台使用的 SEG-Y 数据格式为例，介绍适用于 SEG-Y（Rev.0）的内部磁盘格式。

TX1 平台的主机硬盘数据存储使用的是修正过的 SEG-Y（Rev.0）格式，同时支持 MSDOS IEEE SEG-Y 格式。这些格式的文件以.SGY 为后缀，8 个数字为文件扩展名（00001234 .SGY）存储在硬盘上。当要存储在 CD/DVD 或可移动的硬盘上时，这些文件将通过中央处理系统转换成普通的数据记录格式。MSDOS IEEE SEG-Y 格式和 SEG-Y（Rev.0）格式之间有着显著的差异，地震数据在解码时必须按照相关定义格式进行解码。MSDOS IEEE SEG-Y 文件格式见

表 3-7。

下面详细描述 SEG-Y（Rev.0）格式及头段，这里规定了 3 种 SEG-Y 头段，分别是 3200 字节字符串头段、400 字节二进制头段和 240 字节道头段。有关 SEG-Y 头段格式的其他信息请参考 1975 版《地球物理学》的 40 卷第 2 章的 344～352 页。

表 3-7　MSDOS IEEE SEG-Y 文件格式

文件识别头段（见表 3-8）	地震道数据块 No.1（见表 3-10）	地震道数据块 No.2（见表 3-10）	其他地震道数据块（见表 3-10）	地震道数据块 No.*n*（见表 3-10）

表 3-8　文件识别头段

3200 字节	400 字节
符号头段（见表 3-9）	二进制头段

表 3-9　3200 字节符号头段

80 字节	80 字节	2960 字节	80 字节
ASCII 卡镜像 No.1	ASCII 卡镜像 No.2	其他 ASCII 卡镜像	ASCII 卡镜像 No.40

表 3-10　道数据块格式

240 字节					240 字节	
地震道 1 头段	地震道 1 第一个样点	地震道 1 第二个样点	地震道 1 其他样点	地震道 1 第 *n* 个样点	地震道 2 头段	地震道 2 第一个样点

（1）3200 字节字符串头段

3200 字节字符串头段是以 ASCII 格式记录，每行 80 个字符，总共 40 行。表 3-11 描述了 3200 字节字符串头段中每个字节的位置、格式和说明。

表 3-11　3200 字节字符串头段

字节位置	描述	格式	备注
1-80	C1 记录系统设备	ASCII	记录系统设备和软件版本
81-160	C2 记录设备编号#:	ASCII	记录系统的序列号
161-240	C3 记录设备生产商	ASCII	记录系统的制造厂家
241-320	C4 记录格式	ASCII	文件记录格式
321-400	C5 样点格式	ASCII	数据编码格式
401-480	C6 增益类型	ASCII	
481-560	C7 数据库信息	ASCII	工程项目
561-640	C8 磁带盘号#:	ASCII	记录介质的盘号
641-720	C9 介质类型	ASCII	记录介质的类型
721-800	C10 滤波	ASCII	滤波（低切、高切）
801-843	C11 采样间隔	ASCII	微秒
801-880	样点/道	ASCII	每道的样点数
881-923	C12 道/记录	ASCII	文件中记录的道数
924-960	日期	ASCII	YYYYMMDD
961-1003	C13 记录道分类依据	ASCII	
1004-1040	线号#:	ASCII	炮点线号
1041-1083	C14 记录长度	ASCII	毫秒
1084-1120	共炮点面元覆盖	ASCII	%

续表

字节位置	描述	格式	备注
1121-1163	C15 客户	ASCII	客户名称
1164-1200	承包商	ASCII	承包商名称
1201-1243	C16 许可证#:	ASCII	许可证号
1244-1280	许可证#:	ASCII	
1281-1323	C17 工程项目名称	ASCII	工程项目名称
1324-1360	项目#:	ASCII	项目编号
1361-1403	C18 队号#:	ASCII	施工队号
1404-1440	头段信息	ASCII	
1441-1483	C19 地区	ASCII	项目位置
1484-1520	经理	ASCII	队经理
1521-1600	C20 操作员	ASCII	系统操作员
1601-1680	C21 项目说明	ASCII	
1681-1760	C22	ASCII	
1761-1840	C23 检波器描述	ASCII	
1841-1920	C24	ASCII	第一种检波器
1921-2000	C25	ASCII	第二种检波器
2001-2080	C26	ASCII	第三种检波器
2081-2160	C27	ASCII	第四种检波器
2161-2240	C28 震源类型	ASCII	
2241-2320	C29 震源描述	ASCII	
2321-2400	C30 扫描描述	ASCII	
2401-2480	C31	ASCII	扫描描述
2481-2560	C32	ASCII	
2561-2640	C33	ASCII	
2641-2720	C34	ASCII	
2721-2800	C35	ASCII	
2801-2880	C36	ASCII	
2881-2960	C37	ASCII	
2961-3040	C38	ASCII	
3041-3120	C39	ASCII	
3121-3200	C40 结尾	ASCII	

（2）400 字节二进制头段

二进制头段以 16 位或 32 位无符号二进制数显示记录参数，二进制头段位于 3200 字节字符串头段的后面。表 3-12 描述了 400 字节二进制头段中每个字节的位置、格式和说明。

注：所有数据存储为低端在前的格式。

表 3-12　400 字节二进制头段

字节位置	描述	格式	说明	备注
1-4	项目编号	Bin32	########	
5-8	线号	Bin32		
9-12	带盘号	Bin32	########	记录介质的盘号
13-14	单数据文件记录道数	Bin16	####	
15-16	单数据文件辅助道数	Bin16	####	
17-18	采样间隔	Bin16	####	微秒
19-20	未定义	Bin16	####	
21-22	每道样点数	Bin16	####	注①
23-24	未定义	Bin16	####	
25-26	采样格式码	Bin16	0005	4 字节 IEEE 浮点格式
27-28	共炮点覆盖面积	Bin16	####	
29-30	道分拣编码	Bin16	0001	已记录，无分拣
31-32	叠加次数	Bin16	####	
33-34	扫描起始频率	Bin16	####	
35-36	扫描终止频率	Bin16	####	
37-38	扫描长度	Bin16	####	毫秒
39-40	扫描类型	Bin16	####	0=N/A，1=线性，2=抛物线，3=对数，4=其他
41-42	扫描道编号	Bin16	####	
43-44	扫描起始谐波长度	Bin16	####	毫秒
45-46	扫描终止谐波长度	Bin16	####	毫秒
47-48	扫描谐波类型	Bin16	####	0=N/A，1=线性，2=二次余弦，3=其他
49-50	数据相关码	Bin16	####	1=不相关，2=相关
51-52	二进制增益恢复	Bin16	0002	无
53-54	振幅恢复方法	Bin16	0001	无
55-56	度量单位	Bin16	####	1=米，2=英尺
57-58	脉冲信号极性	Bin16	####	1=标准 SEG，2=SEG 反极性
59-60	震源极性码	Bin16	####	注②
61- 62 *	每个文件的总道数	Bin16	####	文件（所有类型）中的总道数
63-74 *	文件中传感器类型道补偿	Bin16	####	注③
75-76 *	死道的数量	Bin16	####	文件中死道的总数
77-78 *	工作道的数量	Bin16	####	文件中工作道的总数
79-80 *	每个远端模块的通道	Bin16	####	
81-82 *	中断的道数	Bin16	####	文件中中断道的总数
83-84 *	井口道数	Bin16	####	文件中井口道的总数
85-86 *	进水道数	Bin16	####	文件中进水道的总数

续表

字节位置	描述	格式	说明	备注
87-90 *	供应商特有的卷宗 ID	Bin32	########	生产商卷宗号码
91 *	道中扩展的样本数量	Bin8	##	大于 65535 时，见注①
92	未定义			
93-94 *	内部使用	Bin16	####	生产商的文件格式修正
95-96 *	扫描校验和	Bin16	####	试扫描校验和
97	转换器输出标记	Bin8	##	注④
98-400	未定义			

注①：道中样本数量（400 字节二进制文件头段的 21、22 和 91 字节）

字节 21 和 22 定义 1～65535 个样本的道长度。对 65536～16777215 个样本的道长度，字节 91 用来定义道中样本数的最高位；对小于 65536 个样本的道长度，字节 91 将被编码为 00。

注②：震源极性码

0=无　1=地震信号滞后扫描信号 337.5°～22.5°　2=地震信号滞后扫描信号 22.5°～67.5°　3=地震信号滞后扫描信号 67.5°～112.5°

4=地震信号滞后扫描信号 112.5°～157.5°　5=地震信号滞后扫描信号 157.5°～202.5°　6=地震信号滞后扫描信号 202.5°～247.5°

7=地震信号滞后扫描信号 247.5°～292.5°　8=地震信号滞后扫描信号 292.5°～337.5°

注③：文件中传感器类型道补偿

字节 63-64：地震检波器（SPS 类型 G）　字节 65-66：水听器（SPS 类型 H）　字节 67-68：其他（SPS 类型 R）　字节 69-70：三分量-垂直　字节 71-72：三分量-水平　字节 73-74：三分量-交叉线

注④：转换器输出标记，这个标记用来说明可控震源标记数据道作为辅助道添加到地震数据文件中。

（3）240 字节道头段

240 字节道头段包含每一道的炮点、接收点位置信息，采集参数和道属性，它附于地震数据每一道之前。表 3-13 描述了 240 字节道头段中每个字节的位置、格式和说明，所有的值记录采用的是低字节顺序格式。

表 3-13　240 字节道头段

字节位置	描述	格式	值	备注
1-4	道序号	Bin32	########	
5-8	磁带中道编号	Bin32	########	
9-12	文件号	Bin32	########	
13-16	文件总道数	Bin32	########	
17-20	炮点数	Bin32	########	
21-24	磁带盘号	Bin32	########	记录介质的卷号
25-28		Bin32	未定义	
29-30	道标识码	Bin16	####	注①
31-32	每一道垂直方向和	Bin16	####	叠加次数
33-34	每一道水平方向和	Bin16	0001	0001 码
35-36	数据使用码	Bin16	####	1=采集，2=测试
37-40	炮检距	Bin32		

续表

字节位置	描述	格式	值	备注
41-44	检波点的海拔	Bin32	####	可能不是有效的测量数据
45-48	炮点的海拔	Bin32	####	可能不是有效的测量数据
49-52	井深	Bin32	####	
53-68			未定义	
69-70	海拔/深度的标量	Bin16	####	
71-72	坐标标量	Bin16	####	
73-76	炮点 *X* 坐标	Bin32	####	可能是无效的测量数据
77-80	炮点 *Y* 坐标	Bin32	####	可能是无效的测量数据
81-84	检波点 *X* 坐标	Bin32	####	可能是无效的测量数据
85-88	检波点 *Y* 坐标	Bin32	####	可能是无效的测量数据
89-90	坐标单位	Bin16	####	1=长度，2=秒/弧度
91-94			未定义	
95-96	井口时间（×10）	Bin16	####	
97-114			未定义	
115-116	每道样点数	Bin16	####	注②
117-118	采样间隔	Bin16	####	微秒
119-120	增益类型	Bin16	0001	1=固定
121-122	增益	Bin16		前放增益
123-124			未定义	
125-126	数据相关码	Bin16	####	1=不相关，2=相关
127-128	扫描起始频率	Bin16	####	
129-130	扫描终止频率	Bin16	####	
131-132	扫描长度	Bin16	####	毫秒
133-134	扫描类型	Bin16	####	1=线性，2=抛物线，3=指数，4=其他
135-136	扫描起始谐波长度	Bin16	####	毫秒
137-138	扫描终止谐波长度	Bin16	####	毫秒
139-140	扫描谐波类型	Bin16	####	1=线性，2=余弦，3=其他
141-148			未定义	
149-150	低切滤波频率	Bin16	####	Hz
151-152	高切滤波频率	Bin16	####	Hz
153-154	低切滤波陡度	Bin16	####	dB/oct
155-156	高切滤波陡度	Bin16	####	dB/oct
157-158	年	Bin16	####	YYYY
159-160	日	Bin16	####	DDD
161-162	小时	Bin16	####	HH

续表

字节位置	描述	格式	值	备注
163-164	分	Bin16	####	MM
165-166	秒	Bin16	####	SS
167-168	时间码	Bin16	0001	1=本地
169	内部使用			内部使用
170	炮点坐标和高度原点	Bin8	##	注③
171	内部使用			远程模块类型
172	线号和炮点号的小数点位乘数	Bin8	##	注④
173			未定义	内部使用
174	每道扩展样点数	Bin8	##	注②
175-176			未定义	
177-178	三分量坐标系	Bin16	####	
179-180	检波点到炮点的方位角	Bin16	####	
181-184	检波点数	Bin32	########	
185	LIU 数量	Bin8	##	内部使用
186	RAM 电池的电压（×10）	Bin8	##	
187-188 *	通道数	Bin16	####	内部使用
189-202			未定义	
203-204	RAM 序号	Bin16	####	内部使用
205-222			未定义	
223	炮点指数	Bin8	##	
224	扩展 RAM 序号	Bin8	##	MSB
225-228	接收线数	Bin32	########	
229-232	炮线数	Bin32	########	
233-236	在开始 100ms 的 RMS 噪声（浮动）	Bin32	########	IEEE 32 位浮点
237-238	毫秒放炮时间	Bin16	####	注⑤
239-240			未定义	

注 0：道标识码

0 =其他/未知　　10 =远场水枪特征波形
1 =地震数据　　11 =压强
2 =死道　　12 =三分量垂直分量
3 =哑道　　13 =三分量水平分量
4 =TB　　14 =三分量垂直分量
5 =井口　　18 =可控震源重锤
6 =扫描　　19 =可控震源平板加速度
7 =计时　　20 =可控震源出力
8 =水时断　　21 =可控震源参考
9 =近场水枪特征波形　　-1 =其他/未知辅助道

注②：道中的样本数（240 字节中的 115、116 和 174 字节）

字节 115 和 116 定义 1～65535 个样本的道长度。对于 65536～16777215 个样本，字节 174 用来定义道中样本数的最高位；小于 65536 个样本的道长度，字节 174 将被编码为 00。

注③：炮点坐标和高度原点

这个值定义炮点的 X、Y、Z 值，其中 Z 记录字节 45-48 位置（炮点的海拔）。A0 表示炮点坐标没有设置（无效的或者不可靠的），A1 表示从 SEG-P1 文件导入了坐标，A2 表示位置是从接收的炮点组合计算出来的一个 COG（组合中心）。

注④：线号和炮点号的小数点位乘数

这个值表示接收线和炮线桩号包含几位小数点（字节 225-228 和字节 229-232）、检波点数和炮点数（字节 181-184 和字节 17-20）。A0 表示没有小数点，A1 表示接收线和炮线桩号都乘以 10，A2 表示所有的接收线和炮线桩号都乘以 100。这个乘数在 3200 字节字符串文件头段的 C37（字节 2881-2960）中也有规定。

注⑤：如果外部 GPS 设备可见，则采用毫秒放炮时间点。

3．数据相关

当激发源为脉冲激发源（如井炮、电火花、重锤等）时，切分合成数据直接可用于后继处理环节；当激发源为机械扫描激发源（如可控震源）时，切分合成数据需要经过与激发的参考信号进行相关运算后，方可用于后继处理环节。相关运算的主要作用是将长扫描信号压缩为短脉冲信号。

可控震源为了产生足够能量的地震波信号，需采用长时间扫描振动，这个扫描时间往往比最深目的层的反射时间还要长。所以，从各个地层反射回来的信号就会重叠干扰，形成很复杂的波形，如图 3-41 所示。图中第 1 道表示地层反射特性曲线，第 2 道为传入大地的可控震源信号，第 3、4、5 道分别表示几个地层反射信号。这些反射信号在时间上相互重叠、干涉后，形成如图中第 6 道所示曲线，这就是可控震源原始记录。显然，这样的记录无法用于解释。若将可控震源原始记录变为可用于解释的、类似于炸药震源的记录，将淹没在相互干涉信号中，因此需对可控震源原始记录做相关处理。

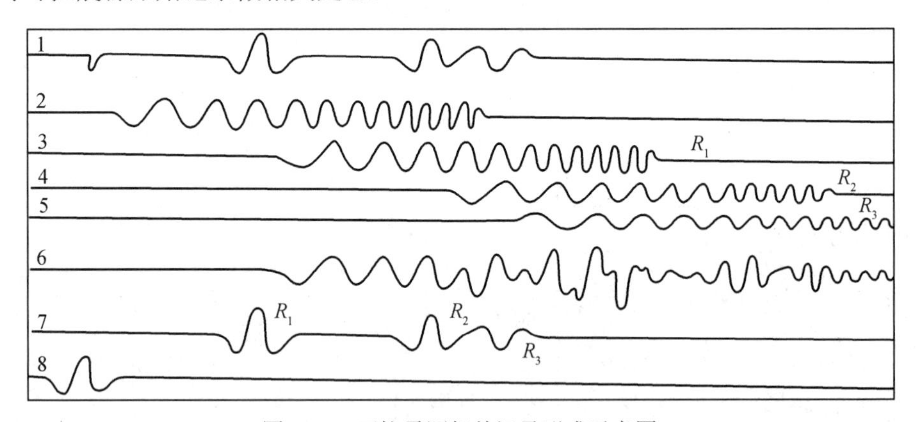

图 3-41　可控震源相关记录形成示意图

相关是比较两个波形相似程度的数学方法，它所解决的问题是两个波形在什么时候最为相似。相关实际上是一种数字滤波处理技术，在许多技术领域有着广泛的应用，它的作用主要是：

① 脉冲压缩，即利用相关处理可将延续时间较长的信号压缩成持续时间较短的相关子波信号；

② 滤波，相关对与信号不相干的噪声具有很强的滤波作用，可以用来提高被噪声淹没信号的信噪比。

简单地讲，相关就是将两个用函数序列 $a(t)$和 $b(t)$表示的波形，将它们按时间坐标一一相乘，然后把所有乘积加在一起，即得到一个相关值，然后按一定时间间隔挪动，继续计算相关值，最后得到整个相关波形。若在某个时刻相关值最大，表明两个波形在此刻最为相似。若用数学函数表示，则有

$$\Phi_{ab}(\tau)=\sum a(t)b(t+\tau)$$

式中，τ 为时延，在相关函数曲线中，时延 τ 为横坐标，相关值为纵坐标，相关函数的自变量为时延 τ。如果 $\tau=0$，表明两个波形起始时间均为 0，两个波形重合，相关曲线具有最大值。在对可控震源记录进行相关处理过程中，参考信号与检波器所接收到的信号以时延 τ 为步长进行相关运算，直到移出震源记录长度为止，如图 3-42 所示。

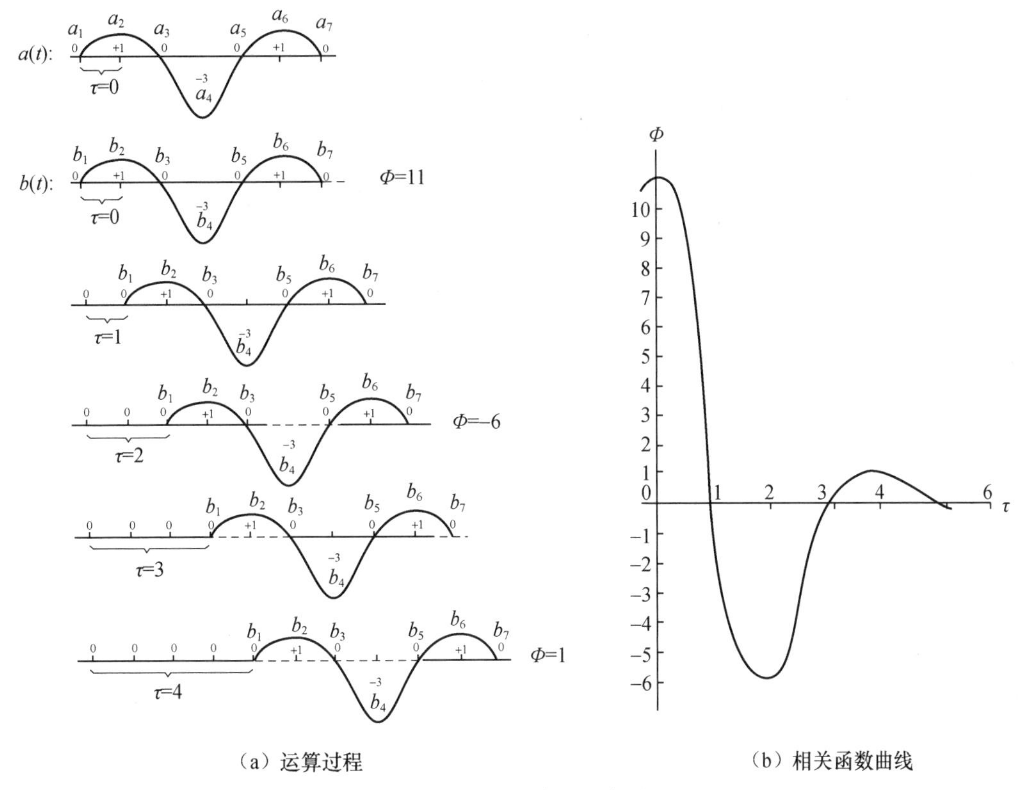

（a）运算过程　　（b）相关函数曲线

图 3-42　相关过程示意图

简单了解了相关处理过程，现在让我们再回顾图 3-41，图中所示可控震源的原始记录是由 3 个反射层叠加而成的，当用参考信号与可控震源原始记录相关时，可以认为是用参考信号分别与 3 个反射信号进行相关，则每一个地层反射信号与参考信号相关后都会得到一个相关子波曲线，然后将它们叠加起来，形成图 3-41 中第 7 道所示、类似于炸药震源记录的曲线以用于地震解释。在此需强调一点，由相关过程可知，不同于炸药震源记录（用于刻画地面质点的运动速度），可控震源相关记录是由一系列相关子波所构成的，它们描述参考信号和反射信号的相似程度，是相关计算的结果。在可控震源相关记录上，表示一个波到达的时间是相关子波最大值出现时刻，而不是相关子波的“初至”。

4．数据查看与简单质控

对原始连续数据、合成的炮集记录或连续道集记录进行查看，确定其参数、头段、地震数据体是否正常。对质控数据进行检查，判断设备及环境是否正常。对工作日志进行查看，判断设备工作是否正常。

3.6.4 质控软件

质控软件除应具备传统质控软件具有的资料面貌绘图、能量分析、滤波分析、真值读取等功能外，还应具有针对节点地震仪器采集时可能出现的设备丢失而造成的数据丢失、切分初至不合理、重复道等现象的基本排查功能，如图 3-43 所示。

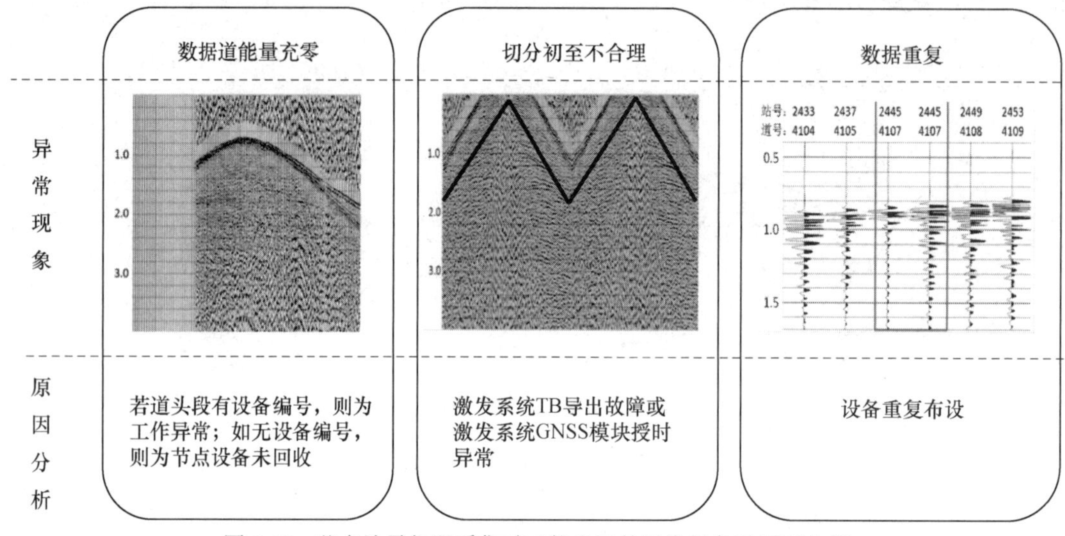

图 3-43 节点地震仪器采集时可能出现的异常现象及原因分析

3.7 其他辅助单元

节点地震仪器的使用对地震勘探采集效率有了革命性的提升，不仅脱离了线缆传输系统的桎梏，节约了线缆部分的布设重量，而且得益于无须通过电缆供电，降低的线损也极大降低了供电模块的重量和体积，由此带来的成本降低和效率的提升使得更大规模的地震勘探采集成为可能。由于体积和重量的降低，以往线缆传输系统难以布设的地区可通过铺设节点地震仪器获得地震勘探数据，更加拓展了地震勘探采集作业的区域，从而获得以往难以得到的地震数据。但节点地震仪器由于其本地采集、本地记录的特点，为地震数据的品质控制带来了一定的挑战。为了适应节点地震仪器的采集作业，突出节点采集作业优势并规避缺陷，可根据对物探生产作业的理解和现场应用需求开发多种配套辅助单元。

特别是节点采集作业的流程不同于有线采集作业，它将大量地震数据的相关工作转至室内。因此，对于节点采集作业效率和质量有提升帮助的辅助设备一般集中在野外投入人力物力较大的节点单元布设环节和质控回收环节，如图 3-44 所示。

3.7.1 节点单元自动布设装置

节点单元在工作前需按照一定规则布设到预定位置，在结束工作后需要将其回收至下载柜进行下载数据、充电、配置参数等，以便进行下一次布设。节点单元在设计时应进行统筹考虑，设计为方便进行自动布设的外形，并针对性地开发自动收放装置，进一步减少人力成本，提高施工效率。自动收放装置的基本功能框图如图 3-45 所示，一般用于一体式节点单元的布设工作。

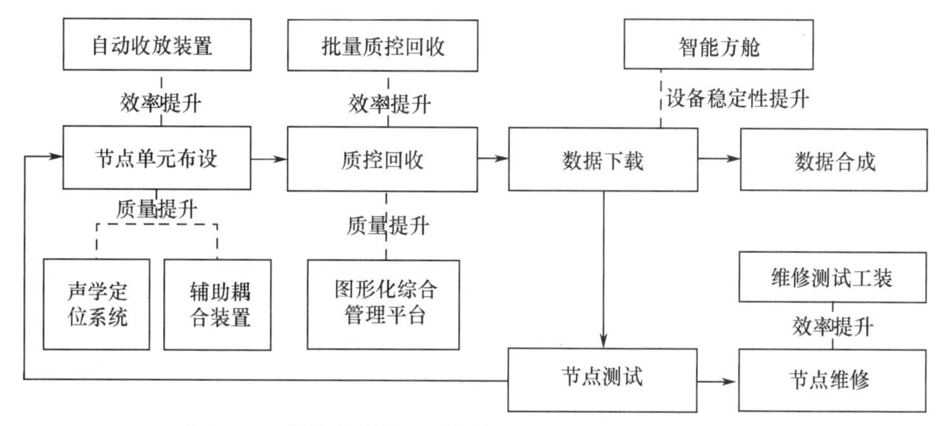

图 3-44　能够提升节点采集作业效率和质量的辅助单元

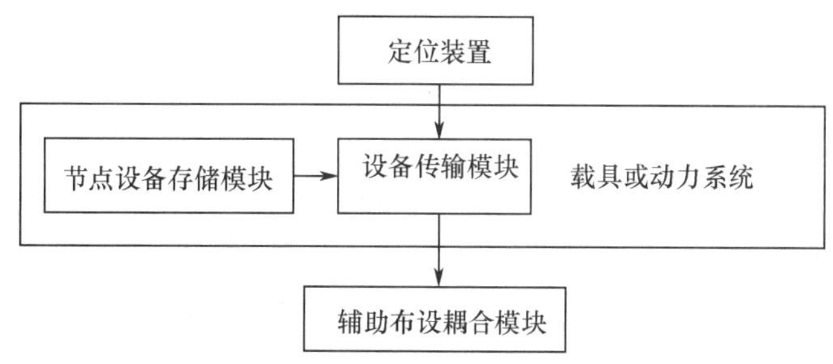

图 3-45　自动收放装置的基本功能框图

① 节点设备存储模块用于批量存储待布设的节点单元，其容量决定了系统单次的工作量，功能类似自动武器的“弹夹”。

② 设备传输模块用于将下一次要布设的节点单元传送至辅助布设耦合模块。

③ 辅助布设耦合模块用于将本次布设的节点单元与地表紧密耦合，以精准地采集地表振动能量。目前的辅助布设耦合模块一般为采用一定压力将节点设备垂直压入地表，其应用效果受节点外壳、地表等多种因素的影响。若一体式节点单元设计为站体方正、与尾椎存在较大直径差，则较难压入如盐碱、戈壁等硬质地表，在沙土、胶泥地表则影响较小。

④ 载具或动力系统为整个自动收放装置提供移动搬迁的动力。

⑤ 定位装置一般采用 GNSS 卫星定位，用于引导驾驶人员或通过自动导航系统指引载具或动力系统到达预先导入需要布设节点单元的检波点位置。

如图 3-46 所示为挂载于载具后的节点单元自动布设装置示意图。

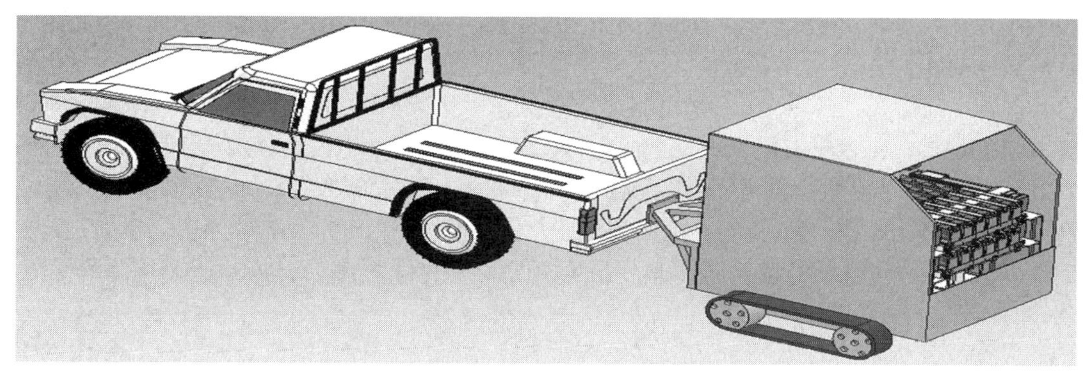

图 3-46　挂载于载具后的节点单元自动布设装置示意图

如 Geophysical 公司就为其 NuSeis（NRU）节点产品设计了 ADS 系统。ADS 系统是一种节点专用自动部署系统，用于将 NRU 1C 节点“真正垂直”地植入地面，这些节点始终通过高精度 GPS 导航进行良好耦合和引导。ADS 系统可内置 160 个节点，完全无须人工介入；系统由计算机控制，柴油液压提供动力，仅需一个操作人员即可将 NRU 布设至预先导入的检波点位置；激活节点，并完成质控结果回收以验证 NRU 设备的工作质量；单次工作时间小于 10s；系统油箱支持单次 13.5h 工作，可以输出最高 3.895psi（1psi=6.89kPa）压力；能够在水平面 360°、垂直面 15°内的环境完成节点布设工作。

各物探公司也根据自身生产作业习惯和持有设备开发节点单元自动布设装置。如中国石化集团地球物理公司和 BGP 公司分别针对其自有的 i-Nodal 和 eSeis 节点开发了自动布设装置并试点生产应用，如图 3-47 所示。该装置包含收放机械手、桁架结构、自动料库三个自动智能环节，eSeis 节点一次性布设量为 256 个，是一款集收放功能于一体的智能节点布设装备，能够实现高海拔地区高强度作业的高效节点智能布设与回收。该装置整合测量无桩号施工，对于布设遇到障碍、回收站体遗失等突发状况，能够进行智能化判断和决策，站体布设满足“平、稳、正、直、紧”的要求，收放成功率达到 100%。

（a）自动布设装置

（b）耦合模块

图 3-47　自动布设装置与耦合模块示例

除了地表载具，一些物探公司还参考军用无人机空投概念推出了空投式自动布设装置。道达尔公司推出 METIS（Multiphysics Exploration Technology Integrated System，综合地球物理和布设系统），以实时获取地震勘探数据和质量控制数据。这种创新的方法最终将使在复杂地形中获取数据的能力成倍增加，可对以往难以获得数据的勘探区域的信息得以补充。复杂地形对地球物理数据质量、设备轮转周期和设备成本的要求很高，METIS 采取一种全面的技术——DART（Downfall Air Receiver Technology），创新性地将飞艇和无人机相结合使用。这种被称为“地毯式记录”的新采集技术，用 DART 无线地球物理传感器“地毯式”探测区域的地面，如图 3-48 所示。由飞艇支持的无人机机队每平方公里可以投掷 400 个节点单元，所有记录的地震数据都会通过无线实时发送到处理中心，以提供高分辨率图像。节点单元采用可降解材质，一次布设后无须回收。

图 3-48　道达尔公司的 DART 节点单元空投布设

3.7.2　辅助耦合装置

一体式节点单元由于在站体内安装了包括电路板、电池等部件，使得其拾取地表振动的核心传感部件——检波器与地面难以直接耦合，而是通过检波器与节点单元外壳尽量做到刚性连接，再由外壳与地表耦合间接形式进行接触。由此即便理想节点单元外壳与检波器实现刚性连接，也需节点单元在布设时与地表耦合良好，以传递振动信号。但由于节点单元的体积远大于传统检波器，在生产作业时大多需要在地表挖坑布设。“坑”与外壳形状的契合程度极大地影响地震信号的拾取，个别情况甚至因为布设质量不佳直接造成过多谐振，进而影响地震采集数据的质量。如图 3-49 所示，左侧完全契合节点单元外形，效果最好；中、右两坑节点单元与坑壁存在空洞，地表振动会带来砂土滑动的振动干扰。由此针对一体式节点单元的埋置提出了“体耦合”概念，以实现以往检波器“平、稳、正、直、紧”的埋置效果。

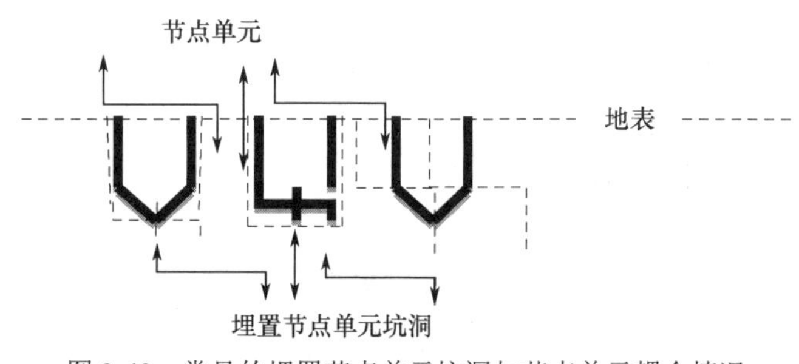

图 3-49　常见的埋置节点单元坑洞与节点单元耦合情况

因此，为了提升地震采集数据的质量，在设计时不仅需对节点单元外壳不断改进，使得检波器位置突出，以减少传递损耗，也可开发符合节点单元外形的取土装置，使得埋置坑洞时尽量符合节点单元外形，提高节点单元的耦合效果。如 GTI 公司的 Earth Grip Coupling 技术利用螺旋状外形提升与地表的耦合效果，BGP 公司也有利用冲击钻作为动力开发的取土埋置装置，如图 3-50 所示。

3.7.3　多种质控回收装置

如 3.3 节介绍，当前节点地震仪器大多利用手簿通过蓝牙、WiFi、LoRa 或直接拍摄节点

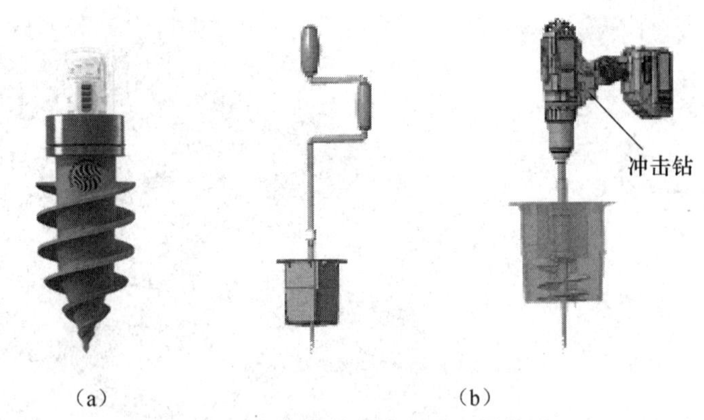

图 3-50　螺旋状外壳取土埋置装置

单元的状态指示灯获取节点单元的自检结果，实现采集现场质控。由人员携带手簿步行依次回收的效率低下，已成为提升采集施工效率的瓶颈。因此通过如无人机、车辆等高速载具携带质控数据回收设备批量回收，再由人工补收批量回收的漏点，成为当前地震勘探生产作业的普遍做法，如图 3-51 所示。

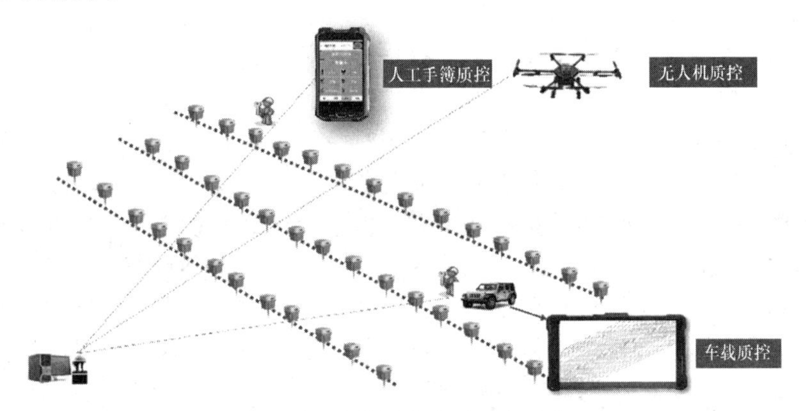

图 3-51　立体质控信息回收方式

除了通过作业现场设备组合的方式批量回收，也可通过其他技术手段实现批量质控信息回传，以提高产品竞争力。比如，Sercel 公司的 PathFinder 技术通过 2.4GHz 频段电台接力传输至主机；INOVA 公司的 Hyper-Q 技术使用 LoRa 电台广播式发送的方式实现质控信息的快速回收，如图 3-52 所示。

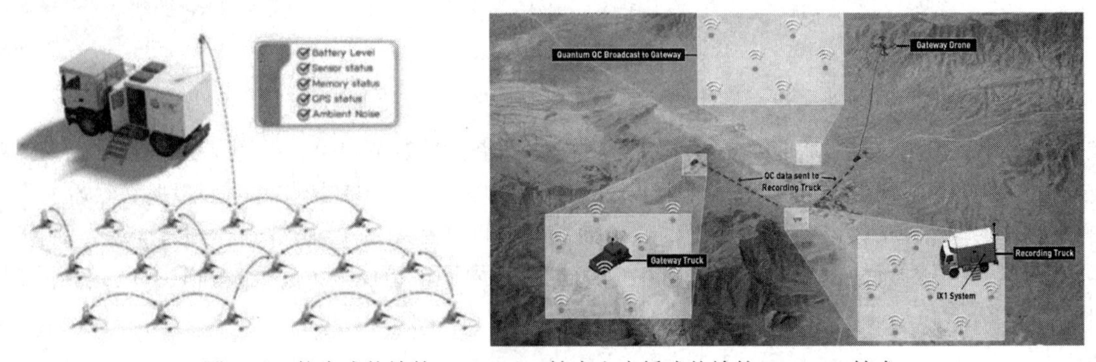

图 3-52　接力式传输的 PathFinder 技术和广播式传输的 Hyper-Q 技术

3.7.4 图形化综合管理平台

为了提高节点地震仪器的施工效率，人们开发了图形化综合管理平台，该平台可以通过4G/5G 网络、电台、北斗短报文等通信方式完成节点单元质控数据回收，如图 3-53 所示，并将结果作为图层实时展示至工区地图和接收桩号图层，如图 3-54 所示，用于快速获取工区整体的工作状态，从宏观上指导生产、组织资源调配和确定是否符合激发作业环境质控要求。

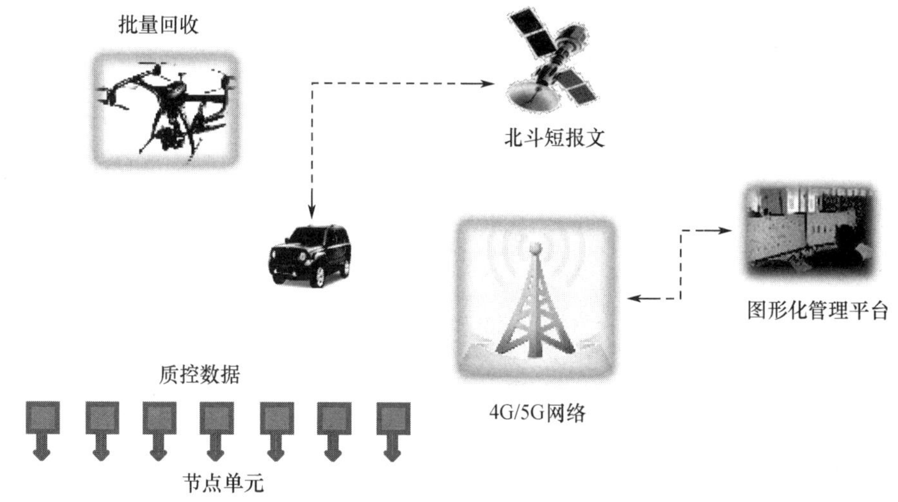

图 3-53 节点单元质控数据传输路径示意图

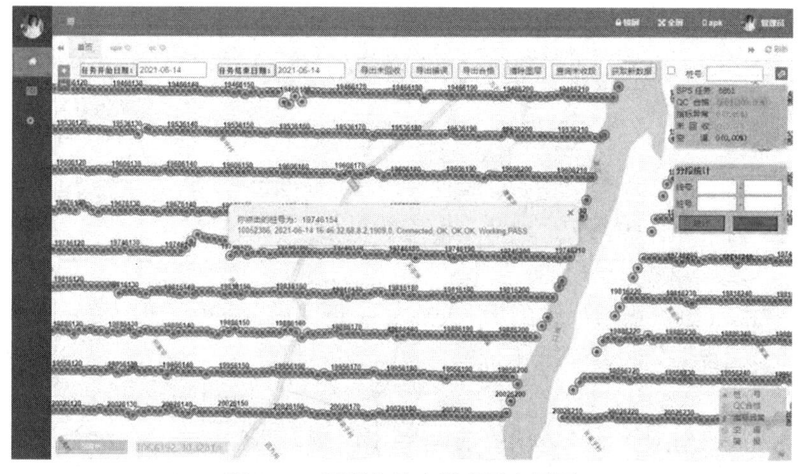
图 3-54 图形化综合管理平台界面

如 BGP 公司的“智能化地震队”、INOVA 公司的 iX1 平台都具备节点单元质控数据的图形化管理功能，能够直观展示节点铺设进度、布设设备工作状态和质量，同时联动 SPS 文件，可直接获取当前采集设备能够支持激发的激发点信息。部分系统还支持设备管理模块，能够获取施工期内节点单元全生命周期的工作和维修状态。

3.7.5 声学定位系统

海洋勘探采集设备在海面布设，由重力下沉至洋底采集数据，下落过程中不可避免会受到洋流和其他因素的影响，最终偏移设计的采集点位，进而影响地震数据的处理精度，为此需开发声学定位系统（BPS）。该系统是针对沉降于水下的目标进行地理坐标测定的一套精密设备，通过将应答器与被测物绑定，测量应答器水下方位来获取目标体的准确坐标值，BPS 主要用于湖泊、浅海等区域勘探时对地震信号接收器进行精确定位。

BPS 一般由主控机、应答器、编程器（也称编码器）、主控软件（安装于计算机中）及声学换能器（简称换能器）等组成，如图 3-55 所示，各部分的功能如下。

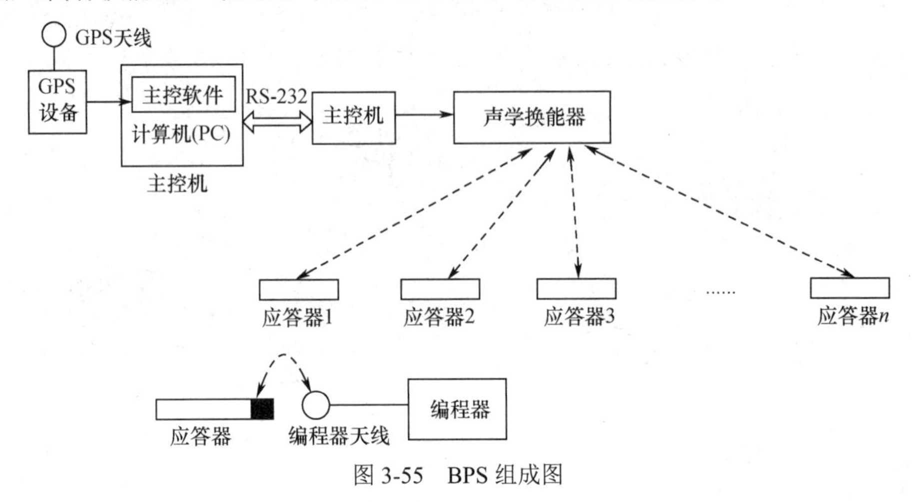

图 3-55　BPS 组成图

（1）主控机

主控机主要完成：识别主控软件的指令；通过声学换能器发出呼叫组号指令；接收声学换能器传回的应答信号并识别；确定应答信号走时并回传给主控软件。

（2）主控软件

主控软件主要完成：GPS 数据的接收；系统参数的设置；主控指令的发送；主控机返回数据的接收和处理；目标位置计算及分析等。

（3）声学换能器

声学换能器主要完成：将主控机发出的组号指令转换为声信号，并发送给应答器，同时接收应答器回应的声信号，并转换成电信号送回主控机。

（4）应答器

应答器主要完成：接收声学换能器从水声信道中传递过来的呼叫信号；识别呼叫信号；实时返回特定频率的应答信号。

（5）编程器

编程器主要完成：对应答器写入所需的组号、ID 号及桩号的码值，读取应答器的组号、ID 号和电池电量信息，保存桩号和时间信息并回传主控机保存。

BGP 公司开发的 BPS 系统组件如图 3-56 所示。

3.7.6　智能方舱

有线地震仪器的服务器或主机一般安装于仪器车中，跟随地震采集生产作业进度进行短途或长途搬迁。节点地震仪器的主机因为要存储海量的原始地震数据并处理数据，一般需要配置性能较强的机架式服务器和存储阵列。这两类设备大多设计为室内使用，常见推荐的使用环境限制包括以下方面。

（1）场地的选择

计算机机房应避开有害气体来源及存放腐蚀、易燃、易爆物品的地方，应避开低洼、潮湿、

（a）主控机

（b）声学换能器

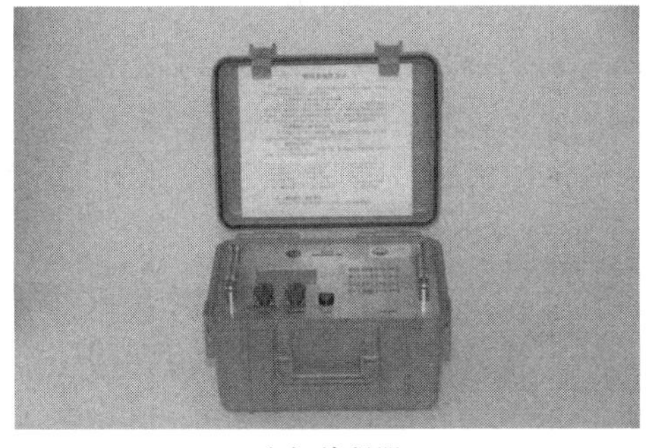

（c）编程器

（d）应答器

图 3-56　BPS 系统组件

落雷区和地震活动频繁的地方，应避开强振动源和强噪声源，应避开电磁干扰、电磁辐射，应避免设在建筑物的高层或地下室及用水设备的下层或隔壁。

（2）机房内环境设计

计算机机房内环境应本着安全、防火、防尘、防静电的原则来设计，并应符合下列要求。

① 安全：机房最小使用面积不得小于 20m²，一般一套设备的占用面积按 1.5～2m² 计算；机房的建筑地面要高于室外地面，以防止室外水倒灌；机房顶棚与吊顶灯具、电扇等设备务必安装牢固，用电线路设计必须考虑安全用电；门窗应安装防盗网和防盗门，机房内应安装自动报警器。

② 防火：机房装修应采用铝合金、铝塑板等阻燃防火材料；应配备灭火器，计算机数量较多的机房应采用烟雾报警器，机房内严禁明火与吸烟；消防系统的信号线、电源线和控制线均应穿过镀锌钢管在吊顶、墙内暗敷或在电缆桥架内敷设；应保证防火通道的畅通，以备发生紧急情况时疏散人员之用。

③ 防尘：墙壁和顶棚表面要平整光滑，不要明走各种管线和电缆线，减少积尘面，选择不易产生尘埃、也不易吸附尘埃的材料（如钢板墙、铝塑板或环保漆）；装饰墙面和地面、门、窗、管线穿墙等的接缝处，均应采取密封措施，防止灰尘侵入，并配置吸尘设备，最理想的是安装新风系统。

④ 防静电：机房应严禁使用地毯，特别是化纤、羊毛地毯，避免物体移动时产生的静电（可达几万伏）击穿设备中的集成电路芯片（抗静电电压仅 200～2000V），最好安装防静电地板。

⑤ 温度和湿度：由于机房内的设备大部分均由半导体元器件组成，它们工作时会产生大量的热量，如果没有有效的措施及时散热，循环积累的温度就会加速设备老化，导致设备出现故障，过低的室温又会使印刷线路板等老化发脆、断裂；相对湿度过低容易产生静电干扰，过

高又会使设备内部焊点及接插件等电阻值增大，造成接触不良。为此，机房内应配备高效、低噪声、低振动、有足够容量的空调设备，使温度尽可能符合《电子计算机机房设计规范》的有关要求，一般空调参数为：夏季（23±2）℃，冬季（20±2）℃；制冷与空调工程协会的“数据处理环境热准则”建议适宜数据中心环境的最大露点温度是 17℃，湿度为 45%～65%。同时应安装通风换气设备，使机房有一个清新的操作环境。

⑥ 电源：机房的电源由一个或多个不间断电源（UPS）和/或柴油发电机组成备用电源。为了避免出现单点故障，所有的电力系统包括备用电源都是全冗余的。对于关键服务器来说，要同时连接到两个电源，以实现 N+1 冗余系统的可靠性。静态开关有时用来确保在发生电力故障时瞬间从一个电源切换到另一个电源。

除机房环境限制外，服务器同时需要通过光缆或电缆连接多台下载充电柜。单一地震勘探项目的时间较短，不容易找到适合服务器较为苛刻的工作环境。同时项目周转动迁需要频繁拆卸、安装服务器及配套连线，由此更容易带来较多的故障隐患。特别是存储阵列故障可能对地震数据安全带来巨大的威胁。

为了避免以上问题的出现，同时最大限度保证核心设备的稳定工作，可根据自身需要并结合野外生产环境设计制造部分集装箱，专门用于安装服务器、存储阵列、下载充电柜，称为“智能方舱”，如图 3-57 所示。

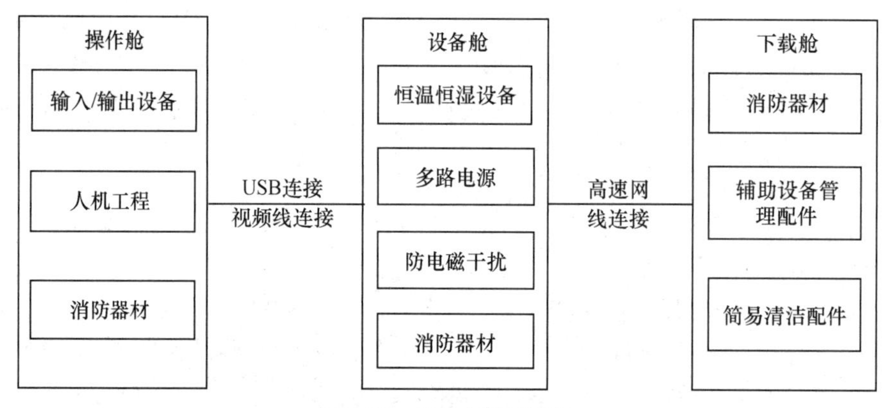

图 3-57　智能方舱示意图

操作舱一般为操作节点地震仪器数据下载、数据合成、设备管理等工作的技术人员的工作场所，主要配置连接服务器的显示器、键盘、鼠标等输入/输出设备。同时根据工作需要，还可安装音频设备或电台，安装适合长期工作的人机工程座椅、写字台等办公器材。操作舱与设备舱一般通过 USB 连接输入/输出设备、视频线连接显示器，还可根据需要仅网线连接，通过远程服务器进行控制。

设备舱一般安装服务器和存储阵列，其内部环境设计应符合机房环境设计的全部要求，最大限度保证设备工作稳定和采集数据安全，特别是多路电源配置可避免由于电路故障造成的数据损坏。设备舱与下载舱的下载充电柜一般由高速网线或光纤连接，一般施工中根据需要可同时连接多台下载舱。

下载舱一般安装固定的下载充电柜，主要是负责下载充电柜装卸人员的工作场所。由于野外作业环境恶劣，节点单元回收后沾染的泥土等污物可能影响接口与下载充电柜接口的连接，从而影响通信和充电工作，因此可在下载舱外安装空气泵或其他清洗设备。

典型的三级星形智能方舱网络的连接方式如图 3-58 所示。

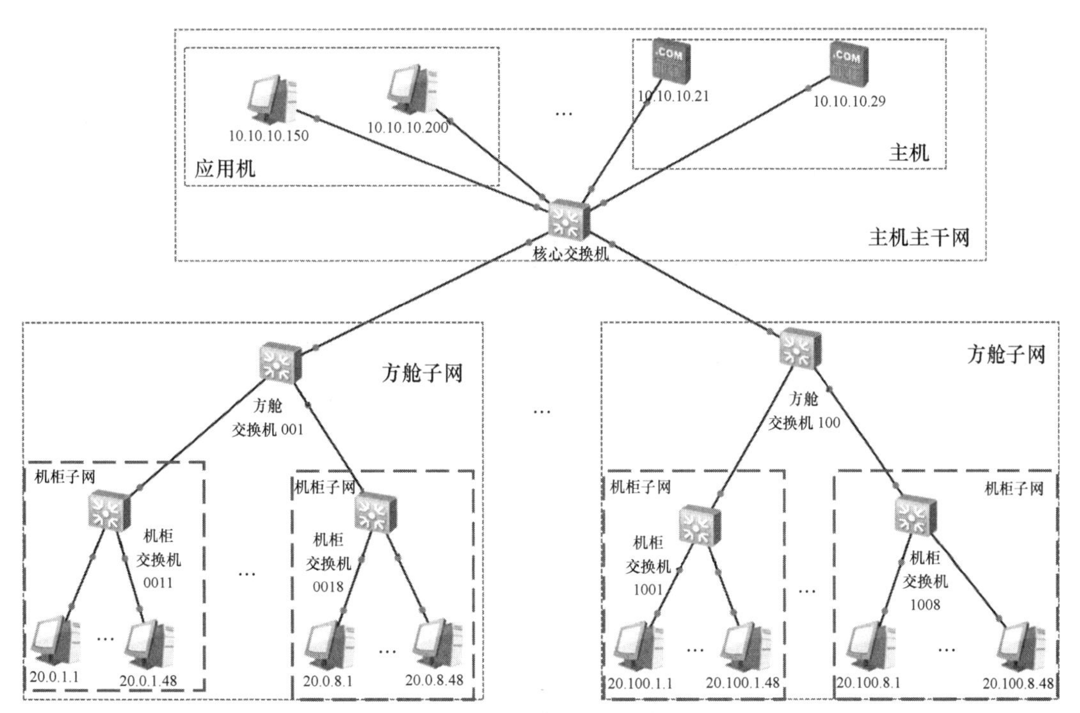

图 3-58 典型的三级星形智能方舱网络的连接方式

为了便于技术人员进行设备维护和排查故障，也可将操作舱和设备舱合二为一。此外，需注意设备舱的主要风险为电气火灾，下载舱的主要风险包括电气火灾和锂离子电池火灾，需针对性配备消防器材。

智能方舱的开发使得设备可以稳定固定，同时最大限度保障工作场所的物理环境可控，施工过程中和项目流转的动迁可以通过整体吊装、运输完成，有利于保证设备稳定和数据安全。

3.7.7 维修测试工装

节点地震仪器的特点在于节点单元的工作状态独立，即便出现故障也不会影响上下级设备，当设备整体损坏率较低、工作稳定时，能够最大限度释放激发环节的生产效率。为了提高生产效率，在现场作业特别是大道数物探采集作业时会配备维修班组对损坏的节点单元进行维修。现场电子设备维修一般分为元件级维修和板级维修。

板级维修也叫部件级维修，指只需将故障定位到一块电路板或一个便于拆卸的独立部件，然后加以更换；元件级维修指将故障原因最终确定到一个损坏的元器件（如电阻、电容、晶体管、集成电路等）、导线和焊点等，然后进行更换和焊接。通常还需要对相关电路重新调试和检验。

现场维修以板级维修为主，即通过拼凑不同损坏节点单元的各自完好部件，成为可正常工作的节点单元并再次投入使用。但由于节点单元的结构较为简单，除外壳、电池等部件拼凑较为简单外，电路板上的芯片及元器件高度集成，特别当电子元器件故障量较大时，就需要在现场开展元器件级维修。

由于电路板供电需要锂电池包、指标测试需要外部信号源、安装至下载充电柜需要接口及外壳，由此节点单元的电路板在施工现场测试较为困难，需要开发维修测试工装，实现电路板的整体加电、自检测试、信号源输入通道测试等功能，以实现快速定位故障元器件和验证维修。

如图 3-59 所示，维修测试工装一般具有母板接口、模拟 GNSS 信号或信号转发器、高精度信号源、万用表、电源、通信控制单元等。

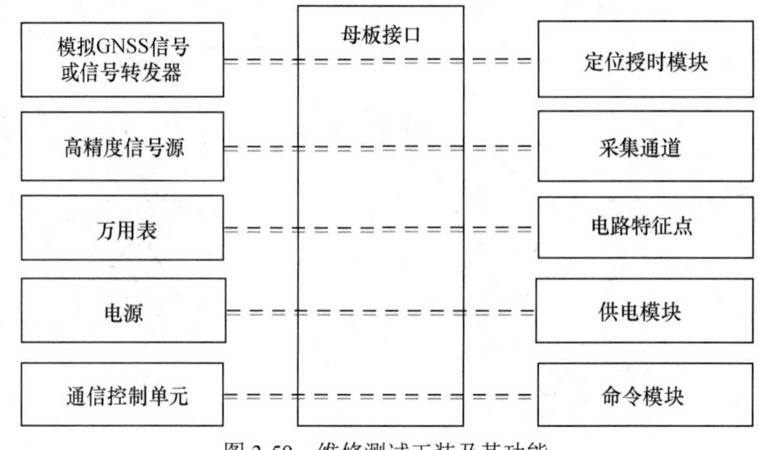

图 3-59 维修测试工装及其功能

① 母板接口：用于连接电路板各路信号及电源，可根据需要制作为一次单台或多台同时接入。

② 模拟 GNSS 信号或信号转发器：输出 GNSS 信号，用于测试节点单元内部的定位授时模块是否正常。

③ 高精度信号源：一般需高于节点单元设计精度一个量级，用于验证节点单元采集通道指标是否正常。

④ 万用表：一般用于在电路板维修时电阻、电压等物理量的测量。

⑤ 电源：用于模拟节点单元电池包供电。

⑥ 通信控制单元：用于模拟测试下载充电柜或主机与节点单元通信控制时的命令，验证节点单元电路板与外部通信是否正常。

参 考 文 献

[1] 国家税务总局教材编写组．信息技术．北京：中国税务出版社，2016.

[2] 姚健，高玉洁，徐玉红，等．图书馆信息化建设．天津：天津科学技术出版社，2014.

[3] 张剑．信息安全技术（上册）．2 版．成都：电子科技大学出版社，2015.

[4] 吴俊. 探析 KVM 技术在远程调度监控方面的应用. 企业技术开发，2013，32（Z2）：30-32.

[5] 服务器网络安全分析与研究 ．万方数据知识服务平台[引用日期 2019-10-22].

[6] 单从海，赵通海．现代教育技术应用指南．北京：北京理工大学出版社，2011.

[7] 赵凤. 基于光纤通道的 SCSI 目标器的设计与实现. 成都：电子科技大学出版社，2011.

[8] 王兴亮，高利平. 通信系统概论. 西安：西安电子科技大学出版社，2008.

[9]（美）库罗斯．计算机网络自顶向下方法．北京：机械工业出版社，2009.

[10] G3i Acquisition Software User Manual．INOVA，2013.

[11] QSFP+ 28Gb/s 4X Pluggable Transceiver Solution. SFF Committee，2016.

[12] 胡杨，李艳，钟盛文，等. 18650 型锂离子电池的安全性能研究. 电池，2006，36（3）：192-194.

[13] 何秋生，徐磊，吴雪雪．锂电池充电技术综述．电源技术，2013，37（8）：3.

[14] 谢晓华，解晶莹，夏保佳．锂离子电池低温充放电性能的研究．化学世界，2008（10）：581．

[15] 李凡希．爱上 Raspberry Pi．北京：科学出版社，2013．

[16] 王忠民，刘群山，张忠诚. 铍青铜代替材料铝镍黄铜合金的研究．热加工工艺，2003（1）：49-50.

[17] 易碧金，袁宗军，甘志强，等. 浅谈节点地震仪器原理及一体化采集站设计要点. 物探装备，2022，31（5）：281-286.

[18] 易碧金，袁宗军，甘志强，等. 浅谈节点地震仪器原理及一体化采集站设计要点. 物探装备，2022，31（6）：351-360.

[19] 夏颖，刘卫平，甘志强，等. 节点地震仪器面临的挑战与发展趋势. 物探装备，2017，27（5）：281-284.

[20] 刘永正，吴登付，曹翔宇，等. 一种基于 RFID 技术的节点采集站管理方案. 物探装备，2021，31（1）：60-63.

[21] 李士涛，刘永正，孔腾飞，等. 石油勘探仪器专用锂电池技术及应用. 物探装备，2022，32（1）：38-43.

[22] 模拟地震检波器通用技术规范（SY/T 7449—2019）.

[23] 岩巍，李铮铮，李正冉，等．AccuSeis SL11 数字检波器工作及测试原理. 物探装备，2019，29（4）：214-217.

[24] 岩巍，陈洪斌，崔红英，等．基于时间槽分隔的井炮独立激发节点地震仪器采集技术及质控方法讨论. 物探装备，2020，30（1）：1-4.

[25] 岩巍．节点采集系统设计的要点. 物探与化探，2022，46（3）：570-575.

第4章　性能指标测试原理与测试方法

地震仪器作为油气地震勘探的核心设备，其主要性能指标，特别是地震信号响应指标直接关系到物探的精细程度。随着高精度、低成本物探开发技术的发展，超大道数接收的高精度物探开发作业模式已成为物探开发的主流，对地震数据采集记录系统（以下简称地震仪器）超大道数采集记录能力、地震数据采集精度等技术性能指标的要求大幅提高。近些年来，为了适应高精度、高效、低成本的勘探需求，采用新型设计理念的节点地震仪器的应用规模逐步增大，对仪器性能指标测试提出了新的要求。本章将在阐述地震仪器的性能指标内涵和作用的基础上，对节点地震仪器性能指标的测试原理和方法进行阐述。

4.1　测 试 原 理

4.1.1　基本原理

物探开发的原理是利用激发产生的地震波在不同介质中传播时其速度、能量衰减的不同这两个最为显著的特点。这就要求接收地震波的地震仪器能够尽可能真实地接收激发产生的地震波，并且能够辨别地震波传输过程中的细微变化或地震波在传播过程中所携带的地质信息。地震仪器不仅能够记录其传输的时间变化（波的相位或频率特征），而且能够记录其在传输过程中的衰减或反射的能量变化（幅度特征），从而区分地下不同的地质结构或地质属性。

地震仪器是地震勘探中实施地震数据采集记录的装备，能够真实、同步记录激发的动态地震波信号并转换为静态的数字化的地震数据。通过与地面耦合良好的检波器将拾取的地表振动信号转换为对应幅度和频率的电信号，再经专用的地震数据采集记录单元（以下简称采集站）进行调理（包括放大、滤波和数字化）等形成数字信号，然后经传输编排形成标准格式的数据进行存储和输出。用于物探开发的地震仪器多种多样，但在工程、煤田地质和石油勘探开发中，习惯地把用于浅层地表调查的仪器称为石油浅层勘探地震仪（又称工程地震仪或折射仪），把用于中深层物探的大道数采集记录仪器或地震数据采集记录系统称为地震仪器。前者的采样率较高（一般可达 8kHz 以上）、同时采集记录的道数较少、连续采集记录的时间较短，后者的采样率相对较低（一般不大于 4kHz）、同时采集记录的道数较大、连续采集记录的时间较长。地震仪器的基本原理框图如图 4-1 所示。

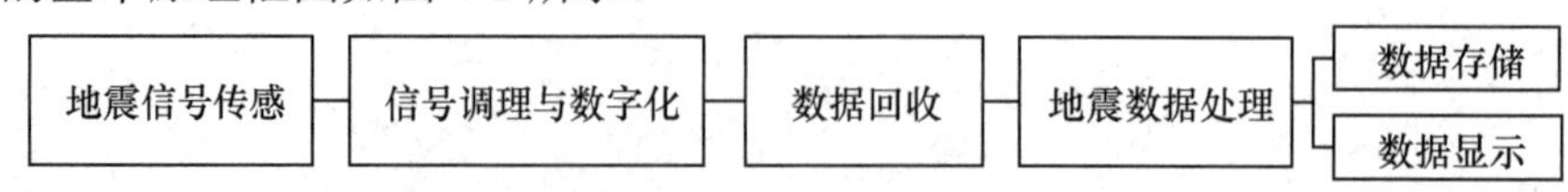

图 4-1　地震仪器的基本原理框图

从地震仪器的基本原理框图可以看出，影响地震勘探质量的环节主要在于地震信号传感、信号调理与数字化部分。具体到目前的地震仪器各功能部件而言，检波器或传感器完成对地震信号的传感；采集站完成对地震信号的调理与数字化；地震电缆（包括传输光缆）或电台及相关部件（包括有线地震仪器的交叉站、无线地震仪器的基站、节点地震仪器的数据下载柜等）

完成数据回收（地震数据传输或传递的过程）；主机系统或节点地震仪器的管理软件（数据下载、参数配置等名称各异）用于保证地震信号采集的效率、数据存储、采集过程管理、采集质量控制。因此，如果排除可以独立运行或性能指标可以量化并溯源的地震信号传感部分（检波器），保证地震数据采集质量的核心部件就是采集站，地震信号采集质量的关键就缩小到了信号调理与数字化部分。对于单个通道而言，该部分等同于单个通道的地震数据采集站，可以简化为图 4-2 所示的等效系统框图。

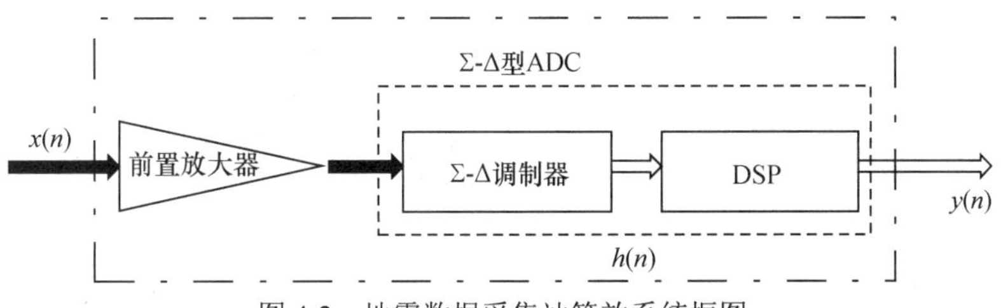

图 4-2　地震数据采集站等效系统框图

图 4-2 所示是一个典型的模拟信号数字处理系统，也是地震数据采集站等效系统。图中前置放大器用于按照增益（增益指放大器对信号的放大倍数，通常以 dB 表示）放大检波器输出的地震波信号；Σ-Δ 型 ADC 是采用增量编码方式的高精度模数转换器（ADC）。目前主流地震仪器大多采用这种 Σ-Δ 型 ADC，仅少数地震仪器采用线性脉冲编码调制（LPCM）型 ADC。Σ-Δ 型 ADC 由 Σ-Δ 调制器和 DSP（数字信号处理器）两部分构成，前者用于将模拟信号转换成 Σ-Δ 码（高速数据位流），后者则对 Σ-Δ 码进行数字滤波处理并最终转换为与模拟信号相对应的数字信号。因此，地震数据采集站实际上也是一个典型的输入/输出系统，输入模拟地震信号，输出经过处理后的数字地震信号，对地震数据采集站的各种参数的测试实际上就是对模拟信号数字处理系统的测试与校准。如果把图 4-1 中的信号调理与数字化部分（即图 4-2 中前置放大器和 Σ-Δ 型 ADC）的等效系统作为系统的单位脉冲响应 $h(n)$，$x(n)$为系统的输入信号，$y(n)$为系统的输出信号，就可以分析出地震数据采集站的各主要电气性能指标。如图 4-3 所示为地震仪器性能指标测试原理图。

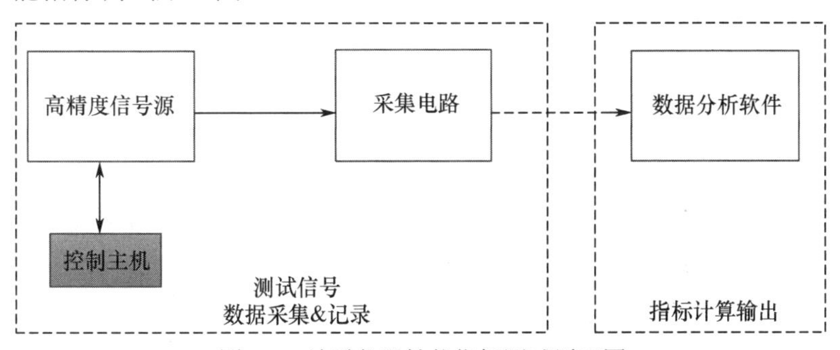

图 4-3　地震仪器性能指标测试原理图

4.1.2　节点地震仪器的特殊性

节点地震仪器以卫星时间为标识和节点坐标为依据，完成数据记录、下载、切分并合成最终地震记录，一般由节点单元、状态监控设备和现场支持设备等组成。近年来，油气勘探开发的市场需求驱动着油气勘探区域向着复杂地表、复杂构造背景和复杂油气藏延伸，勘探难度越来越大。为了解决复杂地质目标的高精度勘探问题，“两宽一高”物探技术得到了规模化应用，并已逐步得到认可和青睐，成为地震勘探的技术发展趋势之一，并推动着地震勘探采集道数越来越大，对平均日有效作业时长和日激发炮点数的要求也越来越高，从而使得采用纯有线地震仪器进行地震数据采集的传统作业方式面临新的挑战。eSeis 节点地震仪器在野外作业现场的施工使用场景如图 4-4 所示。

图 4-4　eSeis 节点地震仪器在野外作业现场的施工使用场景

陆上节点地震仪器采用自主采集、分布记录的工作方式，摒弃了有线地震仪器的传输线缆，可不受地形和带道能力的限制，能够很好地满足大道数、高密度、高效采集的技术需求，具有很好的应用前景。目前，国内外在用的节点地震仪器产品的型号有十余种，仅国内节点地震仪器采集设备总数量已经超过 50 万道，而且还有逐步增多的趋势。

从技术原理的角度来说，节点地震仪器均采用卫星授时、连续采集和数据本地存储的工作方式，和有线地震仪器使用的基于系统主机中央控制的工作方式有很大区别，在仪器性能指标的内涵和外延都发生了很大的变化。因此，节点地震仪器性能指标除包括地震信号响应指标、常规物理特性指标外，还需考虑能够影响到采集数据时钟标记精度、本地时钟误差的个性化因素指标。同时，由于没有采集线缆的束缚，故无须重点考虑因有线传输带来的观测能力指标的影响因素。

4.2　特性与基本功能

油气地震勘探的基本做法是通过采集微弱的有效地震波属性特征来查明几千米甚至上万米地下精细的地质面貌，这就要求用作地震数据采集的地震仪器必须是精密的微弱信号测量与记录装置。由于地震波信号的动态范围大（120dB 以上）、频率范围宽（0～1600Hz），这就要求用作野外地震数据采集的地震仪器必须也是大动态、宽频带、高精度的地震信号测量装备。为充分满足地震勘探技术的需求并获取更多的市场青睐，地震仪器制造商一直在不断推出更高技术指标的新型产品，而且总是通过技术创新来实现地震波响应能力的提升。技术指标是合理、科学、客观评价地震仪器优劣的量化数据，对于提升地震仪器的应用效果、加强现场质量控制、鉴别先进性程度等都极为重要。复杂的勘探目标和地表条件如图 4-5 所示。

地震仪器关键技术指标涉及多个范畴，既有体现地震信号响应能力的技术指标，也有体现系统观测能力的功能性指标，还有体现价值观感受的常规物理特性指标等。当前有线地震仪器的实时带道能力已经提升到 24 万道以上，每根光缆的实时带道能力达到 6 万道（如果采用数据压缩，可以达到 10 万道）；可以流畅地完成常规井炮、震源生产和滑动扫描、DSSS 等高效采集；排列管理功能准确高效；支持可控震源高效采集、有线放炮、无线中继和多级排列传输等众多功能；支持包括动态滑动扫描、滑动扫描同步激发等先进的高效采集技术。

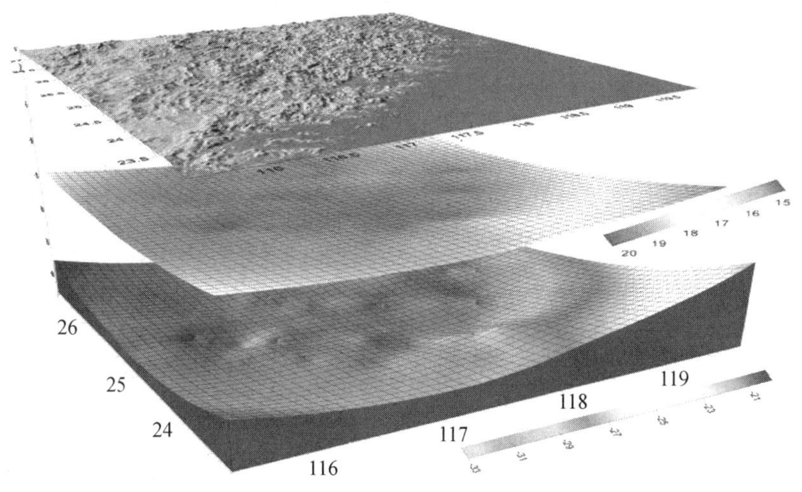

图 4-5　复杂的勘探目标和地表条件

4.2.1　常规特性

常规特性是节点地震仪器野外作业适应性的重要标识，主要包括环境适应性、节点单元外形和平均无故障工作时间 3 个方面。

1. 环境适应性

节点地震仪器中用于节点单元充电、测试、数据下载、数据切分与合成等现场支持设备的温度、湿度、振动的适用性符合 GB/T 24262 中室内仪器的相应要求；节点单元、状态监控设备等温度、湿度、振动、冲击、自由跌落的适用性符合 GB/T 24262 中野外仪器的相应要求；节点单元的外壳防护等级应不低于 IP67 等级。

2. 节点单元外形

内置式节点单元宜采用利于站体与大地耦合的外形，外置式节点单元的外形应尽量考虑到野外携带的便捷性。当前市场上不同外形的节点单元产品如图 4-6 所示。

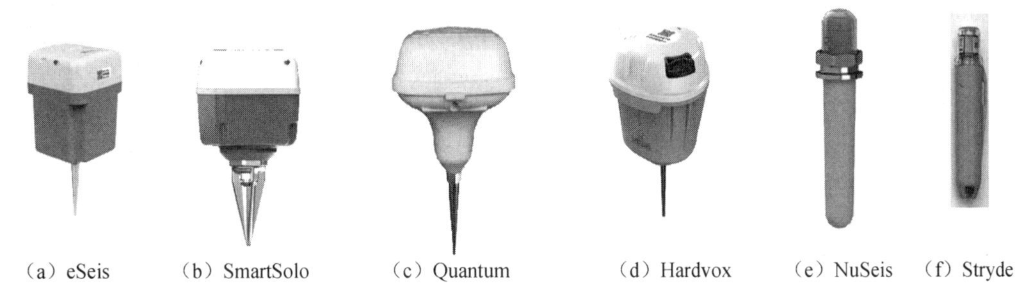

（a）eSeis　（b）SmartSolo　（c）Quantum　（d）Hardvox　（e）NuSeis　（f）Stryde

图 4-6　不同外形的节点单元产品

3. 平均无故障工作时间

节点地震仪器中各部件的平均无故障工作时间应满足表 4-1 中的相应等级指标。

表 4-1　平均无故障工作时间

设备类型	平均无故障工作时间/h		
	Ⅲ级	Ⅱ级	Ⅰ级
节点单元	≥12 000	≥9 000	≥6 000
状态监控设备	≥12 000	≥9 000	≥6 000
现场支持设备	≥2 160	≥1 080	≥720

4.2.2 软件特性

软件特性用于表征节点地震仪器在站体管理与测试、参数配置、数据下载、数据切分与合成，以及作业现场回收站体工作状态数据的应用软件的稳定性、可靠性和应用便捷性。具体要求如下：

1. 运行环境

节点地震仪器中用于节点单元测试、参数配置、数据下载、数据切分与合成的应用软件应支持使用 Windows、Linux 等操作系统；状态监控设备应用软件应支持 Android、iOS 或 Harmony OS 等操作系统；现场支持设备的服务器至少包含千兆以太网、USB 等高速数据接口；状态监控设备应包括蓝牙、WiFi 或其他用于实现节点单元工作状态数据回传的数据接口。

2. 易用性

节点地震仪器系统软件的易用性应满足：用户界面直观、友好、易操作；提示信息清晰、准确；能自动保存采样间隔、前放增益、工作模式、自检时间等节点单元的配置参数；能自动保存节点单元序列号与地面桩号的匹配记录；可根据 QC 数据生成未回收节点单元序列号及对应地面桩号的报告。

3. 健壮性

节点地震仪器应用软件的健壮性应满足：软件运行错误和非法操作有清晰、准确的提示；记录参数、工作参数出现变化时，数据处理单元有提示信息；涉及地震数据安全的重要操作有警告提示和确认操作提示；不应因软件性能不足造成数据丢失、损坏；当系统出现无响应、崩溃等故障时，采样间隔、前放增益、工作模式、自检时间设置应无变化。

4. 故障频次

应用软件异常、崩溃、无响应故障出现的频次应满足表 4-2 中的相应等级指标。

表 4-2　故障频次

周期	故障频次		
	Ⅲ级	Ⅱ级	Ⅰ级
每周	0	≤1	≤7
每月	0	≤2	≤15
每季度	≤1	≤4	≤30

4.2.3 基本功能

工作参数设置、节点单元测试、节点单元充电、节点单元管理、数据下载、数据切分与合成、数据输出等都是地震采集作业必需的功能，这些功能是否完备且便于野外使用直接决定节点地震仪器的野外应用效果。

1. 工作参数设置

工作参数设置应包含以下内容。

① 采集参数：采样间隔、前放增益、滤波方式。

② SPS 格式文件：支持自定义、标准 SPS 文件导入。

③ 坐标系统参数：椭球参数、投影参数、坐标系转换参数。

④ 采集模式参数：连续采集、定时采集。

⑤ 自检参数：自检时间、日自检次数。

⑥ 测试选项：采集通道测试、检波器测试、门槛值。

⑦ 数据合成参数：激发源类型、记录长度、数据处理方式。

⑧ 数据输出选项：炮集或道集文件、数据类型、数据格式、存储介质。

2. 测试、充电和管理

应满足以下要求：

① 进行采集通道测试和检波器测试并输出测试结果。

② 实时查看节点单元充电状态。

③ 设置充电电压上限。

④ 按查找条件（电压值、固件版本号、剩余存储空间等）进行节点单元快速识别定位和排序。

⑤ 按特定条件删除节点单元存储的数据。

3. 节点单元状态监控

应满足以下要求：

① 节点单元布设后，每 24 小时至少进行 1 次自检测试并存储自检结果。

② 节点单元自检项目至少包括检查电量、卫星状态、存储器状态、检波器电阻。

③ 能通过指示灯或状态监控设备显示节点单元自检结果。

4. 数据下载

应满足以下要求：

① 节点单元记录的地震数据可以采用全时段下载和分时段下载。

② 可下载节点单元的自检 QC 数据。

③ 单个节点单元的数据下载速率不低于 1.2MB/s。

5. 数据切分与合成

应满足以下要求：

① 能按炮点激发时间、记录长度等参数切分地震数据。

② 具有可控震源作业数据相关运算能力。

③ 具有单点多次激发垂直叠加的数据处理能力。

④ 能按 SPS 定义的炮检关系输出地震数据文件。

6．数据输出

应满足以下要求：

① 存储介质支持磁盘或磁带或 NAS 盘。

② 能按 SEG-Y 格式或 SEG-D 格式输出地震数据和测试数据。

③ 文件号、激发时间、激发线号、激发点号、接收线号、接收点号、激发点和接收点的坐标等地震数据的头段信息内容完整。

④ 能输出与地震数据对应的 SPS 文件。

⑤ 能输出节点单元自检测试报告，且内容完整。

7．数据安全

应满足以下要求：

① 单个节点单元数据下载的成功率不低于 99.9%。

② 由于设备因素导致的地震数据坏道率不大于 0.5%。

4.3 工作参数及性能指标

4.3.1 采集参数

节点单元采集参数的项目内容及要求应满足表 4-3。

表 4-3 采集参数

项目	技术指标		
	Ⅲ级	Ⅱ级	Ⅰ级
采样间隔/ms	0.125、0.25、0.5、1、2、4	0.5、1、2、4	0.5、1、2
前放增益/dB	自适应前放增益	0、6、12、24、36 中至少有三挡	0、12、24 中至少有两挡
滤波方式	线性相位、最小相位和用户自定义	线性相位、最小相位	线性相位

4.3.2 地震信号响应指标

描述地震仪器的技术指标有很多，且不同类型的产品可能有不同的表达方式，但一些关键特性指标基本一致，主要有直流漂移、系统噪声、串音隔离、共模抑制比、谐波畸变、动态范围、增益精度、响应频带等，这些是反映地震数据采集质量的要素，也是地震仪器的核心指标。

（1）直流漂移

直流漂移一般是指地震道输入接标准电阻时测量采集通道输出直流成分再等效（除以放大倍数）到采集通道输入端的电压值，一般用微伏（μV）为单位。这项技术指标反映的是采集通道的直流平衡和隔离能力，会影响到信号的输入范围，其越小越好。

（2）系统噪声

系统噪声一般是指地震道输入接标准电阻时测量采集通道输出总有效值（RMS）再等效（除以放大倍数）到采集通道输入端的电压值，一般用微伏（μV）为单位。系统噪声主要由量化噪声、热噪声、涨落噪声等构成，它是决定地震仪器最小分辨率的关键因素，并且系统噪声越小，越有利于识别弱小的地震信号。实际上地震仪器的噪声总是远比地震检波器噪声、环境噪声和电磁干扰小得多，因此实际工作中地震仪器的固有噪声影响通常可以忽略不计，这也是为什么无论地震仪器的噪声是大一点还是小一点（前提是都在允许范围内）所采集的地震数据品质并无差异的原因。

（3）串音隔离

串音是指多个公用地震电缆或输入电路板的模拟地震道之间地震信号相互感应的噪声。串音隔离一般是指有效地震信号与感应噪声之比，通常用分贝（dB）表示。通常，采集站内模拟地震道之间的串音很小，所以多数地震仪器的串音隔离能力都在 100dB 以上。单个模拟地震道的地震电缆不存在串音，而带多个地震道输入的电缆却可能带来不容忽视的串音，尤其在较高频率的大信号背景（如雷电干扰）下更易产生破坏性的串音，以致造成所采集的地震数据不能正常使用。所以，实际工作中应重点关注地震电缆的串音隔离能力，进而有效保证地震数据的质量。

（4）共模抑制比

由传感原理决定检波器总以差模方式输出地震信号，但地震数据采集通常在户外作业，遭受共模干扰（正负极上对地存在幅度和相位一样的信号）的机会相当频繁，所以设计地震仪器时就要求系统只响应差模地震信号，并阻止共模干扰信号。地震仪器的共模抑制比是指在共模信号输入下地震仪器的输出响应量与输入量的比值，该指标通常也用分贝（dB）表示，它主要反映模拟电路中正负极通道的对称性和一致性。当地震仪器电路的正负极电气特性完全对称时，共模信号输入下的地震仪器响应输出就应为零，但实际上任何电路（尤其是带模拟线对的电缆）的正负极通道不可能做到绝对对称，在大共模干扰信号作用下总要产生一定量的差模信号输出。实际工作效果也表明，地震仪器的共模信号抑制能力要远比模拟电缆或检波器的强，所以防范共模干扰的重点应放到模拟地震电缆和检波器上。

（5）谐波畸变

谐波畸变是指系统响应外部激励时而产生寄生频率信号的比重（在地震仪器中可以理解为在响应输入地震信号时的伴随噪声），一般用基波信号（输入信号）分量与其各次谐波（频率是基波信号的整数倍）分量总和之比表示。谐波畸变主要反映地震仪器对输入地震信号的保真能力，并决定地震仪器的瞬时动态范围（在频率较低、振幅较大的背景信号下，识别频率较高、振幅弱小信号的能力）。谐波畸变是一项综合性指标，任何其他技术指标的下降都可能导致谐波畸变分量的增加，因此谐波畸变在一定程度上也反映了地震仪器的综合技术水平。谐波畸变由模拟电路产生（数字电路不产生谐波），所以要尽量少地采用模拟电路是提高本项指标的关键，实际上地震仪器制造厂商也是这样做的，这就是新型地震仪器一般都不设模拟滤波的主要原因。

（6）动态范围

地震仪器的动态范围是指地震仪器可有效分辨最小和最大输入信号的幅值范围，习惯上用最大允许输入信号幅值与噪声之比表示。动态范围有多种定义方式，常见的有系统动态范围、最大动态范围和瞬时动态范围等。最大动态范围是最小前放增益时的最大允许输入信号与最大前放增益时的等效输入噪声之比，它反映的是在前放增益调节下地震仪器可以接收的地震信号幅值输入范围，并没有太多的实际意义，可以理解为制造厂商宣传产品的一种手段。系统动态范围是指在特定前放增益和采样间隔条件下，对应的最大允许输入信号与等效输入噪声之比，它反映的是在特定参数条件下地震仪器的理想分辨能力，不过受谐波畸变等的影响，实际的动态范围要略小于系统动态范围。瞬时动态范围是在特定前放增益和采样间隔条件下，地震仪器允许的最大输入信号与此时的综合噪声（等效输入噪声加谐波畸变）之比，它反映的是地震仪器在较低频率、大振幅背景信号下同时分辨较高频率、弱小振幅信号的能力，更符合地震勘探的实际。瞬时动态范围也是一项综合技术指标，在一定程度上反映了地震仪器的综合技术特性，因此质量监控的重点应该更多地关注瞬时动态范围。

（7）增益精度

地震仪器拥有许许多多的工作通道，每一个工作通道都有独立的前放增益和前置滤波电路，为确保各个工作通道所采集的地震资料有一样的相位、幅度属性关系，就必须确保各个工作通道的放大倍数和相位偏移完全一样，这就是增益一致性的由来。增益一致性（又称道一致性）包括相位误差和幅度（增益）误差两项内容，相位误差可用角度或时间来表示，幅度误差一般用百分比表示。幅度误差是指理想值（或各道的平均值）与实际值之差再除以理想值。相位误差是指理想值（或各道的平均值）与实际值之差。从地震数据采集的需求看，总是希望增益一致性越高（误差越小）越好，实际上目前的地震仪器所用的器件具有相当好的一致性，完全可以满足高精度地震勘探的需要。

（8）响应频带

众所周知，地震勘探涉及的地震波频率大致在 0～1600Hz 范围内，而地震仪器的本质功能是地震数据采集，在其工作的全过程中最为重要的是将地震波的机械能不失真地转换为电信号。近年来，随着高精度物探技术的不断发展，对于以拓展低频为主的宽频地震勘探的需求越来越迫切。因此，地震道的响应频带也是考核地震仪器的关键指标之一。响应频带是指地震仪器能够采集到的地震信号的频率范围，一般用 Hz 表示。

根据油气地震勘探对地震信号的属性要求和质量要求，通常地震仪器在响应地震信号时应做到时间同步误差在 0.25 个采样间隔内，动态范围接近 120dB，可识别的弱小信号达微伏级（相当于大地微米级的移位），相位和幅度失真应尽可能小，响应频带应尽可能宽。现有地震仪器大多基于 Σ-Δ 模数转换技术，它们的关键技术特性都基本一致，也即对地震资料采集品质的影响而言，目前常用地震仪器的技术指标没有本质差别，一般不会因地震仪器的技术指标差异导致地震数据的品质差异。基于芯片集成、过采样技术、高精度模数转换等核心技术的发展和应用，当前地震仪器的地震信号响应指标明显提升，有效保证了地震数据的质量。地震仪器的地震信号响应指标的近十年发展变化情况如表 4-4、表 4-5 所示。

表 4-4　近十年地震信号响应指标发展变化情况（不含系统噪声）

技术指标	早期地震仪器	当前地震仪器	备注
直流漂移/μV	0（数值归零）	0（数值归零）	地震仪器采集时，使用直流漂移算法校正
串音隔离/dB	≥90	≥130	
共模抑制比/dB	≥100	≥100	
谐波畸变/%	≤0.0018	≤0.0004	

续表

技术指标	早期地震仪器	当前地震仪器	备注
系统动态范围/dB	—	145	
增益精度/%	≤1.0	≤1.0	
响应频带/Hz	3～1600	0.1～1652	

表 4-5　近十年地震仪器系统噪声发展变化情况

采样间隔/ms	前放增益/dB	系统噪声/μV	
		早期地震仪器	当前地震仪器
0.25	0	≤16.0	≤3.53
	12	≤4.0	≤0.99
	24	≤2.0	≤0.44
0.5	0	≤3.5	≤2.49
	12	≤0.9	≤0.70
	24	≤0.5	≤0.31
1	0	≤3.0	≤1.76
	12	≤0.8	≤0.49
	24	≤0.35	≤0.22
2	0	≤2.9	≤1.24
	12	≤0.7	≤0.35
	24	≤0.25	≤0.16

根据物探对地震数据采集设备的技术需求，考虑到当前节点地震仪器产品众多、技术特性差异较大的实际情况，并为今后节点地震仪器技术发展预留空间，引导节点地震仪器向更高标准的要求发展，将节点地震仪器的关键技术指标划分为 3 级：基本满足地震勘探需求的节点地震仪器为 I 级（标准级）；功能和技术参数达到国际先进的节点地震仪器为 II 级（先进级）；功能和技术参数需要经过一定时间的技术创新发展才能达到的节点地震仪器确定为 III 级（领先级）。节点单元不同采样间隔和前放增益下的等效输入噪声应满足表 4-6 中的相应等级要求，地震信号的其他响应指标应满足表 4-7 中的相应等级要求。

表 4-6　节点单元的等效输入噪声

采样间隔/ms	前放增益/dB	等效输入噪声/μV		
		III级	II 级	I 级
0.25	0	≤5.00	≤20.0	≤60.0
	12	≤1.00	≤5.00	≤15.0
	24	≤0.40	≤1.30	≤4.00
	36	≤0.10	≤0.50	≤1.00
0.5	0	≤0.80	≤3.00	≤6.00
	12	≤0.20	≤0.80	≤1.50
	24	≤0.10	≤0.35	≤0.60
	36	≤0.06	≤0.30	≤0.50

续表

采样间隔/ms	前放增益/dB	等效输入噪声/μV		
		Ⅲ级	Ⅱ级	Ⅰ级
1	0	≤0.50	≤2.00	≤3.00
	12	≤0.15	≤0.60	≤0.75
	24	≤0.05	≤0.20	≤0.36
	36	≤0.04	≤0.15	≤0.30
2	0	≤0.40	≤1.50	≤1.60
	12	≤0.10	≤0.40	≤0.45
	24	≤0.05	≤0.20	≤0.25
	36	≤0.04	≤0.13	≤0.22
4	0	≤0.50	≤1.00	≤1.50
	12	≤0.07	≤0.30	≤0.40
	24	≤0.04	≤0.15	≤0.20
	36	≤0.03	≤0.10	≤0.15

表 4-7　节点单元地震信号的其他响应指标（不含等效输入噪声）

项目	技术指标		
	Ⅲ级	Ⅱ级	Ⅰ级
共模抑制比/dB	≥120	≥100	≥80
总谐波畸变/%	≤0.0001	≤0.0005	≤0.001
动态范围/dB	≥120	≥110	≥95
增益精度/%	≤1.0	≤2.0	≤3.0

4.3.3　检波器芯体性能指标

检波器是在地震勘探过程中不可或缺的关键传感部件，直接关系到采集数据的品质。外接式节点单元连接的模拟检波器（串）性能指标应满足行业标准 SY/T 7449 的相应要求，连接的数字检波器（串）性能指标应满足行业标准 SY/T 7373 的相应要求。一体式节点单元内置的模拟检波器芯体性能指标应满足行业标准 SY/T 7449 中先进级及以上要求，内置的数字检波器性能指标应满足行业标准 SY/T 7373 的相应要求。mL21 和 MT21 数字检波器如图 4-7 所示，高灵敏度模拟检波器如图 4-8 所示。

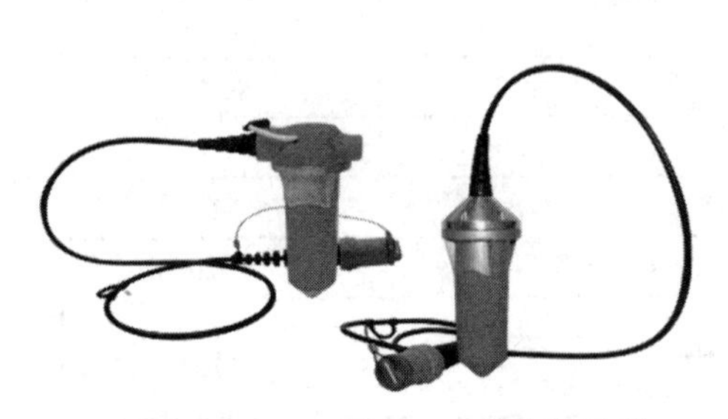

图 4-7　mL21 和 MT21 数字检波器

图 4-8　高灵敏度模拟检波器

4.3.4 功能性指标

由于节点地震仪器采用基于卫星授时的自主连续采集、数据本地存储的特殊工作方式，而且野外作业对节点采集设备用量的持续增大，配备 3 万道以上节点采集设备的项目在国内已经十分普遍。这些都会对节点单元的连续记录时长、时钟同步误差、存储容量、启动时长、工作状态监控方式、QC 数据无线回收距离、最大允许倾斜角度、电池充电时长、无卫星信号工作时长、电子标签读取距离等提出苛刻的要求。

（1）节点单元连续记录时长

野外勘探施工时，采集设备需要在接收点放置并连续工作多天。在遇到极端天气或其他限制作业的情况发生时，这个连续放置的时间会更长，可能会达到 20 天以上，而节点单元连续记录时长就是节点采集设备野外连续工作时长的量化。从技术的角度而言，野外连续工作的时间越长，也就意味着使用更多的电量。节点单元正常工作时，需要完成定时时钟校准、数据采集、时间标记、数据存储、状态数据回传等多个任务，因此连续记录时长往往需要在设备重量、电路板本身工作功耗之间均衡，具有较高的技术门槛。

（2）节点单元时钟同步误差

时钟同步误差直接决定着节点地震仪器采集数据的时间标记精度，关系到后期剖面成像的准确性。由于卫星接收模块输出时间标识信息的精度一般在 10^{-8}s 级别，因此这一技术指标主要取决于选用晶振的精度和时钟同步的周期，当前规模化应用的节点地震仪器产品的时钟同步误差为 10μs 或 20μs。

（3）节点单元存储容量

节点单元采用自主连续采集和数据本地存储的工作方式，而连续工作 20 天以上将会对节点单元自带存储器的容量有严格的要求，以确保采集的地震数据完整且被有效记录。现有节点地震仪器产品的自带存储器容量都在 8GB 以上。

（4）节点单元启动时长

一般情况下，节点单元布设到野外并开启电源后，需要等待卫星授时、自检等工作完成后，才能进入正常的采集状态。野外施工的工作人员只有在布设的节点单元进入正常工作状态后，才能获取状态信息。因此，节点单元启动时长的长短会在一定程度上影响野外作业的效率。

（5）节点单元工作状态监控方式

节点地震仪器独有的工作方式，使得对于其工作状态的 QC 方式和手段与传统有线地震仪器有很大差别。目前，市场上的节点地震仪器产品的 QC 方式有实时回传、现场回收、本地记录 3 种方式。实时回传是指节点单元具备接力传输等实时回传状态数据的能力，操作人员能够实时观测到布设在野外节点单元的工作状态的工作模式；现场回收是指使用手簿、无人机等工具在采集排列获取节点单元的状态数据，并通过某种方式再回传至管理主机供操作人员整理、分析和统计的工作模式；本地记录是指节点单元将自身的状态数据存储至本地，在采集完成后连同记录的地震数据一同下载的工作模式。

（6）节点单元 QC 数据无线回收距离

采用现场回收实现节点单元工作状态的 QC 是目前使用较为广泛的节点状态监控方式，而 QC 数据的无线回收距离直接决定着其可以使用的回收工具类型和回收的效率。面对超大道数和复杂地表区域的节点地震仪器采集项目，这一指标显得十分重要。

（7）节点单元最大允许倾斜角度

倾斜角度对于检波器的技术指标有着很大影响，不同自然频率的检波器对倾斜角度的敏感度存在差异。考虑到超大道数地震数据采集作业对生产效率的需求，以采集数据不受影响为出发点，需要对节点单元最大允许倾斜角度进行规范。

（8）节点单元电池充电时长

大规模勘探施工时大多采用排列滚动的方式，一般每天滚动回营地的节点采集设备在完成数据下载、性能测试、参数配置和电池充电后，需要在次日重新布设到野外的接收点继续作业。因此，电池充电时长将直接影响到设备滚动、使用的效率。

（9）节点单元无卫星信号工作时长

野外勘探环境多种多样，节点单元在复杂的地表条件下的卫星信号接收效果会受到影响，严重时将接收不到卫星信号。在没有卫星信号的情况下，节点单元无法进行周期性卫星时钟同步，本地时钟同步误差将逐步变大，严重影响采集数据标记时间的准确度和最终采集剖面的品质。无卫星信号工作时长用于表征在无法授时条件下节点单元能够确保采集数据标记时间准确、可靠的最长工作时间，主要取决于选用晶振的精度和授时算法的可靠性。

（10）电子标签读取距离

海量采集设备的管理是超大规模节点地震仪器采集项目面临的实际问题，RFID 是当前应用较为广泛的一种设备数字化管理支撑技术，电子标签读取距离是其关键性能指标之一，也是考核节点地震仪器产品能否支持海量采集设备智能化管理的关键参数。

综上所述，功能性指标也是表征节点地震仪器系统性能、功能水平的关键参数之一，结合现有节点地震仪器产品的技术水平，给出了其功能性指标要求（见表 4-8）。同地震信号响应指标，I 级（标准级）指标为基本满足地震勘探需求，II 级（先进级）指标为功能和技术参数达到国际先进，III 级（领先级）指标为功能和技术参数需要经过一定时间的技术创新发展才能达到。

表 4-8　功能性指标

项目	技术指标		
	III级	II 级	I 级
节点单元连续记录时长/天	≥40	≥25	≥15
节点单元时钟同步误差/μs	≤10	≤20	≤35
节点单元存储容量/GB	≥32	≥16	≥8
节点单元启动时长/min	≤5	≤15	≤20
节点单元工作状态监控方式	全面实时，不少于 1 万道	非实时，有数值报告	非实时且无数值报告
节点单元 QC 数据无线回收距离/m	≥200	≥25	≥1
内置检波器节点单元最大允许倾斜角度（自然频率不小于 10Hz 时）/°	≥25	≥20	≥10
内置检波器节点单元最大允许倾斜角度（自然频率不大于 5Hz 时）/°	≥20	≥15	≥10
节点单元电池充电时长/h	≤2	≤4	≤5
节点单元无卫星信号工作时长/min	≥30	≥15	≥5
电子标签读取距离/cm	≥100	≥10	无

4.3.5 常规物理特性指标

随着地震勘探形势的不断严峻，勘探地表条件和环境也日趋复杂，为了满足不同探区的要求，地震仪器的地面电子设备不仅要具有良好的技术性能，还应具有很好的物理特性，这些在高精度大道数采集作业时表现得尤为明显。对于施工组织方而言，在满足地震勘探技术和质量需求前提下，总是希望地震仪器足够“好用”，也即能够用较少的投入和付出争取更多的利益回报。实践经验证明，地震仪器是否“好用”主要取决于常规的物理特性，这些特性通常包括稳定性、可靠性、实用性、适应性、便利性、经济性等。虽然这些特性并不直接影响地震数据的品质，却直接影响施工组织方的速度、难度和效益，所以备受地震仪器用户的关注和重视。事实上，这些物理特性指标还是衡量地震仪器工艺、材料、结构等的参考依据。

地震仪器的常规物理特性指标相当广泛，目前尚无完全统一和规范的定义，但普遍认可且作用明显的内容有体积、重量、功耗、防水深度、工作温度、抗干扰能力、平均无故障时间等。由于这些特性指标的物理意义和作用简单明了，这里就不对其做更具体的说明。表 4-9 给出了节点地震仪器单道重量、单道体积、单道功耗的物理特性指标要求。

表 4-9 节点地震仪器单道重量、单道体积、单道功耗的物理特性指标要求

项目	技术指标		
	III级	II级	I级
单道重量/kg	≤1	≤2	≤3
单道体积/cm^3	≤1000	≤3000	≤4000
单道功耗/mW	≤100	≤200	≤300

4.4 测试方法

4.4.1 测试条件

1. 测试环境

除环境适应性测试外，应满足如下要求。

- 温度：10 ～35 ℃。
- 相对湿度：45%～76%。
- 大气压力：70～106kPa。

2. 测试设备

测试设备主要包括以下内容。

- 数字万用表：6 位半以上。
- 冲击台：冲击加速度范围 0～30*g*（*g* 为重力加速度）。
- 振动台：频率范围 2～500Hz，失真≤3%。
- 高低温箱：温度交变范围-40～+70℃，温度偏差≤2℃。
- 水箱：水深≥1.2m。
- 隔振台：倾斜角度可调，误差≤0.5°，隔振起始频率≤0.5Hz。

- 称重台：误差低于±1.5g。
- 游标卡尺：精度不低于 0.1mm。
- 高精度信号源：精度不低于 0.0005%。
- GNSS 卫星信号接收转发装置：工作频点为 1575MHz、1561MHz、1602MHz 中的一个或多个，信号覆盖半径不小于 8m。

4.4.2 常规特性测试

1. 环境适应性

按以下方法执行：

- 节点单元充电、测试、数据下载与合成等室内支持设备的温度、湿度、振动应按 GB/T 6587 规定的方法进行试验，其中温度的门限值按 GB/T 24262 中室内仪器要求设置；
- 节点单元、QC 数据回收设备的温度、湿度、振动、冲击、自由跌落应按 GB/T 6587 规定的方法进行试验，其中温度的门限值按 GB/T 24262 中野外仪器要求设置；
- 节点单元的外壳防护等级测试按 GB/T 4208 规定的方法进行试验。

2. 节点单元外形

目测节点单元外观形状，外观完好、无破损且应是圆形或其他有利于与地表耦合的形状。

3. 平均无故障工作时间

陆上节点地震仪器各部件平均无故障工作时间按 GB/T 24262 规定的方法进行试验。

4.4.3 软件特性测试

1. 运行环境

开机检查系统软件使用的操作平台。

2. 易用性

按以下方法执行：

- 进行关键参数查找操作，验证是否方便；
- 输入非法参数时是否有错误提示；
- 进行采样间隔、前放增益、工作模式、自检时间设置操作，检查能否自动保存；
- 修改节点单元序列号与地面桩号的匹配记录，关闭并重新启动软件，检查修改内容是否被保存；
- 检查通过 QC 数据能否输出未回收节点单元序列号对应地面桩号报告。

3. 健壮性

按以下方法执行：

- 设置非法参数，检查有无提示信息；
- 修改记录参数和工作参数，观察有无提示信息；
- 进行节点单元存储数据删除的操作，检查有无警告和确认提示；
- 模拟超出软件极限能力的操作，检查是否造成数据丢失、损坏等情况；

- 系统运行过程中若出现无响应、崩溃等故障，重新启动系统，检查采样间隔、前放增益、工作模式、自检时间是否保持不变。

4. 故障频次

模拟野外生产使用条件，连续工作时长不低于 3 个月，记录系统软件的异常、崩溃、无响应状况，并统计出现的次数。

4.4.4 基本功能测试

1. 测试准备

模拟野外生产参数配置节点单元，将不少于 10 个测试合格的节点单元、间隔 15m 布设到野外空旷地带，模拟成野外地震数据采集排列（以下简称排列）。节点单元进入采集状态后，连续采集时长不少于 24h，并模拟使用井炮和可控震源方式激发，激发次数不少于 10 次，激发间隔分别采用 10s、15s、30s、60s、600s、1800s、2400s、3600s，记录激发开始时间（尽量选择 GPS 时间）、激发方式、激发时长等信息。

2. 参数设置测试

将节点地震仪器可支持的采集参数按照组合对节点单元进行参数配置操作并运行，工作正常。

3. 测试、充电和管理测试

按以下方法执行：

- 进行采集通道测试和检波器测试，检查测试结果并验证是否可以输出测试结果；
- 查看节点单元的充电状态是否实时变化；
- 进行充电电压上限设置并验证充电结果；
- 设置查找条件（电压值、固件版本号、剩余存储容量等），检查能否实现节点单元快速定位和排序；
- 按特定条件进行节点单元内部存储数据删除操作，检查删除结果。

4. 节点单元状态监控测试

按以下方法执行：

- 检查节点单元是否按照设定的每日自检次数及参数进行自检；
- 检查节点单元的自检项目；
- 通过站体指示灯或 QC 数据回收设备观察节点单元的工作状态。

5. 数据下载测试

按以下方法执行：

- 对节点单元进行数据下载，检查原始数据文件的完整性；
- 设置下载起止时间点，进行数据下载，检查下载数据的完整性；
- 对节点单元进行自检 QC 数据下载操作；
- 记录下载开始时刻和下载完成时刻，根据下载数据体大小和完成时长，计算数据的下载速率。

6. 数据切分与合成测试

按以下方法执行：

- 输入激发时间数据，进行数据切分，检查数据切分的正确性；
- 输入相关用的参考信号，进行地震数据相关运算，检查结果的正确性；
- 对同一桩号炮集地震数据进行叠加处理，验证数据叠加的正确性；
- 输入 SPS 数据，进行数据合成，检查能否根据 SPS 定义的炮检关系输出炮集或道集文件。

7. 数据输出测试

按以下方法执行：

- 检查地震数据能否输出到磁带机、磁盘或 NAS 盘；
- 检查输出的地震数据格式；
- 检查地震数据头段信息；
- 检查输出的 SPS 文件内容与地震数据的匹配关系；
- 检查节点单元自检测试报告内容。

8. 数据安全测试

模拟野外生产使用条件，使用不低于 10 000 道节点单元，连续记录时长不低于 24h，完成数据下载的操作，检查数据下载的完整性和下载成功率。

4.4.5 采集参数测试

随机选择一组采集参数进行测试，进行节点单元参数设置操作，并启动节点单元电源开始工作，检查记录的采集数据是否按照设定的参数工作。

4.4.6 地震信号响应指标测试

1. 直流漂移与等效输入噪声

在节点地震仪器的检波器信号输入端连接阻值为 500Ω 的低噪声电阻，启动节点地震仪器开始工作并进入采集状态，记录至少 1024 个数据样点，使用式（4-1）计算节点地震仪器该道的直流漂移。

$$\mathrm{dc}=\frac{1}{N}\sum_{i=1}^{N}X_i \tag{4-1}$$

式中，X_i 为第 i 个样点的幅度；dc 为模拟信号的直流漂移。

对于任意道，建议采用式（4-2）和式（4-3）的计算方法。

$$\mathrm{RMS}=\left(\frac{1}{N}\sum_{i=1}^{N}X_i^2\right)^{\frac{1}{2}} \tag{4-2}$$

$$\mathrm{AC}=(\mathrm{RMS}^2-\mathrm{dc}^2)^{\frac{1}{2}} \tag{4-3}$$

式中，X_i 为第 i 个样点的幅度；dc 为模拟信号的直流漂移；RMS 为总有效值；AC 为去掉直流漂移的信号有效值；N 为样点数。

在所有增益及采样间隔条件下，等效输入噪声按式（4-3）计算。

2. 总谐波畸变

总谐波畸变测试要求信号源提供的正弦信号自身应有尽可能低的畸变（小于 0.0001%），测试将覆盖典型的地震频带和在适当前放增益下可容许的输入信号电平，输入正弦波加到被测系统的所有通道，记录长度至少 2048 个样点，并且采样间隔应与预期的基波和谐波相适应，完成带最佳窗口函数的 FFT 运算，以计算预期的基波和谐波的相对振幅 A_n（n=1,2,⋯,N）及总谐波畸变（THD）。THD 为

$$\mathrm{THD}=\mathrm{sqrt}\left(\frac{A_2^2+A_3^2+A_4^2+\cdots+A_N^2}{A_1^2}\right)\times 100\% \tag{4-4}$$

式中，THD 为总谐波畸变；A_n（n=1,2,⋯,N）为基波和谐波的相对振幅，单位为 μV（微伏）。

3. 动态范围

按下列方法测试地震通道的动态范围：

① 测量每一通道的等效输入噪声有效值 n；

② 根据所选前放增益对应的最大允许输入信号计算最大输出信号有效值 E；

③ 按式（4-5）计算每一通道的动态范围。

$$\mathrm{DR}=20\lg\left(\frac{E}{n}\right) \tag{4-5}$$

式中，DR 为动态范围，单位为 dB（分贝）；E 为最大输出信号的有效值；n 为每一通道的等效输入噪声有效值。

4. 共模抑制比

将地震通道的差分输入端短路，以采集系统公共地为参考，输入正弦电压信号（其频率在采集系统的地震信号通带内，幅度为采集系统规定的最大线性共模输入电压的一半），测量通道的差分输出，并将此输出折算到输入，按式（4-6）计算以分贝度量的共模抑制比。

$$\mathrm{CMR}=\left|20\lg\frac{V_{\mathrm{out}}^{*}}{V_{\mathrm{in}}}\right| \tag{4-6}$$

式中，CMR 为共模抑制比，单位为 dB（分贝）；V_{out}^{*} 为输出电压折合至输入（除以差分增益）；V_{in} 为输入测试共模电压。

5. 串音

被测通道的输入端连接适当电阻，选最小前放增益。在偶数道或奇数道上输入接近满标值的正弦信号（平均有效值 E），测量无信号的奇数道或偶数道的有效值 e，按式（4-7）计算以分贝表示的道间串音。

$$\mathrm{CT}=\left|20\lg\left(\frac{e}{E}\right)\right| \tag{4-7}$$

式中，CT 为道间串音，单位为 dB（分贝）；E 为信号驱动通道输出幅度的平均有效值；e 为被测通道输出幅度的有效值。

6. 通道增益一致性

按下列方法测试通道增益一致性：

① 在不同的前放增益及采样率条件下，输入低频正弦信号，进行测量与计算；

② 找到 256 个样点后的第一个过零点，并选择最后一个过零点，以便有一个整数周期用于计算；

③ 每个样点值减去相应的直流漂移；

④ 计算每一通道输出幅度的有效值 e；

⑤ 计算所有通道输出幅度的平均有效值 E；

⑥ 按式（4-8）计算通道增益一致性 A。

$$A=\frac{E-e}{E}\times 100\% \tag{4-8}$$

式中，A 为通道增益一致性；E 为所有通道输出幅度的平均有效值；e 为每一通道输出幅度的有效值。

7．响应带宽

选择节点地震仪器由校准装置触发，或在卫星授时条件下连续采集。节点地震仪器开机并进入正常采集状态后，使用信号源向节点地震仪器输入间隔为 3s：宽度等于地震通道所用采样间隔的一半、幅度等于地震通道所用前放增益对应最大线性差分输入幅值一半的脉冲信号。脉冲信号起始于数据采集的起点。输出不小于 5s 记录长度的测试数据，采用傅里叶变换的方法分析记录的数据，得出节点地震仪器响应带宽分析结果。

4.4.7 检波器芯体性能指标测试

1．外接式节点单元

在野外工作时，外接式节点单元使用的模拟检波器（串）的性能指标一般使用专用的检波器测试仪测试获得，外接的数字检波器（串）的性能指标应按 SY/T 7373 规定的方法进行测试，测试结果应满足相应的技术指标需求。如图 4-9、图 4-10 所示分别为 SMT-200 和 SMT-300 检波器测试仪。

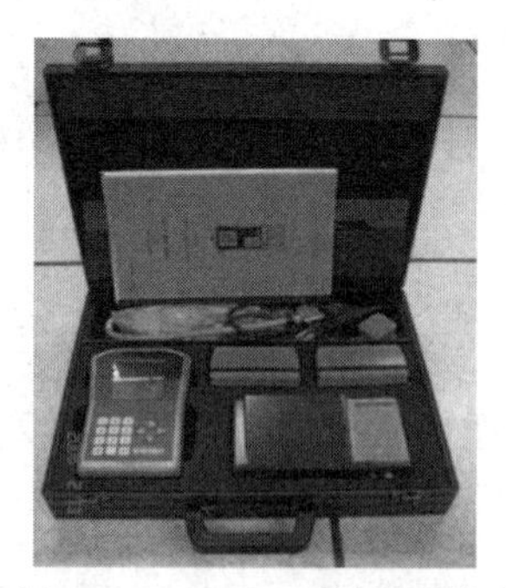

图 4-9　SMT-200 检波器测试仪

图 4-10　SMT-300 检波器测试仪

2．内置式节点单元

内置式节点单元使用的模拟检波器芯体的性能指标按 SY/T 7449 规定的方法进行测试，内置的数字检波器性能指标应按 SY/T 7373 规定的方法进行测试，测试结果应满足相应的技术指标要求。检波器主要技术指标计算公式如下。

① 自然频率。检波器自然频率 f_0 的计算公式为

$$f_0 = \frac{1}{2\pi}\sqrt{\frac{K}{M}} \tag{4-9}$$

式中，f_0为检波器的自然频率，单位为 Hz（赫兹）；K为弹性系数；M为惯性体质量，单位为 g（克）。

② 阻尼系数。检波器阻尼系数的计算公式为

$$D = \frac{\mu + \lambda^2 / R}{2M \cdot 2\pi f_0} \tag{4-10}$$

式中，D为检波器的阻尼系数；μ为比例系数；λ为机电转换系数；R为线圈内电阻和线圈负载电阻之和，单位为 Ω（欧姆）；M为惯性体质量，单位为 g（克）；f_0为检波器的自然频率，单位为 Hz（赫兹）。

③ 灵敏度。检波器开路灵敏度的计算公式见式（4-11），并阻尼后的灵敏度计算公式见式（4-12）。

$$s_0 = BLN \tag{4-11}$$

式中，s_0为检波器的开路灵敏度，单位为 $V/(m \cdot s^{-1})$；B为磁钢的磁感应强度，单位为 Wb/m^2；L为每匝线圈的平均长度，单位为 m；N为线圈的匝数。

$$s = \frac{R_p}{R_c + R_p} s_0 \tag{4-12}$$

式中，s为检波器并阻尼后的灵敏度，单位为 $V/(m \cdot s^{-1})$；R_p为并联电阻，单位为 Ω；R_c为线圈电阻，单位为 Ω；s_0为检波器的开路灵敏度，单位为 $V/(m \cdot s^{-1})$。

④ 失真度。检波器失真度的计算公式为

$$d = \left(\sum_{n-1}^{N} E_{i\text{RMS}}^2\right)^{\frac{1}{2}} / E_{0\text{RMS}} \times 100\% \tag{4-13}$$

式中，d为检波器的失真度；N为谐波次数；$E_{i\text{RMS}}$为谐波分量有效值，单位为 V；$E_{0\text{RMS}}$为基波分量有效值，单位为 V。

4.4.8 功能性指标测试

1．节点单元连续记录时长

从待测设备中选取不少于 2 个节点单元连续进行地震数据采集记录，直至因电池电量耗尽停止采集，回收节点单元，下载分析记录的数据并统计工作时间。

2．节点单元时钟同步误差

从待测设备中随机抽取不少于 5 个节点单元，确保节点单元处于采集状态，使用信号源向节点单元同时输入 PPS 脉冲信号，输出不小于 5s 记录长度的测试数据，分析并记录各通道脉冲标记时刻与脉冲输出时刻的相对时间差。

3．节点单元存储容量

检查待测设备中节点单元的存储容量。

4．节点单元启动时长

启动节点单元直到正常工作，统计并记录节点单元完成自检、卫星锁定所用时间。

5. 节点单元状态监控方式

启动节点单元直到正常工作，检查节点单元的 QC 数据的监控方式。

6. 节点单元 QC 数据回收距离

启动节点单元直到正常工作，回收节点单元的 QC 数据，记录节点单元 QC 数据的回收距离。

7. 节点单元最大允许倾斜角度

选取不少于 2 个节点单元，按照内置式节点单元的最大允许倾斜角度埋置，测试内置检波器芯体性能指标。

8. 节点单元电池充电时长

将电池电量耗尽的节点单元连接到充电柜进行充电，记录到电池充满电时所用时间。

9. 节点单元无卫星信号工作时长

节点单元工作正常后，启动节点单元开始工作，使用卫星信号屏蔽手段，屏蔽节点单元并记录屏蔽开始时间和屏蔽结束时间，分析记录数据。

10. 电子标签读取距离

检查节点单元内部是否有电子标签和配套自主管理软件，用于节点单元管理。

4.4.9 常规物理特性指标测试

节点地震仪器的常规物理特性指标测试方法如下：

① 以能够完成正常地震数据采集任务所需的最少地面设备为计算样本，按式（4-14）计算单道重量。

② 以能够完成正常地震数据采集任务所需的最少地面设备为计算样本，按式（4-15）计算单道体积。

③ 以节点单元正常进行地震数据采集时的单个采集站为计算样本，按式（4-16）计算单道功耗。

$$M = A_g + B_g \tag{4-14}$$

式中，M 为单道重量，单位为 kg（千克）；A_g 为节点单元重量，单位为 kg（千克）；B_g 为专用锂离子电池重量，单位为 kg（千克）。

$$V = A_v + B_v \tag{4-15}$$

式中，V 为单道体积，单位为 cm^3；A_v 为节点单元体积，单位为 cm^3；B_v 为专用锂离子电池体积，单位为 cm^3。

$$P = \frac{P_a}{n} \tag{4-16}$$

式中，P 为单道功耗，单位为 mW（毫瓦）；P_a 为单个采集站功耗，单位为 mW（毫瓦）；n 为单个采集站道数。

4.5　测试周期与要求

4.5.1　产品检验

1．出厂检验

陆上节点地震仪器各单元部件的功能与特性按表 4-10 的规定进行检验，各单元部件的工作参数及性能指标按表 4-11 规定的项目进行检验。

2．例行检验

例行检验是依据产品的相应技术标准，对产品各项指标进行的全面检验，相应的检验要求如下。

① 陆上节点地震仪器各单元部件属下列情况之一者，应进行例行检验：

- 新产品试制定型鉴定；
- 产品的结构、工艺、材料、重要元器件有较大改变，可能影响产品性能；
- 累计生产节点单元个数超过 50 000 个；
- 产品停产两年以上恢复生产；
- 出厂检验结果与上次例行检验有较大差别；
- 国家质量监督机构或用户提出进行例行检验要求。

② 例行检验应在合格产品中随机抽取，用于节点单元测试、数据下载、数据切分与合成的主机 1 台，状态监控设备 1 套，节点单元抽取比例为 5%～10%。

③ 功能与特性按表 4-10 的规定进行例行检验，工作参数及性能指标按表 4-11 规定的项目进行例行检验。

表 4-10　功能与特性检验项目

检验项目		检验要求	测试方法	试验分类	
				出厂检验	例行检验
常规特性要求	环境适应性	见 4.4.2 节		○	●
	外形			●	●
	平均无故障工作时间			●	●
软件特性要求	运行环境	见 4.4.3 节		○	●
	易用性			○	●
	健壮性			○	●
	故障频次			○	●
基本功能要求	参数设置	见 4.4.4 节		●	●
	测试、充电和管理			●	●
	质控管理			●	●
	数据下载			●	●
	数据处理			●	●
	数据输出			●	●
	数据安全			○	●

注：●表示必检项目；○表示可不检项目。

表 4-11　工作参数及性能指标检验项目

检验项目		检验要求	试验方法	试验分类	
				出厂检验	例行检验
采集参数	采样间隔	见 4.4.5 节		●	●
	前放增益			●	●
	滤波方式			●	●
地震信号响应指标	等效输入噪声	见 4.4.6 节		●	●
	动态范围			●	●
	总谐波畸变			●	●
	共模抑制比			●	●
	增益精度			●	●
检波器芯体性能指标	外接式节点单元	见 4.4.7 节		●	●
	内置式节点单元			●	●
功能性指标	节点单元连续记录时长	见 4.4.8 节		○	●
	节点单元时钟同步误差			○	●
	节点单元存储容量			○	●
	节点单元启动时长			○	●
	节点单元状态监控方式			○	●
	节点单元 QC 数据回收距离			○	●
	节点单元最大允许倾斜角度			○	●
	节点单元电池充电时长			○	●
	节点单元无卫星工作时长			○	●
	电子标签读取距离			○	●
常规物理特性指标	单道重量	见 4.4.9 节		●	●
	单道体积			●	●
	单道功耗			●	●

注：●表示必检项目；○表示可不检项目。

④ 例行检验不通过时，应查明故障的原因。若为偶发性故障，经整改后可重新进行例行检验；若为设计、制造质量问题，则判为产品例行检验不合格。

4.5.2　生产应用测试

生产项目使用陆上节点地震仪器的测试要求应包含：

- 使用前进行性能测试（包括年检、布设前检验和自主测试等），检验合格后方可投入使用；
- 每 12 个月至少进行 1 次年检，检验内容应包括基本功能、工作参数、地震信号响应指标、检波器芯体性能指标的测试；
- 节点单元布设到野外前进行布设前测试，测试内容应包括地震信号响应指标、检波器芯体性能指标；

● 节点单元布设后，按设定方式每 24 小时至少进行 1 次自主测试，测试结果作为现场质量控制的依据。

参 考 文 献

[1] 石油工业标准化技术委员会石油仪器仪表专业标准化技术委员会. SY/T 5391—2018 石油地震数据采集系统通用技术规范.北京：石油工业出版社，2019.

[2] 石油工业油气计量及分析方法专业标准化技术委员会. SY/T 6627—2012 数字地震仪校准方法. 北京：石油工业出版社，2012.

[3] 易碧金，岩巍，刘晓明，等. 地震仪器传感器信号调理电路的设计. 物探装备，2022（3）.

[4] 刘益成，罗兵. 新型采集站直流漂移校正方法. 石油仪器，1997（3）.

[5] 刘益成，易碧金. 地震仪噪声零漂的测试原理和计算方法研究. 物探装备，2005（2）.

[6] 石油工业标准化技术委员会石油仪器仪表专业标准化技术委员会. SY/T 6145—2019 石油浅层勘探地震仪. 北京：石油工业出版社，2019.

[7] 易碧金，姜耕，刘益成，等. 地震数据采集站原理与测试. 北京：电子工业出版社，2010.

第 5 章　常用测试检验系统及使用方法

地震仪器是实现地震勘探的核心设备，其本质功能是将动态地震波（幅度由几微米至几十微米）转换为静态地震数据，在此过程中最为重要的是保持电信号幅度、频率和相位特性恒定不变。因此，在设备出厂测试和勘探生产作业中，人们往往关注地震仪器的地震信号响应指标，节点地震仪器也不例外。目前，业内常用的节点地震仪器电气指标的专用测试装置有中国石油集团东方地球物理勘探有限责任公司自主开发的 DZYJ-1 型数字地震仪校准装置系统、VeRIF-i 公司的地震仪器测试套件（含 Testif-i 软件和配套高精度信号源）。由于勘探生产作业的实际需要，在同一个施工项目经常使用不同型号的地震仪器联合进行采集作业。由于不同仪器制造厂家的设计理念、执行标准的不同，其生产的地震仪器在功能和性能方面存在差异，从而直接影响到联合采集作业获取的地震数据品质。本章将介绍 DZYJ-1 型数字地震仪校准装置系统和 VeRIF-i 公司的地震仪器测试套件。

5.1　DZYJ-1 型数字地震仪校准装置系统

5.1.1　系统概述

本系统以工业控制型嵌入式计算机为中心，通过自行研制的可编程高精度脉冲与正弦波等信号源，以及科学的信号分配板，在特定的操作和处理软件支持下，构成智能化、自动化的检测控制和处理系统。DZYJ-1 型数字地震仪校准装置系统框图如图 5-1 所示。

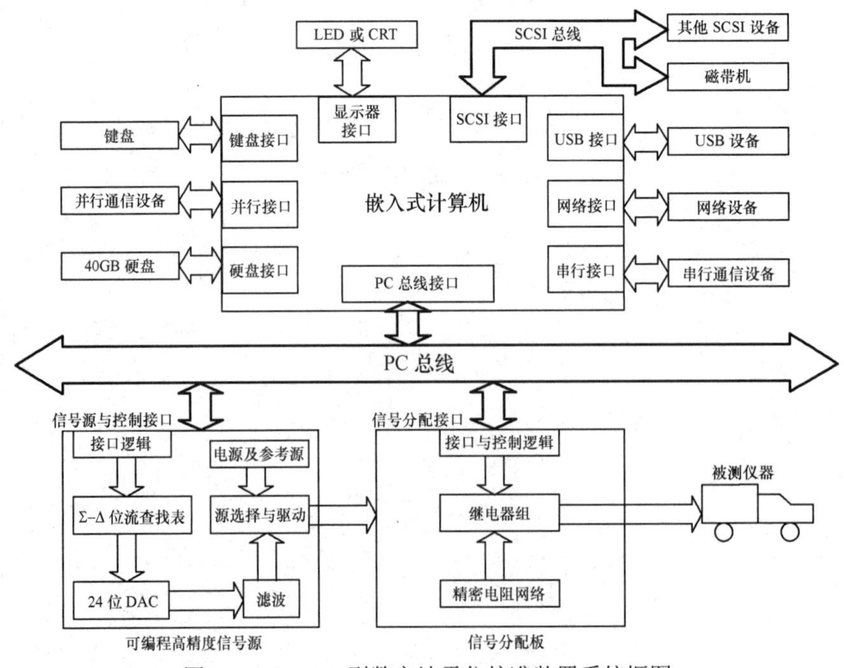

图 5-1　DZYJ-1 型数字地震仪校准装置系统框图

工业控制型嵌入式计算机承担整个系统的控制和数据处理，并提供了数据交换和存储所需的各种接口（如硬盘接口、键盘接口、显示器接口、SCSI 接口、USB 接口、串/并行接口等）。可编程高精度信号源和信号分配板在嵌入式计算机的控制下协调工作，针对各种不同仪器和不同测试项目给被测试仪器输出相对应的高精度的脉冲或正弦波等控制和测试信号。其中，可编程高精度信号源主要包括数模转换、幅频调节、差分驱动、输出衰减等电路。DZYJ-1 型数字地震仪校准装置系统的工作原理是：以内触发或外触发信号等作为与地震仪器协调工作的条件；同时根据校准项目而设定的相应功能方式和参数，生成一系列高精度的测试信号和控制命令，进而实现对地震仪器的测试和校准。其各项校准以磁盘文件形式送回到系统并进行分析处理，最终生成用户熟悉的文本格式报告文件。校准的主要内容有噪声、串音、共模抑制比、陷波特性、系统延迟、计时精度、增益精度、滤波特性、谐波畸变、频带宽度等。

5.1.2　系统的安装

1．硬件的安装

系统的标准配置如下：

- 系统主机　　1 台
- 系统软件　　1 套
- 操作手册　　1 本
- 外部信号源 AG15C　　1 台
- 外部信号源线（BNC）　　1 根
- 触发接口线（DB9 芯）　　1 根
- 数据传输/电源线（DB25 芯）　　1 根（每种仪器）
- 数据线（DB50 芯）　　1 根（每种仪器）
- 24V DC 电源线　　1 根
- 24V DC 电瓶连接夹子线　　1 根
- 共地连接线　　1 根
- USB 鼠标　　1 个
- 标准键盘　　1 个
- 磁带机（3590/3490 等）　　1 台
- 12V DC 电瓶　　2 块
- 电瓶充电机　　1 台

系统主机如图 5-2 所示，系统主机外设连接接口如图 5-3 所示。

本系统采用+24V DC 电瓶供电，在使用前准备两块已充足电的 12V DC 电瓶，按照如下步骤逐一连接：

① 连接电源线之前确认电瓶正、负极，确保连接紧固、正确；

② 确保本系统与被测仪器之间公共地线的连接；

③ 确保本系统与被测仪器之间触发线的连接；

④ 按照被测仪器正常的道序连接测试信号输出线；

⑤ 按照需要连接打印机、显示器、外部标准键盘、SCSI 磁带机、USB 设备和串/并行设备等。

注意：必须先连接好所有外部设备及连线，再打开本系统的电源！

图 5-2　系统主机

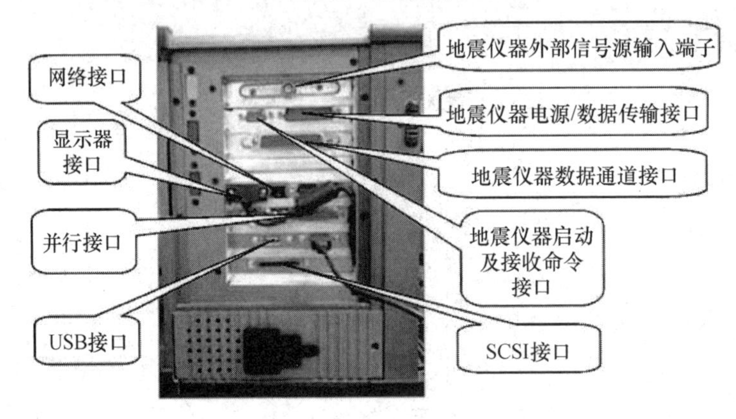

图 5-3　系统主机外设连接接口

2. 软件的安装

DZYJ-1 型数字地震仪校准装置系统软件的操作程序是基于 Windows 操作系统环境下运行的，因此在安装 DZYJ-1 型数字地震仪校准装置系统软件之前必须先安装 Windows 操作系统，然后按如下步骤安装。

首先双击运行“地震仪器检测系统.exe”可执行文件，弹出如图 5-4 所示界面。

图 5-4　语言选择界面

选择 Chinese 选项，单击 OK 按钮，弹出安装欢迎界面，如图 5-5 所示。单击 Next 按钮，弹出用户信息输入界面，在此输入姓名、公司；单击 Next 按钮，弹出选择安装路径界面，选择安装路径；单击 Next 按钮，弹出软件名称填写界面，选择程序组；单击 Next 按钮，弹出安装信息确认界面；单击 Next 按钮，进入开始安装确认界面。单击 OK 按钮后，程序自动开始安装，直到安装完成。

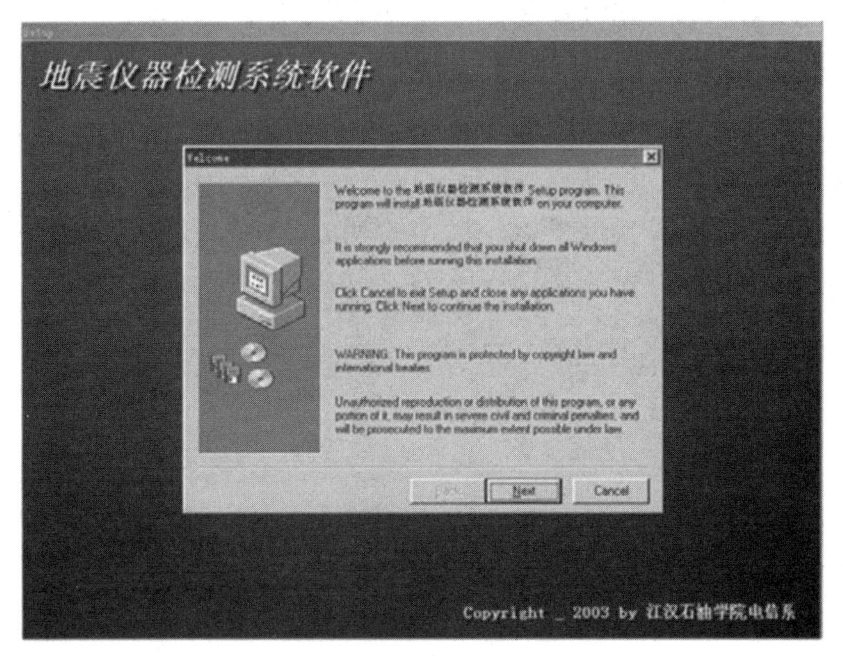

图 5-5　安装欢迎界面

如果卸载地震仪器检测系统软件，在“控制面板”中打开“添加/删除程序”，在其中选择“地震仪器检测系统软件”，单击“添加/删除”按钮，弹出如图 5-6 所示界面，单击 OK 按钮，卸载结束。

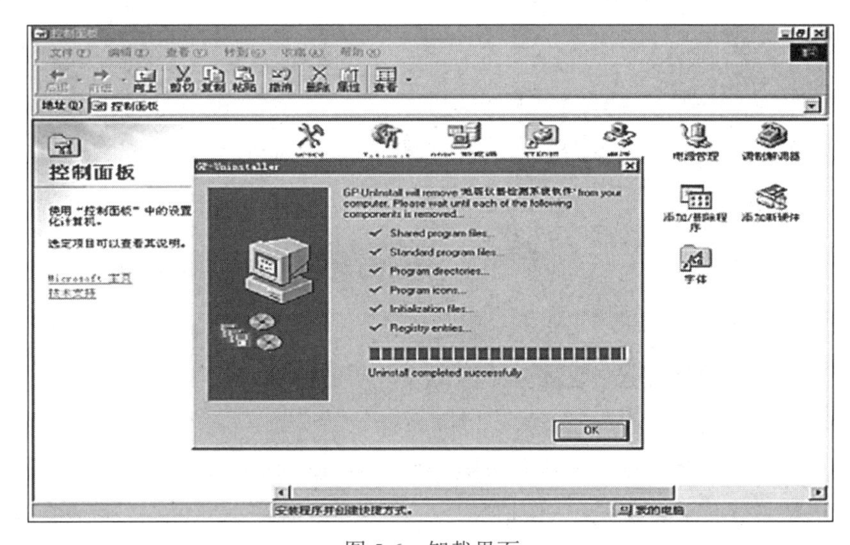

图 5-6　卸载界面

5.1.3　系统的使用

DZYJ-1 型数字地震仪校准装置系统由测试系统、处理系统、磁带数据转换 3 部分组成。系统通电自检正常后，启动地震仪器检测系统程序，进入 DZYJ-1 型数字地震仪校准装置系统主界面，如图 5-7 所示。可以在“测试系统”“处理系统”“磁带数据转换”“退出”中单击选择，进入所需要的操作。

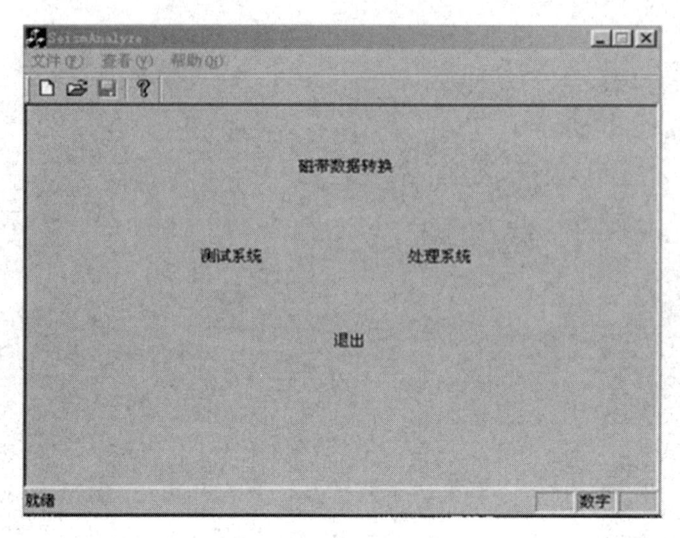

图 5-7　DZYJ-1 型数字地震仪校准装置系统主界面

1．测试系统

在图 5-7 中单击“测试系统”，弹出“测试系统”界面，如图 5-8 所示。

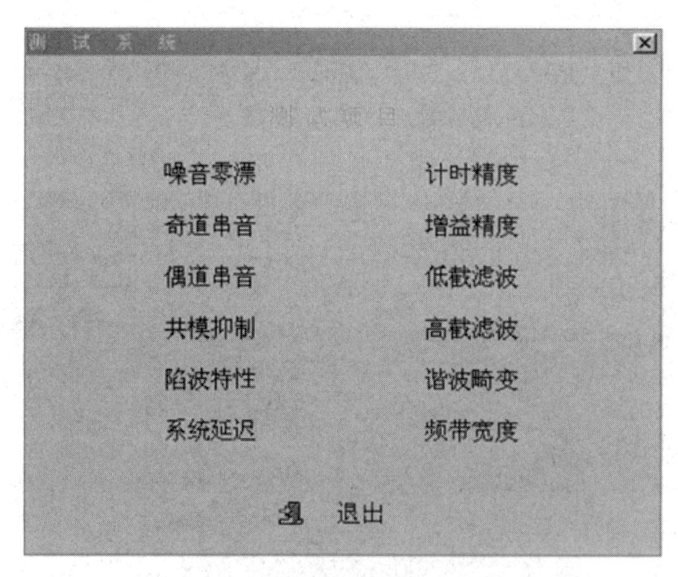

图 5-8　“测试系统”界面

测试系统包括噪声零漂、串音（奇道、偶道）、共模抑制、陷波特性、系统延迟、计时精度、增益精度、滤波（低截、高截）、谐波畸变、频带宽度等测试项目。可以在各项上单击，进入所需要的操作。

（1）噪声零漂测试

在图 5-8 中单击“噪声零漂”，弹出“噪声零漂”对话框，如图 5-9 所示。

被测仪器可以采用外触发和内触发两种方式来做噪声零漂测试，此处选择为“内触发”方式，“信号源”选为“外部信号源”，“测试参数”设置如下：

①“仪器名称”选择与被测仪器一致；若图 5-9 中没有给出，可以直接单击“仪器名称”右侧的▼按钮后选择添加。

②“采样率”选择与被测仪器一致；若图 5-9 中没有给出，可以直接单击“采样率”右侧的▼按钮后选择添加。

③“前放增益”选择与被测仪器一致；若图 5-9 中没有给出，可以直接单击“前放增益”右侧的▼按钮后选择添加。

④“参数文件”由用户自行设置需要保存测试噪声零漂文件的路径，如 d:\TestNoise.txt。

上述参数确定后，单击“确定”按钮，即开始直流漂移和交流噪声的测试，并在图 5-9 右侧出现相应提示信息，如图 5-10 所示，此时系统将自动给被测仪器每一道的输入端短接 500Ω 电阻负载，用户在被测仪器上设置文件号（如 9001），然后启动被测仪器采集一条记录。

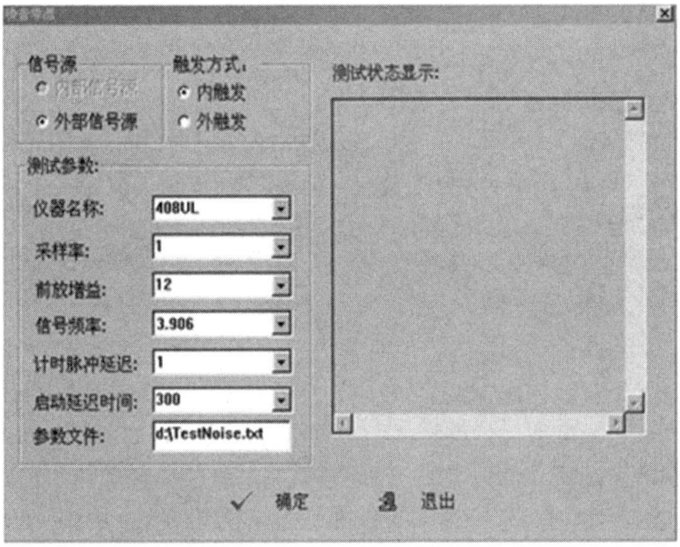

图 5-9　“噪声零漂”对话框

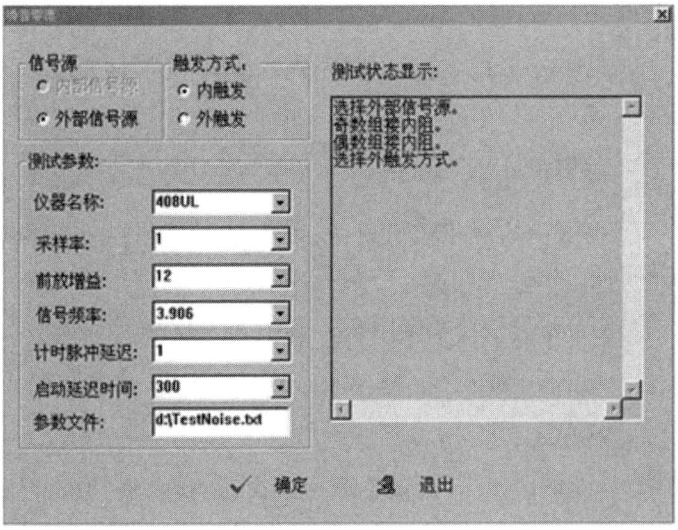

图 5-10　测试状态显示

⑤ 记录完成后，单击“退出”按钮，本项测试结束。

⑥ 如果用户需要进行重复或不同采集参数的测试，可重复以上步骤②～⑤，并在“参数文件”中使用不同的文件号与被测仪器对应，以便于比较对照。

（2）奇道串音测试

在图 5-8 中单击“奇道串音”后，弹出“奇道串音”对话框，如图 5-11 所示。

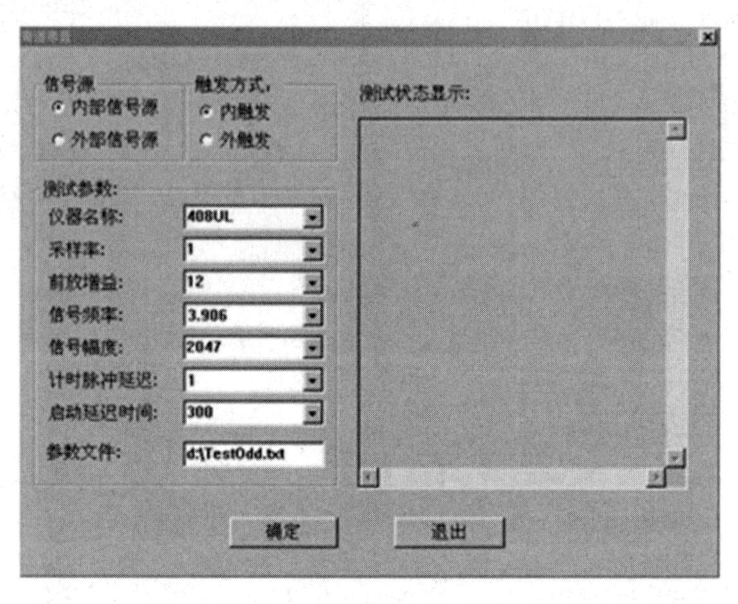

图 5-11 “奇道串音”对话框

被测仪器采用内触发方式，DZYJ-1 型数字地震仪校准装置系统给被测仪器偶数道接入设定频率的正弦信号，信号幅度取决于选择的前放增益，测量此时奇数道对偶数道的信号隔离。信号源可以采用内部信号源或外部信号源（注：该系统做脉冲信号源测试时，选择内部信号源/内触发；做正弦信号源测试时，选择内部或外部信号源/外触发较为简便）。“测试参数”设置如下（触发方式=内触发）：

①“仪器名称”选择与被测仪器一致；若图 5-11 中没有给出，可以直接单击“仪器名称”右侧的按钮后选择添加。

②“采样率”选择与被测仪器一致；若图 5-11 中没有给出，可以直接单击“采样率”右侧的按钮后选择添加。

③“前放增益”选择与被测仪器一致；若图 5-11 中没有给出，可以直接单击“前放增益”右侧的按钮后选择添加。

④“参数文件”由用户自行设置需要保存测试奇数道串音文件的路径，如：d:\ TestOdd.txt。

⑤ 如选择内部信号源，设置信号频率，如 31.25Hz。

⑥ 如选择内部信号源，设置信号幅度如 63，其中 63 为幅度编码值，最终输出为

$$V_o = \frac{63}{2048} \times 10 = 0.3076172\text{V}(\text{峰值})$$

上述参数确定后，单击“确定”按钮，即开始这一项测试，并在图 5-11 右侧出现相应的提示信息，此时系统将自动给被测仪器的所有偶数道接入相应频率、幅度的正弦信号，用户在被测仪器上设置文件号（如 9002），然后启动被测仪器采集一条记录。

⑦ 记录完成后，单击“退出”按钮，本项测试结束。

⑧ 如果用户需要进行重复或不同采集参数的测试，可重复以上步骤②～⑦，并在“参数文件”中使用不同的文件号与被测仪器对应，以便于比较对照。

（3）偶道串音测试

在图 5-8 中单击“偶道串音”后，弹出“偶道串音”对话框，如图 5-12 所示。

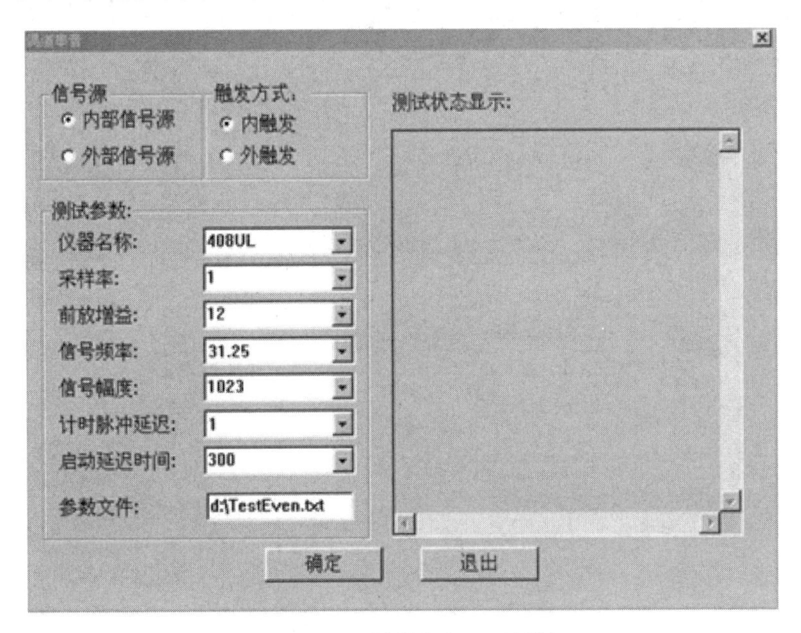

图 5-12 “偶道串音”对话框

被测仪器采用内触发方式，DZYJ-1 型数字地震仪校准装置系统给被测仪器奇数道接入设定频率的正弦信号，信号幅度取决于选择的前放增益，测量此时偶数道对奇数道的信号隔离。

“测试参数”设置（触发方式=内触发、信号源可以采用内部信号源或外部信号源）：

①“仪器名称”选择与被测仪器一致；若图 5-12 中没有给出，可以直接单击“仪器名称”右侧的▾按钮后选择添加。

②“采样率”选择与被测仪器一致；若图 5-12 中没有给出，可以直接单击“采样率”右侧的▾按钮后选择添加。

③“前放增益”选择与被测仪器一致；若图 5-12 中没有给出，可以直接单击“前放增益”右侧的▾按钮后选择添加。

④“参数文件”由用户自行设置需要保存测试偶数道串音文件的路径，如：d:TestEven.txt。

⑤ 如选择内部信号源，设置信号频率，如 31.25Hz。

⑥ 如选择内部信号源，设置信号幅度如 63，其中 63 为幅度编码值，最终输出为

$$V_o = \frac{63}{2048} \times 10 = 0.3076172\text{V(峰值)}$$

上述参数确定后，单击“确定”按钮，即开始这一项测试，并在图 5-12 右侧出现相应的提示信息，此时系统将自动给被测仪器的所有奇数道接入相应频率、幅度的正弦信号，用户在被测仪器上设置文件号（如 9003），然后启动被测仪器采集一条记录。

⑦ 记录完成后，单击“退出”按钮，本项测试结束。

⑧ 如果用户需要进行重复或不同采集参数的测试，可重复以上步骤②～⑦，并在“参数文件”中使用不同的文件号与被测仪器对应，以便于比较对照。

（4）共模抑制比测试

在图 5-8 中单击“共模抑制”后，弹出“共模抑制比”对话框，如图 5-13 所示。

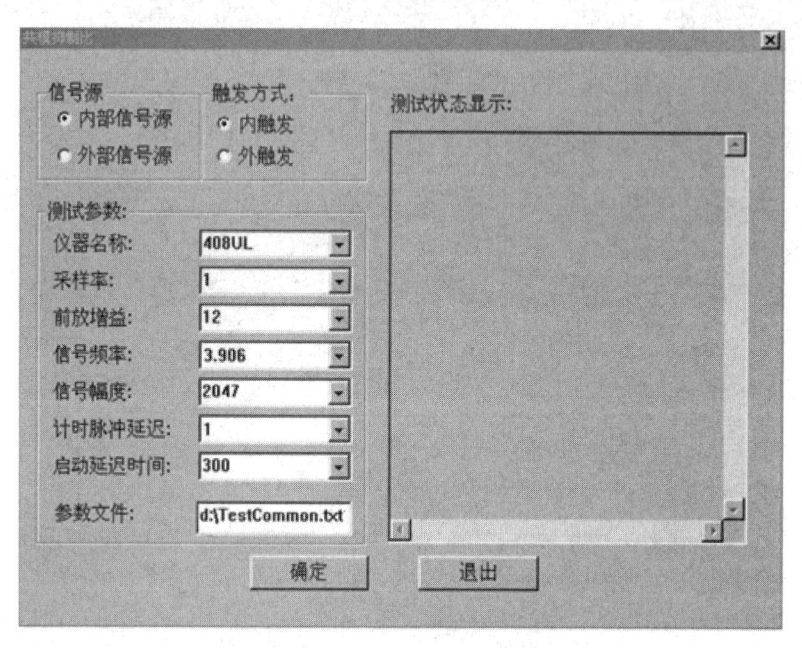

图 5-13　“共模抑制比”对话框

被测仪器采用内触发方式，DZYJ-1 型数字地震仪校准装置系统给被测仪器的所有数据通道接入设定频率的正弦共模信号，信号幅度取决于选择的前放增益，测量此时的共模抑制比。

“测试参数”设置（触发方式=内触发、信号源可以采用内部信号源或外部信号源）如下：

①“仪器名称”选择与被测仪器一致；若图 5-13 中没有给出，可以直接单击“仪器名称”右侧的▾按钮后选择添加。

②“采样率”选择与被测仪器一致；若图 5-13 中没有给出，可以直接单击“采样率”右侧的▾按钮后选择添加。

③“前放增益”选择与被测仪器一致；若图 5-13 中没有给出，可以直接单击“前放增益”右侧的▾按钮后选择添加。

④“参数文件”由用户自行设置需要保存测试共模抑制比文件的路径，如：d:\TestCommon.txt。

⑤ 如选择内部信号源，设置信号频率，如 31.25Hz。

⑥ 如选择内部信号源，设置信号幅度如 63，其中 63 为幅度编码值，最终输出为

$$V_o = \frac{63}{2048} \times 10 = 0.3076172\text{V}(峰值)$$

上述参数确定后，单击“确定”按钮，即开始这一项测试，并在图 5-13 右侧出现相应的提示信息，此时系统将自动给被测仪器的所有数据通道接入相应频率、幅度的正弦信号，用户在被测仪器上设置文件号（如 9004），然后启动被测仪器采集一条记录。

⑦ 记录完成后，单击“退出”按钮，本项测试结束。

⑧ 如果用户需要进行重复或不同采集参数的测试，可重复以上步骤②～⑦，并在“参数文件”中使用不同的文件号与被测仪器对应，以便于比较对照。

（5）陷波特性测试

在图 5-8 中单击“陷波特性”后，弹出“陷波特性”对话框，如图 5-14 所示。

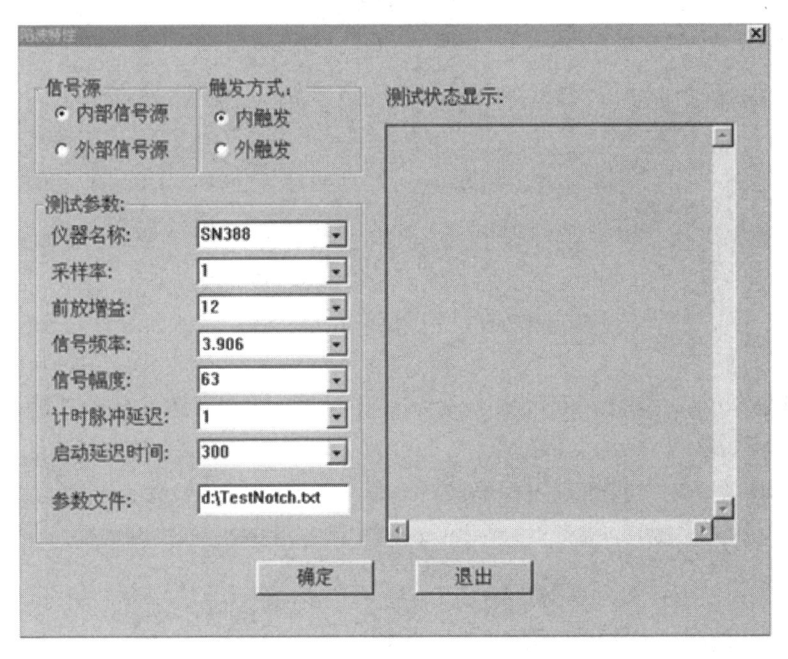

图 5-14　“陷波特性”对话框

被测仪器由 DZYJ-1 型数字地震仪校准装置系统触发，陷波频率设置为 50Hz，所有通道记录 1s 后时刻的脉冲信号，脉冲信号的幅度、宽度取决于选择的前放增益和采样率，检查被测仪器对指定信号频率 50Hz 的滤波性能。

“测试参数”设置如下（触发方式=内触发）：

①“仪器名称”选择与被测仪器一致；若图 5-14 中没有给出，可以直接单击“仪器名称”右侧的▾按钮后选择添加。

②“采样率”选择与被测仪器一致；若图 5-14 中没有给出，可以直接单击“采样率”右侧的▾按钮后选择添加。

③“前放增益”选择与被测仪器一致；若图 5-14 中没有给出，可以直接单击“前放增益”右侧的▾按钮后选择添加。

④“参数文件”由用户自行设置需要保存测试陷波特性文件的路径，如：d:\TestNotch.txt。

⑤ 如选择内部信号源，设置信号幅度如 63，其中 63 为幅度编码值，最终输出为

$$V_o = \frac{63}{2048} \times 10 = 0.3076172\text{V(峰值)}$$

⑥ 上述参数确定后，单击“确定”按钮，在图 5-14 右侧出现相应的提示信息，并弹出如图 5-15 所示提示。

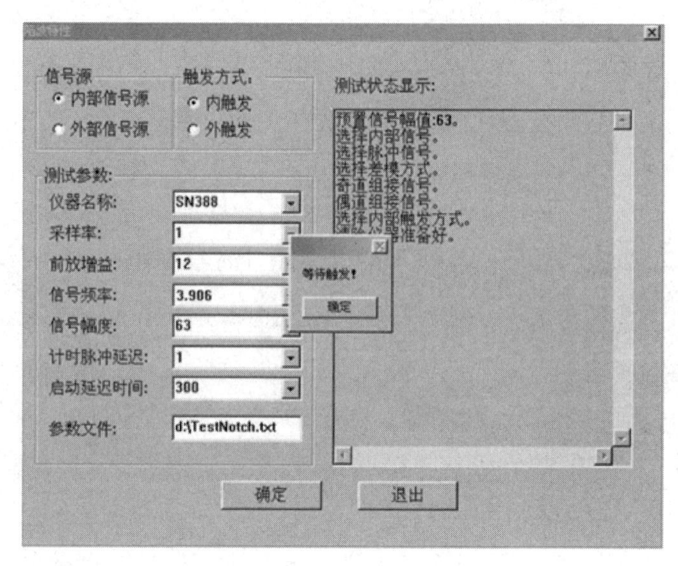

图 5-15　等待触发提示显示

此时系统将自动准备脉冲信号的输出方式，用户必须按要求将被测仪器的触发方式设置为外触发，陷波频率设置为 50Hz，用户在被测仪器上设置文件号（如 9005），然后在“等待触发”小窗口中单击“确定”按钮，出现陷波特性等待触发界面，如图 5-16 所示。

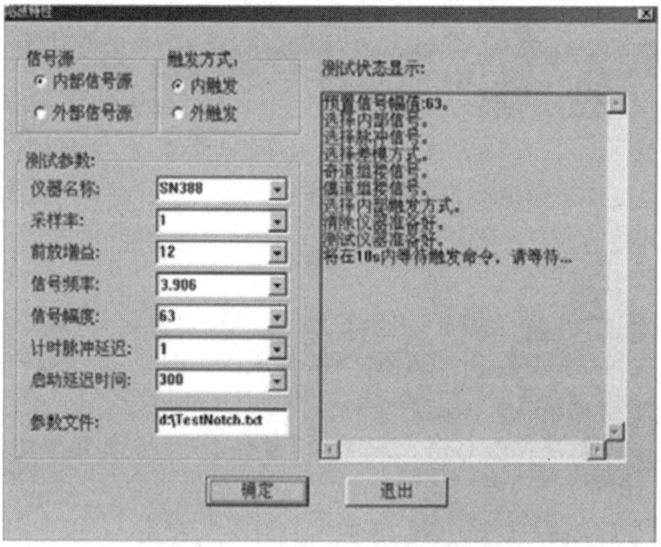

图 5-16　陷波特性等待触发界面

此时启动被测仪器采集一条记录，如果在 10s 内没有被触发，将弹出“等待触发失败!”小窗口，单击“确定”按钮，并重复步骤⑥；如果在 10s 内触发了，屏幕显示陷波特性测试状态，如图 5-17 所示，等待被测仪器采集结束。

⑦ 记录完成后，单击“退出”按钮，本项测试结束。

⑧ 如果用户需要进行重复或不同采集参数的测试，可重复以上步骤②～⑦，并在“参数文件”中使用不同的文件号与被测仪器对应，以便于比较对照。

（6）系统延迟测试

在图 5-8 中单击“系统延迟”后，弹出“系统延迟”对话框，如图 5-18 所示。

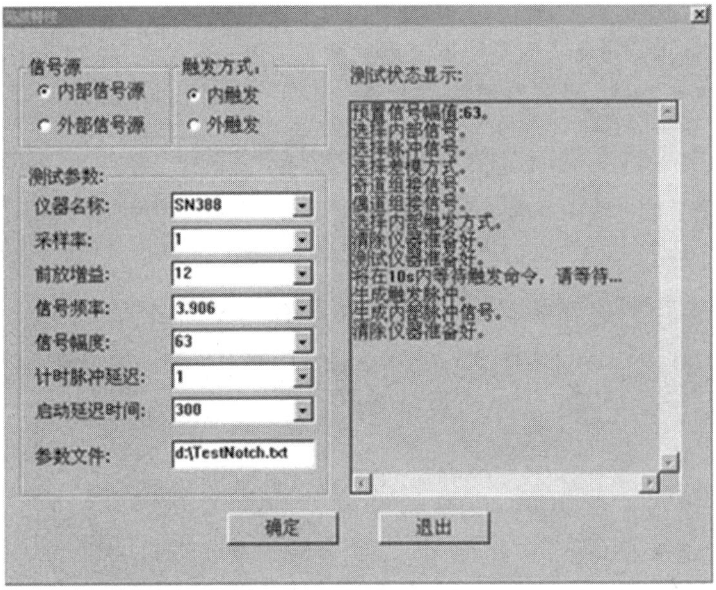

图 5-17　陷波特性测试状态显示

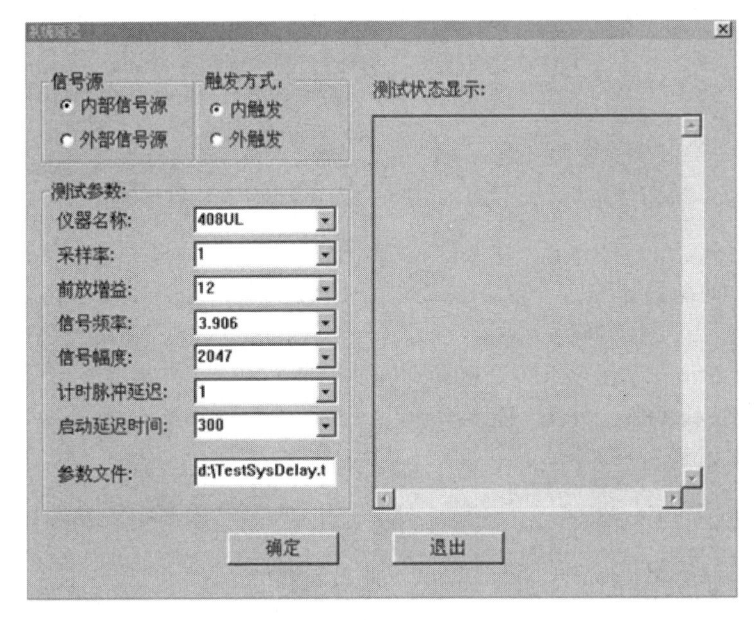

图 5-18　“系统延迟”对话框

被测仪器由 DZYJ-1 型数字地震仪校准装置系统触发，所有通道记录 1s 后时刻的脉冲信号，脉冲信号的幅度、宽度取决于选择的前放增益和采样率，计算仪器零计时线与此脉冲信号初至时间的差值以检查被测仪器的系统延迟时间。“测试参数”设置如下（触发方式=内触发）：

①“仪器名称”选择与被测仪器一致；若图 5-18 中没有给出，可以直接单击“仪器名称”右侧的▾按钮后选择添加。

②“采样率”选择与被测仪器一致；若图 5-18 中没有给出，可以直接单击“采样率”右侧的▾按钮后选择添加。

③“前放增益”选择与被测仪器一致；若图 5-18 中没有给出，可以直接单击“前放增益”

右侧的▼按钮后选择添加。

④“参数文件”由用户自行设置需要保存测试系统延迟文件的路径，如：d:\TestSysDelay.txt。

⑤ 如选择内部信号源，设置信号幅度如 63，其中 63 为幅度编码值，最终输出为

$$V_{\mathrm{o}}=\frac{63}{2048}\times 10=0.3076172\mathrm{V}(\text{峰值})$$

⑥ 上述参数确定后，单击“确定”按钮，在图 5-18 右侧出现相应的提示信息，并弹出如图 5-19 所示界面。

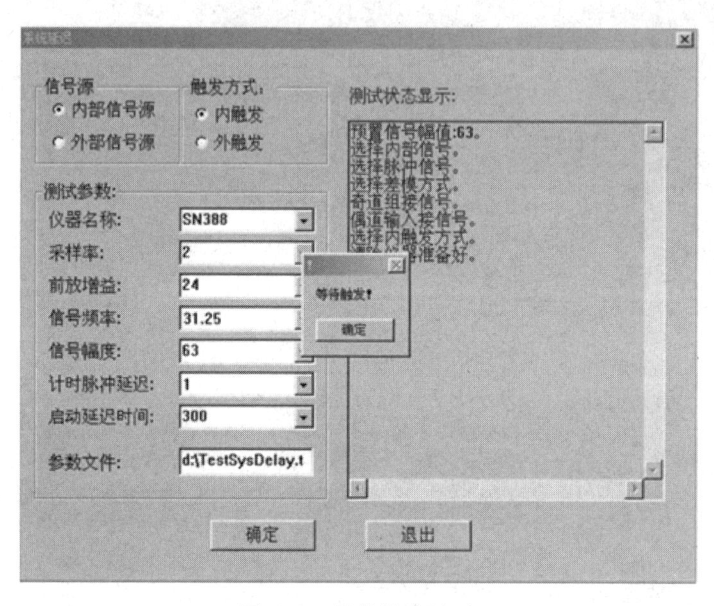

图 5-19 等待触发界面

此时系统将自动准备脉冲信号的输出方式，用户必须按照提示的要求将被测仪器的触发方式设置为外触发，记录长度应大于 1s，设置文件号（如 9006），然后在“等待触发”小窗口中单击“确定”按钮，屏幕显示系统延迟等待触发信息，如图 5-20 所示。

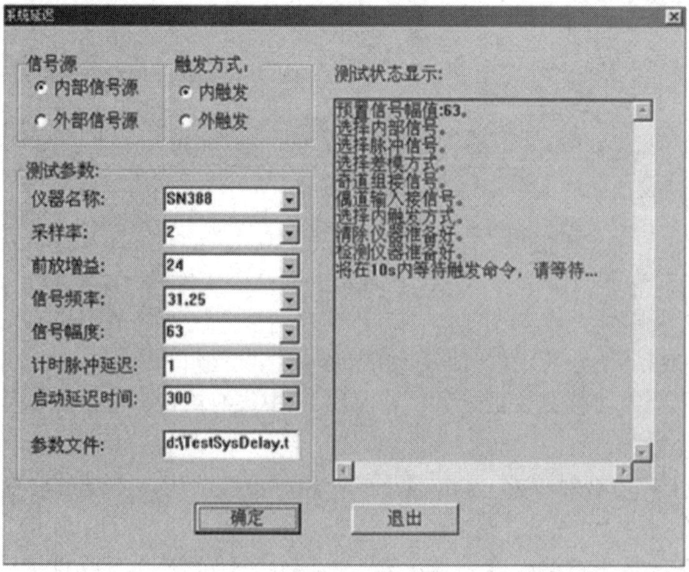

图 5-20 系统延迟等待触发信息

此时启动被测仪器采集一条记录，如果在 10s 内没有被触发，将弹出“等待触发失败”小窗口，单击“确定”按钮，并重复步骤⑥；如果在 10s 内触发了，屏幕显示系统延迟测试状态，如图 5-21 所示，等待被测仪器采集结束。

⑦ 记录完成后，单击“退出”按钮，本项测试结束。

⑧ 如果用户需要进行重复或不同采集参数的测试，可重复以上步骤②～⑦，并在“参数文件”中使用不同的文件号与被测仪器对应，以便于比较对照。

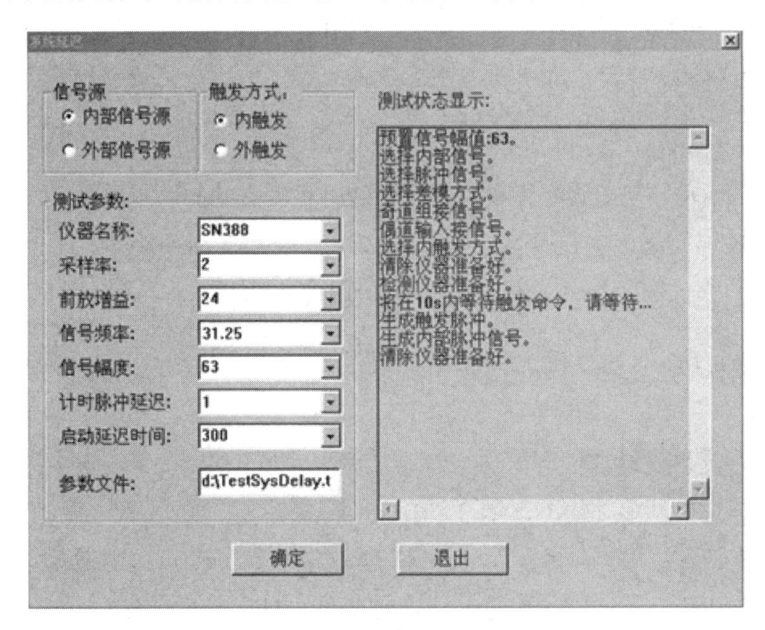

图 5-21　系统延迟测试状态显示

（7）计时精度测试

在图 5-8 中单击“计时精度”后，弹出“计时精度”对话框，如图 5-22 所示。

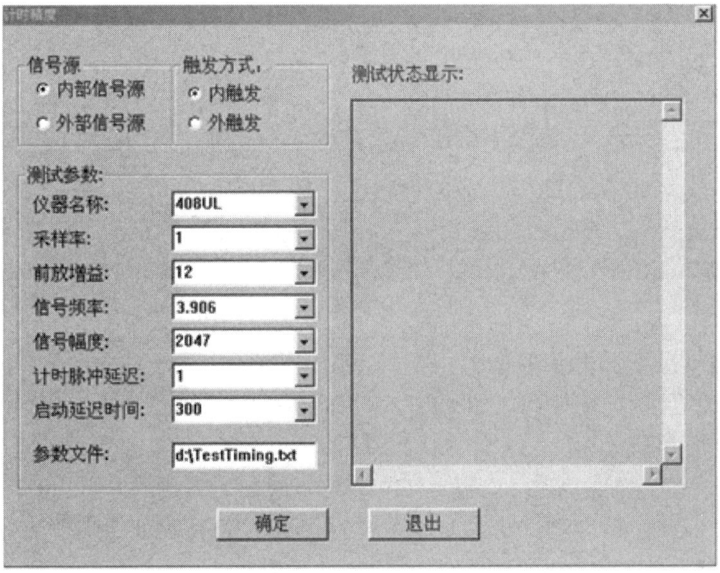

图 5-22　“计时精度”对话框

被测仪器由 DZYJ-1 型数字地震仪校准装置系统触发，所有通道记录一定延迟时间（建议选择 1s）之后的脉冲信号，脉冲信号的幅度、宽度取决于选择的前放增益和采样率，实测延迟时间值，以检验被测仪器计时的精度。

“测试参数”设置如下（触发方式=内触发）：

①“仪器名称”选择与被测仪器一致；若图 5-22 中没有给出，可以直接单击“仪器名称”右侧的▾按钮后选择添加。

②“采样率”选择与被测仪器一致；若图 5-22 中没有给出，可以直接单击“采样率”右侧的▾按钮后选择添加。

③“前放增益”选择与被测仪器一致；若图 5-22 中没有给出，可以直接单击“前放增益”右侧的▾按钮后选择添加。

④“参数文件”由用户自行设置需要保存测试计时精度文件的路径，如：d:\TestTiming.txt。

⑤ 如选择内部信号源，设置信号幅度如 63，其中 63 为幅度编码值，最终输出为

$$V_{\mathrm{o}}=\frac{63}{2048}\times 10=0.3076172\mathrm{V}(\text{峰值})$$

⑥ 上述参数确定后，单击“确定”按钮，在图 5-22 右侧出现相应的提示信息，并弹出如图 5-23 所示界面。

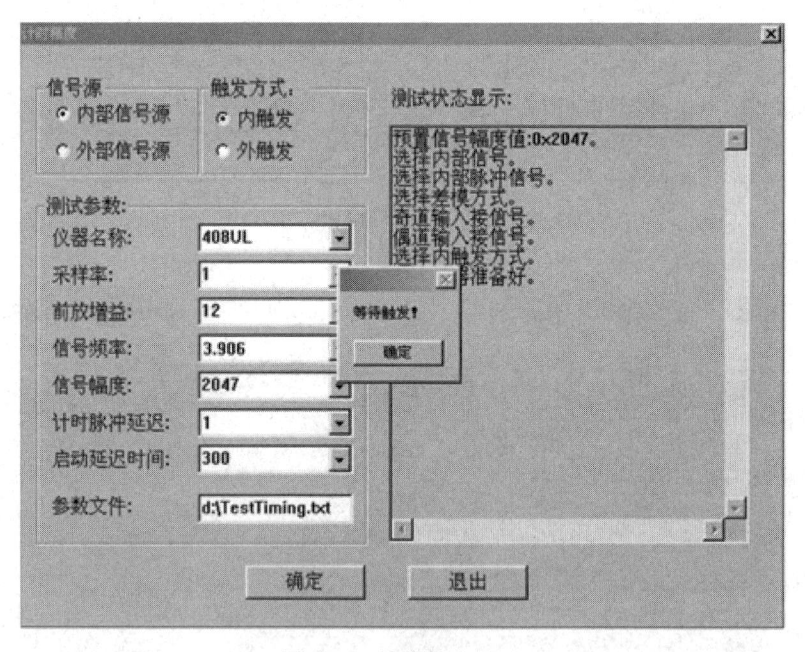

图 5-23　等待触发界面

此时系统将自动准备脉冲信号的输出方式，用户必须按照提示的要求将被测仪器的触发方式设置为外触发，且设置文件号（如 9007），然后在“等待触发”小窗口中单击“确定”按钮，屏幕显示计时精度测试等待触发信息。此时启动被测仪器采集一条记录，如果在 10s 内没有被触发，将弹出“等待触发失败！”小窗口。单击“确定”按钮，并重复步骤⑥；如果在 10s 内触发了，屏幕显示计时精度测试状态，如图 5-24 所示，等待仪器采集结束。

⑦ 记录完成后，单击“退出”按钮，本项测试结束。

⑧ 如果用户需要进行重复或不同采集参数的测试，可重复以上步骤②～⑦，并在“参数

文件”中使用不同的文件号与被测仪器对应，以便于比较对照。

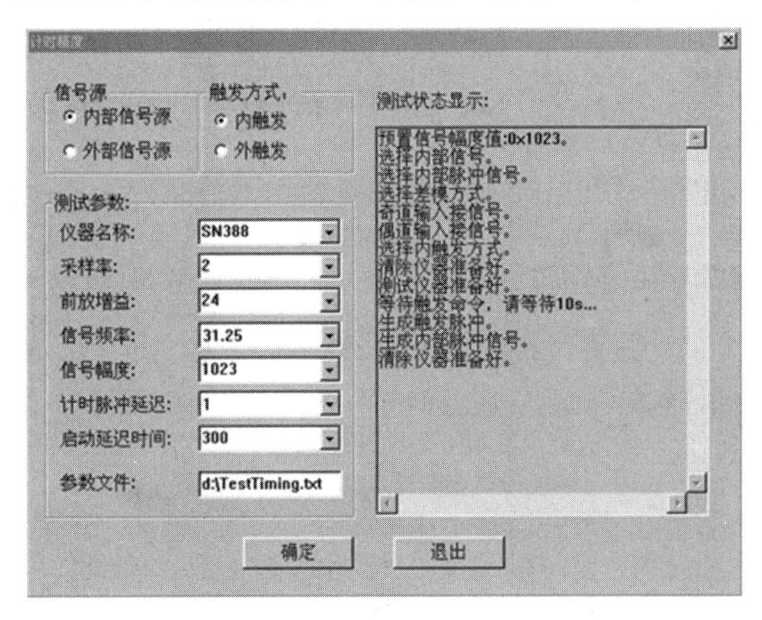

图 5-24　计时精度测试状态显示

（8）增益精度测试

在图 5-8 中单击“增益精度”后，弹出“增益精度”对话框，如图 5-25 所示。

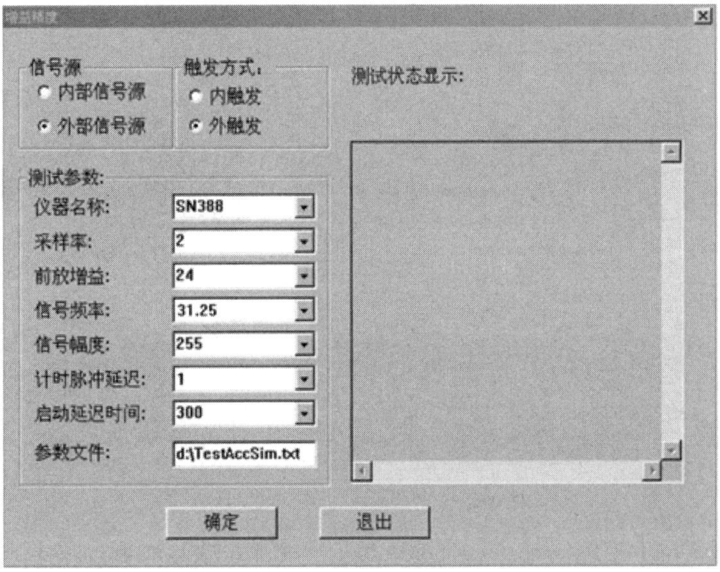

图 5-25　“增益精度”对话框

被测仪器采用内触发方式，DZYJ-1 型数字地震仪校准装置系统给被测仪器的所有通道接入设定频率的正弦信号（如 31.25Hz），信号幅度取决于选择的前放增益，通过被测仪器记录的信号实际值与本系统产生的信号进行比较，计算被测仪器的真实增益。

“测试参数”设置如下（触发方式=外触发、信号源可以采用内部信号源或外部信号源）：

①“仪器名称”选择与被测仪器一致；若图 5-25 中没有给出，可以直接单击“仪器名称”

右侧的▼按钮后选择添加。

②“采样率”选择与被测仪器一致；若图 5-25 中没有给出，可以直接单击“采样率”右侧的▼按钮后选择添加。

③“前放增益”选择与被测仪器一致；若图 5-25 中没有给出，可以直接单击“前放增益”右侧的▼按钮后选择添加。

④ 参数文件由用户自行设置需要保存测试增益精度文件的路径，如：d:\TestAccSim.txt。

⑤ 如选择内部信号源，设置信号频率（如 31.25Hz）。

⑥ 如选择内部信号源，设置信号幅度如 63，其中 63 为幅度编码值，最终输出为

$$V_o = \frac{63}{2048} \times 10 = 0.3076172\text{V}(\text{峰值})$$

上述参数确定后，单击“确定”按钮，即开始这一项测试，并在图 5-25 右侧出现相应的提示信息，此时系统将自动给被测仪器的所有数据通道接入相应频率、幅度的正弦信号，用户在被测仪器上设置文件号（如 9008），然后启动被测仪器采集一条记录。

⑦ 记录完成后，单击“退出”按钮，本项测试结束。

⑧ 如果用户需要进行重复或不同采集参数的测试，可重复以上步骤②～⑦，并在“参数文件”中使用不同的文件号与被测仪器对应，以便于比较对照。

（9）低截滤波测试

在图 5-8 中单击“低截滤波”后，弹出“低截滤波”对话框，如图 5-26 所示。

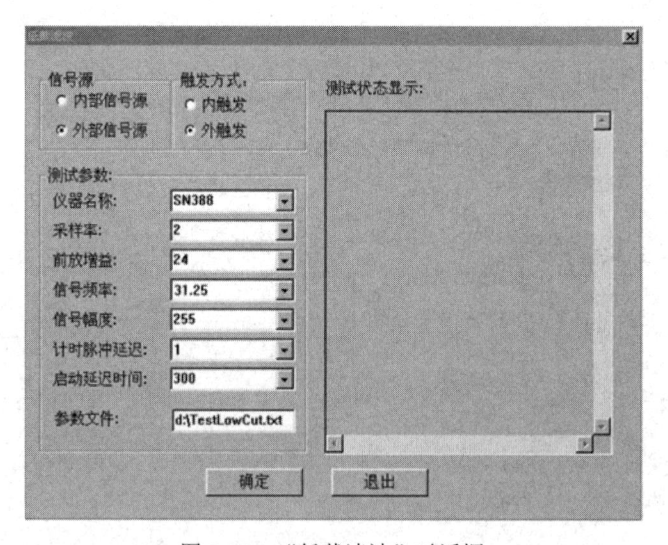

图 5-26 “低截滤波”对话框

被测仪器由 DZYJ-1 型数字地震仪校准装置系统触发，所有通道记录 1s 后时刻的脉冲信号，脉冲信号的幅度、宽度取决于选择的前放增益和采样率，检查仪器对指定低截频率的滤波性能。

“测试参数”设置如下（触发方式=内触发）：

①“仪器名称”选择与被测仪器一致；若图 5-26 中没有给出，可以直接单击“仪器名称”右侧的▼按钮后选择添加。

②“采样率”选择与被测仪器一致；若图 5-26 中没有给出，可以直接单击“采样率”右侧的▼按钮后选择添加。

③“前放增益”选择与被测仪器一致；若图 5-26 中没有给出，可以直接单击“前放增益”右侧的▾按钮后选择添加。

④“参数文件”由用户自行设置需要保存测试低截滤波文件的路径，如：d:\TestLowCut.txt。

⑤ 如选择内部信号源，设置信号幅度如 63，其中 63 为幅度编码值，最终输出为

$$V_o = \frac{63}{2048} \times 10 = 0.3076172\text{V}(\text{峰值})$$

⑥ 上述参数确定后，单击“确定”按钮，在图 5-26 右侧出现相应的提示信息，并弹出“等待触发“小窗口，如图 5-27 所示。

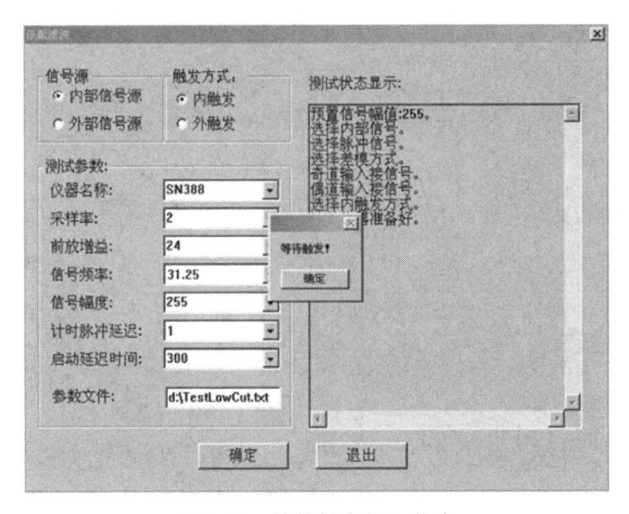

图 5-27　等待触发提示信息

此时系统将自动准备脉冲信号的输出方式，用户必须按照提示的要求将被测仪器的触发方式设置为外触发，且设备文件号（如 9009），然后在“等待触发”小窗口中单击“确定”按钮，屏幕显示低截滤波测试等待触发信息。此时启动被测仪器采集一条记录，如果在 10s 内没有被触发，将弹出“等待触发失败！”小窗口，单击“确定”按钮，并重复步骤⑥；如果在 10s 内触发了，屏幕显示低截滤波测试状态，如图 5-28 所示，等待仪器采集结束。

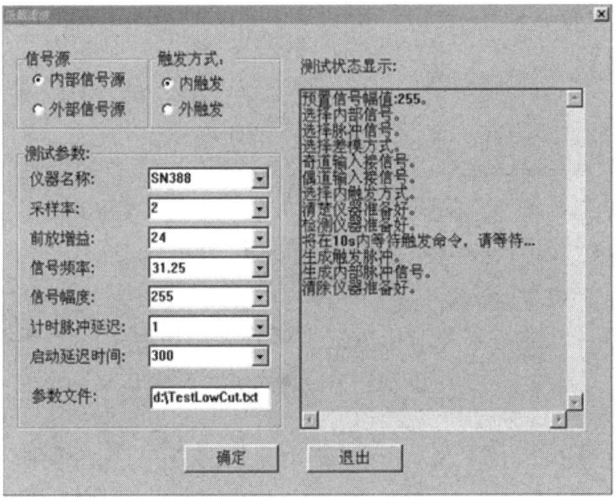

图 5-28　低截滤波测试状态显示

⑦ 记录完成后，单击“退出”按钮，本项测试结束。

⑧ 如果用户需要进行重复或不同采集参数的测试，可重复以上步骤②～⑦，并在“参数文件”中使用不同的文件号与被测仪器对应，以便于比较对照。

（10）高截滤波测试

在图 5-8 中单击“高截滤波”后，弹出“高截滤波”对话框，如图 5-29 所示。

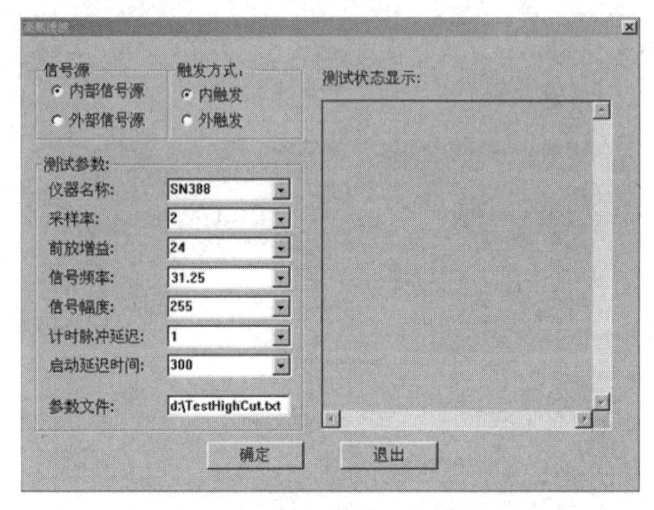

图 5-29 “高截滤波”对话框

被测仪器由 DZYJ-1 型数字地震仪校准装置系统触发，所有通道记录 1s 后时刻的脉冲信号，脉冲信号的幅度、宽度取决于选择的前放增益和采样率，检查被测仪器对指定高截频率的滤波性能。

“测试参数”设置如下（触发方式=内触发）：

①“仪器名称”选择与被测仪器一致；若图 5-29 中没有给出，可以直接单击“仪器名称”右侧的按钮后选择添加。

②“采样率”选择与被测仪器一致；若图 5-29 中没有给出，可以直接单击“采样率”右侧的按钮后选择添加。

③“前放增益”选择与被测仪器一致；若图 5-29 中没有给出，可以直接单击“前放增益”右侧的按钮后选择添加。

④“参数文件”由用户自行设置需要保存测试高截滤波文件的路径，如：d:\TestHighCut.txt。

⑤ 如选择内部信号源，设置信号幅度如 63，其中 63 为幅度编码值，最终输出为

$$V_o = \frac{63}{2048} \times 10 = 0.3076172\text{V}(\text{峰值})$$

⑥ 上述参数确定后，单击“确定”按钮，在图 5-29 右侧出现相应的提示信息，并弹出“等待触发”小窗口，如图 5-30 所示。

此时系统将自动准备脉冲信号的输出方式，用户必须按照提示的要求将被测仪器的触发方式设置为外触发，且设置文件号（如 9010），然后在“等待触发”小窗口中单击“确定”按钮，显示高截滤波测试等待触发信息。此时启动被测仪器采集一条记录，如果在 10s 内没有被触发，将弹出“等待触发失败！”小窗口，单击“确定”按钮，并重复步骤⑥；如果在 10s 内触发了，显示高截滤波测试状态信息，如图 5-31 所示，等待仪器采集结束。

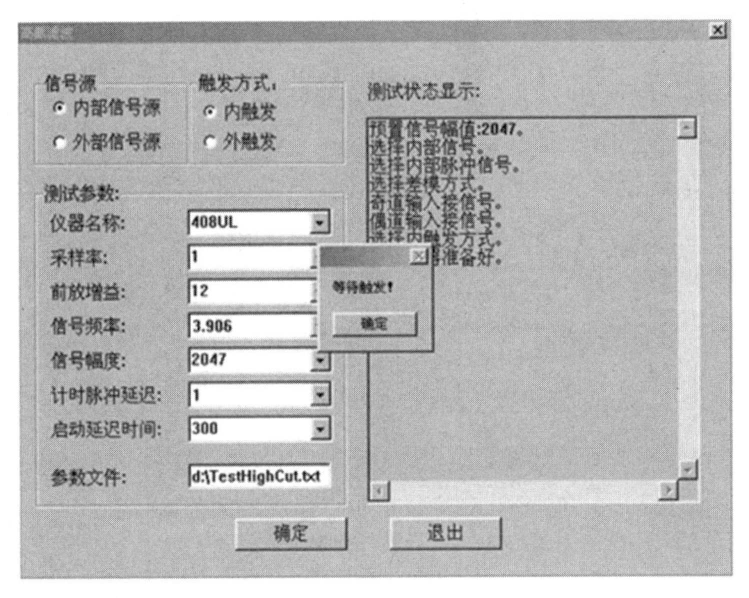

图 5-30　等待触发提示信息

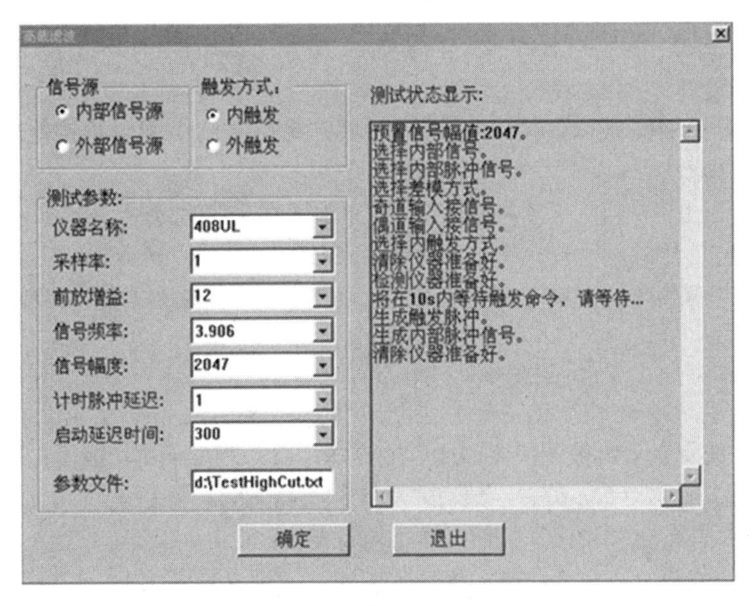

图 5-31　高截滤波测试状态显示

⑦ 记录完成后，单击“退出”按钮，本项测试结束。

⑧ 如果用户需要进行重复或不同采集参数的测试，可重复以上步骤②～⑦，并在“参数文件”中使用不同的文件号与被测仪器对应，以便于比较对照。

（11）谐波畸变测试

在图 5-8 中单击“谐波畸变”后，弹出“谐波畸变”对话框，如图 5-32 所示。

被测仪器采用内触发方式，DZYJ-1 型数字地震仪校准装置系统给被测仪器的所有通道接入设定频率的正弦信号，记录最小输入幅度的信号，计算此时仪器的谐波畸变。

“测试参数”设置如下（触发方式=外触发、信号源可以采用内部信号源或外部信号源）：

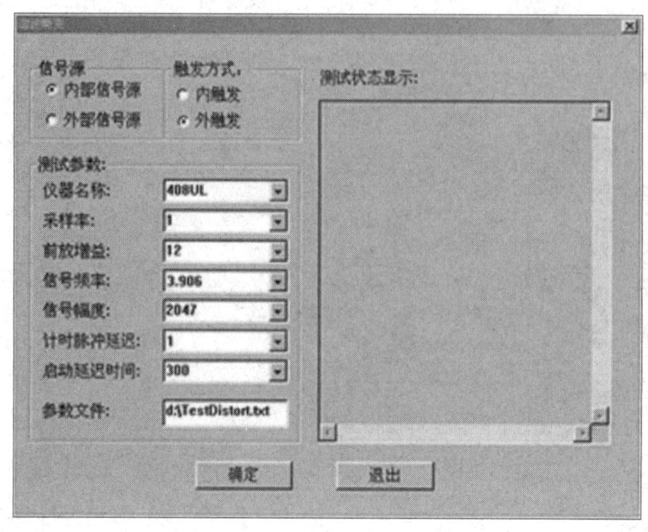

图 5-32 “谐波畸变”对话框

①“仪器名称”选择与被测仪器一致；若图 5-32 中没有给出，可以直接单击“仪器名称”右侧的▾按钮后选择添加。

②“采样率”选择与被测仪器一致；若图 5-32 中没有给出，可以直接单击“采样率”右侧的▾按钮后选择添加。

③“前放增益”选择与被测仪器一致；若图 5-32 中没有给出，可以直接单击“前放增益”右侧的▾按钮后选择添加。

④“参数文件”由用户自行设置需要保存测试谐波畸变文件的路径，如：d:\TestDistort.txt。

⑤ 如选择内部信号源，设置信号频率（如 31.25Hz）。

⑥ 如选择内部信号源，设置信号幅度如 63，其中 63 为幅度编码值，最终输出为

$$V_o = \frac{63}{2048} \times 10 = 0.3076172\text{V}(\text{峰值})$$

上述参数确定后，单击“确定”按钮，即开始这一项测试，并在图 5-32 右侧出现相应的提示信息，此时系统将自动给被测仪器的所有数据通道接入相应频率、幅度的正弦信号，用户在被测仪器上设置文件号（如 9011），然后启动被测仪器采集一条记录。

⑦ 记录完成后，单击“退出”按钮，本项测试结束。

⑧ 如果用户需要进行重复或不同采集参数的测试，可重复以上步骤②～⑦，并在“参数文件”中使用不同的文件号与被测仪器对应，以便于比较对照。

（12）频带宽度测试

在图 5-8 中单击“频带宽度”后，弹出“频带宽度”对话框，如图 5-33 所示。

被测仪器由 DZYJ-1 型数字地震仪校准装置系统触发，所有通道记录 1s 后时刻的脉冲信号，脉冲信号的幅度、宽度取决于选择的前放增益和采样率，且采集时不加任何滤波，测试仪器的带宽特性。

“测试参数”设置如下（触发方式=内触发）：

①“仪器名称”选择与被测仪器一致；若图 5-33 中没有给出，可以直接单击“仪器名称”右侧的▾按钮后选择添加。

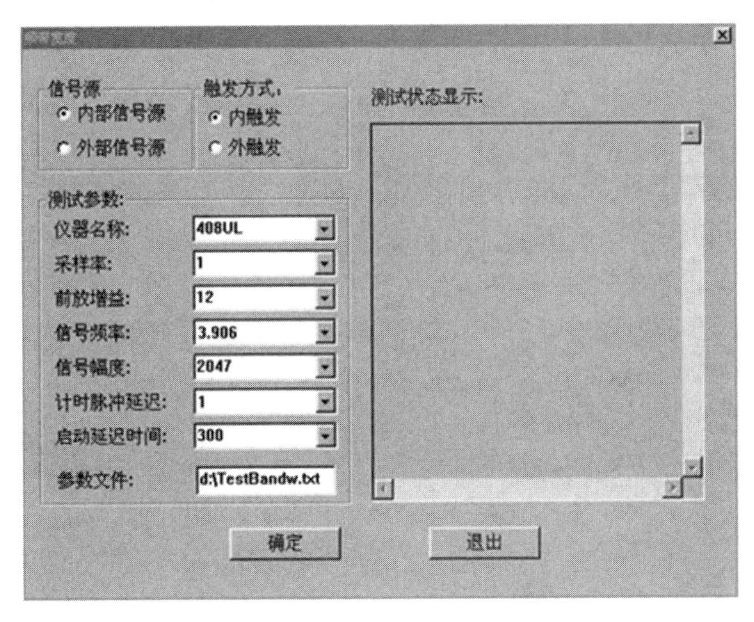

图 5-33 “频带宽度”对话框

② “采样率”选择与被测仪器一致；若图 5-33 中没有给出，可以直接单击“采样率”右侧的按钮后选择添加。

③“前放增益”选择与被测仪器一致；若图 5-33 中没有给出，可以直接单击“前放增益”右侧的按钮后选择添加。

④“参数文件”由用户自行设置需要保存测试频带宽度文件的路径，如：d:\TestBandw.txt。

⑤ 如选择内部信号源，设置信号幅度如 63，其中 63 为幅度编码值，最终输出为

$$V_o = \frac{63}{2048} \times 10 = 0.3076172\text{V}(\text{峰值})$$

⑥ 上述参数确定后，单击“确定”按钮，在图 5-33 右侧出现相应的提示信息，并弹出“等待触发”小窗口，如图 5-34 所示。

此时系统将自动准备脉冲信号的输出方式，用户必须按照提示的要求将被测仪器的触发方式设置为外触发，且设置文件号（如 9012），然后在“等待触发”小窗口中单击“确定”按钮，屏幕显示频带宽度测试等待触发信息。如果在 10s 内没有被触发，将弹出“等待触发失败！”小窗口，单击“确定”按钮，并重复步骤⑥；如果在 10s 内触发了，显示频带宽度测试状态，如图 5-35 所示，等待仪器采集结束。

⑦ 记录完成后，单击“退出”按钮，本项测试结束。

⑧ 如果用户需要进行重复或不同采集参数的测试，可重复以上步骤②～⑦，并在“参数文件”中使用不同的文件号与被测仪器对应，以便于比较对照。

注意事项：

① 正确设置“测试参数”，保证在系统上设置的参数与被测仪器设置的采集参数一致；

② 被测仪器记录的样点数至少应大于 4096 个，设置被测仪器的记录长度参数时要根据采样率值进行考虑，记录长度＞采样率值×4096；

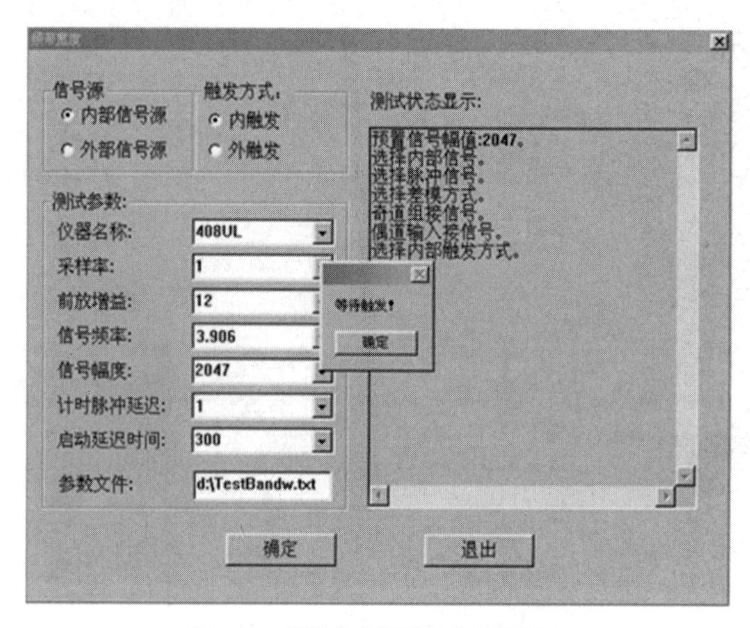

图 5-34　频带宽度测试等待触发提示

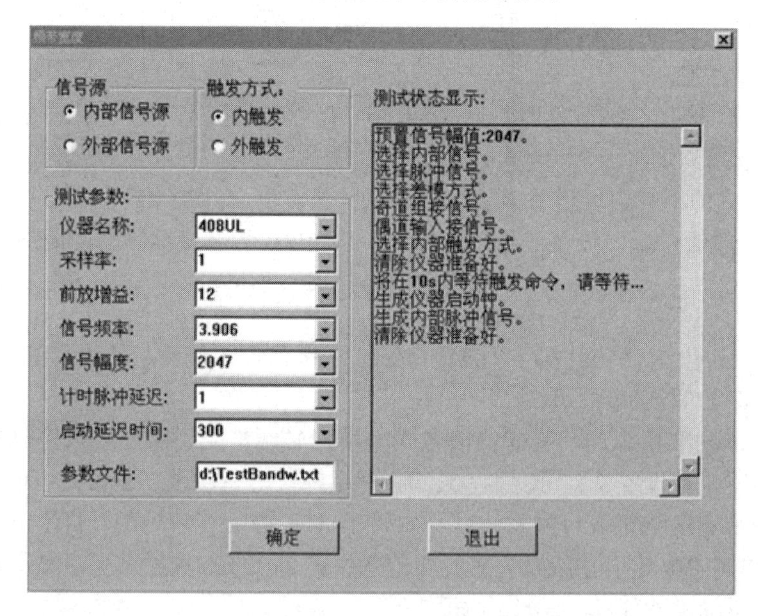

图 5-35　频带宽度测试状态显示

③ 认真填写测试班报，填写采样率、记录长度、文件号等参数，为数据分析、处理提供方便；

④ 在执行脉冲测试项时，适当地调整被测仪器的触发灵敏度；

⑤ 执行测试时应避开强干扰源，尽量减少外部环境的干扰。

2．处理系统

在图 5-7 中单击“处理系统”，弹出“处理系统”对话框，如图 5-36 所示。

（1）数据处理操作

处理系统包括噪声零漂、串音（奇道、偶道）、共模抑制比、陷波特性、系统延迟、计时精度、增益精度、滤波（低截、高截）、谐波特性、频带宽度等项目，可以在各项上单击进行选择，进入所需要的操作。

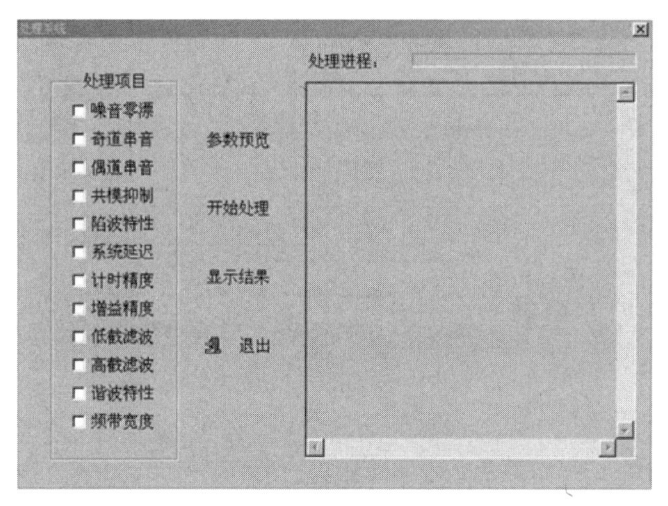

图 5-36 “处理系统”对话框

下面以“处理项目”为噪声零漂为例进行介绍。通过对采集的噪声数据文件进行处理、分析，以测定被测仪器的直流漂移和交流噪声。

① 处理参数设置：在图 5-36 中单击“参数预览”，弹出如图 5-37 所示对话框，根据被测仪器的类型首先选择“记录数据单位”，一般情况下记录数据单位为“毫伏”，目前 ARAM24 仪器的记录数据单位为“伏”。仪器类型、被处理道数、前放增益、漂移与噪声范围、被测数据文件、生成报告文件应根据被测仪器实际参数填写与选择；处理长度、采样频率不用选择。所有参数设置完成后，单击“确定”按钮，返回图 5-36。

② 选择处理项目：在对应项前勾选所需处理的项目。

③ 执行处理：如果参数设置有误，再进入“噪声零漂”对话框重新设置。设置正确无误后，单击“开始处理”，同时可以观察处理进程状态。在处理过程中，若出现如图 5-38 所示界面，则表示处理参数设置中被处理数据道数与实际采集数据道数不符，单击“确定”按钮或重新设置即可。

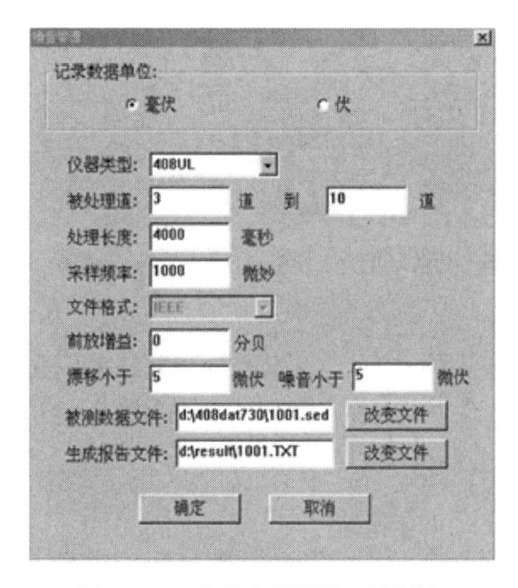

图 5-37 “噪声零漂”对话框

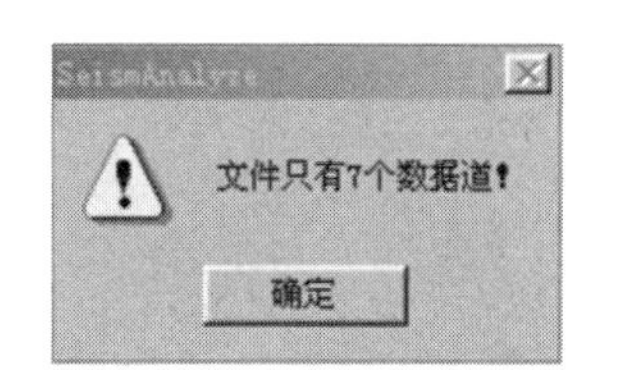

图 5-38 数据道不足提示界面

④ 预览结果报告：在图 5-36 中单击“显示结果”，显示如图 5-39 所示的结果报告存储路径。

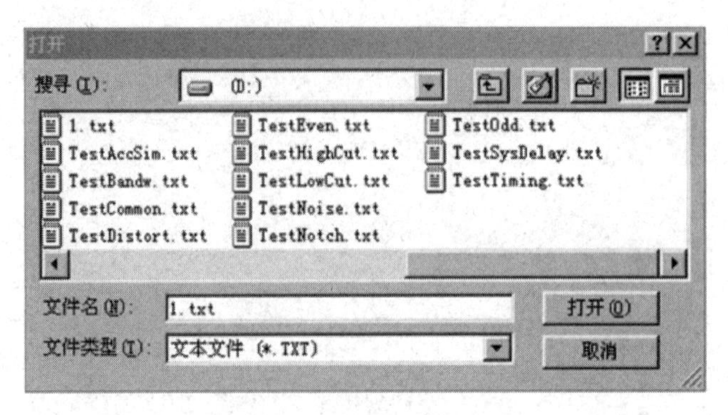

图 5-39　结果报告存储路径

打开根据参数设置中生成报告文件的存放路径及文件名，显示处理进程，如图 5-40 所示。按住鼠标拖动右侧的滚动条，可以显示噪声零漂处理的完整结果，或者直接到噪声零漂处理结果所存放的路径下打开其处理结果文件（纯文本格式文件）。

处理、分析完成后，返回图 5-36。

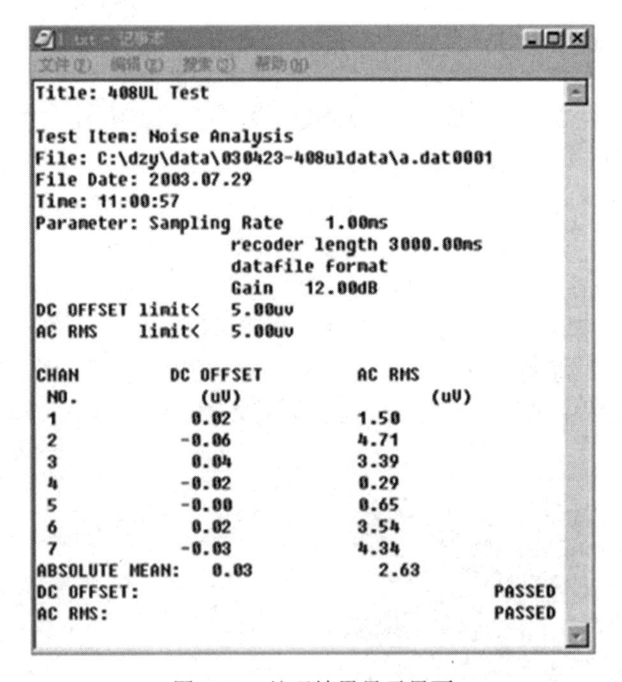

```
Title: 408UL Test

Test Item: Noise Analysis
File: C:\dzy\data\030423-408uldata\a.dat0001
File Date: 2003.07.29
Time: 11:00:57
Parameter: Sampling Rate     1.00ms
                  recoder length 3000.00ms
                  datafile format
                  Gain    12.00dB
DC OFFSET limit<    5.00uv
AC RMS    limit<    5.00uv

CHAN          DC OFFSET          AC RMS
 NO.             (uV)                   (uV)
 1               0.02            1.50
 2              -0.06            4.71
 3               0.04            3.39
 4              -0.02            0.29
 5              -0.00            0.65
 6               0.02            3.54
 7              -0.03            4.34
ABSOLUTE MEAN:    0.03             2.63
DC OFFSET:                                      PASSED
AC RMS:                                         PASSED
```

图 5-40　处理结果显示界面

（2）打印测试报告说明

所有测试班报（即测试项目的参考文件）与处理报告（即处理项目的生成报告文件）都是以纯文本格式保存的文件，可以在文本文件下打印，也可以在其他办公文档中编辑后再打印。

（3）分析和处理项目操作注意事项

正确设置参数，数据采集参数必须与实际相符；限值标准的设置应严格参照仪器厂商的出厂技术指标或相应行业规定的技术标准。

3．磁带数据转换

磁带数据转换是在地震仪器做完检测后，将地震仪器保存的 SEG-D、SEG-Y 等格式的数据转换为 IEEE 文件格式数据，用于系统检测后的处理分析。

（1）磁带机连接

磁带机在断电情况下，将 SCSI 电缆线连接好，打开磁带机电源，系统开机后自动找到该设备。在图 5-7 中单击“磁带数据转换”后，弹出磁带数据转换对话框，如图 5-41 所示。

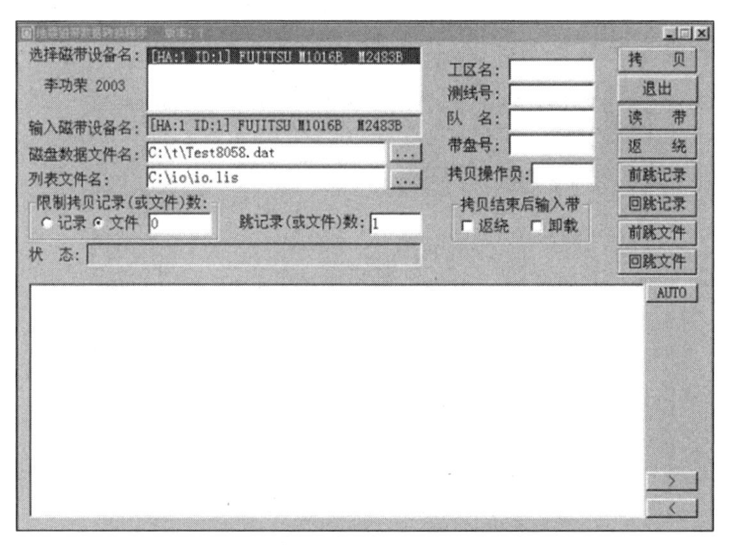

图 5-41 磁带数据转换对话框（磁带机已连接）

此时“选择磁带设备名”中显示[HA:1 ID:1] FUJITSU M1016B M2483B，表示磁带机已连接好。如果磁带机在中途开机，在图 5-7 中单击“磁带数据转换”后，弹出如图 5-42 所示对话框。此时“选择磁带设备名”中显示“磁盘数据文件”，表示磁带机未连接好，这时打开 Windows“控制面板”中的“设备管理器”，单击“刷新”按钮，出现 Tape Drive 图标，表示磁带机已连接好，如图 5-43 所示。

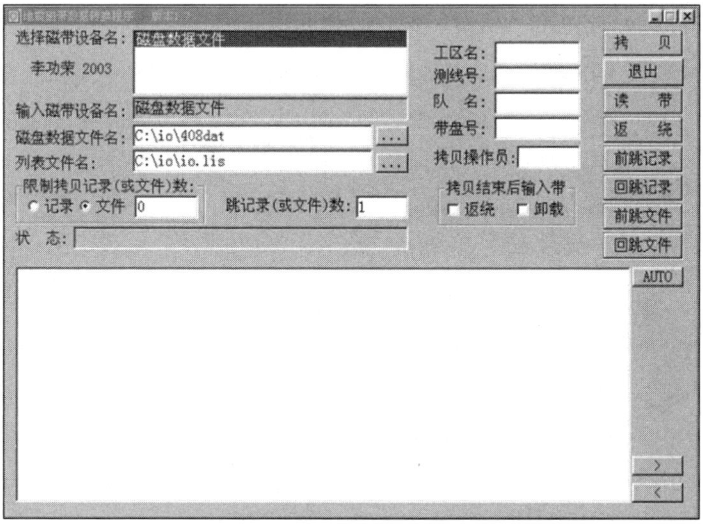

图 5-42 磁带数据转换对话框（磁带机未连接）

（2）数据转换

在图 5-41 中，在“磁盘数据文件名”中设置要转换后存放的文件名，在对话框右侧进行设置，或单击“磁盘数据文件名”后面的...按钮，显示转换文件存储路径选择对话框。同样设置转换后的“列表文件名”，相应的工区名、测线号、队名、带盘号、拷贝操作员等根据实际情况填写，设置结束，单击“拷贝”按钮，磁带数据文件开始转换成磁盘数据文件，如图 5-44 所示。

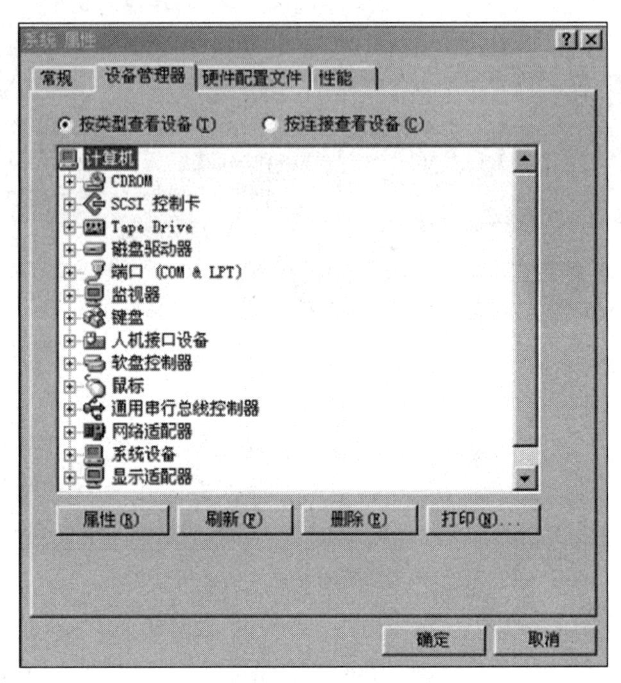

图 5-43　设备管理器属性

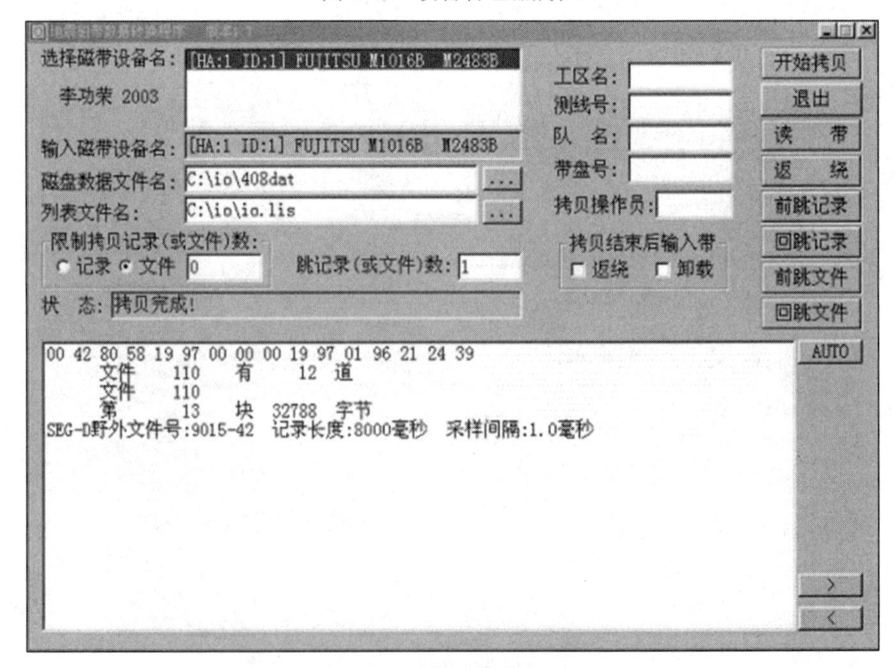

图 5-44　数据转换信息显示

通过状态显示拷贝完成，单击“退出”按钮，退出磁带数据转换系统，返回图 5-7；在图 5-41 中的“拷贝结束后输入带”勾选“返绕”和“卸载”，磁带数据转换拷贝完成后磁带机可自动卸带，否则需人工手动卸带。

（3）磁盘数据文件

磁带数据文件转换成的磁盘数据文件在形式和转换的记录格式上有所不同。

① 每个原始记录 SEG-D 格式磁带文件转换后形成两个磁盘文件，如：OPSEIS0000、OPSEIS0000.hed，其中 OPSEIS0000.hed 为头段文件（目前不使用），OPSEIS0000 为系统处理分析使用的文件。

② 每个原始记录 SEG-Y 格式磁带文件转换后形成两种磁盘文件，如：rarm24.datsegy.hed、rarm24.dat0029，其中 rarm24.datsegy.hed 为头段文件（目前不使用），rarm24.dat0029 为系统处理分析使用的文件。

5.2 VeRIF-i 地震仪器测试处理套件

5.2.1 PSG-2 高精度信号源

PSG-2 高精度信号源是一个精密信号发生器，能够测试高精度、低频率数据采集系统的性能，其实物图如图 5-45 所示。

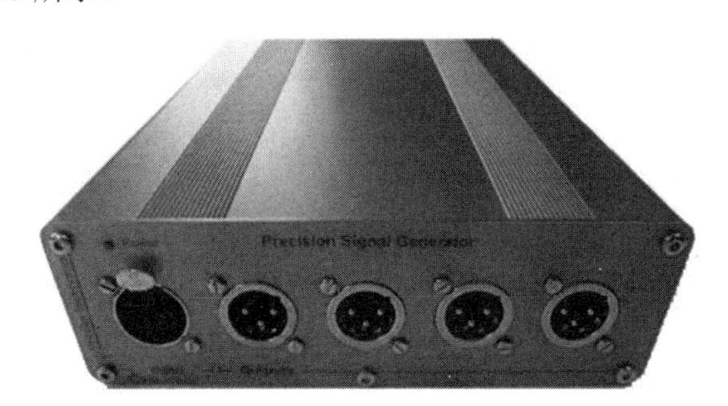

图 5-45　PSG-2 高精度信号源实物图

1. 特点

① 体积小、重量轻、功率低，可由安装有基于 Windows 系统的 PsgControl 应用程序的台式计算机、笔记本电脑或平板电脑控制。

② 波形的产生可由一个外部光电隔离信号触发，还可以生成输出触发信号，使其能够作为被测系统的“主”或“从”来操作、测试。

③ PsgControl 应用程序不仅有全面的“手动控制”模式，还有用于实现自动测试的“脚本”模式，可以提高效率和准确性。

④ 具有高性能的单通道数据采集电路的内部监测功能，可以检查输出信号的特征是否满足测试要求。

⑤ 计时精度优于 1×10^{-6}s，参考时钟信号可通过后面板的连接器获得；如果需要更高的计时精度，也可以使用外部原子时钟标准。

⑥ 具有 4 个独立的输出缓冲器，能够产生正弦波、脉冲、DC（直流）信号和用户定义的任意波形，且可以配置为平衡、不平衡和共模输出模式。

2. 技术参数

PSG-2 的技术参数如下：

（1）正弦波

- 频率范围：0.5～250Hz。
- 总谐波失真：−126dB。
- 信噪比：120dB。
- 振幅：0～2.5V（有效值）。

（2）脉冲

- 脉宽：0～4.096s。
- 延迟：0～4.096s。
- 分辨率：0.25μs。
- 初始/最终振幅：−3.58～+3.58V。
- 脉冲振幅：−3.58～+3.58V。
- 上升时间：<1μs。
- 保持时间：25μs 至 0.1%最终值。

（3）DC 信号

- 范围：−3.58～+3.58V。
- 相对精度：±0.5。
- 分辨率：< 0.5μV。

（4）输出端

- 信号输出通道个数：1～4。
- 信号输出模式：平衡、不平衡、共模。
- 输出电阻：< 1Ω。
- 噪声：< 40nV/ $\sqrt{\text{Hz}}$ 。
- 驱动能力：680Ω//100nF。

（5）输入端

- 支持输出信号实时监视。
- 输入触发电平范围：±3.58V。
- 带宽：2kHz（最大）。
- 分辨率：24 位。

（6）同步性

- 事件：监测记录的开始，脉冲序列和正弦波过零。
- 接口：光电隔离的 3～6V DC，可选择有效边沿。

3. 使用方法

PSG-2 高精度信号源由一个 PsgControl 应用程序控制，该程序可在安装有 Windows 系统的台式计算机、笔记本电脑或平板电脑上运行，PSG-2 高精度信号源和台式计算机、笔记本电脑或平板电脑之间通过 USB2.0 接口连接。PsgControl 应用程序的操作界面如图 5-46 所示，有 Manual Control（手动控制）和 Script Mode（脚本模式）两种操作方式。其中，手动控制允许用户使用按钮和数据输入框直接控制 PSG-2 高精度信号源，而在脚本模式下，PSG-2 高精度信号源由包含波形设置和监测命令的文本文件控制，这些命令按顺序执行。

（1）Signal Type（信号类型）

可在图 5-46 的 Signal Type 下拉列表中选择输出的信号类型，信号类型有 Sine（正弦波）、Pulse（脉冲）、DC（直流）和 Custom（自定义）4 种。

Sine：此时使用一个内部正弦波发生器，可以计算出 0.5～250Hz 的正弦波。当选择该类型时，Sine Wave Settings 的参数组被激活，可以选择任意输出范围内的频率和振幅。随后，PsgControl 应用程序将计算并显示与输入值最接近的可用频率和振幅，振幅分辨率为 0.5dB。测试地震仪器时使用的常见频率，如 31.25Hz 和 32Hz 的倍数，都可以精确计算。每次在 Level 框中输入一个新的正弦波振幅时，它都被保存为一个参考电平，输出正弦波的振幅可以通过在 Step Level 框中输入的分贝数进行升压或降压，也可使用 Step Level 左侧的上下箭头来改变当前电平。如上所述，任何时候显示的正弦波电平都是在考虑到 0.5dB 分辨率基础上的真实幅度。

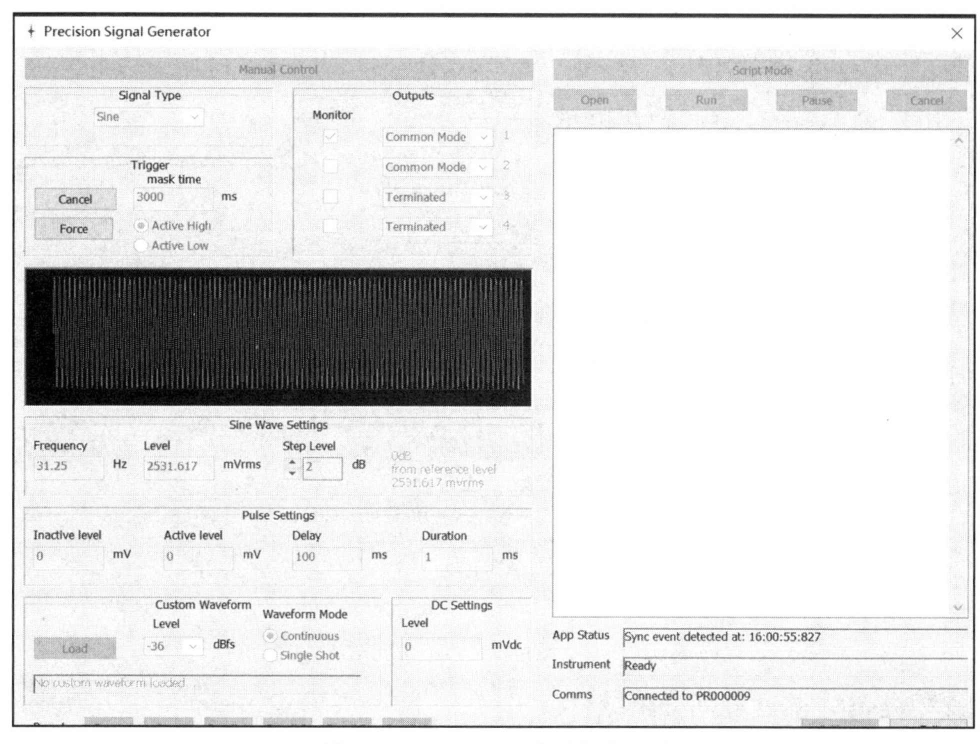

图 5-46　PsgControl 应用程序界面

Pulse：脉冲发生器使用独立的电路，提供干净、快速的边沿脉冲，用于检查被测系统的频率响应，脉冲的占空比可以在 Pulse Settings 的参数组中设置。同前述正弦波电平设置一样，脉冲电平被调整到最接近的可用电平，并显示真实电平。Delay（脉冲延迟）和 Duration（持续时间）的单位都是 ms，可分别直接输入。脉冲延迟是相对于触发事件而言的，触发事件可以选择内部产生或连接到外部触发输入。

DC：在这种模式下，信号触发系统不被使用，一旦输入所需的参数并单击 Enable 按钮（启动输出后，Enable 按钮变成 Cancel 按钮），PSG-2 高精度信号源就会输出在 DC Settings 中设置的直流电压。

Custom：该模式绕过了内部正弦波发生器，允许生成自定义波形，这些波形可能是正弦波，也可能不是。可在 Custom Waveform 参数组的 Level 下拉列表中选择自定义波形相对于其数学定义的最大值的输出振幅。换句话说，如果一个自定义波形被定义为具有 1000mV 的最大电平，那么在 PSG-2 高精度信号源的输出端设置这个电平，在 Custom Waveform 参数组的 Level 中选择 0dB。为了获得最大的质量，建议使用最大可能的自定义波形振幅，然后使用 Level 中的数值来衰减输出。用户自定义波形在检测到触发时开始。根据 Waveform Mode（波形模式），要么产生单一的波形，要么产生连续的波形。在后一种情况下，每次波形重复时都会产生一个触发输出脉冲。用户自定义波形的最大长度为 32768ms。

（2）Trigger（触发器）

触发器使 PSG-2 高精度信号源的数据生成和被测系统同步，同时产生一个输出触发脉冲。触发器可以由内部产生，也可由外部输入一个逻辑高电平或低电平。当选择“内部”模式时，每次单击“触发”按钮都会产生一个触发事件。当选择“外部”模式时，触发事件来自 PSG-2 高精度信号源的外部触发输入。需要注意的是，当选择内部正弦波发生器时，会连续产生正弦波。触发事件会使正弦波发生器复位，因此触发事件后的输出相位总是相同的。

PSG-2 高精度信号源的使用流程如图 5-47 所示。

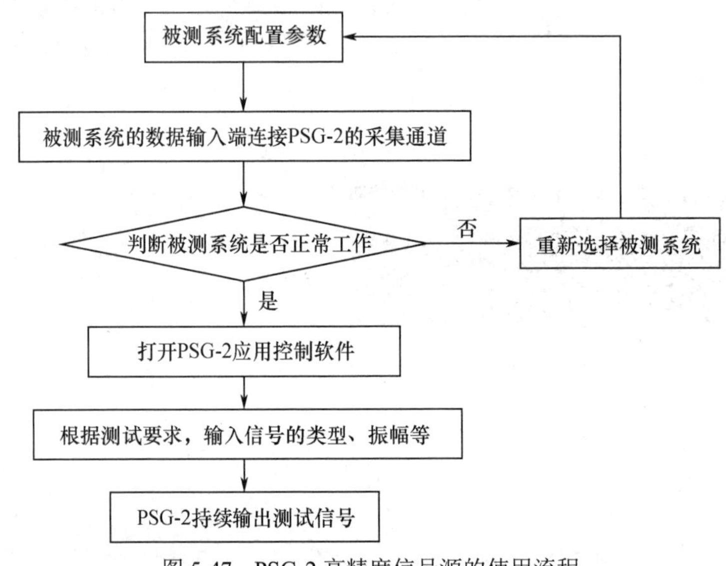

图 5-47　PSG-2 高精度信号源的使用流程

5.2.2　Testif-i 测试数据分析软件

Testif-i 是一个仪器、信号源和接收机测试分析软件包，可对从原始现场磁带读取的数据进行统计和图形表示。它可以读取所有 SEG-D 和 SEG-Y 格式的数据及其他与地震勘探有关的格式数据，可支持所有常见的地震仪器测试及一些震源测试数据分析。Testif-i 软件的仪器指标测试分析界面如图 5-48 所示。

1．软件安装

在光盘的 Testif-i Land for Windows 文件夹中找到 Setup.exe 文件，双击 Setup.exe 文件，即可开始安装 Testif-i 软件。在默认情况下，Testif-i 文件会被复制到 C:\Program Files\Testif-i v210 文件夹中。Testif-i v2.10 可以与以前版本共存于个人计算机上，使得用户可在同一台计算机中使用旧版本和新版本。操作参数被保存在每个用户的配置文件下，所以以不同的用户身份登录将加载不同的默认参数（即该用户配置文件最后关闭时的参数）。

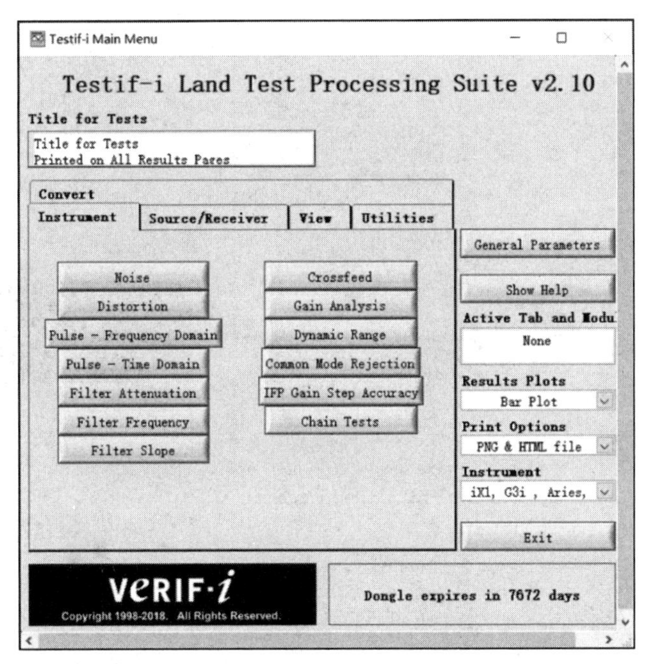

图 5-48　Testif-i 软件的仪器指标测试分析界面

用户应将位于 Exampledata/Testif-i_Test_Data 文件夹中的示例数据复制到硬盘上的适当位置，以便在演示模式下使用程序（即没有加密狗）或练习使用该软件。软件安装相关信息如下：

① 加密狗安装。加密狗可以连接到计算机的任何一个 USB 接口，其驱动程序是和 Testif-i 软件一起加载安装的。需要注意的是，并行接口的加密狗无法适用于 64 位操作系统。打开 Testif-i 软件时，如果无法检测到加密狗，则给出“Valid dongle not found.do you wish to continue using example data only?”的提示。若回答“Yes”，用户就有机会在没有加密狗的情况下继续使用 Testif-i 软件；若回答“No”，则会显示完整的加密狗错误信息，用户应检查加密狗并重试操作。

② 无加密狗可进行的操作。如果没有加密狗，Testif-i 软件将只能处理光盘中存储在 \Data\Testdata.vfi 中的示例数据。在没有连接加密狗的情况下，第一次尝试操作时，Testif-i 软件产生“Valid dongle not found.do you wish to continue using example data only?”的提示。若回答“Yes”，允许用户使用该程序，但只能处理示例数据中的记录。注意，在这种操作模式下，磁带读取模块被禁用。

③ 加密狗升级。当加载新版本的 Testif-i 软件时，或者有限时间许可的加密狗到期时，需要对加密狗进行升级。为了生成一个代码对加密狗进行重新编程，Testif-i 软件需要知道“Dongle Number”和“Next update number”。这些信息可以通过 Utilities→DongleTools 模块来显示，或者在 Testif-i 软件底部读取这些信息。当收到升级代码时，使用 Utilities→DongleTools 模块进行加密狗升级操作。

④ 加密狗诊断。如果加密狗出现无法正常使用的问题，需要使用 Utilities→DongleTools→Check 检查软件狗，检查结果如图 5-49 所示。单击 Diagnostic Information 按钮，弹出加密狗的诊断信息，如图 5-50 所示。

⑤ 软件相关文件存储。Testif-i 软件在 Windows 中的文件结构一般符合微软的推荐方式：所有可执行文件和.dlls 都保存在 C:\Program Files\Testif-i v210 文件夹中；每个用户的参数文件都保存在 Applicationdata\Verif-i\Testif-i\v210 中。C:\Program Files\Testif-i v210 文件

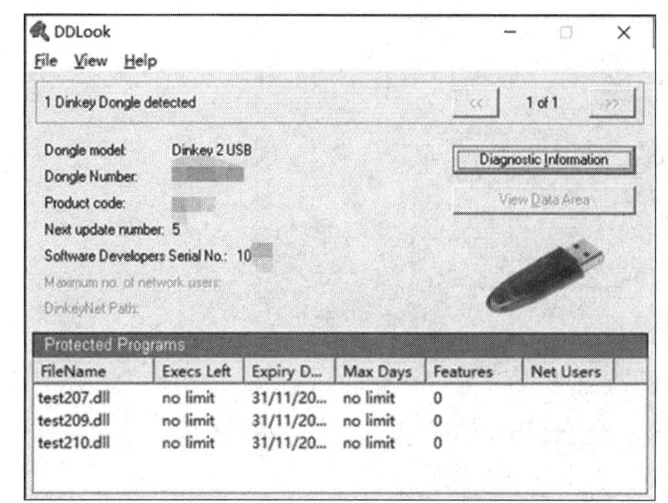

图 5-49　Testif-i 加密狗检查结果

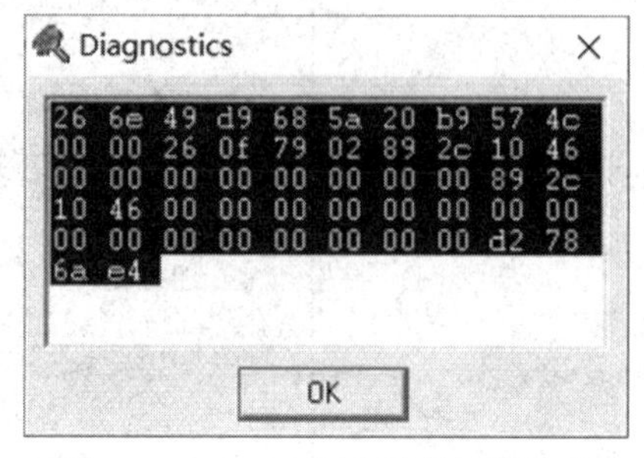

图 5-50　Testif-i 加密狗的诊断信息

夹中的默认参数文件不会被程序使用，因为普通用户没有权限编辑该文件夹中的文件；当用户第一次启动 Testif-i 软件时，参数文件被复制到用户的应用数据文件夹中，使每个用户都有自己的文件副本；在软件安装时，加密狗驱动和运行时引擎的系统文件被复制到相关的系统目录中。需要说明的是，应用数据文件夹是一个隐藏的文件夹，其路径会根据操作系统和登录用户的不同而变化。

2. 基本数据流程

使用 Testif-i 软件分析测试数据时，首先要导入数据，即包含测试数据的文件需要通过直接连接或网络连接的方式复制到 Testif-i 软件能够识别的存储介质中。一些 Testif-i 软件的模块可以直接对原始的地震数据进行操作，如头段查看器，但对于所有的数据处理模块，必须将数据文件的格式转换为 Testif-i 的内部格式，才能进行相关运算操作。Testif-i 软件支持多种 SEG 数据和专有数据格式，其数据转换模块可自动识别多种格式，如果数据格式不被识别，则提示用户提供信息。然后，数据被转换并输出成文件扩展名为.vfi 的 Testif-i 格式文件，用于后续处理。另外，Testif-i 软件还提供了一个全面的功能清单，用于查看原始 SEG-D 数据，并在分析前对 Testif-i 格式数据进行处理。这些功能选项包括标头和数据检查，以及记录的叠加、滤波、缩放和相关。最后，可以根据需要选择使用 Instruments 或 Sources 标签中的功能按钮分析数据。在分析过程中，用户可以修改每个分析的参数，所有控制的值都被保存为默认值，以供将来使用。

Testif-i 软件的基本数据流程如图 5-51 所示。

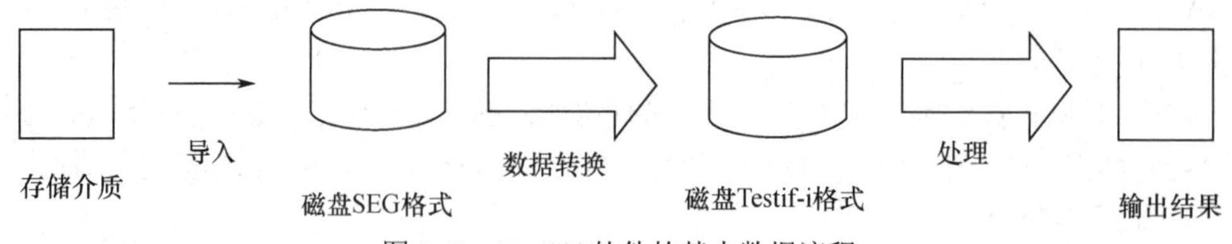

图 5-51　Testif-i 软件的基本数据流程

单击图 5-48 中的 Convert 标签，弹出如图 5-52 所示的数据格式转换界面，以将其他格式的数据转换为 Testif-i 内部格式数据。

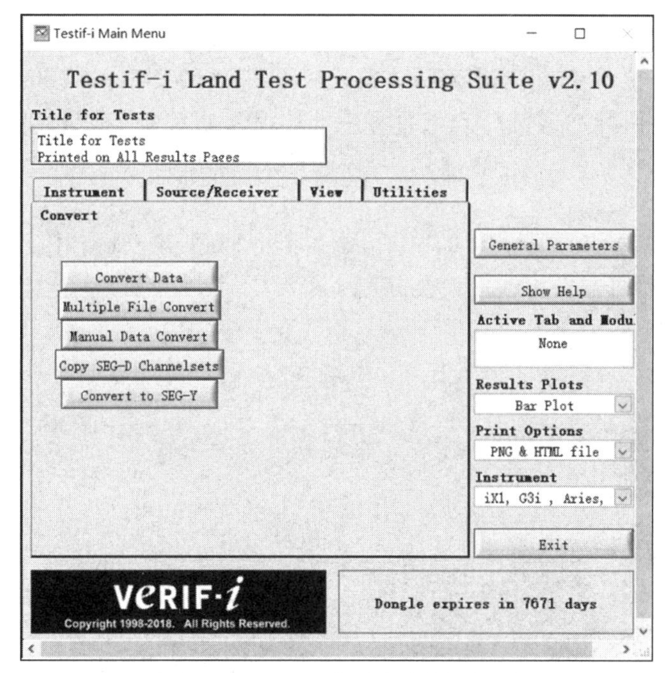

图 5-52　Testif-i 数据格式转换界面

（1）数据格式转换

不同型号的地震仪器，其数据会以多种不同的格式输出，必须转换为 Testif-i 内部格式数据，以便对其进行数据处理。需要注意的是，如果记录的数据格式不正确，数据可能无法被正确解释，并可能在处理过程中造成错误。当数据格式转换模块被执行时，会提示用户选择一个包含要转换的数据的文件，然后选择一个保存 Testif-i 格式数据的文件，如图 5-53 所示。转换后的数据带有.vfi 的文件扩展名，以表明数据是 Testif-i 格式的。如果用户选择了一个现有的.vfi 文件作为输出文件，那么转换后的记录将被附加到该文件中。如果输入的数据是 SEG-D 格式的，那么 Testif-i 软件就会识别并自动启动转换 SEG-D 数据模块。

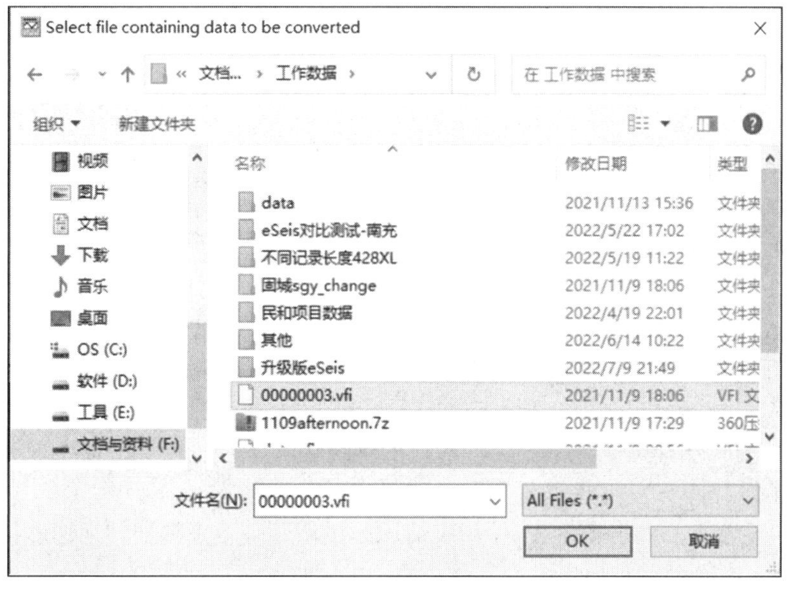

图 5-53　Testif-i 格式数据文件路径选择

注意：如果输入的数据不是 SEG-D 格式的，Testif-i 软件会要求用户从一个列表中选择数据格式。目前支持的格式有 SEG-Y、SEG-B、SEG-1、SEG-2 Pelton FMR 和 Sercel VQC88。如果选择任何其他文件格式进行转换，Testif-i 将给出“File type not recognised. Is it SEG-Y?”的提示，若回答“Yes”，则启动转换 SEG-Y 数据模块，若回答“No”，则数据不能被转换。

如果输入的数据是 SEG-D 格式的，在图 5-52 中单击 Convert Data 按钮，就会弹出如图 5-54 所示界面，用户可以根据需要修改相关设置。

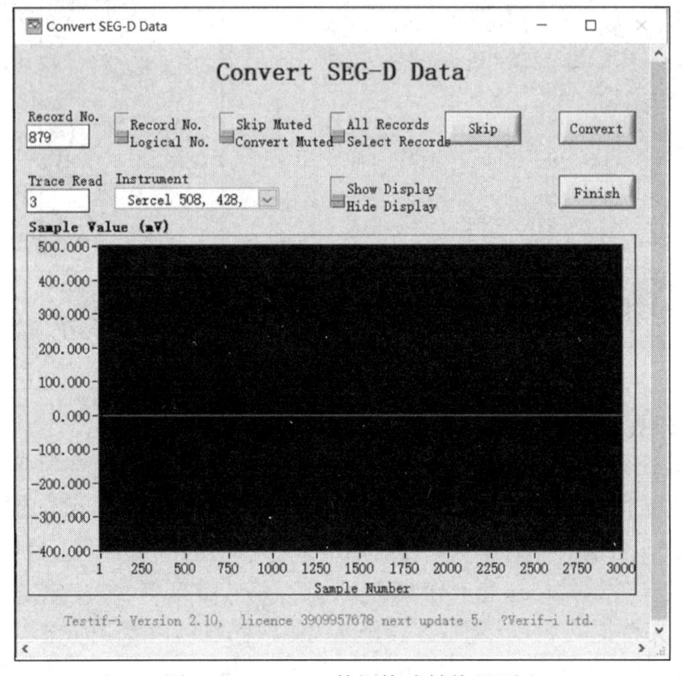

图 5-54　SEG-D 数据格式转换界面

All Records/Select Records 开关：用于选择是否所有输入文件都需要被转换。若选择 All Records，则所有输入文件都将被转换；若选择 Select Records，则程序会在转换完一个文件后暂停转换进程，由用户选择转换或跳过下一个文件的转换，当前待处理文件的文件号将在 Record No.文本框中显示。

Show Display/Hide Display 开关：用于选择是否在转换过程中显示转换的数据波形。当开关在 Hide Display 时，转换速度更快，显示的是开关在 Show Display 时最后转换的波形。

Skip Muted/Convert Muted 开关：用于选择是否转换空道。空道是指数据样点值全部为 0 的通道，可能会导致仪器测试失败。

Record No./ Logical No.开关：用于选择转换后的数据记录的文件号的分配方式。若选择 Record No.，则输出文件的记录号与输入文件相同；若选择 Logical No.，则输出文件的记录号是按顺序编号的，一个新的输出文件记录号由 1 开始或所选择输出文件记录号加 1。

Instrument：用于选择待处理数据文件对应的地震仪器型号，以实现设备序列号等头段信息的解码。

在完成上述设置后，单击图 5-54 中的 Convert 按钮开始数据格式转换，转换过程中文件号将在 Record No.中显示。转换完成后，转换数据的道信息显示如图 5-55 所示。

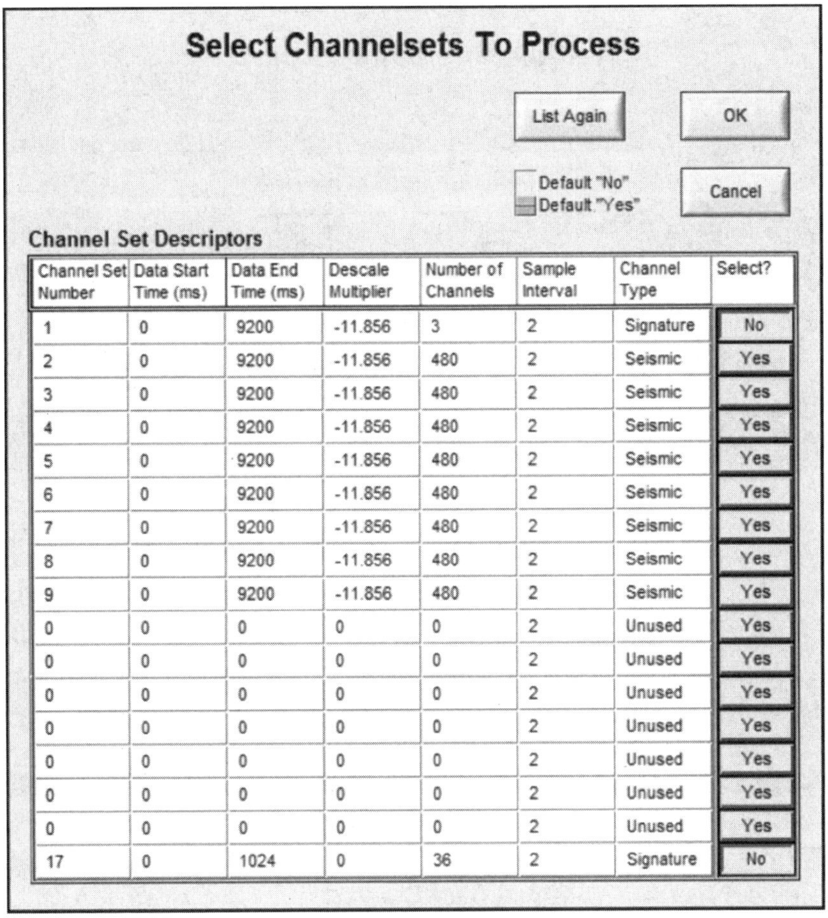

Select Channelsets To Process

List Again　OK

Default "No"
Default "Yes"　Cancel

Channel Set Descriptors

Channel Set Number	Data Start Time (ms)	Data End Time (ms)	Descale Multiplier	Number of Channels	Sample Interval	Channel Type	Select?
1	0	9200	-11.856	3	2	Signature	No
2	0	9200	-11.856	480	2	Seismic	Yes
3	0	9200	-11.856	480	2	Seismic	Yes
4	0	9200	-11.856	480	2	Seismic	Yes
5	0	9200	-11.856	480	2	Seismic	Yes
6	0	9200	-11.856	480	2	Seismic	Yes
7	0	9200	-11.856	480	2	Seismic	Yes
8	0	9200	-11.856	480	2	Seismic	Yes
9	0	9200	-11.856	480	2	Seismic	Yes
0	0	0	0	0	2	Unused	Yes
0	0	0	0	0	2	Unused	Yes
0	0	0	0	0	2	Unused	Yes
0	0	0	0	0	2	Unused	Yes
0	0	0	0	0	2	Unused	Yes
0	0	0	0	0	2	Unused	Yes
0	0	0	0	0	2	Unused	Yes
17	0	1024	0	36	2	Signature	No

图 5-55　道信息显示

（2）多个文件转换

该功能允许将磁盘上一个文件夹中包含的若干独立文件的数据一起转换。在启动该功能时，会提示用户选择包含要转换的数据的文件夹，然后双击任何文件名或单击“确定”按钮，选择当前显示的文件夹。选择文件的显示如图 5-56 所示，在 Convert？列中选择是否转换数据，Yes 表示转换，No 表示不转换。单击 Convert 按钮，进入如图 5-54 转换界面，修改转换参数，单击 Convert 按钮开始数据格式转换，所有文件的转换结果将保存在一个.vfi 文件中。

（3）手动数据格式转换

该功能用于将非标准格式数据转换为 Testif-i 格式数据，例如 SEG 头段信息非正常编码的数据，如图 5-57 所示。用户可以选择使用图 5-48 中 View 标签下的 Display SEG Header 和 Read Hex data 功能对该非标准格式数据结构有非常深入的了解。正确填写所有字段，单击 Execute 按钮，将数据转换为 Testif-i 格式数据。

3. 辅助功能介绍

在图 5-48 中，除了地震仪器电气指标分析功能按钮，右侧的辅助按钮和下拉列表等选项的功能描述如下。

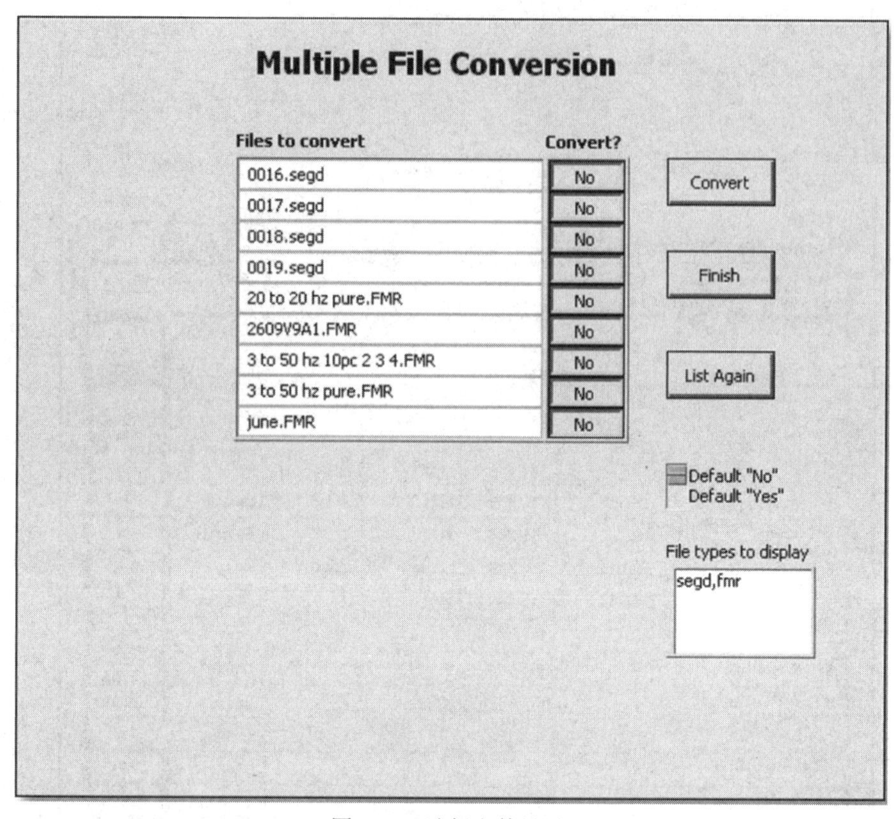

图 5-56　选择文件显示

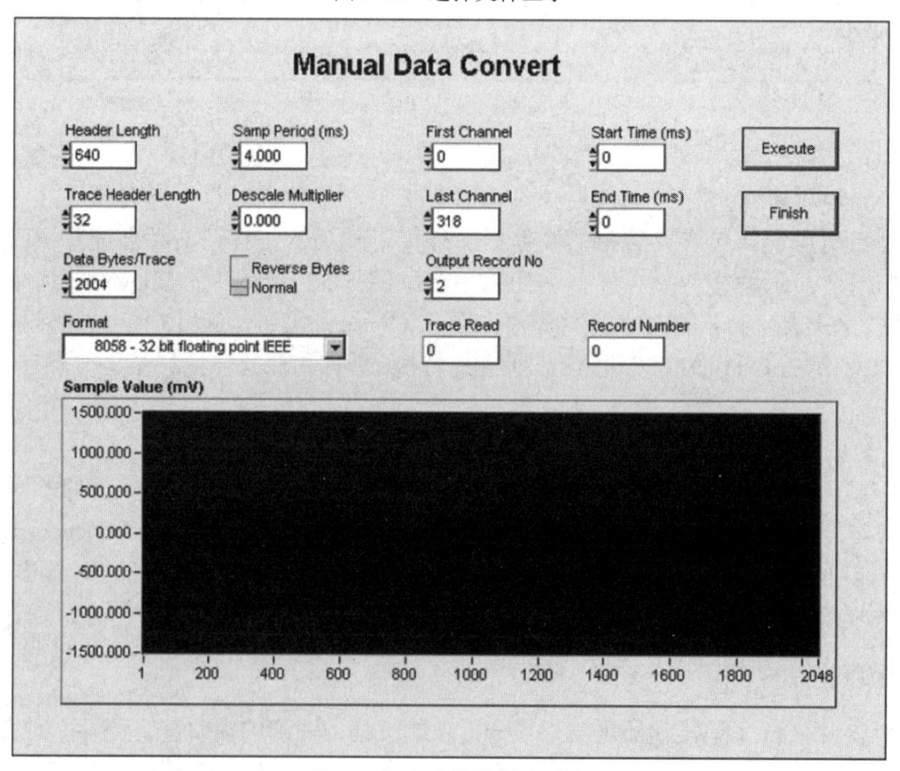

图 5-57　手动数据格式转换

① General Parameters 按钮：单击该按钮，弹出如图 5-58 所示界面，此处允许用户对程序进行一些全局性的选择，以及查看和修改 Testif-i 使用的一些文件夹及文件的位置。单击按钮，允许用户根据情况导航到文件或文件夹。

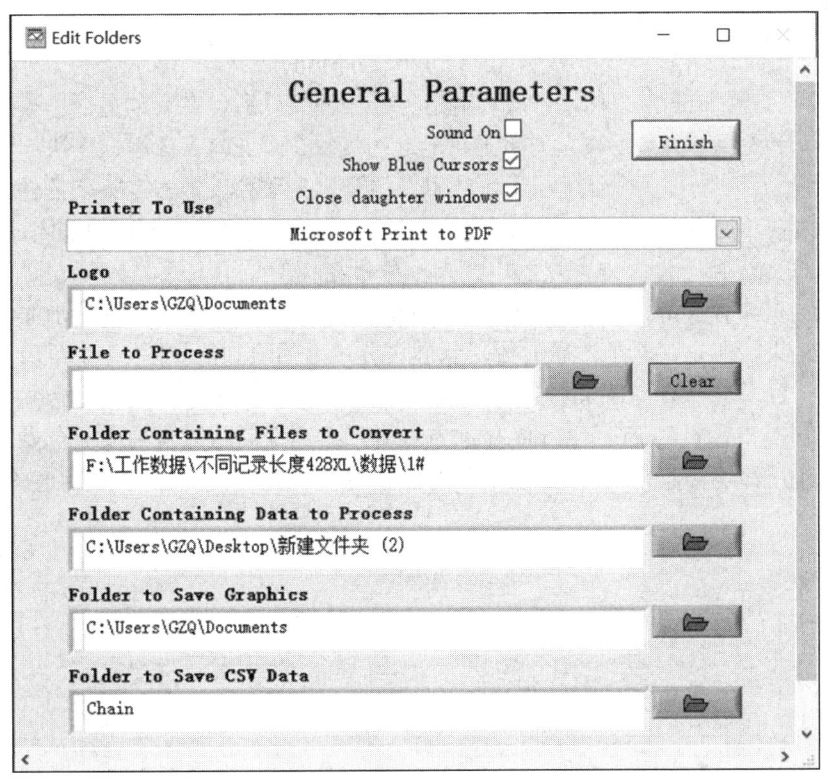

图 5-58　General Parameters（常规参数）设置界面

Sound On：勾选后，会在图 5-58 关闭或绘图显示后给出“叮”的提示音；不勾选，则无提示音。

Show Blue Cursors：勾选后，蓝色光标显示在输出的结果图上，表示与平均结果相差 3 个标准差的数值；不勾选，则不显示。

Close daughter windows：勾选后，当母窗口关闭时，所有相关的子窗口都将关闭。

Printer To Use：用于选择打印机，便于输出结构的打印。

Logo：用于选择打印在结果页上的 logo 图标，该图标文件应为 JPEG 格式，最大尺寸为 96×180 像素。

File to Process：在将数据转换为 Testif-i 格式时，可以将多个记录输出到一个.vfi 文件中。若在此处选择一个 Testif-i 格式的文件，意味着所有的仪器和源处理都将记录选择的.vfi 文件。如果没有选择默认的数据文件，那么每当软件需要读取数据时，就会提示用户以交互方式选择一个文件。默认的数据文件可以通过 Clear 按钮来取消选择。

Folder Containing Files to Convert：当一个转换文件被执行时，选择默认位置来读取数据。

Folder Containing Data to Process：选择.vfi 文件的默认文件位置来读取或写入。

Folder to Save Graphics：选择保存打印图形文件的文件夹。

Folder to Save CSV Data：选择要保存的.csv 文件将被写入的文件夹。

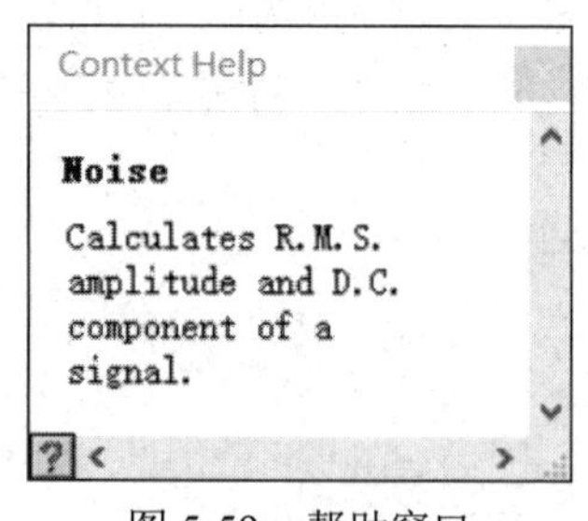

图 5-59　帮助窗口

② Show Help 按钮：单击该按钮或使用 Ctrl+H 快捷键，可弹出帮助窗口，如图 5-59 所示。该帮助窗口包含了当前光标下的控件的帮助信息，将光标移到屏幕的另一个控件上会显示其帮助信息。

③ Active Tab and Module：用于显示当前运行的模块的名称。一次只能运行一个模块，所以在启动另一个模块之前，必须先关闭正在运行的模块，而当前正在运行模块的选择按钮以红色显示。注意，像测试失败列表等没有关闭控件的窗口，在其他模块运行之前不必关闭，将保持打开状态，直到用户使用窗口右上角的关闭图标关闭。

④ Results Plots：用于选择地震仪器电气指标分析结构的显示方式，有 Normal、Histogram、Line 三个选项。其中，Normal 显示方式下仪器的测试结果是以通道为单位显示的，可看到每个通道的分析结果，但是可显示的通道数受到屏幕分辨率的限制，如图 5-60 所示；当大量的通道被处理时，可以选择 Histogram 显示方式，将结果分组为若干范围的结果，并以直方图的形式显示在一起，如图 5-61 所示；Line 显示方式将每个通道的结果绘制成一个点，并将其与相邻的两个结果用线连接起来，类似于条形图的显示，更容易识别结果低于平均值的个别通道，如图 5-62 所示。

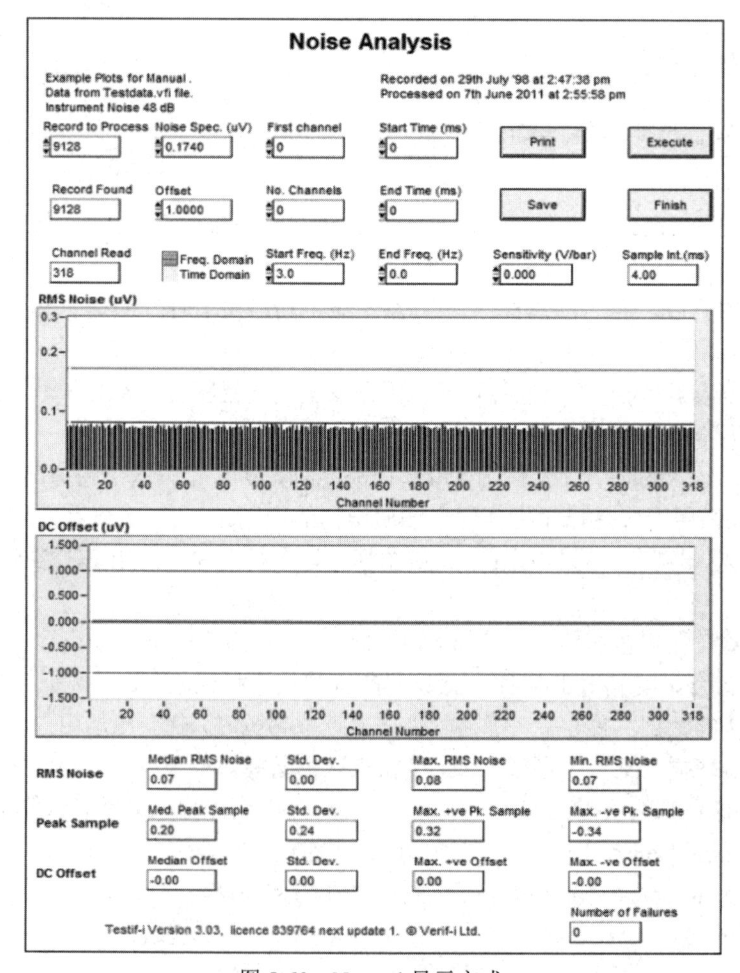

图 5-60　Normal 显示方式

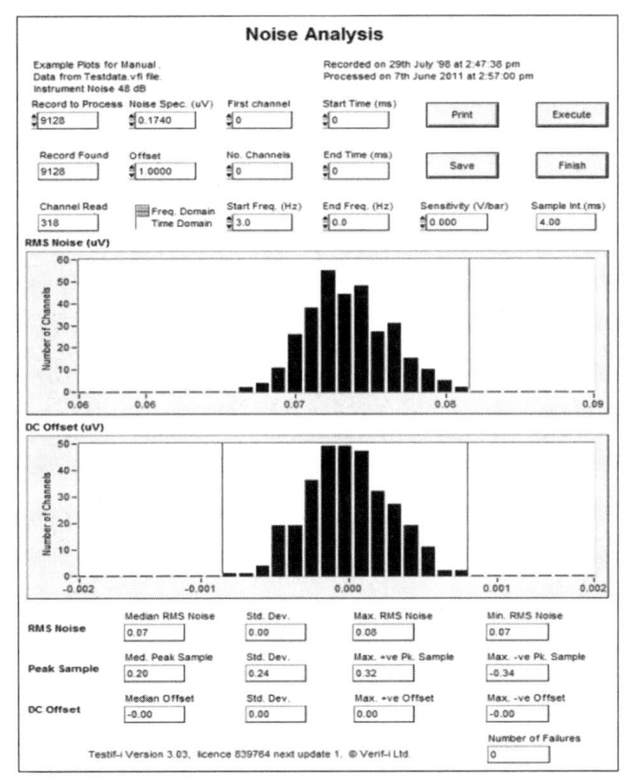

图 5-61　Histogram 显示方式

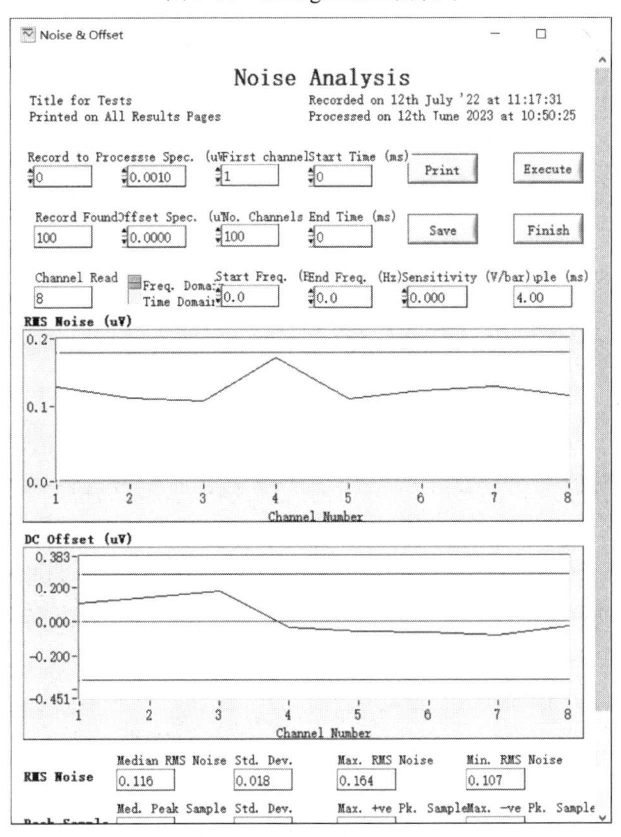

图 5-62　Line 显示方式

⑤ Print Options：用于选择分析结果的打印方式，可以选择打印机，也可以选择保存为图片格式。

⑥ Instrument：用于选择输入待处理数据对应的地震仪器型号。

4．地震仪器电气指标分析

在图 5-48 中单击 Instrument 标签，弹出如图 5-63 所示 Testif-i 软件地震仪器电气指标分析界面。用户可以通过单击所需的功能按钮，启动相应指标的分析操作界面，此时其他功能按钮将不可用。任一正在运行的功能模块名称将显示在活动的标签和模块的标题栏中，在启动另一个新的功能模块之前，必须关闭当前正在运行的功能模块。测试指标分析只针对 Testif-i 格式数据。

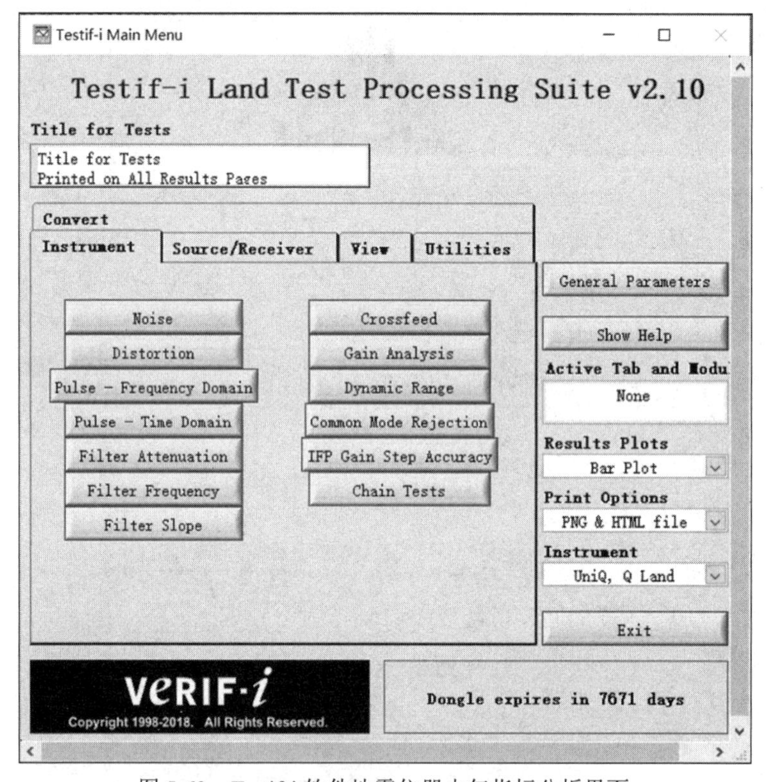

图 5-63　Testif-i 软件地震仪器电气指标分析界面

当一个功能模块启动时，所有控件的初始值都从活动参数文件中读取。对控件的任何改变都将被保存在内存中，并在关闭 Testif-i 软件时保存在活动参数文件中。

（1）Noise（噪声）

该功能模块通常用于分析计算采集电路的内部噪声，其分析界面如图 5-64 所示。测试时，需要使用电阻终端连接将测试的采集通道的输入端，除此之外，该功能模块还可用于：

① 查找地震记录中的幅值。

② 识别接入信号的采集通道是否启动（如当记录极性测试时）。

注意：该功能模块分析记录中每个通道的噪声幅值和偏移值。其中，偏移值是在记录长度上信号平均的直流分量值，噪声幅值是去除偏移值后的信号的振幅有效值。

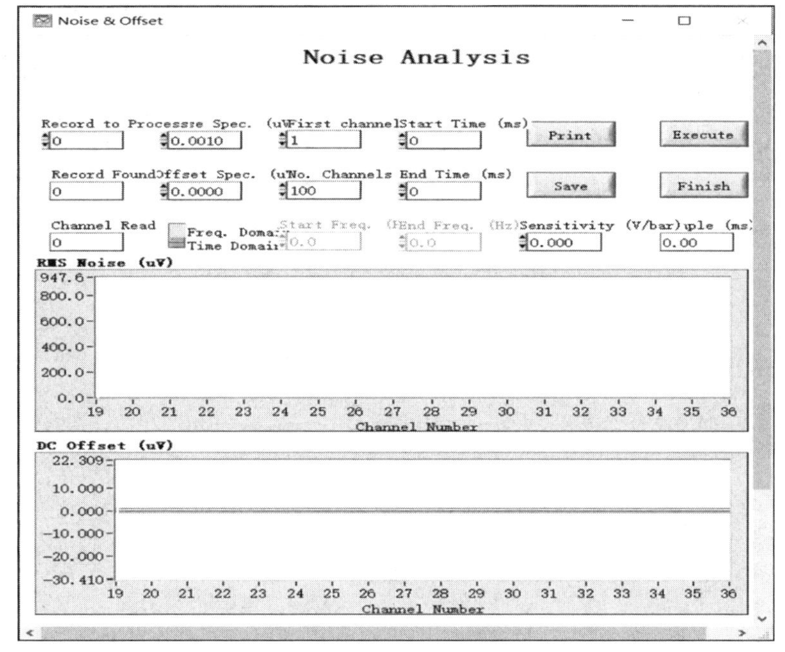

图 5-64 噪声分析界面

（2）Distortion（畸变）

该功能模块用于分析地震仪器采集通道的畸变指标。全面的畸变指标包括从采集通道的满幅度输入到本底噪声间对应的畸变值。在实际操作过程中，一般使用特定幅度（如 70%满幅度）和特定频率（如 31.25Hz）的测试信号来获取地震仪器采集通道的畸变值。其分析界面如图 5-65 所示，用户可以在 No.Harmonics 中输入分析所需的谐波次数。

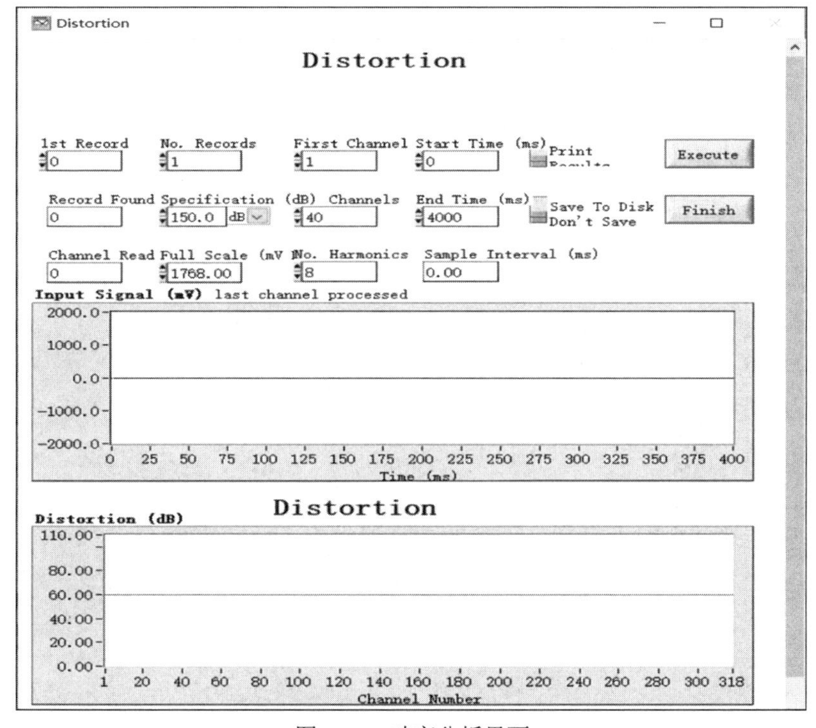

图 5-65 畸变分析界面

（3）Pulse-Frequency Domain（频域脉冲）

该功能模块用于在频域中分析脉冲信号，分析是在低截、中带和高截滤波中选择 3 个频率点进行的。其中，中带频率是在频域中具有最大振幅的频率，也就是被记录滤波器衰减得最少的频率。低截和高截的频率是根据用户输入的数据样点计算出来的。其分析界面如图 5-66 所示。

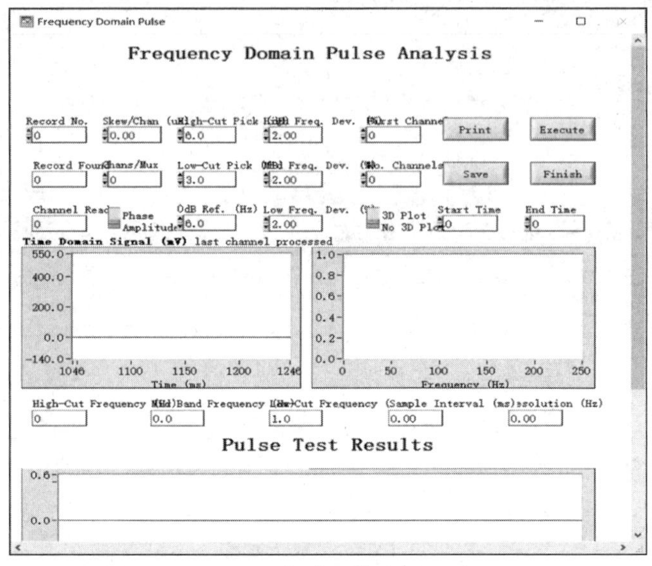

图 5-66　频域脉冲分析界面

（4）Pulse-Time Domain（时域脉冲）

该功能模块用于在时域中分析脉冲信号，它是在逐个样本的基础上计算得到每一通道平均响应的二次方偏差。这种方法通常用于仪器内部分析，因为它突出了相位、振幅或频率响应的差异。由于不需要转换到频域，计算速度相对较快。其分析界面如图 5-67 所示。

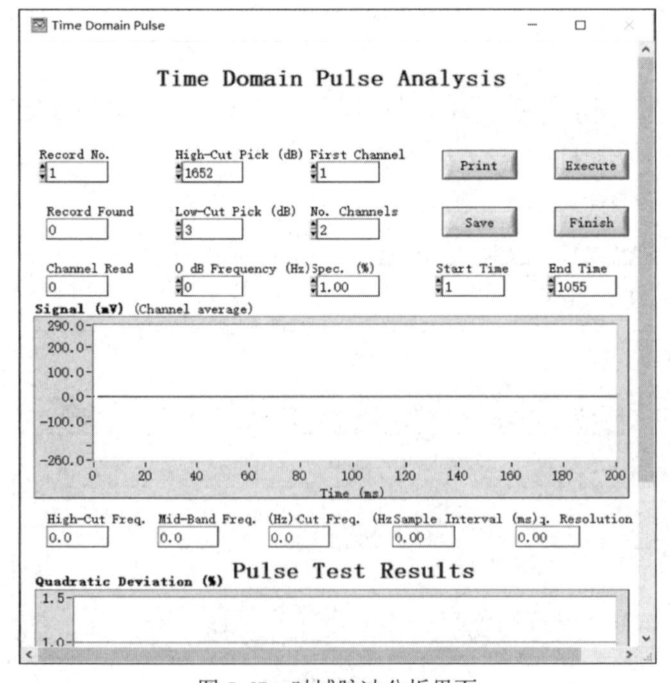

图 5-67　时域脉冲分析界面

（5）Filter Attenuation（滤波器衰减）

该功能模块计算任何给定频率相对于参考频率的振幅的衰减。这种分析方法对于输入信号的绝对振幅不敏感，可用于不产生一致振幅脉冲的仪器。其分析界面如图 5-68 所示。

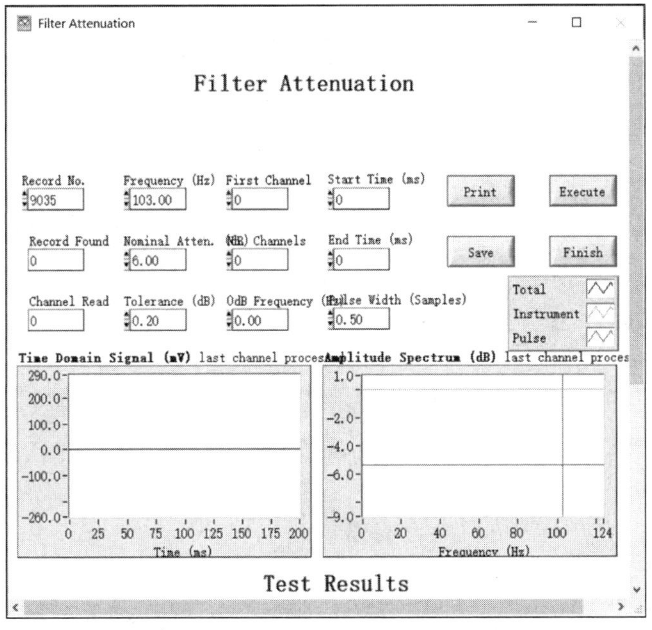

图 5-68　滤波器衰减分析界面

（6）Filter Frequency（滤波器频率）

该功能模块计算的是给定衰减的频率（即滤波器角频率）。这种分析方法对于输入信号的绝对振幅不敏感，可用于不产生一致振幅脉冲的仪器。其分析界面如图 5-69 所示。

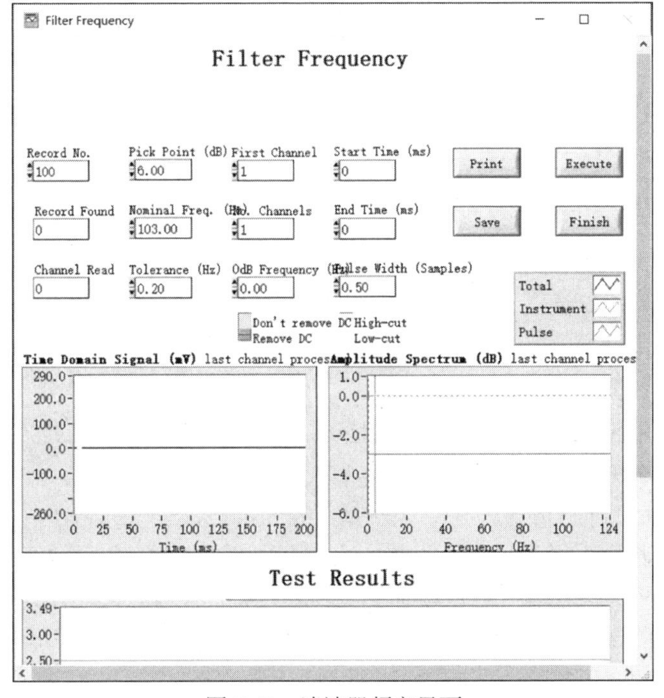

图 5-69　滤波器频率界面

（7）Filter Slope（滤波器斜率）

该功能模块用于计算高截或低截滤波器的斜率，单位为 dB/oct。这种分析方法对于输入信号的绝对振幅不敏感，可用于不产生一致振幅脉冲的仪器。其分析界面如图 5-70 所示。

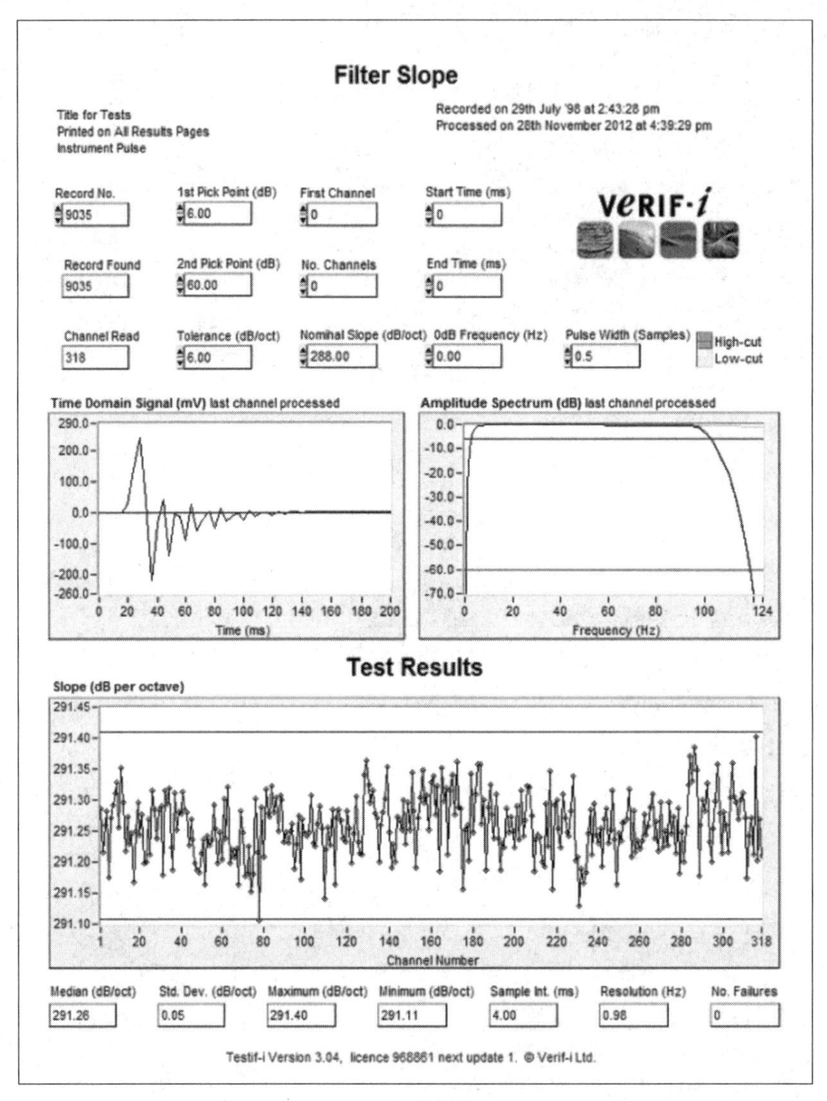

图 5-70　滤波器斜率界面

（8）Crossfeed（串音）

该功能模块用于计算单站多道采集设备相互之间的干扰程度（串音），可支持无限多个只存有单道串音测试的数据。当采集通道输入端被短接时，幅度最高的地震记录将被用于串音测试结果的计算。其分析界面如图 5-71 所示。

（9）Gain Analysis（增益分析）

该功能模块用于测量不同通道对同一输入信号记录的振幅差异。可处理增益一致性，即参考振幅是所处理数据的平均振幅；也可以计算增益精度，即参考振幅由用户根据外部输入信号的实际测量值输入。在这两种情况下，都会计算出每条轨迹与参考信号的偏差百分比。其分析界面如图 5-72 所示。

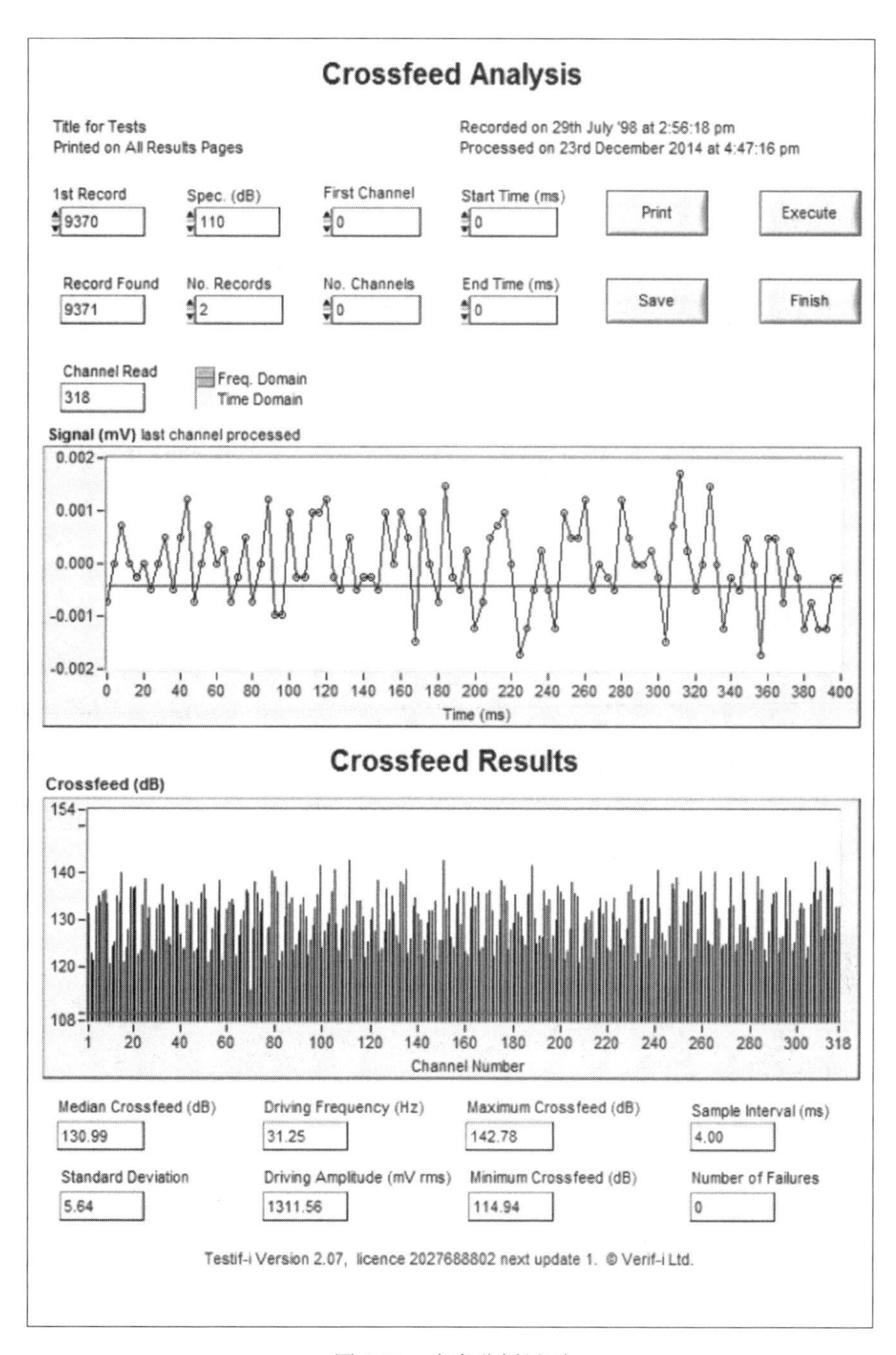

图 5-71　串音分析界面

（10）Dynamic Range（动态范围）

Testif-i 软件有 3 种计算采集电路动态范围的方式：①记录的正弦波数据与系统噪声数据在时域比较，只有当输入信号是允许输入的满幅度时，才能给出准确的采集电路动态范围；②标称满幅度输入时记录的数据和系统噪声数据在时域比较，使用该方法并不能说明采集电路不失真地达到该动态范围；③在频域计算，即将满幅度输入正弦波时记录数据的基波振幅与记录中包含的所有其他频率成分进行比较，这种方法在分析中包括失真成分和噪声，因此，计算得到的动态范围值比时域分析差，但更能代表真实状态。其分析界面如图 5-73 所示。

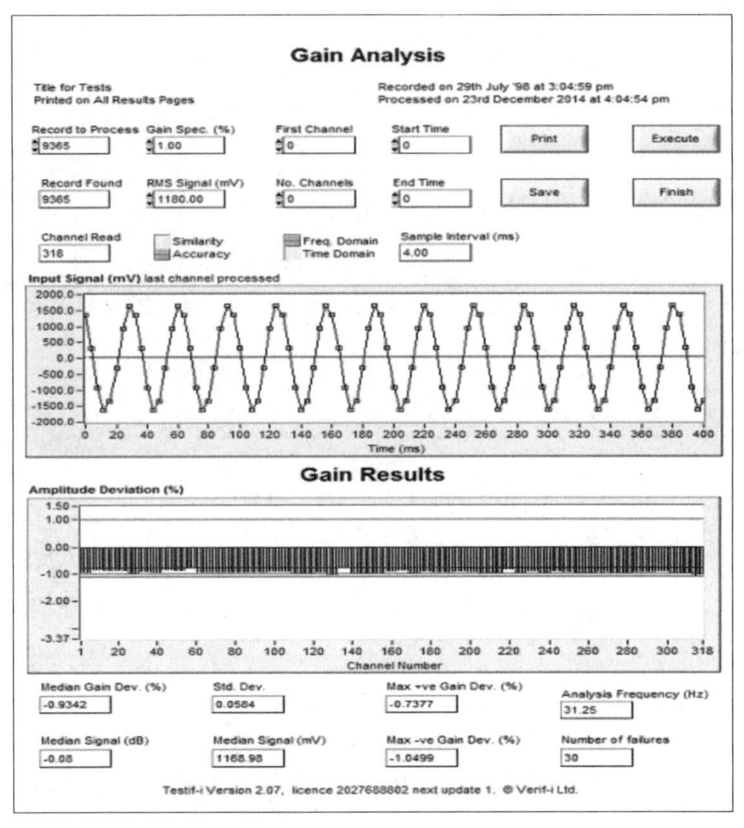

图 5-72　增益分析界面

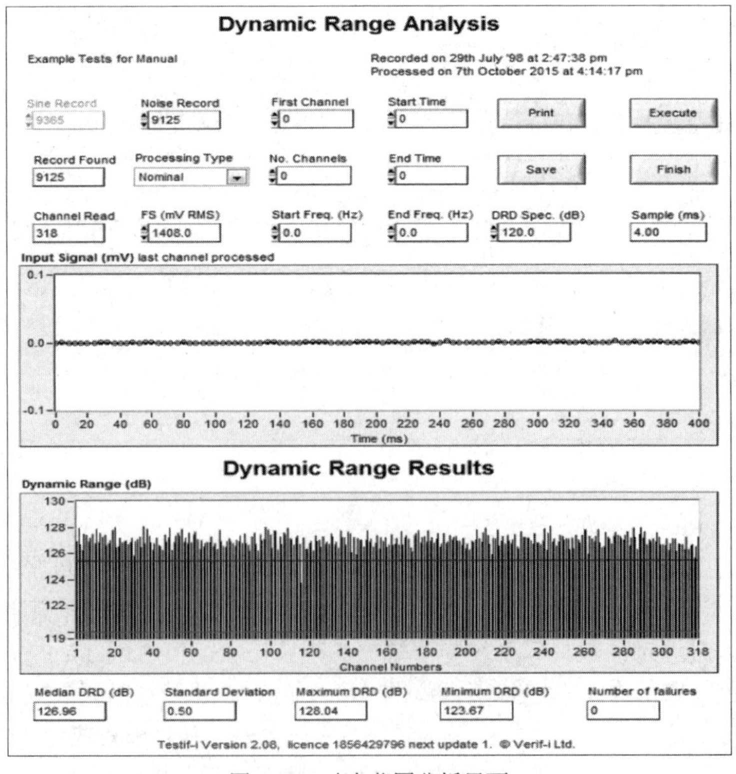

图 5-73　动态范围分析界面

（11）Common Mode Rejection（共模抑制比）

该功能模块通过比较施加的共模信号的振幅和A/D转换器输出信号的振幅来测量共模信号被衰减的程度。共模抑制比是前述2个振幅的比值，单位是dB。其分析界面如图5-74所示。

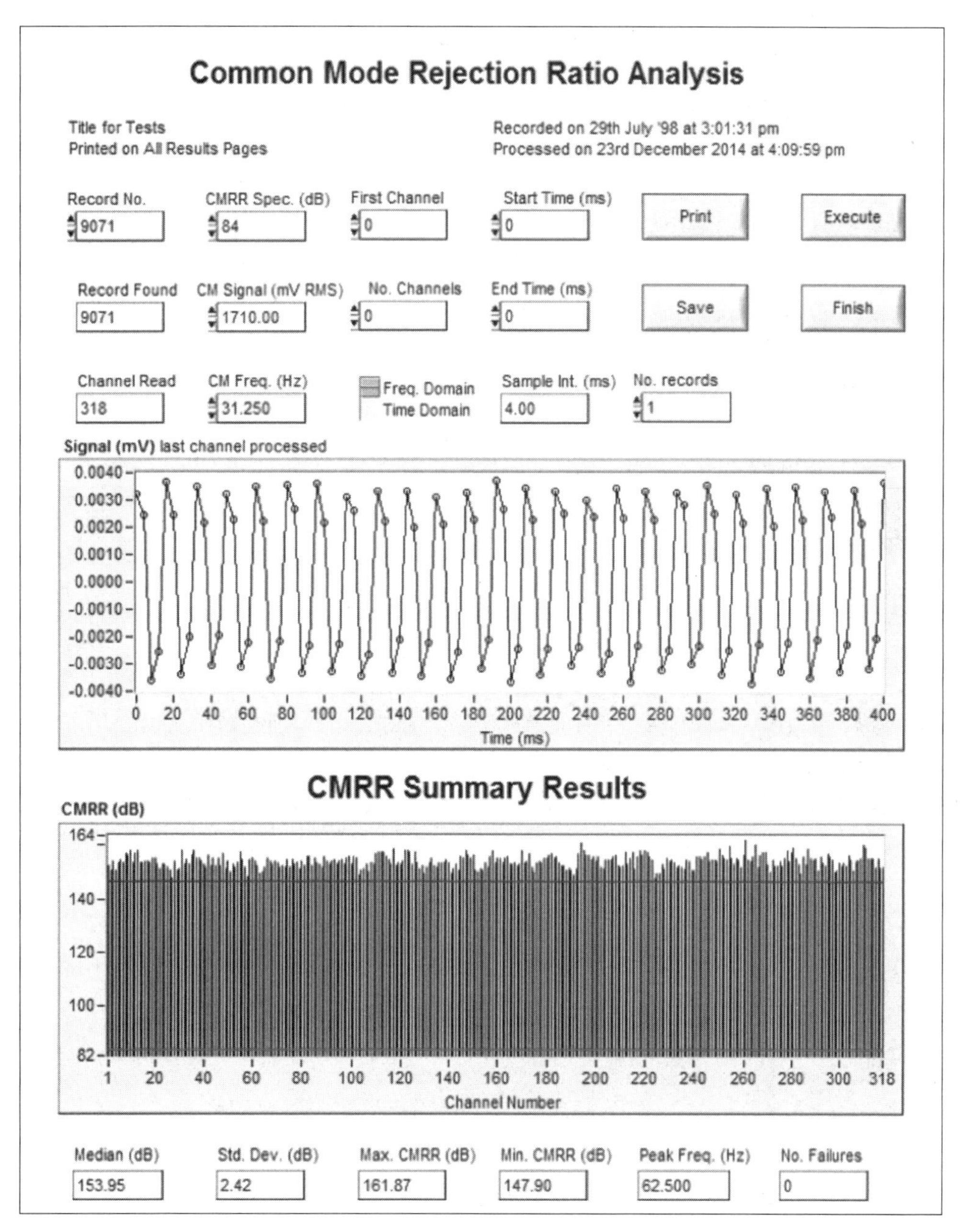

图5-74　共模抑制比分析界面

针对多次重复出现的测试，Testif-i软件给出了批量测试功能，如图5-75所示。该功能对类似于日检、月检等野外施工过程中仪器测试的高效处理十分重要。

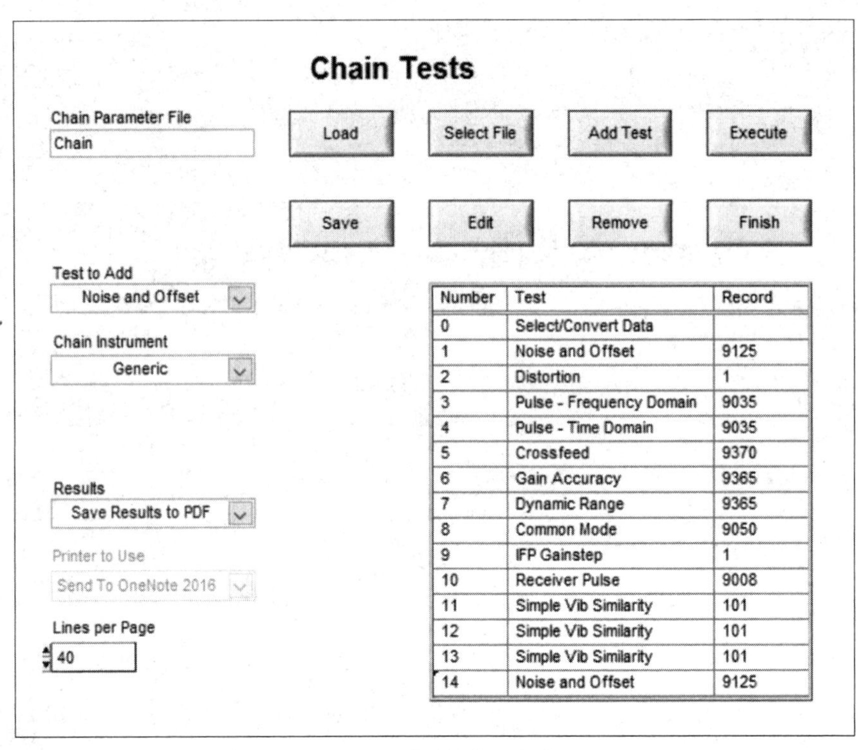

图 5-75　批量测试界面

参 考 文 献

[1] 易碧金，姜耕，刘益成，等. 地震数据采集站原理与测试. 北京：电子工业出版社，2010.

[2] VeRIF-i 公司. Testif-i Manual v2.10，2018.

[3] 中国石油集团东方地球物理勘探有限责任公司.DZYJ-1 型数字地震仪校准装置操作手册，2004.

第6章　典型主流节点地震仪器及相关标准

节点地震仪器是一种新型的地震数据采集记录系统，由于节点地震仪器采用了不需要实时控制的非实时采集方式，使整个系统的复杂性得到了大大简化，特别是同步方式采用可追溯的绝对时间（GPS时间）同步后，各个部件相互独立，运行或工作过程中也不需要相互通信或交换信息，并且把与物探开发有关的技术（如典型的观测系统设计、激发源同步等）从系统中剥离了出来，进一步简化了大型系统软件的设计难度，甚至无须设计地震仪器主机（许多地球物理数据处理公司开发了成熟的数据合成与处理软件可以利用），也就降低了进入节点地震仪器开发的门槛。因为没有地震仪器主机、不需要有线地震仪器进行数据传输的数据线及传输技术，使得制造和研发成本比较低，许多科研机构和小型的仪器开发制造商能够进行此种仪器的研制工作。国内最具有代表性的物探装备制造商及其主要产品，主要包括中国石油集团东方地球物理勘探有限责任公司（主要产品eSeis）、中国石油化工集团有限公司（主要产品I-Nodal）、中地装（重庆）地质仪器有限公司（原重庆地质仪器厂，主要产品BLA、DZS等）、中科深源科技有限公司（主要产品AllSeis）、北京桔灯地球物理勘探股份有限公司（主要产品Both电磁震多参数智能采集系统）等；而国外最具有代表性的物探装备制造商及其节点地震仪器产品，主要有挪威Magseis公司（原美国FairField公司）的ZLand系列、Geospace公司的GSR/GSX等、由中国石油集团东方地球物理勘探有限责任公司控股的INOVA公司的Hawk、Sercel公司的WiNG及SAS E&P公司的Orion等。这些仪器代表了当今节点地震仪器的最高水平，并在世界各地被用户大量使用。由于单点地震数据采集方法的局限性，目前各开发制造商推出的产品基本上都同时具有内置传感器（地震检波器）的一体化产品、外接地震检波器/串的分体式产品。内置传感器的一体化产品还涵盖一分量和三分量的采集站。而海上勘探用的节点地震仪器由于开发成本高，开发制造商相对较少，一般常用四分量的接收方式。典型主流节点地震仪器的详细介绍请到各公司的官网上查看。

节点地震仪器是一种新型的地震勘探开发设备，除各公司执行自己的标准（例如中国石油集团公司于2021年推出了陆上节点地震数据采集记录系统企业标准）外，石油天然气行业标准在2023年制定完成，将进一步规范和开拓节点地震仪器市场。

6.1　陆上典型主流节点地震仪器

目前，国内外开展节点地震仪器研究的单位及推出的产品很多，就节点地震仪器产品而言，其整体技术水平相当。虽然有的仪器采用了24位或32位的ADC，但都基于Σ-Δ技术原理，实际的应用效果取决于其内部参考源的设计、应用的具体目标和环境。由于节点地震仪器的相关标准正在制定或完善中，各厂商推出的节点地震仪器除具有授时、独立自主采集并存储的基本需求外，都增加了各自认为重要的功能（当然也包括是否集成电源和传感器）。但到目前为止，在市场上得到规模化应用或市场占有份额比较大的节点地震仪器制造商及产品并不多，国内外主要陆上节点地震仪器制造商及其代表产品见表6-1。

表 6-1　国内外主要陆上节点地震仪器制造商及其代表产品

国外/国内	制造商名称	主要代表产品
国外	INOVA	Quantum、Hawk
	Sercel	WiNG
	Magseis	ZLand
	Geospace	GSR、GSX、GSB、GCL
	DTCC	SmartSolo
	GTI	Nuseis
	Stryde	eNode
	Global Geophysical Services	AutoSeis
	SAS E&P	Orion
国内	中国石油集团东方地球物理勘探有限责任公司	eSeis
	中国石油化工集团有限公司	I-Nodal
	北京锐星远畅科技有限公司	HardVox
	中科深源科技有限公司	Allseis
	中地装（重庆）地质仪器有限公司	BLA、DZS
	北京桔灯地球物理勘探股份有限公司	Both
	湖南奥成科技有限公司	WLU-3C

6.1.1　INOVA 公司产品 Quantum、Hawk

INOVA（英洛瓦物探装备有限责任公司）是中国石油集团东方地球物理勘探有限责任公司与美国陆上装备制造公司 ION 合资于 2010 年成立的陆上地震勘探装备制造的公司，在陆上地震仪器制造方面已成为在 Sercel 公司之后的第二大仪器制造公司，其产品包括地震仪器、可控震源、地震检波器等。INOVA 公司的节点地震仪器产品主要有 Quantum、Hawk 两种产品。

1. Quantum 节点地震仪器

Quantum 是 INOVA 公司最新推出的节点地震仪器产品，主要由软件系统（主机）、节点单元、数据下载充电柜等组成，主要构成部件如图 6-1 所示。Quantum 节点单元采取内置检波器和电池的一体化设计，单站重量轻至 650g，续航达 50 天/24 小时。2022 年的最新型号产品可外接检波器并支持数字检波器，最新的 Hyper-Q（排列助手）技术支持批量回收 QC 数据。

（a）排列助手

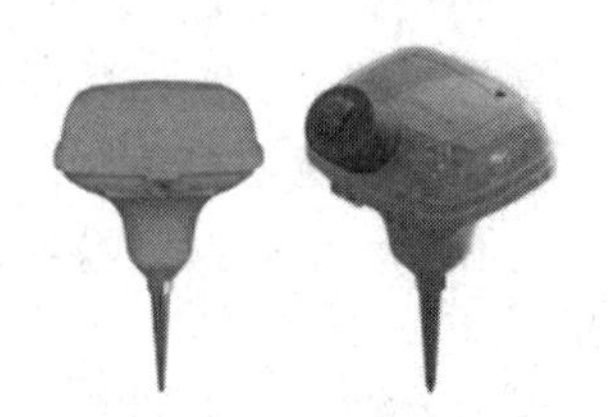

（b）内置和外接检波器节点单元

（c）数据下载充电柜

图 6-1　Quantum 节点地震仪器的主要构成部件

Quantum 通过 GPS 功能自主记录采集点位置和数据流的时间戳，其主要性能指标见表 6-2。节点单元数据回收和充电在一个 19 英寸机架中进行，但现场数据回收可采用便携式机柜。8GB 的数据在大约 10 分钟内全部回收完成，充电时间小于 3 小时。截至 2022 年年底，Quantum 节点地震仪器在国际市场中销售超 30 万道，为国际市场上认可程度较高的系统之一。

表 6-2　Quantum 节点地震仪器的主要性能指标

项目		技术参数
一般特性	道数	1
	定时精度	< 20 μs
	存储容量	8GB（最大 16GB）
	传感器	5Hz 或 10Hz 垂直高灵敏度检波器
	集成电池	可充电锂电池
	电池寿命	连续工作> 50 天；每天工作 12 小时：100 天
	物理特性	重量轻，防水，坚固
	外部尺寸	109mm×98mm×107mm（不包括尾椎）
	重量	0.65kg（包括内部电池组和检波器）
	操作温度	-40～+70℃
	水浸	IP68
传输特性	连接	低能耗蓝牙
	GPS	L1–GPS/QZSS，GLONASS，北斗，Galileo
自动化测试能力	单元温度	✓
	传感器倾斜	✓
	传感器的响应	✓
	传感器的阻抗	✓
	系统噪声	✓
信号调理特性	采样间隔/ms	0.5，1，2，4
	前置放大器增益/dB	0，6，12，18，24
	动态范围（0dB 增益）/dB	127（高达 134）
	阻带衰减	> 120dB
	抗混叠滤波器角频率	208Hz@2ms

2．Hawk 节点地震仪器

Hawk 是 INOVA 公司早期的节点地震仪器产品，为站体、电池、检波器分离式设计，单站可接入 1～3 个模拟检波器或 1～3 个数字检波器，站体内置信号源，采用蓝牙、WiFi 传输 QC 数据，是较早能够支持自动化批量回收 QC 数据的系统。Hawk 野外采集站支持连接数字/模拟检波器，可根据需要使用同一种设备，完成数字/模拟地震信号采集，设备利用率高。同时，Hawk 目前具有两种工作方式，其中一种是使用手簿完成采集站的布设，这种工作方式的最大特点是在野外的各检波器位置上，使用手簿逐一完成采集参数配置文件输入和节点单元位置设定（设定的位置信息将作为最终的原始地震数据分离的依据）。Hawk 节点地震仪器的主要构成部件如图 6-2 所示。

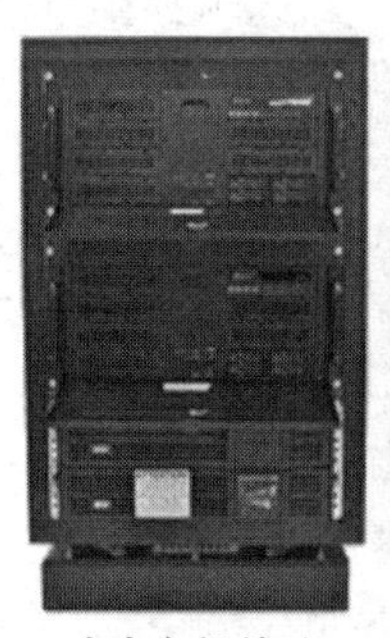

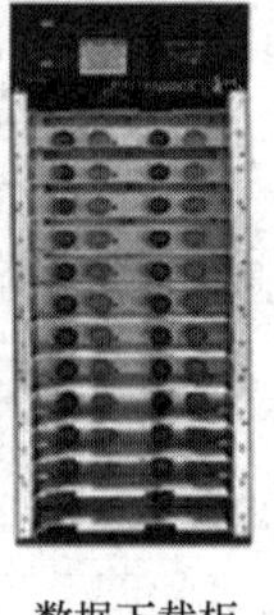

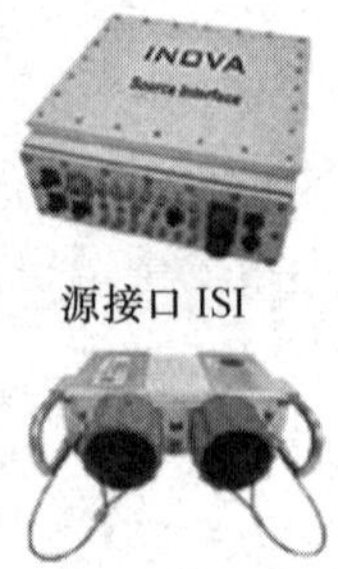

图 6-2　Hawk 节点地震仪器的主要构成部件

Hawk 节点地震仪器的主要性能指标如下。

- 道数：单站 1 道或 3 道，可直接支持 3 道模拟采集或三分量数字采集。
- 采样间隔（单位：ms）：0.25、0.5、1、2、4。
- 滤波类型：线性相位、最小相位。
- 前放增益（单位：dB）：0、6、12、18、24、30。
- 满标输入电平：1768mV@0dB。
- 等效输入噪声：0.79μV@0dB。
- 系统动态范围：147dB。
- 畸变：0.0001%。
- 共模抑制比：110dB。
- 连续工作时间：538h。
- 内置存储器：16GB。
- 供电方式：外接电池。
- 采集站外壳材料：铝合金。
- 重量（含电池）：4.21kg。
- 体积：1903cm^3。
- 工作温度：−40～+60℃。
- 外接电池充电温度：0～+60℃。
- 功耗：357mW。
- 工作方式：GPS 授时、连续采集、本地存储。
- 无桩号施工：支持。
- 联机采集：支持。
- QC 方式：使用手簿或数据回收工具 Harvest 收集采集站的整体信息，同步至主机系统。
- QC 数据回收方式：回收至营地，使用数据下载设备回收数据或用 Harvest 在采集现场回收数据。

6.1.2　Sercel 公司产品 WTU-508/WiNG

法国 Sercel 仪器公司是世界上最大的为陆、海及测井等地球物理勘探提供物探装备的公司之一，WTU-508 是其单道自主陆地节点地震仪器，采集的地震数据保存在内置存储器中，含有自主适应 QC 网络技术 XT-Pathfinder。其特点是在允许范围内，WTU-508 可自动寻找传输路径，将 QC 数据实时回传至中央主机单元，在地形复杂的勘探区域确保了数据安全。2 个

WTU-508 之间允许的最大距离为 100m。设备单站重量 2.1kg，采用 2.405～2.470GHz 频段的电台传输 QC 数据，传输速率为 100kb/s。

WiNG 是 Sercel 公司设计的最新一体式节点地震仪器，其 DFU（Digital Field Unit，数字野外单元）设计可降低运输和存放成本。DFU 设计紧凑而轻便（855g），可记录最多 50 天的地震数据。另一个设计 AFU（Analog Field Unit，模拟野外单元）还可连接检波器串使用，包括内置 QuiteSeis 数字检波器和外接模拟检波器。WiNG 同样采用 XT-Pathfinder 技术进行 QC 数据接力回传，保证了设备和数据安全。

Sercel 公司节点地震仪器相关部件与技术示意图如图 6-3 所示。

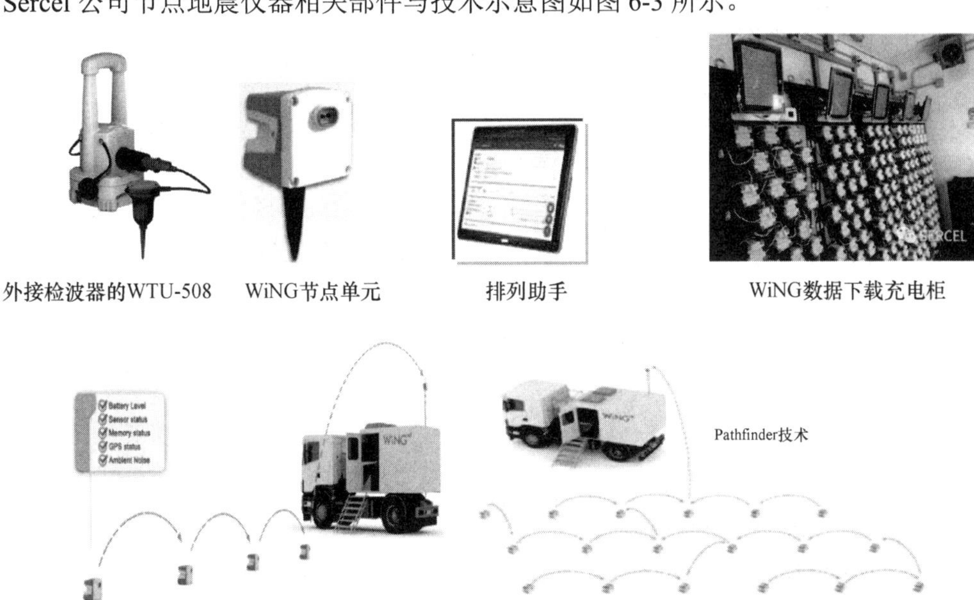

图 6-3 Sercel 公司节点地震仪器相关部件与技术示意图

WiNG 节点地震仪器的主要特点及功能如下：

- 远程 QC 监测：无论是通过平板电脑还是仪器主机，Pathfinder 技术支持持续远程监控工作期间的排列状态。实时 QC 报告甚至能够提醒操作员存在对所采集数据质量具有不利影响的外部噪声源。
- 数据 QC：无须等待采集结束即可正确评估地震数据质量。便携式野外终端通过无线连接节点单元并回收数据（无须中断生产），并支持快速生成 SEG-D 文件以进行彻底的数据质量分析。
- 数字保真：DFU 配备 QueitSeis 宽频传感器，相比模拟传感器，除了更低的振幅失真，在地震带宽内具有平坦的振幅和相位响应，它所输出的数字信号具有更高的保真度。
- 低噪声、低频率：QueitSeis 传感器的低频噪声低至 0.1Hz，非常适合宽频采集。在地震勘探行业感兴趣的频率范围内，产品的噪声密度为 $15\text{ng}/\sqrt{\text{Hz}}$，处于或低于地球上任何地方可测量到的最安静的环境噪声水平。
- 野外设备：DFU（数字野外单元），855g，可记录最多 50 天；AFU（模拟野外单元），插座连接模拟传感器。
- DCM（数据完成管理器）：节点地震仪器独特的中央软件平台，该平台处理地震数据

（炮集、道集等），输出石油行业专用文件（SEG-D）；接收 QC 数据，在单一集成环境中监控采集的所有工作；通过 DCM 采集经过系统认证的数据。

- 野外监控器设备：使用了 Pathfinder 技术，通过连接任何一个采集站，借助 Sercel 公司研发的无线电协议回收这个采集站及其附近采集站的信息，无须到野外的每个节点单元进行数据回收。

6.1.3　Magseis 公司产品 Zland

Zland 是原 FairField 公司开发的用于陆上勘探的节点地震仪器，也是最早推出的内置检波器与电池的一体化节点单元。Zland 是 24 位 ADC 地震数据采集系统，由野外数据采集系统和数据回收系统组成，用于陆地勘探。Zland 节点单元采用电池、采集电路及检波器的一体化设计，全自主式运行，可根据设定时间自动开始采集，且连续记录时间达 15 天，施工效率仅取决于放炮速度，大大减少了野外查线时间，提高了野外设备布设的灵活性。采集流程中的大部分工作，如充电、数据下载与合成、测试升级等也是在营地完成。可根据用户需要，使用源控制器（Source Controller）获取炮点激发时间，方便其他仪器联机采集。Zland 的硬件包括室内单元或营地设备（含下载充电柜、数据记录器等）和野外设备（含节点采集站、源控制器等）两部分，分为单分量和三分量设备，也可支持外接检波器。Zland 节点地震仪器的组成部件如图 6-4 所示，其技术性能指标见表 6-3。

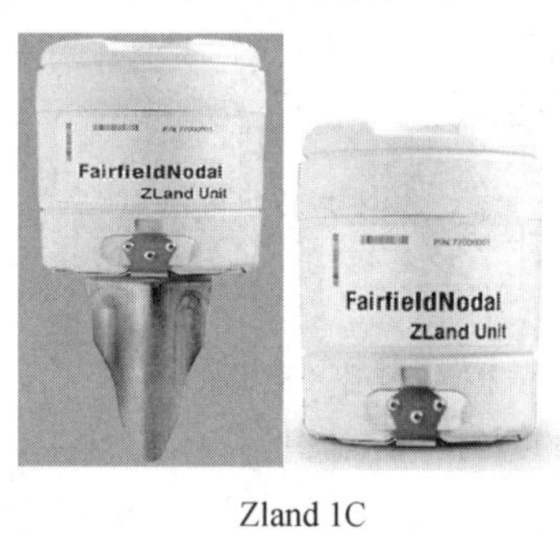

Zland 1C

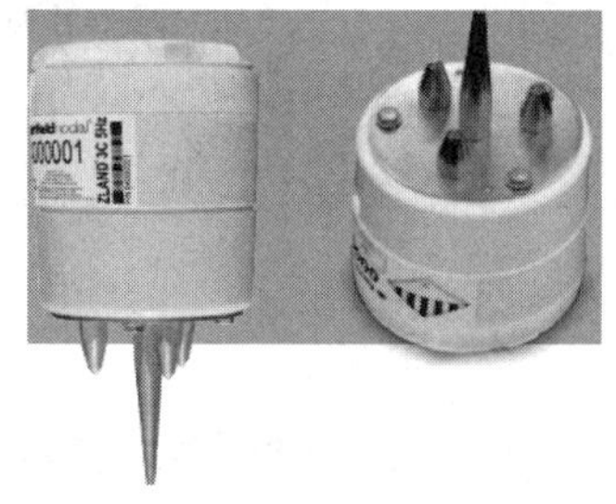

Zland 3C

中央主机单元

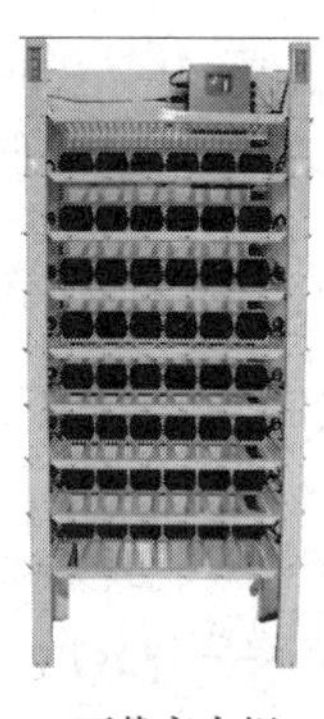

下载充电柜

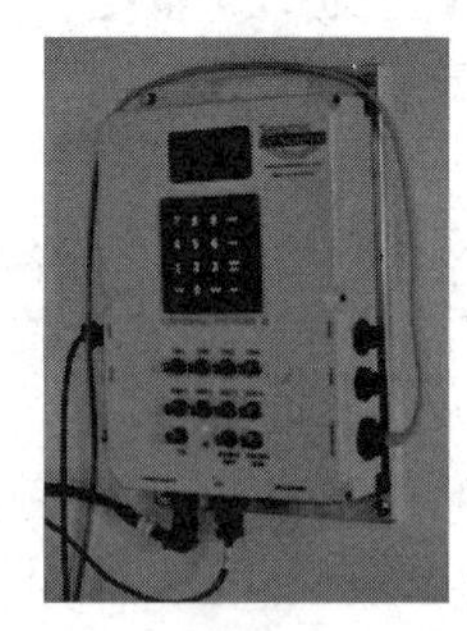

源控制器

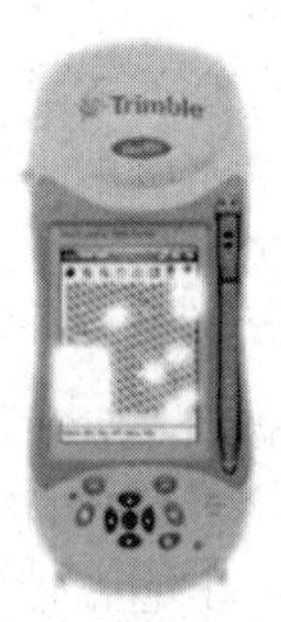

排列助手

图 6-4　Zland 节点地震仪器的组成部件

1．野外设备

① 节点采集站：具有内部集成的检波器和供电电池，可连续不低于 30 天持续接收并存储地震数据；内置 GPS 设备，在获取其位置信息后，可采用最少 1 颗卫星用于采集站时钟；可根据用户需要设定每天的采集时间及预计开始采集的日期和时刻。

表 6-3　Zland 节点地震仪器的技术性能指标

	Zland 1C	Zland 3C
地震数据通道	1 个	3 个
ADC 精度	24 位	24 位
采样间隔/ms	0.5、1、2、4	0.5、1、2、4
前放增益	0～36dB，步长 6dB	0～36dB，步长 6dB
去假频滤波器	206.5Hz（82.6%$f_{Nyquist}$）@2ms，线性相位或最小相位	206.5Hz（82.6%$f_{Nyquist}$）@2ms，线性相位或最小相位
去直流滤波器	1～60Hz，增量 1Hz，6dB/oct，或旁路	1～60Hz，增量 1Hz，6dB/oct，或旁路
操作温度	-40～+60℃	-40～+60℃
工作时长	40 天连续采集@2ms，25℃； 70 天分段采集（12h 采集/12h 休眠），25℃	35 天连续采集@2ms，25℃； 60 天分段采集（12h 采集/12h 休眠），25℃
电池	锂电池，充电温度范围 5～40℃，充电时间<3h	锂电池，充电温度范围 5～40℃，充电时间<3h
采集通道（除非另有说明，条件为 2ms 采样间隔，25℃，31.25Hz 的内部测试）		
总谐波畸变	0.0002%@12dB 增益，-3dB 满刻度	0.0003%@12dB 增益，-3dB 满刻度
等效输入噪声	0.75 μV@0dB 0.2 μV@12dB 0.1 μV@24dB 0.1 μV@36dB	0.75 μV@0dB 0.2 μV@12dB 0.1 μV@24dB 0.1 μV@36dB
满刻度输入信号	2500mV 峰值@0dB 625mV 峰值@12dB 156mV 峰值@24dB 39mV 峰值@36dB	2500mV 峰值@0dB 625mV 峰值@12dB 156mV 峰值@24dB 39mV 峰值@36dB
增益精度	0.5%	0.5%
动态范围	127dB@0dB，前放增益	127dB@0dB，前放增益
共模抑制比	>110dB	>110dB
DC 漂移	<10%输入噪声（加去 DC 滤波器）	<10%输入噪声（加去 DC 滤波器）
定时精度	±10μs（GPS 授时）	±10μs（GPS 授时）
自测试功能	内部噪声、内部 THD、内部增益精度、内部 CMRR、内部脉冲、传感器的阻抗、传感器的阶跃响应、传感器的直流电阻	内部噪声、内部 THD、内部增益精度、内部 CMRR、内部脉冲、传感器的阻抗、传感器的阶跃响应、传感器的直流电阻
传感器	内置单只垂直检波器，10Hz、阻尼系数 0.7、78.7V/(m·s^{-1})或 5Hz、阻尼系数 0.7、76.7V/(m·s^{-1})。可选外部输入	3 只检波器正交，10Hz、阻尼系数 0.7、78.7V/(m·s^{-1})或 5Hz、阻尼系数 0.7、76.7V/(m·s^{-1})
物理性能		
重量	1.8kg（包括尾椎）	2.8kg（包括尾椎）
尺寸	11.7cm×14.5cm（直径×高）	11.7cm×16.3cm（直径×高）
可拆卸尾椎	长 11.7cm	长 11.7cm

② 排列助手：用于辅助采集站布设和回收，可将位置信息传至节点采集站，初始化采集站并测试采集站状态（测试结果可稍后传至数据记录器）。

③ 源控制器：用于同步炮点激发，记录激发点位置和激发时间（UTC）。

2．营地设备

① 下载充电柜：用于数据下载和设备充电。另外，它可对采集站进行系统测试，准备下一次布设。

② 数据记录器：从连接在下载充电柜的节点采集站中下载数据，并根据源控制器中的炮点信息合成炮集文件，可输出至多种存储介质中，如磁带、硬盘等。

6.1.4 Geospace 公司产品 GSR、GSB、GCL

Geospace 是美国一家以生产地震采集装备和井中采集装备著称的仪器公司，其节点地震仪器主要产品有 GSR、GSX、GSB、GCL 等。其中，GSR（Geospace Seismic Recorder）无线节点地震仪器，融合 ISS（Independent Simultaneous Sweeping）技术，获得诸多石油公司的高度认可。GSR 是一种无线地震数据采集系统，具有轻便、灵活、操作简单、稳定可靠的特点，可适应不同环境要求的地震数据采集，具有野外采集和室内数据下载及合成功能。Geospace 公司陆上节点地震仪器产品如图 6-5 所示。

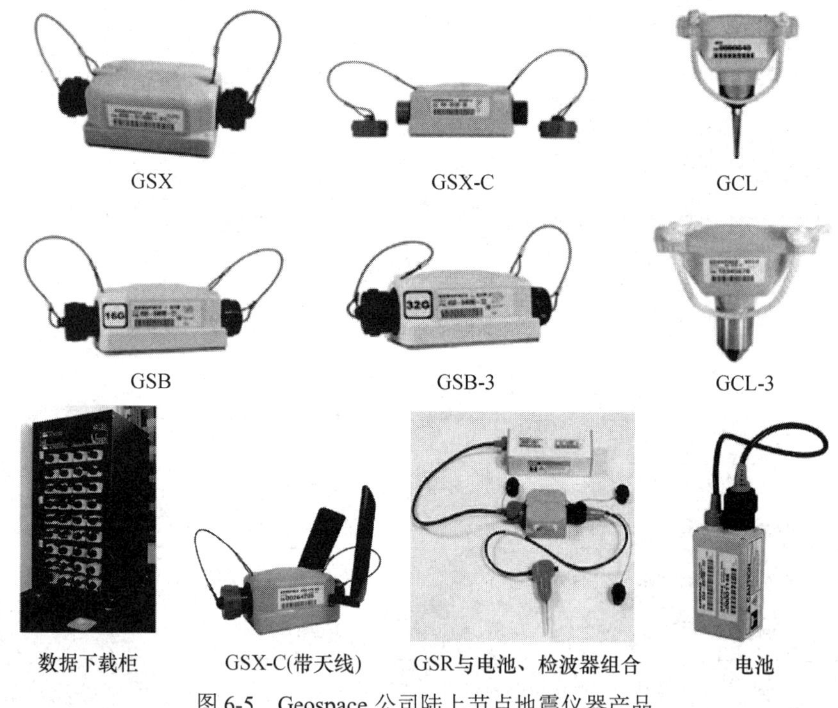

图 6-5　Geospace 公司陆上节点地震仪器产品

1．GSR/GSX（陆上组合式节点系统）

GSR/GSX 是专为无电缆和无线电地震数据记录而设计的。GSR/GSX 支持 1、2、3 或 4 道 24 位模拟采集、集成 GPS 接收机、内置测试信号发生器、具有 32GB 内存和高速数据接口，且拥有一个 LED 布设状态指示器。

GSR/GSX 的主要特点如下：

- 可扩展性大于 50000 道。
- 高精度 24 位 Σ-Δ 型 ADC。
- 内置 GPS 接收机和校准时钟。

- 锂电池支持连续记录超过 30 天。
- 兼容爆炸、振动和脉冲能量源。
- 接收标准模拟传感器输入。
- 内置全分辨率测试信号发生器。
- 可选 1、2、3 或 4 个通道。
- 具有 LED 布设状态指示器。
- 源控制器：用于记录源触发时间，并可使用一个符合工业级标准的触发信号输出接口生成一个与 GSR 系统同步的触发事件。
- 排列助手：通过无线通信方式与附近的多个采集站进行连接，以获取 GSR/GSX 采集站状态，进行质量控制。
- 数据下载柜：使用以太网与 GSR/GSX 采集站连接，作为地震数据下载、采集参数设置和 GSR/GSX 内部测试时的采集站与主机的连接桥梁。
- GeoRes 地震数据管理系统：一个集成高速个人计算机和 RAID 存储阵列的硬件平台，用于地震数据下载、数据合成与输出。
- 便携式 RAID 存储阵列：用于地震数据的转移，2TB，NTFS 格式。
- 充电柜：用于锂电池的充电。

GSR/GSX 的主要技术指标如下：

- 道数：可支持 1、2、3 或 4 道模拟采集。
- 采样间隔（单位：ms）：0.25、0.5、1、2、4。
- 滤波类型：线性相位、最小相位。
- 前放增益（单位：dB）：0、6、12、18、24、30、36。
- 满刻度输入信号：1273mV@0dB。
- 等效输入噪声：1.13μV@0dB。
- 系统动态范围：124dB@0dB。
- 畸变：0.0005%。
- 增益精度：1%。
- 共模抑制比：-100dB。
- 连续工作时间：720h。
- 内置存储卡：4GB@1 道。
- 供电方式：外接电池。
- 采集站外壳材料：塑料。
- 重量（含电池）：3.04kg。
- 体积：1148cm^3。
- 工作温度：-40～+85℃。
- 功耗：200mW。
- 工作方式：GPS 授时，连续采集，本地存储。
- 无桩号施工：支持。
- 联机采集：支持。
- 质量控制方式：使用排列助手借助电台通信获取附近多个节点单元的工作状态信息。
- 数据回收方式：回收至营地，使用数据下载设备进行数据回收。

2．GSB（带内部电池的陆上节点系统）

GSB 的主要特点如下：

- 连续无电缆自主记录；
- 24 位分辨率和 124dB 瞬时动态范围；
- 内置全分辨率测试信号发生器；
- 外置检波器；
- 电池寿命可达每天 24 小时工作 60 天；
- 固态闪存 16GB 或 32GB。

3．GSX-C（带网络回收的陆上节点系统）

GSX-C 是专为无电缆/无线电地震数据记录而设计的，其主要特点如下：

- 可扩展性大于 50000 道；
- 高精度 24 位 Σ-Δ 型 ADC；
- 内置 GPS 接收机和校准时钟；
- 接收标准模拟传感器输入；
- 内置全分辨率测试信号发生器；
- 可选 1 或 3 个道（GSX-1C，GSX-3C）；
- 具有 LED 布设状态指示器；
- 实时状态更新到云端；
- 基于 4G 网络的按需地震数据回收。

4．GCX（陆上一体化节点系统）

GCX 是无线/无电台的地震数据采集系统，其主要特点如下：

- 一体化无线地震采集站（内置 24 位 ADC、GS-1 检波器和长寿命电池），无须装配；
- 内置 GPS 接收机和校准时钟；
- 超过 30 天的连续记录；
- 兼容炸药、可控震源和脉冲震源；
- 集成电源、采集站、检波器；
- 内置全范围自检信号发生器；
- GCX-1C 或 GCX-3C 可选；
- 具有 LED 布设状态指示器。

5．GCL（一体化陆上节点系统）

GCL 的主要特点如下：

- 没有连接器；
- 连续无电缆自主记录；
- 24 位分辨率和 124dB 瞬时动态范围；
- GS-ONE-LF（5Hz）或 GS-ONE（10Hz）垂直检波器；
- 电池寿命达每天 24 小时工作 60 天；
- 内置全分辨率测试信号生成器；

- 固态闪存 16GB 或 32GB。

6.1.5 DTCC 公司产品 SmartSolo

SmartSolo 是 DTCC 公司在高灵敏度检波器 DT-SOLO 的基础上，结合电子技术和软件技术研发的一款节点地震仪器。它由节点单元（IGU）、DMC 服务器、DCC 服务器、数据下载架（DHR）、电池充电架（BCR）以及测试仪、手持器、辅助道记录器等组成。DTCC 公司推出的 SmartSolo IGU-16 节点在国内使用和销售超过 20 万道，其设备的稳定性和鲁棒性得到了市场认可。IGU-16 采取独特的采集站+电池包组合设计，兼顾了分离式节点充电、下载的便捷性和一体式节点野外布设工作的稳定性。DTCC 公司还开发了外接式的 IAU-19、三分量的 IGU-16HR、支持 4G 网络的 IMU-1C/3C 产品，以适应多种勘探需求。

SmartSolo 的主要特点如下。

- 重量：1.11kg（含电池和尾椎）。
- 体积：95mm×103mm×118mm。
- 功耗：小于 50mW。
- 内置 DT-SOLO 10Hz 或 5Hz 高灵敏度检波器。
- 在野外无任何外部连接器。
- 可选择外接电源和检波器。
- 支持手机 App。
- 采样间隔 1ms，在 25℃和每天 12 小时工作制的情况下可续航 50 天。
- 内置 8GB 非易失性存储器（可扩展至 32GB）。
- 支持无桩号施工。

SmartSolo 节点地震仪器的主要组成部件如图 6-6 所示，其主要技术指标见表 6-4，IAU-19 与 IGU-16HR 的主要参数见表 6-5。

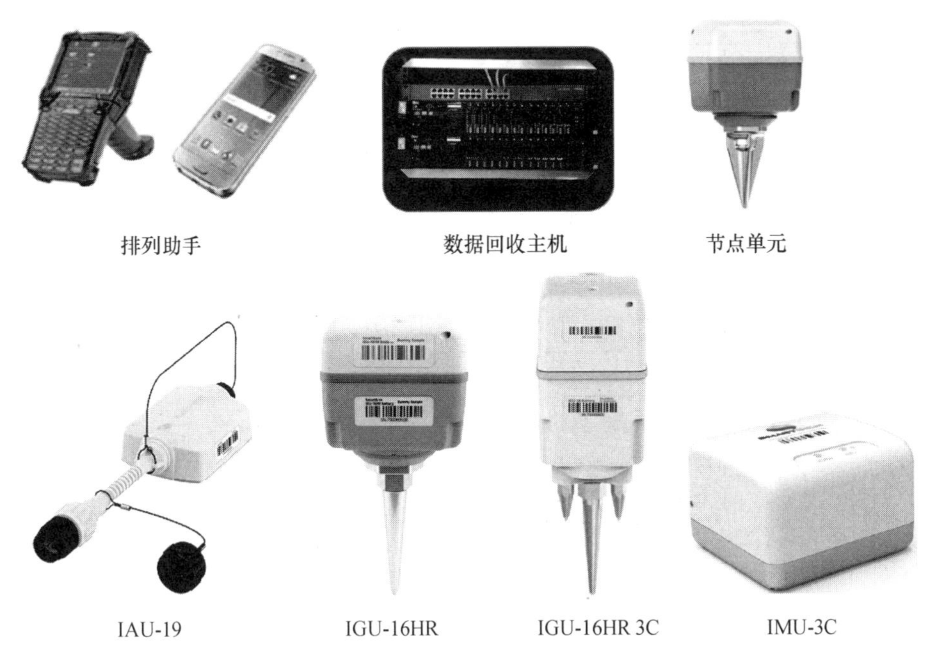

图 6-6　SmartSolo 节点地震仪器的主要组成部件

表 6-4　SmartSolo 节点地震仪器的主要技术指标

项目	技术指标
快速数据回收率	120GB/7min；3000 道@20 天、2ms，小于 4h
高灵活系统配置	独立系统容量> 30000 道
完整的软件套件	简单、易用，功能全，包含数据服务器、移动设备等的软件
现场部署工具（FDT）	专业设备或智能手机设备可选；与 DMC 无线交换数据；RFID 扫描器与条形码阅读器；结合 IGU ID 标记位置；地图或导航功能；操作简便
数据管理器控制台（DMC）	项目管理、排列管理、部署管理、数据管理和 QC
数据采集器控制台（DCC）	采集和数据回收控制、原始地震数据存储、控制 IGU 预部署、控制 IGU 状态
数据下载架（DHR）	每个下载架 32（16×2）个槽口（便携式下载架 16 个槽口） 单个槽口的下载速度 20MB/s 回收 3000 道@20 天、2ms，小于 3.5h
电池充电架（BCR）	每个充电架 48 个槽口（便携式可充 16 个站） 充电时间小于 3h LED 充电状态指示 尺寸：183cm×60cm×30cm 重量：130 kg 布局：12 排，每排 4 个电池 最大充电电流：2A 充电模式：95%快充，电量达到 95%时涓充 充电时间：3.25h 充电温度：3～40℃
IGU 测试仪	同时测试 32 个 IGU，通道指标和检波器芯体指标灵活组合以进行测试，便携、操作简单
辅助道记录器	4 通道同时记录震源的 4 个信号
手持器	内置高精度 GPS 模块和 RFID 模块，支持地图导航和 IGU 自动扫描、无桩号施工
DT-SOLO 10Hz 传感器性能 （+22℃，垂直放置）	自然频率：10Hz±3.5% 高寄生频率：＞240Hz 畸变：＜0.1%@12Hz，0°～10°倾斜 开路阻尼系数：0.51±10% 线圈电阻：1800Ω±3.5% 开路电压灵敏度：85.8V/(m • s^{-1})±3.5% 动圈质量：14g 最大线圈移动距离：3.5mm
DT-SOLO 5Hz 传感器性能 （+22℃，垂直放置）	自然频率：5Hz±7.5% 高寄生频率：＞170Hz 畸变：<0.1%@12Hz，0°～10°倾斜 开路阻尼系数：0.6 ±10% 线圈电阻：1850Ω±5% 开路电压灵敏度：80V/(m • s^{-1}) ±5% 动圈质量：22.7g 最大线圈移动距离：3.0mm

表 6-5　IAU-19 与 IGU-16HR 的主要参数

	IAU-19	IGU-16HR
物理规格	尺寸：132mm×97mm×50mm（无外部 DCK 插头） 重量：0.8kg 防水：IP68 工作温度：−40~+70℃	尺寸：103mm×95mm×118mm（不含尾锥） 重量：1.1kg（包括内部电池和钉） 防水：IP67 工作温度：−40～+70℃
工作时长（25°C）	连续：25 天 分段：50 天（12h 开启/12h 睡眠）	连续：25 天@1ms 分段：50 天（12h 开启/12h 睡眠）
通道性能（除非另有说明，否则采样间隔为 2ms，频率为 31.25Hz，温度为 25°C）	地震数据通道：1 ADC 分辨率：32 位 采样间隔/ms：0.25、0.5、1、2、4 前放增益：0～36dB 抗混叠滤波器：206.5Hz（82.6%$f_{Nyquist}$）@2ms，可选线性相位或最小相位 直流阻断滤波器：1～10Hz，1Hz 增量或旁路 GPS 时间标准：1×10^{-6}s 计时精度：±10μs，GPS 规范 最大输入信号：±2.5V 峰值@增益 0dB 等效输入噪声：0.18μV@2ms、增益 18dB 动态范围：125dB@2ms、增益 0dB 总谐波失真：＜0.0002%@增益 0dB 共模抑制比：≥100dB 增益精度：＜0.5% 数据存储：16GB 内部存储器 充电时间：<3h 充电温度范围：3~45℃ 无线 QC：电压、温度、内存、GPS 位置、GPS 信噪比、传感器状态等	频率响应：0~1652Hz ADC 分辨率：32 位 采样间隔/ms：0.25、0.5、1、2、4 前放增益：0～36dB 抗混叠滤波器：206.5Hz（82.6%$f_{Nyquist}$）@2ms，可选线性相位或最小相位 直流阻断滤波器：1～10Hz，1Hz 增量或旁路 GPS 时间标准：1×10^{-6}s 计时精度：±10μs，GPS 规范 最大输入信号：±2.5V 峰值@增益 0dB 等效输入噪声：0.18μV@2ms、增益 18dB 即时动态范围：125dB@2ms、增益 0dB 总谐波失真：＜0.0002%@增益 0dB 共模抑制比：＞100dB 增益精度：＜0.5% 系统动态范围：145dB 充电时间：<3.25h 充电温度范围：3～45℃

6.1.6　GTI 公司产品 Nuseis

Nuseis 是 GTI 公司研发的一款节点地震仪器，其组成包括管理系统（主机）、节点单元（分单分量和三分量）、数据下载充电柜、节点单元自动部署系统等。其特点是采用近距离无线传输技术执行数据下载工作，最大限度减少触点可能带来的故障点。GTI 公司为 Nuseis 配套设计了专用的耦合部件（EarthGrid）和自动部署系统（ADS）。Neseis 节点地震仪器的组成部件参见图 6-7，Neseis NRU 1C 的主要技术指标见表 6-6。

NuSuite 是一个全集成的综合软件包，主要功能是现场部署控制，辅助数据记录，电源充电，数据下载、转录，现场工作指导，库存控制，现场 QC 处理。

NRU 1C 是一个独立的单通道节点单元。它支持内置或外接电池和检波器，并集成有高灵敏度的 GNSS /GPS 和无线数据下载部件。

ADS-V3 是用于自动部署 NRU 1C 节点单元的系统，具有自动埋置节点单元和高精度 GPS 导航能力。ADS-V3 可一次装载 160 个节点单元，在计算机、柴油液压动力装置和电子控制执行器支持下，通过预编程设定节点单元的位置，并通过蓝牙功能来控制埋置节点单元的性能和质量。

Nuseis 的数据下载充电架安装在标准的计算机服务器机架中。模块化的设计，使系统可根据特定的配置需求（每天滚动多少道）而伸缩性组合。

图 6-7　Nuseis 节点地震仪器的组成部件

表 6-6　Nuseis NRU 1C 的主要技术指标

项目	技术指标
地震数据通道	1 个
ADC 分辨率	24 位（Σ-Δ型 ADC）
采样间隔/ms	0.5、1、2、4
前放增益	可编程 0～42dB，步长 6dB
抗假频混叠滤波器	206.5Hz@2ms，413Hz@1ms，线性相位或最小相位
工作温度范围	−40～+60℃
工作时间	360h（连续工作）、30 天（每天工作 12h）、15 天（每天工作 24h）
最大输入信号	121mV@0dB
总谐波失真	0.0001%@31.25Hz
瞬时动态范围（增益 12dB）	123dB@2ms，121dB@1ms，119dB@0.5ms
系统的动态范围	140dB

续表

项目	技术指标
等效输入噪声	1500nV@0dB，400nV@12dB，160nV@24dB
增益精度	0.25%
输入阻抗	20kΩ
定时精度	±12.5μs
GPS 时间标准	优于 5×10^{-7}s
传感器	内部，单个检波器（10Hz±3.5%；85.8V/(m·s^{-1})±3.5%），另可根据用户要求配置其他检波器
内存	8GB 标配（可扩展到 16GB，32GB 或 64GB）
电池类型	10Ah 可充电锂电池
充电时间	约 4h
充电温度范围	0～45℃
循环次数	>500 次
重量	862g
尺寸	最大ϕ50.5mm，管状，长 299mm

6.1.7 Stryde 公司产品 eNode

eNode 是 Stryde 公司研制的一种独特设计的节点地震仪器，主要用于低成本高密度采集勘探项目，内置生物压电检波器，动态范围为 110dB。单个 eNode 节点单元的重量仅为 150g，尺寸为 41mm×129mm，截至 2022 年为业内最轻、体积最小的节点单元。eNode 节点地震仪器的组成部件如图 6-8 所示。

eNode 节点单元

eNode 数据下载和回收装置

图 6-8 eNode 节点地震仪器的组成部件

eNode 的主要性能特点如下。

- 检波器类型：生物压电检波器。
- 频带宽度：1～125Hz（±1dB）。
- GPS 类型：GPS/GLONASS（授时和定位）。
- 连续工作时间：28 天（24h 作业）。
- 存储器：4GB。
- 时钟精度：<0.1ms。
- A/D 转换器：24 位。
- 采样间隔：2ms。

- 增益：0 或 16dB。
- 输入信号幅度：6m/s^2@0dB，1m/s^2@16dB。
- 噪声（1～125Hz）：65ng/$\sqrt{\text{Hz}}$ @0dB，22ng/$\sqrt{\text{Hz}}$ @16dB。
- 充电和下载时间：<4h，无线充电、光学数据接口。
- 工作温度范围：−40～70℃。
- 重量：150g（含电池）。
- 外观尺寸：41mm×129mm。
- 密封外壳：IPX8。

6.1.8 中国石油集团东方地球物理勘探有限责任公司产品 eSeis

中国石油集团东方地球物理勘探有限责任公司（BGP 公司）是一个集野外采集、数据处理、资料解释、物探装备制造、软件开发等业务于一体的地球物理勘探专业化工程技术服务公司，20 世纪 80 年代开始生产地震仪器、地震检波器和可控震源。为解决有线地震仪器布线困难（例如山地）、无线地震仪器通信困难（距离和盲区）等特别复杂地区的地震数据采集，早在 2000 年，BGP 公司在地震仪器勘探领域第一个提出了独立自主采集的概念，并成功研发了首套独立节点式地震仪器——3S-1 型 GPS 高精度授时仪及其配套设备（节点单元与电池、GPS 爆炸控制系统及排列助手/数据回收单元的实物图见图 6-9）。2008 年，BGP 公司整合了原西安仪器厂的资源，完成了具有万道采集能力的 ES109 地震仪器。2010 年，BGP 公司与美国 ION 公司合资成立 INOVA（英洛瓦物探装备有限责任公司），在陆上地震仪器制造方面已成为在 Sercel 公司之后的世界第二大仪器制造公司。

3S-1 型排列助手/数据回收单元是一台轻便型的野外部件（采集站和爆炸机）管理和数据回收部件，可授权对采集站采集参数、爆炸机激发时间规则及激发参数进行设置，并且在获取激发班报后对采集站的采集数据进行本地下载（回收）。

3S-1 型 GPS 爆炸控制系统采用嵌入式计算机技术，通过 GPS 授时确保时间满足高精度要求，确保爆炸机和采集站时间精确地同步到微秒级精度。除同步激发炸药外，能够自动记录放炮的相关信息并形成采集站数据回收班报，还能够对环境噪声和激发的能量进行分析，确保激发的有效性及较好的采集信噪比。

（a）节点单元与电池

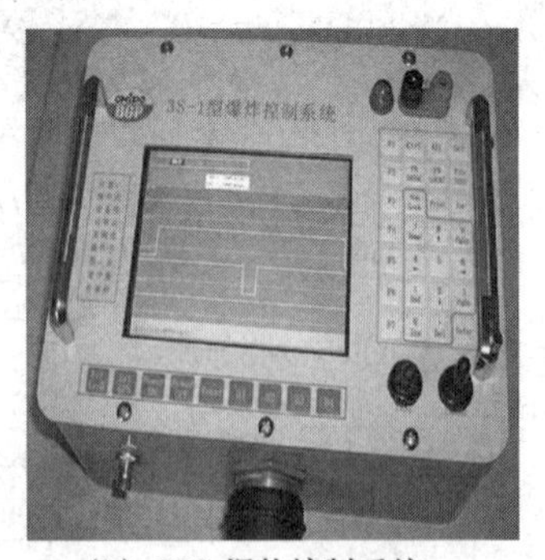

（b）GPS 爆炸控制系统

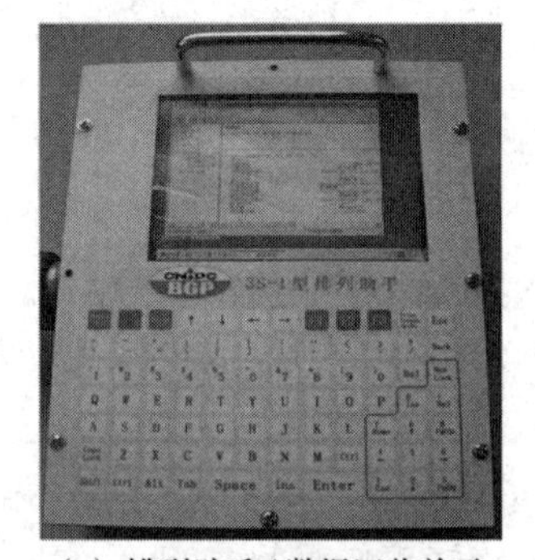

（c）排列助手 / 数据回收单元

图 6-9 3S-1 型高精度授时地震仪的主要构成部件

eSeis 是 BGP 公司于 2019 年依托国家油气科技重大专项“大型油气田及煤层气开发”自主研制的一款节点地震仪器，具有稳定性高、适应性强、操作简单、自主可控、易定制升级等特点。截至 2021 年年底，eSeis 采集应用超过百万道次，是当前国内勘探生产的主力仪器。

eSeis 节点地震仪器主要包括节点单元、数据下载充电柜、服务器（数据处理系统）及野外质控部件（排列助手）等（参见图 6-10）。eSeis 节点单元的生产制造采用自动化生产线，减少了人为因素的影响，提高了生产效率，保证了产品质量和稳定性。eSeis 节点单元主要包括内置式（见图 6-10（a））和外接式（见图 6-10（b））两种，采用 LoRa 模块执行 QC 数据传输，传输距离远、功耗低。

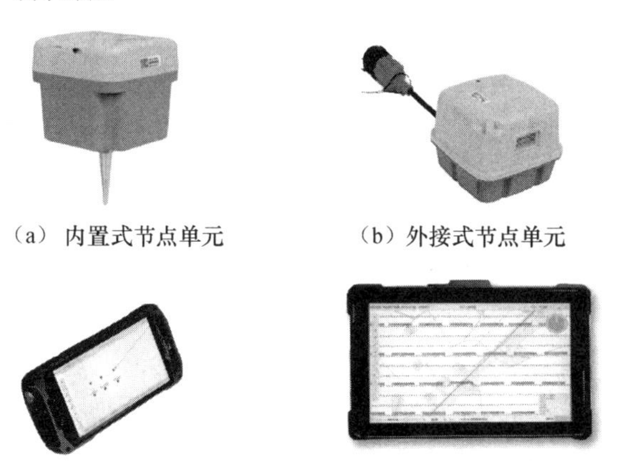

（a）内置式节点单元　（b）外接式节点单元

（c）排列助手　（d）排列助手PDA　（e）数据下载充电柜

图 6-10　eSeis 节点地震仪器的主要构成部件

（1）eSeis 节点地震仪器的主要特点

① 精度高：eSeis 节点单元采用 32 位 Σ-Δ 型 ADC，对地震波信号的接收能力和保真精度在业内处于领先地位。

② 集成度高：eSeis 节点单元采用 All In One 集成技术，即将节点采集站、高灵敏度检波器和电池高度集成，使得节点单元的尺寸更小，重量更轻，操作更加便捷，成为名副其实的“五省”（省人、省心、省力、省时、省钱）利器。

③ 质控强：eSeis 节点单元配套的质控技术，可以实现现场人员的便携式质控、车载质控和无人机质控。其中，无人机质控可实现 300m 内、车载质控可实现 150m 内、人员便携式质控可实现 70m 内所有节点单元 QC 数据的实时回传。

④ 搜星强：eSeis 节点单元具有北斗和 GPS“双星”搜星技术，保证了激发和接收的高精度时钟同步。

（2）eSeis 节点单元的主要性能指标

- 重量：1.2kg。
- 尺寸：110mm×98mm×98mm。
- 工作温度：-40～+70℃。
- ADC：32 位高精度 Σ-Δ 型 ADC。
- 功耗：<200mW。
- 防水等级：IP67。
- 适用激发源：井炮、气枪、重锤、可控震源。
- 前放增益（单位：dB）：0、6、12、18、24、30、36。
- 防混叠相位滤波：线性，最小相位。
- 采样间隔（单位：ms）：0.5、1、2、4。
- 连续采集天数：24 小时连续采集 30 天。

- 时间精度：<10μs。

（3）eSeis 下载充电柜的主要性能指标

- 重量：60kg。
- 尺寸：850mm×300mm×1750mm。
- 工作温度：-20～+60℃。
- 通道数：40 个（10 行×4 列）。
- 下载速率：>20MB/s。
- 充电电压：8.5V。
- 充电电流：单通道 6A（可调节）。
- 额定输入功率：3kW。
- 其他特点：高速地震数据回收下载，快速充电（3 小时以内充满），高精度测试功能模块，兼容无线数据服务器传输，LED 高亮工作状态显示，充电、配置、下载三合一。

6.1.9 中国石油化工集团有限公司产品 I-Nodal

I-Nodal 是中国石油化工集团有限公司于 2018 年开发的节点地震仪器，2019 年通过中国地球物理学会的科学技术成果鉴定，正式进入产业化制造与应用阶段，目前已在多个地震勘探项目中应用，并取得了良好的采集效果。I-Nodal 采用 WiFi+ZigBee 的双模通信，不仅有效提升了仪器的质控能力，而且使仪器具备一定的防丢失能力，更适应国内人口密集区域的施工项目。I-Nodal 内置检波器，同时支持外接检波器，施工更具灵活性。I-Nodal 节点地震仪器全内置采集站如图 6-11 所示。

图 6-11 I-Nodal 节点地震仪器全内置采集站

（1）I-Nodal 节点地震仪器的主要特点

- 全内置采集站，内置高灵敏度 5Hz/10Hz 检波器，可通过 KCK 转接缆外接标准检波器串。
- 32 位 Σ-Δ 型 ADC，主要采集参数与国际主流同类产品相当，可实现高精度、大动态范围地震信号的数字化采集，有效减少信号的近炮点过载。
- 卫星授时配合高稳定度内部时钟源，实现微秒量级精度的广域系统同步采集。
- 内置高灵敏度卫星定位与授时模块，配合高灵敏度有源天线，支持埋置应用，减小卫星失锁概率。
- 内置信号发生器，支持现场全信号链功能及性能自检与诊断，包括采集系统噪声、实时动态范围、共模抑制比、检波器阻抗、自然频率、灵敏度、阻尼系数等。
- P&R（即布即采）模式实现野外施工效率最大化。

- 内置无线模块，支持采集现场设备自检、无线状态查询、采集数据的单炮回读及实时回传。
- 高强度工程塑料外壳，体积小、重量轻，便于野外运输与施工。

（2）I-Nodal 节点地震仪器的功能概述

- 检波器配置：内置高灵敏度检波器（5Hz/10Hz），KCK 转接缆连接外部标准检波器串（可选）。
- 数字化方案：32 位高精度 Σ-Δ 型 ADC。
- 固态存储器容量：16GB（可支持 1ms 采样，连续记录 45 天），32GB 可选。
- 供电：内部 120Wh 可充电锂电池组，支持大于 600 小时的连续记录。
- 授时精度：±1μs。
- 守时精度：±1ms（卫星失锁 1 小时内）。
- 自检：内置信号发生器，支持现场全信号链功能与性能诊断。
- 工作模式：自主采集+现场无线质控，支持无人机巡线。
- LED 指示：采集站状态、卫星时钟同步、无线数据传输状态。
- 数据回收方式：野外数据回收电缆+无线数据回传，室内集中式数据回收桩。
- 现场配置与质控：工业级平板电脑。
- 重量：1.5kg。
- 外部尺寸：直径 12cm，高度 16cm。
- 工作温度范围：-40~+70℃。

（3）I-Nodal 节点地震仪器的性能指标

- ADC 分辨率：32 位。
- 采样间隔（单位：ms）：0.25、0.5、1、2、4。
- 前置可编程放大器倍数：×1、×2、×4、×8、×16、×32、×64。
- 输入阻抗：20kΩ//22nF（差分模式）。
- 增益精度：0.1%。
- 模拟信号输入：±2.5V 峰值@×1 增益，±625mV 峰值@×4 增益，±156mV 峰值@×16 增益，±39mV 峰值@×64 增益。
- 实时动态范围（4ms）：130dB@×1 增益，129dB@×4 增益，125dB@×16 增益，114dB@×64 增益。
- 总动态范围：150dB。
- 等效输入噪声：0.5μV@×1 增益，0.16μV@×4 增益，0.065μV@×16 增益，0.05μV@×64 增益。
- 谐波失真：-120dB@31.5Hz。
- 输入信号带宽：0～1652Hz@0.25ms。
- 防混叠滤波器：线性或最小相位滤波器，3dB 带宽@82.6%f_{Nyquist}。
- 可编程高通滤波器：0.1～10Hz。
- 阻带衰减：>130dB@f_{Nyquist}。
- 共模抑制比：>110dB。

6.1.10 北京锐星远畅科技有限公司产品 HardVox

HardVox 是北京锐星远畅科技有限公司开发的一种节点地震仪器，在国内使用超过 5 万道，最新推出的 H9 Pro 设备具有支持 LoRa 和蓝牙 QC 数据传输、0.125ms 采样、内部直接生成 SEG 格式原始文件等特点。HardVox 节点地震仪器各部件示意图如图 6-12 所示。

（a）内置检波器

（b）外接检波器

（c）丛林节点单元

（d）数据下载充电柜

图 6-12　HardVox 节点地震仪器各部件示意图

（1）HardVox 节点地震仪器的功能特点

- 专用高端授时芯片，对卫星依赖程度低，首次定位授时成功后，一颗卫星即可确保采集数据的时间精度。
- 采用工业级 eMMC，其读写性能、稳定性、可靠性优异。
- 全面 QC 功能，支持 QC 远程回传。
- 自检项目齐全，包括硬件状态、采集通道指标、检波器指标等。
- 支持节点单元批量全参数测试，测试效率高，更加适合大道数施工时的开工检验。

（2）HardVox 节点地震仪器的性能指标

- ADC 分辨率：32 位。
- 采样间隔（单位：ms）：0.25、0.5、1、2、4。
- 前放增益（单位：dB）：0、6、12、18、24、30。
- 动态范围：>120dB@增益 12dB。
- 总谐波畸变：<−111dB@增益 12dB。
- 共模抑制比：>100dB。
- 频率响应：0.1～1652Hz。
- 输入阻抗：20kΩ//12nF。
- 最大输入信号幅度：2500mV@0dB，1250mV@6dB，625mV@12dB，78mV@30dB。
- 等效输入噪声：0.96μV@0dB、2ms，0.63μV@6dB、2ms，0.09μV@30dB、2ms。
- 防混叠滤波器（可选零或线性相位）：1652Hz@1/4ms，826Hz@1/2ms，103Hz@4ms。

（3）HardVox 的数据下载充电柜

- 可同时对 30 个节点单元进行充电和数据读取操作。
- 充电和数据下载同时进行，测试和数据下载在充电过程中完成。
- 主机软件支持多台下载充电柜。
- 从空到充满约 4 小时。
- 2ms 采样间隔、24 小时数据下载约 90s。
- 全参数测试时间约 30 分钟。

6.1.11 中科深源科技有限公司产品 Allseis

中科深源科技有限公司产品 Allseis 主要包括 Allseis-1C/LF 宽频节点地震仪器、Allseis-3C 三分量节点地震仪器、Allseis-4C/LF 四分量短周期节点地震仪器。Allseis 节点地震仪器各单元部件如图 6-13 所示。

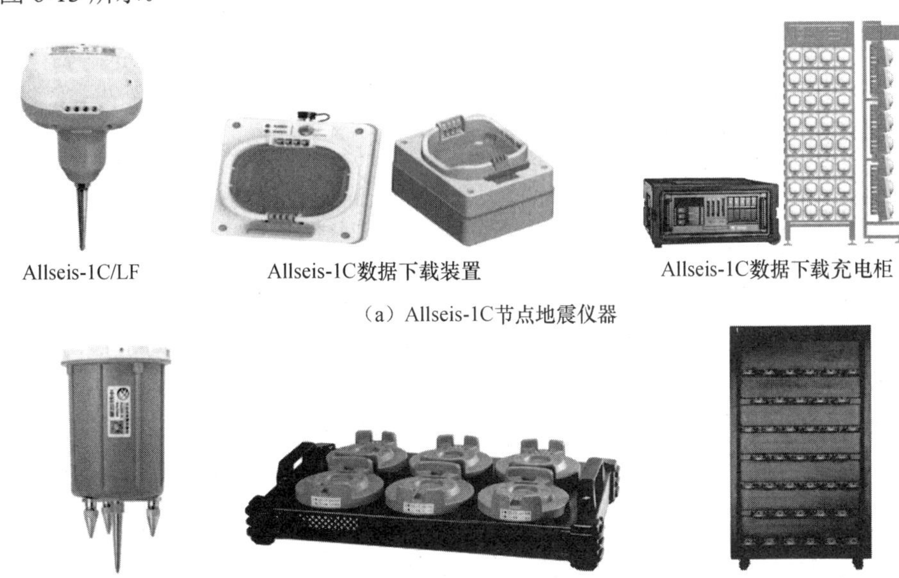

Allseis-1C/LF　　Allseis-1C数据下载装置　　Allseis-1C数据下载充电柜

（a）Allseis-1C节点地震仪器

Allseis-3C　　Allseis-3C数据下载和充电装置　　Allseis-3C集中式充电柜

（b）Allseis-3C三分量节点地震仪器

图 6-13　Allseis 节点地震仪器各单元部件

1. Allseis-1C 节点地震仪器

（1）Allseis-1C 节点地震仪器的功能与特点

- 检波器通道：标配 5Hz 高灵敏度检波器（5～150Hz）、可选 10Hz 高灵敏度检波器（10～240Hz）、可选外接式 KCK 接口外壳底座。
- 可配置定时采集功能，实现采集日期到采集时长的灵活设置。
- 配合卫星定位单元，支持野外埋置设备的精确定位与查找。
- 内置 BLE 无线模块，地面通信距离≥20m，对空通信距离≥100m，支持人工、车辆与无人机巡线。
- 内置高灵敏度 GNSS 卫星定位与授时模块，支持北斗、GPS、GLONASS 等多星授时定位，实现微秒量级精度广域系统级同步采集。
- 供电：内部 52Wh 可充电锂电池组，低功耗卫星间歇授时工作模式，时钟同步精度优于±10μs，支持大于 600 小时（25 天）连续记录。
- 授时精度：±10μs，可配置卫星连续授时模式，时钟同步精度优于±1μs，支持大深度埋置应用。
- 守时精度：±1ms（卫星失锁 1 小时内）。
- 自检：内置信号发生器，支持现场全信号链功能及性能自检与诊断，包括采集系统噪声、实时动态范围、检波器阻抗、自然频率、灵敏度、阻尼系数等。
- 工作模式：自主采集+手簿现场无线质控，支持无人机巡线。

- LED 指示：采集站状态、卫星时钟同步、无线数据传输状态。
- 数据回收方式：集中式充电/数据回收桩+无线数据回传。
- 现场配置与质控：工业级安卓蓝牙手簿，支持采集现场的施工管理、设备自检、无线状态查询、采集数据的实时回传及单炮回读。
- 存储容量：8GB（可选 16GB）。
- 重量：750g（不含尾椎）。
- 外部尺寸：9.8cm×10.8cm×11cm（不含尾椎）。
- 工作温度范围：-40~ +70℃。

（2）Allseis-1C 节点地震仪器的性能指标

- ADC 分辨率：24 位。
- 采样间隔（单位：ms）：0.5、1、2、4。
- 前置可编程放大器的放大倍数：×1、×4、×16。
- 输入阻抗：40kΩ//22nF（5Hz 检波器），20kΩ//22nF（10Hz 检波器）。
- 增益精度：0.1%。
- 模拟信号输入：±2.5V 峰值@×1 增益；±625mV 峰值@×4 增益；±156mV 峰值@×16 增益。
- 实时动态范围@1ms（典型值）：125dB@×1 增益。
- 总动态范围：145dB。
- 等效输入噪声（典型值）：1μV@×1 增益，0.25μV@×4 增益。
- 总谐波失真：-120dB@31.5Hz。
- 输入信号带宽：0~866Hz@0.5ms（-3dB），0~800Hz@0.5ms（-0.1dB）。
- 防混叠滤波器：线性滤波器，-3dB 带宽@86.6%f_{Nyquist}。
- 阻带衰减：>120dB@f_{Nyquist}。
- 共模抑制比：>120dB。

（3）检波器指标

① 5Hz 高灵敏度检波器

- 自然频率：5Hz±7.5%。
- 灵敏度：76.7V/(m • s^{-1})±7.5%@0.7 阻尼系数。
- 假频：>150Hz。
- 总谐波失真：≤0.1%（典型值）。
- 线圈电阻：1850Ω±5%。
- 最大倾角：±10°。

② 10Hz 高灵敏度检波器

- 自然频率：10Hz±2.5%。
- 灵敏度：80V/(m • s^{-1})±2.5%@0.7 阻尼系数。
- 假频：>240Hz。
- 总谐波失真：≤0.1%（典型值）。
- 线圈电阻：1800Ω±5%。
- 最大倾角：±20°。

（4）数据下载装置
● 数据下载速率：1.2GB/min。
● 数据传输接口：USB2.0。
● 工作温度范围：0～+40℃。
（5）Allseis-1C 集中式数据下载柜
● 数据下载位：32 个。
● 单位下载速率：0.6GB/min。
● 数据下载速率：18GB/min。
● 数据传输接口：万兆 SFP+。
● 工作温度范围：0～+40℃。
● 尺寸：194cm×64cm×38cm。
（6）Allseis-1C 集中式充电柜
● 充电位：32 个。
● 充电时间：3.5 小时。
● 充电总功率：700W。
● 单位充电功率：18W。
● 工作温度范围：0～+40℃。
● 尺寸：194cm×64cm×38cm。

2. Allseis-3C 三分量节点地震仪器

（1）Allseis-3C 三分量节点地震仪器的特点
● 高性价比、紧凑型全内置式节点单元，内置正交三分量 5Hz 或 10Hz 高灵敏度检波器。
● 三通道 24 位 Σ-Δ 型 ADC，主要采集参数与国际主流产品相当，前放增益与采样间隔可配置。
● 内置高灵敏度卫星定位与授时模块，配合高稳定度内部时钟源，可实现高精度广域系统级同步采集。
● 可外接高增益卫星定位与授时天线，支持大深度埋置或水下采集应用。
● 内置信号发生器，支持现场功能及性能的自检与诊断。
● 内置 BLE 无线数据传输模块，通信距离>20m，支持现场采集施工管理、设备自检、工作状态查询、采集数据的单炮回读及实时回传。
● 配合卫星定位单元，支持野外埋置设备的精确定位与查找。
● 内部可充电锂电池组，连续或间隔记录时长>500 小时。
● P&R（即布即采）工作模式，可实现野外施工效率最大化。
● 防水、耐腐蚀、高强度工程塑料外壳，便于野外运输与施工。
（2）Allseis-3C 三分量节点地震仪器的功能
● 检波器配置：内置三分量 5Hz 高灵敏度检波器（可选 10Hz）。
● 数字化方案：3 个 24 位高精度 Σ-Δ 型 ADC。
● 固态存储器容量：32GB（2ms 采样，支持 45 天连续记录）。
● 供电：内置 65Wh 可充电锂电池组，支持>500 小时连续或间隔记录。
● 授时精度：±10μs，可外接高增益卫星定位与授时天线。

- 守时精度：±1ms（卫星信号失锁 1 小时内）。
- 工作模式：自主采集+现场无线质控。
- LED 指示：采集站状态、时钟同步状态、无线数据传输状态。
- 采集参数配置：配置文件、安卓手机。
- 数据回收方式：野外无线数据回传或数据电缆回收，室内集中式数据回收桩回收。
- 现场配置与质控：工业级平板电脑/安卓手机。
- 重量：1.8kg。
- 外部尺寸：直径 12cm，高度 16cm。
- 工作温度范围：-30～+70℃。
- 防水等级：3m 水深，48 小时无渗漏。

（3）Allseis-3C 三分量节点地震仪器的性能指标

- ADC 分辨率：24 位。
- 采样间隔（单位：ms）：0.5、1、2、4、10。
- 可编程放大器的放大倍数：×1、×4、×16。
- 增益精度：0.25%。
- 模拟信号输入：±2.5V 峰值@×1 增益。
- 实时动态范围（500Sa/s）：125dB@×1 增益（典型值）。
- 等效输入噪声（500Sa/s）：1μV@×1 增益（典型值）。
- 总谐波失真：-120dB@31.5Hz。
- 输入信号带宽：0~866Hz@0.5ms（-3dB），0~800Hz@0.5ms（-0.1dB）。
- 防混叠滤波器：线性滤波器，-3dB 带宽@86.6%$f_{Nyquist}$。
- 阻带衰减：>105dB@$f_{Nyquist}$。
- 共模抑制比：>95dB。

（4）Allseis-3C 充电与数据回收装置

- 充电/数据回收位：6 个。
- 充电时间：3 小时。
- 充电总功率：350W。
- 数据回收速率：2.4GB/min。
- 工作温度范围：0～+40℃。

（5）Allseis-3C 集中式充电柜

- 充电位：39 个。
- 充电时间：3 小时。
- 充电总功率：2000W。
- 工作温度范围：0～+40℃。

6.1.12 中地装（重庆）地质仪器有限公司产品 BLA、DZS、CDS、MOB

中地装（重庆）地质仪器有限公司产品包括 BLA 系列节点式数字地震仪、DZS 轻便一体化数字地震仪、CDS 一体化三分量数字地震仪、MOB 便携式数字地震仪等。各节点单元的实物如图 6-14 所示。

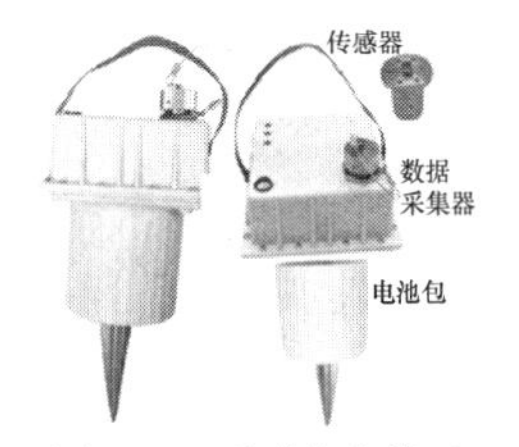

(a) BLA 系列节点单元

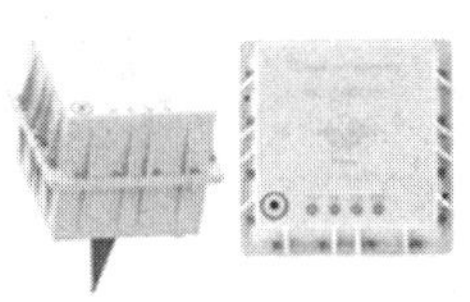

(b) DZS 节点单元

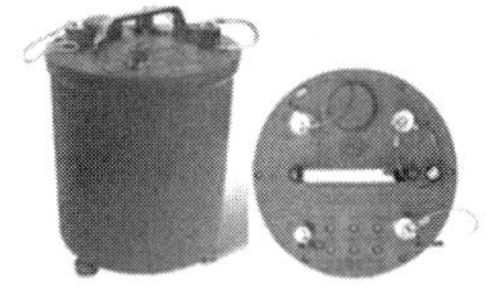

(c) CDS 节点单元

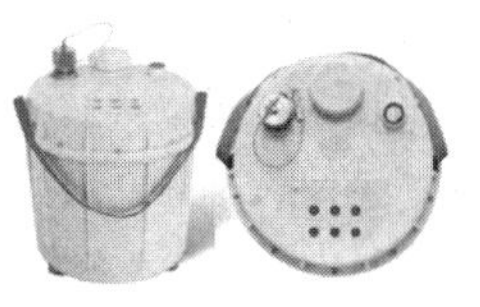

(d) MOB 节点单元

图 6-14　中地装（重庆）地质仪器公司节点地震仪器的节点单元示意图

1. BLA 系列节点式数字地震仪

（1）特点

- 天然源面波勘探。
- 油气及煤炭资源高密度三维地震勘探。
- 瞬态多点瑞利波勘探。
- 场地长时微动测量。
- 土建工程质量检测。

（2）主要技术指标

- 频带宽度：BLA-A1，1～200Hz；BLA-C5，0.02～200Hz；BLA-D10，0.1～150Hz；BLA-E20，0.05～150Hz；BLA-F30，0.33～100Hz；BLA-G60，0.017～50Hz。
- 尺寸：130mm×130mm×156mm（不含尾椎）。
- 重量：1.5kg。
- ADC 分辨率：24 位。
- 通道数：单分量速度检波器或电容换能地震计。
- 连续工作时长：＞15 天（25℃）。
- 动态范围：≥120dB。
- 道间幅度一致性：＜5%。
- 整机功耗：网络交互模式，＜700mW@100Sa/s；蓝牙、串口交互模式，小于500mW@100Sa/s。
- 采样率（单位：Sa/s）：50、100、200、250、500、1000、2000、4000。
- 自噪声水平：

  BLA-A1（1～200Hz）整个频段低于 NHNM 曲线，1～10Hz 低于 NLNM 曲线；
  BLA-C5（0.02～200Hz）整个频段低于 NHNM 曲线，0.02～10Hz 低于 NLNM 曲线；
  BLA-D10（0.1～150Hz）整个频段低于 NHNM 曲线，0.1～10Hz 低于 NLNM 曲线；
  BLA-E20（0.05～150Hz）整个频段低于 NHNM 曲线，0.1～10Hz 低于 NLNM 曲线；
  BLA-F30（0.033～100Hz）整个频段低于 NHNM 曲线，0.1～10Hz 低于 NLNM 曲线；
  BLA-G60（0.017～50Hz）整个频段低于 NHNM 曲线，0.1～10Hz 低于 NLNM 曲线。
- 时间稳定度：5×10^{-7}s，内置 BD2+GPS 定位授时。
- 外部电源：9V 充电、供电。
- 充电时间：＜12 小时。
- 自标定方式：脉冲自标定。
- 状态显示：LED。

- 交互平台：Windows、Android（选配云平台）。
- 工作温度：-25～+55℃。
- 防水深度：≥1m。
- 自存储容量：32GB（可定制 64GB 或 128GB）。
- 接口：USB、RS-232、蓝牙、WiFi。
- 数据格式：MiniSEED（可转为 SAC 等格式）。
- 地震数据提取：USB、以太网、WiFi。
- 检波器、电池包可快速更换。
- 装箱尺寸：500mm×320mm×300mm（6 台仪器一箱）。

2. DZS 轻便一体化数字地震仪

DZS 轻便一体化数字地震仪的主要技术指标如下。

- 频带宽度：DZS-A1（1～200Hz），DZS-S4.5（4.5～300Hz）。
- 尺寸：125mm×125mm×125mm。
- 重量：＜2kg。
- ADC 分辨率：24 位。
- 通道数：三分量速度检波器。
- 连续工作时长：＞10 天（25℃）。
- 动态范围：≥120dB。
- 道间幅度一致性：＜5%。
- 整机功耗：＜450mW@100Sa/s。
- 自噪声水平：
  DZS-A1（1～200Hz）整个频段低于 NHNM 曲线；
  DZS-S4.5（4.5～300Hz）整个频段低于 NHNM 曲线。
- 时间稳定度：5×10^{-7}s，内置 BD2+GPS 定位授时。
- 采样率（单位：Sa/s）：50、100、200、250、500、1000、2000、4000。
- 电源电压：9V 接触式充电、供电。
- 充电时间：＜12 小时。
- 自标定方式：脉冲自标定。
- 状态显示：LED。
- 交互平台：Windows、Android（选配云平台）。
- 工作温度：-25～+55℃。
- 防水深度：≥1m。
- 自存储容量：32GB（可定制 64GB 或 128GB）。
- 数据远程操控：WiFi。
- 数据格式：MiniSEED（可转为 SAC 等格式）。
- 装箱尺寸：500mm×320mm×300mm（6 台仪器一箱）。

3. CDS 一体化三分量数字地震仪

CDS 一体化三分量数字地震仪的主要技术指标如下。

- 频带宽度：
  短周期，CDS-D10（0.1～150Hz）、CDS-E20（0.05～150Hz）、CDS-F30（0.033～150Hz）；
  宽频带：CDS-G60（0.017～100Hz）、CDS-H120（0.0083～50Hz）。
- 通道数：三分量速度检波器（短周期），三分量电容换能检波器（宽频带）。
- 尺寸：ϕ178mm×220mm（不含调平螺钉）。
- 重量：5kg（短周期）、8kg（宽频带）。
- 动态范围：≥ 120dB。
- 道间相位差：<0.1ms。
- 道间串音抑制：>100dB。
- 横向振动抑制：优于 0.1%。
- 自噪声水平：
  CDS-D10（0.1～150Hz）整个频段低于 NHNM 曲线，0.1～20Hz 低于 NLNM 曲线；
  CDS-E20（0.05～150Hz）整个频段低于 NHNM 曲线，0.05～10Hz 低于 NLNM 曲线；
  CDS-G60（0.017～100Hz）整个频段低于 NHNM 曲线，0.017～5Hz 低于 NLNM 曲线；
  CDS-H120（0.0083～50Hz）整个频段低于 NHNM 曲线，0.0083～1Hz 低于 NLNM 曲线。
- 时间稳定度：5×10^{-7}s，内置 BD2+GPS，预留外接 GPS 模块的定位授时接口。
- 道间幅度一致性：<5%。
- 采样率（单位：Sa/s）：50、100、200、250、500、1000、2000。
- 整机功耗：<0.5W（自存储工作模式，关闭网络模式）。
- 外部电源：9V 充电、供电。
- 充电时间：<12 小时。
- 连续工作时长（自主电源自持力）：>45 天（短周期，25℃），>20 天（宽频带，25℃）；可外接电源以延长工作时间。
- 自存储容量：双存储，内置 64GB，外置 32GB 可插拔 TF 卡，可定制 128GB 或更大存储空间。
- ADC 分辨率：24 位。
- 接口：RS-232、USB、蓝牙、以太网、4G。
- 自标定方式：脉冲自标定。
- 状态显示：LED。
- 交互平台：Windows、Android。
- 工作温度：-25～+55℃。
- 防水深度：1m。
- 数据格式：MiniSEED（可转为 SAC 等多种格式）。
- 地震数据提取：USB、插拔式 TF 卡、以太网。
- 装箱尺寸：430mm×430mm×320mm（4 台仪器一箱）。

4．MOB 便携式数字地震仪

MOB 便携式数字地震仪的主要技术指标如下。

- 频带宽度：MOB-S3（0.33～200Hz）、MOB-C5（0.2～150Hz）、MOB-D10（0.1～150Hz）。
- 通道数：三分量速度检波器。

- 尺寸：ϕ175mm×180mm（不含调平螺钉）。
- 重量：3.5kg。
- 动态范围：≥ 120dB。
- 道间相位差：<0.1ms。
- 道间串音抑制：>100dB。
- 道间幅度一致性：<5%。
- 横向振动抑制：优于 0.1%。
- 最低寄生共振频率：>500Hz。
- 自噪声水平：

  MOB-S3（0.33～200Hz）整个频段低于 NHNM 曲线，0.33～10Hz 低于 NLNM 曲线；
  MOB-C5（0.2～150Hz）整个频段低于 NHNM 曲线，0.2～10Hz 低于 NLNM 曲线；
  MOB-D10（0.1～150Hz）整个频段低于 NHNM 曲线，0.1～10Hz 低于 NLNM 曲线。
- 时间稳定度：5×10^{-7}s，内置 BD2+GPS 定位授时。
- 采样率（单位：Sa/s）：50、100、200、250、500、1000、2000、4000。
- 整机功耗：自主工作模式<500mW@100Sa/s；WiFi 工作模式<700mW@100Sa/s。
- 外部电源：9V 电源充电。
- 连续工作时长（自主电源自持力）：>13 天（25℃）。
- 自存储容量：双存储，32GB 可插拔 TF 卡，可扩充至 64GB 或更大容量 TF 卡。
- ADC 分辨率：24 位。
- 接口：RS-232、USB、蓝牙、WiFi。
- 自标定方式：脉冲自标定。
- 状态显示：LED。
- 交互平台：Windows、Android。
- 工作温度：-20～+55℃。
- 防水深度：1m。
- 数据格式：MiniSEED（可转为 SAC 等多种格式）。
- 装箱尺寸：430mm×430mm×320mm（4 台仪器一箱）。

6.1.13 北京桔灯地球物理勘探股份有限公司产品 Both

Both 是北京桔灯地球物理勘探股份有限公司自主生产的一款高精度电磁震多参数智能采集系统，一次布设，可同时完成 MT、TDIP、主动源和被动源地震等多种地球物理方法的数据测量。通过无线连接 Android 手机或 PC，可进行参数配置和数据、仪器状态的实时监测，低功耗设计、内置时间同步系统和大容量存储器可保证长时间的无人值守自主采集。该系统轻便，易于携带，方便野外施工，可应用于矿产调查、油气勘探、地震监测、结构监测、灾害监测、深部构造研究等领域。Both 节点单元及组网方式如图 6-15 所示。

（1）主要特点

- 多方法数据采集：自采自存，支持速度/加速度计、不极化电极、磁棒、磁通门等不同地球物理传感器的输入，可实现主/被动源地震、二维/三维激电、低频大地电磁等方法。
- 实时质量控制：内置 WiFi，安卓手机/PC 可实时监控数据质量、采集进度、GPS 状态、电池状态、存储卡使用状态等，让野外施工人员保质保量地开展工作。

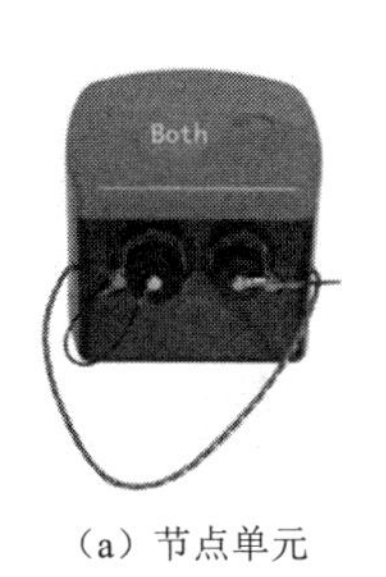

（a）节点单元

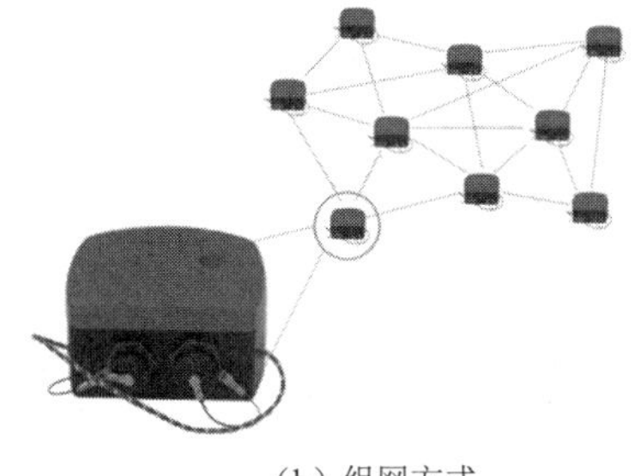

（b）组网方式

图 6-15　Both 节点单元及组网方式

- 高精度采集：多通道 32 位 ADC，低噪声。
- 超小体积与微功耗设计：设备小巧轻便，微功耗设计，内置电池可支持长时间连续工作。
- 紧凑的结构设计：内置时间同步系统和电池，IP67 防护等级设计，适应野外的工作环境。
- 时间精度高：支持 GPS、北斗、Galileo，多主机同步精度小于 3μs。
- 配套全面的预处理、反演软件与数据接口：配套全方法预处理软件，提供标准的多方法数据接口，选配相应的反演软件。

（2）主要参数

- 输入通道：3 个。
- 输入范围：±2.5V。
- 采样率（单位：Hz）：125、250、500、1000。
- 前置放大器的放大倍数：×1，×2，×4，×8，×16。
- 实时显示：Windows、Android。
- 状态监测：GPS，电池，SD 卡。
- 通信方式：USB+WiFi。
- 时间系统：GPS、北斗、Galileo。
- 时间精度：±3μs。
- 电源：内置锂电池，可外接电瓶或太阳能板。
- 功耗：<150mW。
- 传感器：电极、磁棒、磁通门、检波器、加速度计等。

6.1.14　湖南奥成科技有限公司产品 WLU-3C

湖南奥成科技有限公司是一家集地球物理仪器设备研制、软件开发、专家咨询服务、销售代理为一体的高新技术企业，其自主研制的 WLU-3C 无线节点仪是一款集地震传感器、采集站、电池、控制、存储、无线传输与状态指示于一体的无线节点地震仪器，主要功能是实现传感器信号数字化采集、本地存储、自动组网、数据无线高速传输。WLU-3C 具有稳定可靠、抗干扰能力强、实时传输、易拓展、体积小、功耗低、连续工作时间长（200 小时以上）等特点，可大幅提升野外数据采集工作的质量和工作效率，尤其适用于河流、水网、湖区、公路、铁路等复杂的勘探环境。WLU-3C 的多种自组网方式如图 6-16 所示。

单级采集系统：由一个 WLU-3C 主控站、若干 WLU-3C 无线节点（≤64 个）组成，系统通过自组网方式实现主控站和无线节点之间的互联。

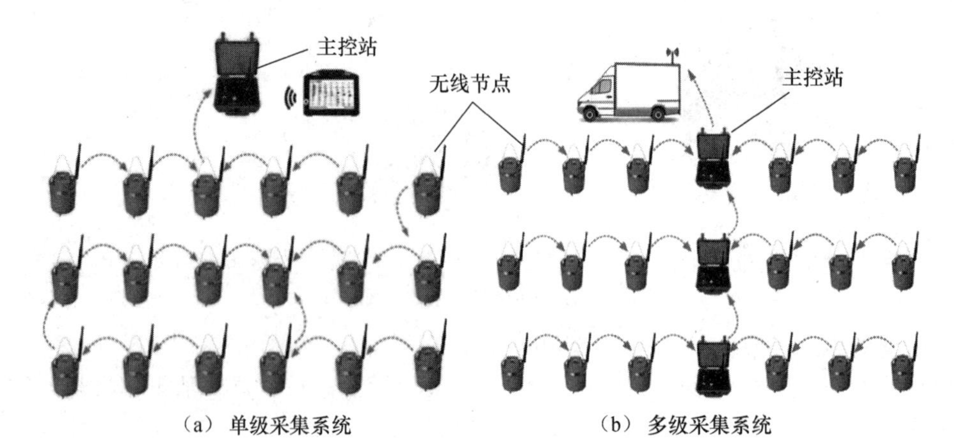

图 6-16　WLU-3C 的多种自组网方式

多级采集系统：由多个 WLU-3C 主控站、若干 WLU-3C 无线节点（≤64 个）组成，系统通过自组网方式实现主控站和无线节点之间的互联，主控站与主控站之间通过 WiFi/4G/5G 互联，可拓展至上万道的大排列地震勘探。

（1）WLU-3C 主要特点

- 自组网，无须额外的组网通信设备和通信电缆，实现了全无缆，无任何线路噪声，数据信噪比高。
- 无线实传，系统实时监测每个无线节点的噪声、GPS 坐标、存储空间、剩余电量等信息，实时采集和传输数据，实时分析采集数据的质量。
- 强穿透，大距离，支持多种无线频段，传输距离＞2km。
- 多种采集模式，支持常规折射、反射等单炮地震数据采集，支持连续监测。
- 支持无线微动（天然源面波）勘探，实时分析面波频散曲线，现场判断数据质量。
- GPS 授时同步采集，自动记录排列坐标，支持多种定位系统（北斗、GPS、GLONASS、Galileo）。

（2）WLU-3C 主要性能指标

- 数据采集：24 位 ADC。
- 仪器自检：噪声、增益、相位、畸变。
- 采样间隔（单位：ms）：0.25、0.5、1、2、4。
- 可编程放大器的放大倍数：×1、×2、×4、×8、×16、×32、×64。
- 增益精度：<0.01%。
- 同步精度：<20μs，GPS 授时同步。
- 动态范围：130dB。
- 畸变：-122dB。
- 内置传感器：频率 2Hz（可选）。
- 无线传输：自组网、4G/5G、WiFi，实时传输，传输距离＞2km。
- 定位系统：支持 GPS、北斗、GLONASS、Galileo。
- 内置存储器：可满足 1500 小时（2ms 采样）采样数据的存储。
- 内置电池：工作时间＞200 小时。

- 输入电压：4～6V（Type-C 3.1 接口，兼容华为充电器）。
- 防护等级：IP68。
- 重量：2kg。

6.1.15 其他陆上节点地震仪器研制厂家及其产品

除上述主要设备制造商外，还有不少规模较少的公司在研制节点地震仪器，这些节点地震仪器也各具特色。

1. AutoSeis

AutoSeis 是 Global Geophysical Services 公司研制的节点地震仪器，其中 AutoSeis HDR-1C 采用真正的 32 位整数格式的记录，实物图如图 6-17 所示，主要技术指标如下。

- 重量：317g。
- 内存：8GB。
- 采集功耗：＜300mW。
- 深度睡眠功耗：< 10mW。
- 输入：5V（峰峰值）。
- 工作温度：50～85℃。
- 湿度：0～100%。
- 采样间隔：1ms 或 2ms。
- 计时精度：＜25μs。
- 失真：> 105dB。
- 带宽：直流到 $0.8f_{\text{Nyquist}}$。
- GPS 频率：L1（1575.42MHz）。
- GPS TIFF：26s@148dB。
- 电池：7～18V DC。

图 6-17 AutoSeis HDR-1C 实物图

2. Orion

Orion 是 SAS E&P 公司研制的节点地震仪器，实物图如图 6-18 所示，主要技术指标如下。

- ADC 分辨率：32 位。
- 内置 GPS。
- 可连续记录长达 90 天（2ms 采样，16GB）。
- 采样间隔（单位：ms）：0.25、0.5、1、2、4。

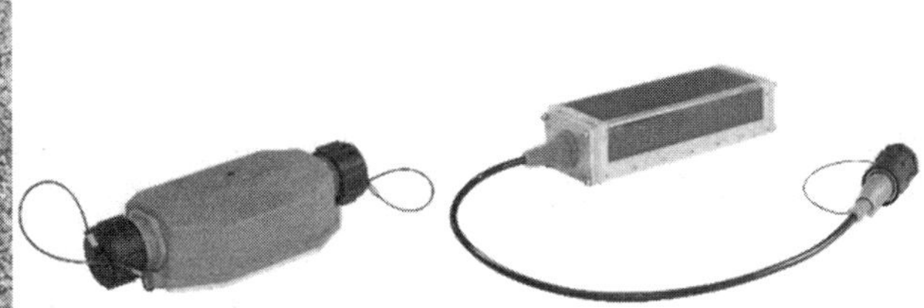

图 6-18 Orion 节点地震仪器实物图

- 状态指示灯。
- 重量：317g。
- 工作温度：-40～80℃。

6.2 海上典型主流节点地震仪器

近年来随着技术的飞速发展及跨界融合，海洋油气勘探能力也实现了长足进步。过去面对复杂多变的海洋环境，物探船作业时，定位、激发与接收地震波过程中会产生一定误差，这将影响最终的勘探结果。常规海上地震勘探方法有海上拖缆（Tower Streamer，TS）和海底电缆（Ocean Bottom Cable，OBC）。海底节点（Ocean Bottom Node，OBN）地震勘探技术的出现不仅克服了海水的影响，还大大提高了勘探数据的准确性，代表了海洋勘探技术发展的方向。OBN 地震仪器是一种位于海底，可以独立采集、记录地震信号的多分量地震仪。其实，OBN 就是一个个独立的检波器，它既摆脱了电缆的束缚，又能够在海底灵活部署，定位更准，采集的数据质量更高。

海上勘探投入大、风险高，许多科研机构和仪器公司进行了节点地震仪器的研制工作，但最具有代表性的物探装备制造商及其节点地震仪器产品相比陆上少，主要有 Magseis 公司的 MASS 系列、Z 系列（原美国 FairField 公司产品）、Geospace 公司的 OBX、Sercel 公司的 GPR 及 Pxgeo 公司的 Manta 4C 等，这些仪器代表了当今 OBN 地震仪器的最高水平，并在世界各地被用户大量使用。目前海上典型主流的 OBN 地震仪器制造商及其主要产品见表 6-7。

表 6-7　目前海上典型主流的 OBN 地震仪器制造商及其主要产品

制造商名称	主要代表产品
Magseis	MASS 系列、Z 系列
Geospace	OBX
Sercel	GPR
Pxgeo	Manta 4C
inApril	A700/A3000/A3000LL
Autonomous Robotics	Flying Node
CGG	Trilobit

6.2.1 Magseis 公司产品 MASS 系列、Z 系列

1. MASS 系列

Magseis 公司生产的 MASS（Marine Autonomous Seismic System，海洋节点地震采集系统）具有系统稳定，产品质量轻，拆卸方便，机械化程度高，超紧凑设计，可以操作的节点数量几乎没有限制等特点。MASS Ⅰ和 MASS Ⅲ节点单元均采用 32 位 ADC、芯片级原子钟（CSAC Clock）及专为海底耦合的外形设计，CPU 可对电池寿命和其他功能进行完全编程，并且配置了模块化操作系统，通过钢丝、绳索或水下机器人（ROV）实现快速简易布设，在 3000m 的

深度提供高质量数据。全自动机器人搬运系统可提高下载和节点管理效率，同时降低故障率，操作更安全。其中，MASS I 重量为 8kg，内置 128GB 闪存，可连续采集达 45 天（低功耗时可达 65 天）；MASS III 拥有 256GB 闪存，可实现长达 150 天的连续采集，且内置磁场传感器（Magnetic Field Sensor）。Magseis 公司海洋勘探系列产品节点单元实物图如图 6-19 所示。

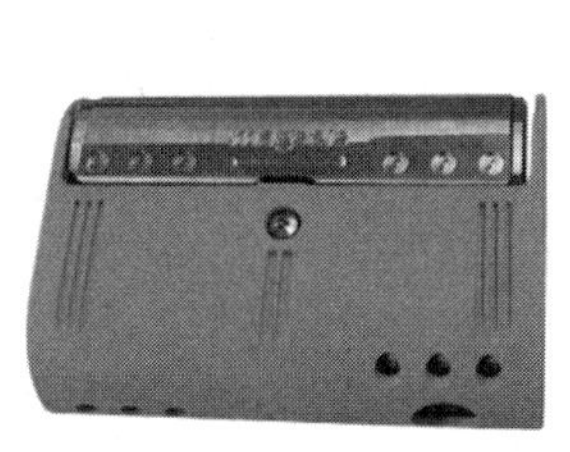

MASS I　　　　MASS III

（a）MASS 系列

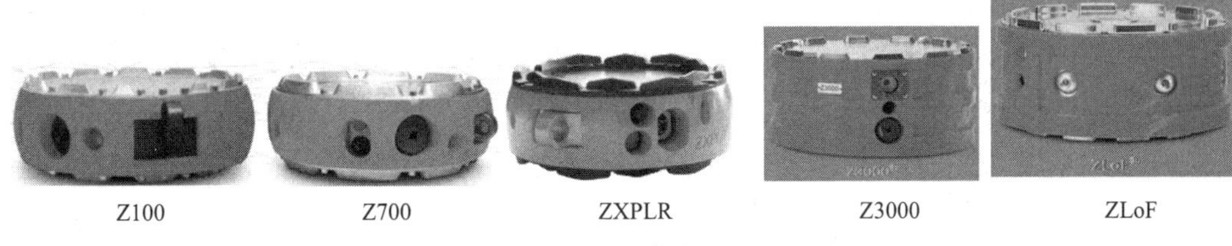

Z100　　Z700　　ZXPLR　　Z3000　　ZLoF

（b）Z 系列

图 6-19　Magseis 公司海洋勘探系列节点单元实物图

MASS 系列节点单元的主要技术指标如下。

- 额定深度：3000m。
- 记录时间：45 天（在低功率模式下，可达 65 天）。
- 时间漂移：$<$0.1ms，超过 15 天（未校正）。
- 记录道数：4。
- ADC：4 阶 Σ-Δ 型，32 位分辨率。
- 采样间隔（单位：ms）：0.25、0.5、1、2、4。
- 前置可编程放大器的放大倍数：×1、×2、×4、×8、×16、×32、×64。
- 动态范围：127dB@2ms。
- 低截滤波器：开环。
- 水听器：2.0Hz（6dB/oct）。
- 去假频滤波器：206.5Hz@2ms（82.6% f_{Nyquist}，360dB/oct），线性相位。
- 定时精度：CSAC 原子钟精度。
- 自测试功能：能进行漂移和噪声测试、检波器线缆测试、谐波信号测试、内部时钟检查、网络连接、上传数据完整性（CRC）。
- 内存：64～128GB。
- 记录的时间间隔可编程。
- 内置 DAC：全分辨率自测试。
- LED 指示灯：2 色。

- 水听器：HTI-96-MIN。
- 检波器：3×SM-6/OB，14Hz，375Ω。
- 尺寸：227mm×160mm×88mm。

2. Z 系列

FairField 公司也是目前少数能够提供海洋勘探用节点地震仪器的制造商之一，其 Z 系列产品技术指标见表 6-8。其中，Z100、Z700、Z3000 均采用 24 位 ADC，重量轻，易于布设，内置 3C 检波器和水听器，在提供高质量 4C 数据的同时最大限度降低 HSE 风险。Z100 充电一次可不间断采集 30 天（2ms 采样间隔），最大水深 300m，并能够和其他的陆上、海上节点地震仪器相兼容；Z700 充电一次可实现 60 天的不间断采集，最大水深 700m，配备了自动辅助布设系统，设备的可靠性超过 98%。

ZXPLR 采用 24 位 ADC，内置 3C 检波器和水听器，实现 180 天的不间断采集（2ms 采样间隔），可完成深达 4000m 的数据采集任务。在深水作业时，高速装载系统（High-speed Loader）和水下机器人（ROV）系统可实现中层水域对接和收放作业；在浅水作业时，自动辅助布设系统可更加安全高效地实现设备收放。ZXPLR 具备自动质控，简化了下游质控数据处理和节点性能跟踪功能。

表 6-8　FairField 公司 Z 系列产品技术指标

	Z100	Z700	Z3000	ZLoF	ZXPLR
地震道数	4				
ADC 精度	24 位				
采样间隔/ms	0.5、1、2、4	2、4	2、4	0.5、1、2、4	0.5、1、2、4
前放增益	0～36dB，步长 6dB				
去假频滤波器	206.5Hz@2ms（82.6%$f_{Nyquist}$），线性或最小相位				
直流滤波器	1～10Hz，6dB/oct，或旁路	1～60Hz，6dB/oct，或旁路	1～60Hz，6dB/oct，或旁路	1～60Hz，6dB/oct，或旁路	1～60Hz，6dB/oct，或旁路
操作温度	-10～60°C				
定时精度	CSAC 原子钟	CSAC 原子钟	CSAC 原子钟	<±1ms 校正后	<±1ms 校正后
工作时长	30 天@2ms	60 天连续记录	180 天	300 天@2ms	180 天@2ms
电池	充电温度：7.5～40°C 充电时间：< 8h	充电温度：3～40°C 充电时间：< 8h	充电温度：3～40°C 充电时间：<30h		
工作水深	300m	700m	3000m	4000m	4000m
总谐波畸变	0.0002%@12dB 增益，-3dB 满刻度	0.0003%@12dB 增益，-3dB 满刻度	0.0003%@12dB 增益，-3dB 满刻度	0.0003%@12dB 增益，-3dB 满刻度	0.0003%@12dB 增益，-3dB 满刻度
等效输入噪声（有效值）	0.8μV@0dB 0.2μV@12dB 0.1μV@24dB 0.1μV@36dB	1.0μV@0dB 0.4μV@12dB 0.3μV@24dB 0.3μV@36dB	1.0μV@0dB 0.4μV@12dB 0.3μV@24dB 0.3μV@36dB	1.0μV@0dB 0.4μV@12dB 0.3μV@24dB 0.3μV@36dB	1.0μV@0dB 0.4μV@12dB 0.3μV@24dB 0.3μV@36dB
满刻度输入信号	2500mV 峰值@0dB 625mV 峰值@12dB 156mV 峰值@24dB 39mV 峰值@36dB				
增益精度	0.50%[①]				
动态范围	127dB@0dB 增益	127dB@0dB 增益	120dB@0dB 增益	120dB@0dB 增益	120dB@0dB 增益

续表

	Z100	Z700	Z3000	ZLoF	ZXPLR
串音	<-100dB 检波器道，<-80dB 水听器道[2]				
共模抑制比	>+90dB 检波器道，>+40dB 水听器道[2]				
DC 漂移	<10%输入噪声（加直流滤波）				
自测试功能	内部噪声、THD、增益精度、CMRR、串音、脉冲，传感器阻抗，传感器脉冲	内部噪声、THD、增益精度、CMRR、串音、脉冲，传感器阻抗，传感器脉冲	内部噪声、THD、增益精度、CMRR、串音、脉冲，传感器阻抗，传感器脉冲	内部噪声、THD、增益精度、CMRR、串音、脉冲，传感器阻抗，TBD	内部噪声、THD、增益精度、CMRR、串音、脉冲，传感器阻抗，TBD
检波器	3 正交全向，15Hz@-3dB，阻尼系数 0.7，0.57V/(in·s^{-1})	3 正交全向，15Hz@-3dB，阻尼系数 0.7，0.57V/(in·s^{-1})	3 正交，10Hz@-3dB，阻尼系数 0.7，1.5V/(in·s^{-1})	3 正交，15Hz@-3dB，阻尼系数 0.7，1.76V/(in·s^{-1})	3 正交，15Hz@-3dB，阻尼系数 0.7，1.76V/(in·s^{-1})
水听器	3.4Hz@-3dB，8.9V/Bar	3.4Hz@-3dB，8.9V/Bar	3.4Hz@-3dB，8.9V/Bar	3Hz@-3dB，8.8V/Bar	3Hz@-3dB，8.8V/Bar
方向	1.5°倾斜指示 ±5°方位角（±50°以内赤道）				
重量	空气中 11.8kg 水中 5.6kg	空气中 29.5kg 水中 18.1kg	空气中 97kg 水中 49kg	空气中 77kg 水中 39kg	空气中 21.8kg 水中 10.99kg
尺寸（直径×高）	12in×4in	17in×6in	21in×10.5in	19.9in×10in	15.1in×5.9in

注：除非另有说明，参数条件：2ms 采样间隔，25℃，31.25Hz，内部测试。

① 直接耦合水听器，不包括高阻抗低截滤波器。

② 直接耦合水听器，包括高阻抗低截滤波器。

6.2.2 Geospace 公司产品 OBX

Geospace 公司提供海洋勘探用的四分量海底记录仪 OBX 系统，实际上它也是一种节点式采集系统，用来替代海洋常规的海上拖缆勘探系统和海底电缆勘探系统。OBX 系统使用高保真数字 4C 传感器：GS-1 OMNI 检波器和 MP-18BH-1000 水听器（浅水模式）或 DEEP-ENDER 水听器（深水模式），内嵌 4×4GB 内存和大容量长寿命电池，可长期部署，高速数据传输和电池快速充电使之能够快速再次部署，从而使地震采集获得更高的效益。Geospace 公司的 OBX 系统实物图如图 6-20 所示。

图 6-20 Geospace 公司的 OBX 系统实物图

1. OBX 750E

OBX 750E 的最大工作深度为 750m，可布设在浅海、近海和过渡带，包括河口、沼泽、湿地和淡水环境。布设后，OBX 750E 可连续采集 60 天。OBX 750E 采用 24 位 ADC，4 通道，每道最大可扩容至 8GB 固态闪存，内置恒温压控晶体振荡器（OVCXO）以提高守时精度，同时可外接航向传感器。

2. OBX 90

OBX 90 是 Geospace 公司开发的一款可长时间在海底进行数据采集的节点地震仪器，可布设在超过 3400m 的深度，并连续采集长达 100 天。OBX 90 采用 24 位 ADC，4 通道，每道最大可支持 16GB 固态闪存，内置芯片级原子钟（CSAC Clock），同时可外接航向传感器。

3. OBX2-90/125/155

OBX2-90/125/155 可布设在超过 3450m 的深度，并且连续采集时长 90/125/155 天。OBX2-90/125/155 采用 24 位 ADC，4 通道由 3 个 Geospace 公司的高灵敏度 GS-1 OMNI 15Hz 检波器和 1 个 DEEP-ENDER 水听器组成；内置航向传感器，该传感器由三分量磁传感器组成，精度小于 5°，测量值写入频率为每秒 2000 个样点；内置的全分辨率测试信号发生器能为高保真数据提供更高的安全性。其中，OBX2-90 每道可支持最大 16GB 的固态闪存，而 OBX125/155 则支持最大 32GB 的固态闪存。

4. Mariner

Mariner 可布设在 750m 水深处，并连续采集 70 天。Mariner 采用 24 位 ADC，内置的 4 通道由 3 个 Geospace 公司的高灵敏度 GS-1 OMNI 检波器和 1 个水听器组成，每道最大可扩容至 32GB 固态闪存；内置的全分辨率测试信号发生器能为高保真数据提供更高的安全性。Mariner 具备无线充电和数据下载功能，内有一体式航向传感器。此外，其纤薄的外形可节省地震勘测船 25%的空间。

6.2.3 Sercel 公司产品 GPR

GPR 以 Sercel 公司最先进的 QuietSeis 技术为基础，满足地震勘探行业的最新需求。GPR300 用于水深至 300m 的浅水勘探，其结构紧凑、轻便的设计适于人工操作，并简化布设和回收。GPR1500 专为深水应用而设计，采用可选的声学应答器，以简化操作。GPR 采用灵活挂接系统，可以通过遥控水下机器人（ROV）或绳索节点（NOAR）布设 GPR，记录地震数据的续航能力最长可达 60 天，结合 Sercel 公司的节点技术平台系列产品，GPR 可全面兼容 WiNG 和 micrOBS。通过唯一的 DCM 平台，可同时管理陆地和海底解决方案，扩展节点地震仪器的跨环境施工。Sercel 公司的 GPR 实物图及 DCM 平台如图 6-21 所示。

6.2.4 其他海上节点地震仪器产品

除 Sercel、Geospace、Magseis 等公司开发的海上节点地震仪器产品外，还有多个设备制造商开发了不同特色的海上节点地震仪器产品，如图 6-22 所示。

（a）GPR300　（b）GPR1500　（c）DCM 平台

图 6-21　Sercel 公司的 GPR 实物图及 DCM 平台

Manta 4C　A700　A3000　A3000L　Flying Node

图 6-22　其他海上节点地震仪器产品实物图

1. Manta 4C

Manta 4C 是 Pxgeo 公司开发的海上节点地震仪器，工作深度可达 3000m，连续采集时长达 100 天。Manta 4C 采用 24 位 ADC，4 通道由 3 个全向 14Hz 的检波器和 1 个 HTI-96-MIN 水听器组成；使用低功耗恒温晶振（OCXO）守时技术，校正后的误差小于 1ms（60 天内）；可以实现包括拖缆（NOAR）、绳索（NOAW）及遥控水下机器人（ROV）在内的多种布设方式。此外，Manta 4C 内置了 3 轴 MEMS 角度传感器，精度为±1.5°。Manta 4C 的主要技术指标见表 6-9。

表 6-9　Manta 4C 的主要技术指标

项目		技术参数
物理性能	空气中重量	18.3kg
	水中重量	10kg
	尺寸（宽×深×高）	350mm×350mm×130mm
操作环境	最大工作深度	3000m
	工作温度	−5～40℃
	电池续航时间	75 天以上
	电池充电时间	12.5 小时
传感器	水听器	HTI-96-MIN
	检波器	全向传感器，14Hz 自然频率，阻尼系数 0.7
	倾角仪	3 轴 MEMS 校准水平轴，范围±90°@1°或±0.5°

续表

项目		技术参数
数据记录系统	记录道数	4
	采样间隔	1ms，2ms
	SD 卡	64GB，120 天，2ms 采样
	ADC 分辨率	24 位
	抗混叠滤波器	线性或最小相位
	时间同步	20μs
	GPS 铷原子	IEEE 1588
	同步延迟	±100ns，抖动±15ns
时钟的稳定性（OCXO）	时钟漂移	2×10^{-8}s
	校正后残余误差	小于 1ms

2．A700/A3000/A3000LL

A700/A3000/A3000LL 是 inApril 公司开发的系列海上节点地震仪器。A700 的最大工作深度为 750m，可连续采集长达 70 天，主要使用场景针对浅海、近海水域和过渡带区域，4 通道由 3 个 14Hz 的检波器和 1 个 HTI-96-MIN 水听器组成。守时采用恒温压控晶体振荡器或芯片级原子钟技术，同时内置三正交罗盘和角度传感器，可选 USBL 定位应答器及电池充电器。A3000 和 A700 最大的区别在于 A3000 的工作深度可达 3600m，且电池工作时间延长至 150 天。而 A3000LL 在 A3000 的基础上，将电池工作时间增加至 150～200 天（2ms 采样间隔）。

3．Flying Node

Flying Node（飞行节点）是 Autonomous Robotics 公司开发的一款经济高效且独特的 OBN 设备，采用了混合滑翔机-水下机器人技术。这项技术在水下设备到位过程中提供了非凡的稳定性，使其能在预订位置的海床上着陆。Flying Node 支持 1 年的间断采集，可以安装各种传感器和数据记录器，以适应应用需求。Flying Node 专为深水（3000m）设计，陆上重量仅为 35kg，是市场上最轻的 3000m 深水机器人之一，其紧凑的设计和出色的机动性简化了布设和回收工序。Flying Node 可与自动布设、回收和甲板系统协同工作，在高复杂海况下实现安全高效的操作。

4．Trilobit

Trilobit 是 CGG 公司设计制造的四分量 OBN 设备，设计水深达 3000m，其实物外形如图 6-23 所示，主要技术指标见表 6-10。

图 6-23　CGG 公司的 Trilobit 实物外形

表 6-10　Trilobit 的主要技术指标

项目		技术参数
物理性能	空气中重量	54kg
	水中重量	28kg
	尺寸	直径 590mm，高度 195mm
操作环境	最大工作深度	3000m
	工作温度	−5～40℃
	电池容量	54～104 天，5℃时取决于电池（碱或锂）
传感器	水听器	HTI-96-MIN，3.6Hz（−3dB）
	检波器类型	SM-6、SM-6/OB14，14Hz（−3dB），全向，0.7 阻尼系数
	倾斜传感器	3 轴 MEMS 校准，范围±90°@1°或±0.5°
数据记录系统	记录启动	预编程
	记录道数	4
	采样间隔	1ms，2ms，4ms
	记录功能	64GB 闪存，120 天@32 位分辨率，2ms 采样、无损数据压缩 （注：记录时间受电池寿命限制，碱性电池 54 天，锂电池 104 天）
	ADC 分辨率	24 位
	抗混叠滤波器	线性或最小相位
	时间同步	GPS 时间脉冲，通过 ROV 光纤链路，延迟 20μs，抖动±5μs
	时钟的稳定性	时钟歪斜：±1.7ms/天
		时钟老化：0.43ms/天
		漂移校正后最大 2.6ms/月

6.3　节点地震仪器相关标准解读

6.3.1　背景

油气勘探开发的市场需求驱动着油气勘探区域向着复杂地表、复杂构造背景和复杂油气藏延伸，勘探难度越来越大。为了解决复杂地质目标的高精度勘探问题，“两宽一高”物探技术得到了规模化应用，并已逐步得到人们的认可和青睐，成为地震勘探的技术发展趋势之一，并推动着地震勘探采集道数越来越大，对平均日有效作业时长和日激发炮点数的要求也越来越高，从而使得采用纯有线地震仪器进行地震数据采集的传统作业方式面临新的挑战。

陆上节点地震仪器（以下简称节点地震仪器）采用自主采集、分布记录的工作方式，摒弃了有线地震仪器的传输线缆，可不受地形和带道能力的限制，能够很好地满足大道数、高密度、高效采集的技术需求，具有很好的应用前景。目前，国内外在用的节点地震仪器产品的型号有十余种之多，仅国内节点地震仪器采集设备总数量已经超过 50 万道，而且还有逐步增多的趋势。

从节点地震仪器技术原理的角度来说，虽然均采用卫星授时、连续采集和数据本地存储的工作方式，但不同厂家的节点地震仪器产品在功能、性能、形状、现场质控等方面仍存在差异：

- 由于电路设计、辅助器件选型等方面原因，不同节点地震仪器产品的技术指标存在差异；
- 部分节点地震仪器产品将出厂技术指标作为施工现场质控的技术指标，影响了现场质控的合理性、有效性；
- 内置式节点单元不能使用专业工具测试其内置芯体的技术指标，而不同节点地震仪器产品可提供的检波器芯体测试项目及数量不统一，用于芯体测试的算法和信号源精度也不同；
- 不同厂家的节点单元在功耗、重量、体积、尾椎长短、形状等方面均有不同，会对野外采集作业的便利性和采集数据品质造成影响；
- 由于成本控制、应用便捷性或数据质控的设计理念的不同，不同节点地震仪器产品在系统功能、特性及可支持的工作参数等方面参差不齐，对设备选用、现场使用造成一定困难。

近年来，国内油气勘探迈入“隐、深、低、非、海”领域，地质目标更加隐蔽复杂，油气勘探开发始终面临着国际级难题，而地震勘探工作环境愈发复杂、工作难度不断提升，使得节点地震仪器的应用得到快速发展。由于节点地震仪器是一种新近出现的陆上地震仪器类型，还未形成完备的节点地震仪器技术标准体系。而地震仪器的行业标准只有《石油地震数据采集系统通用技术规范》（SY/T 5391—2018），这一现行标准主要以有线地震仪器为基础制定的，涵盖节点地震仪器方面的内容较少，无法满足现行的节点地震仪器的使用，缺乏相应的技术标准指导节点地震仪器的研发、制造、应用等。因此，有必要以地球物理勘探需求为出发点，结合当前市场上节点地震仪器的技术现状和地震采集现场使用需求，制定技术标准来有效规范节点地震仪器。国家能源局综合司“关于下达 2022 年能源领域行业标准制修订计划及外文版翻译计划的通知”（国能综通科技〔2022〕96 号）确定《陆上节点地震仪器通用技术规范》为 2022 年石油天然气行业标准制定项目。该标准技术归口单位是石油工业标准化技术委员会石油物探专业标准化技术委员会，由中国石油集团东方地球物理勘探有限责任公司等单位负责起草，其他参与单位包括中国石化石油工程地球物理有限公司、中国石油长庆油田公司和中联煤层气有限责任公司。

6.3.2 主要工作过程

标准制定工作大致经历了前期调研与分析、关键技术要素确定、标准编写与工作组讨论、技术内容完善等过程，具体工作过程及工作计划描述如下。

1. 基础资料的收集

标准制定工作组系统收集了业内较为广泛使用的不同类型节点地震仪器的功能、性能、技术指标等基础资料，研究分析不同厂商的节点地震仪器的设计理念及产品特征参数，开展了节点地震仪器的系统评价分析。

2. 节点地震仪器应用现状及需求变化综合分析

标准制定工作组一直跟踪并系统收集了国内陆上节点地震仪器地震采集应用现状和节点地震仪器地震采集工程项目的案例，研究分析了油气勘探地质需求变化及对节点地震仪器地震采集的需求变化，进而明确了油气勘探与开发、复杂地表环境条件下高效地震采集对节点地震仪器方面的需求变化，渐进厘清了油气勘探地质需求变化对节点地震仪器地震采集的需求变化，清晰描述了节点地震仪器的发展需求及技术发展方向。纵然各厂家的节点地震仪器的技术方法、工作方式相同，但在功能、性能、形状、现场质控等方面仍存在差异。

（1）各类型节点地震仪器的技术指标存在差异

鉴于在电路设计、辅助器件选型等方面的不同，使得不同类型节点地震仪器之间的技术指标有所不同从而存在差异，存在节点地震仪器的技术指标渐进归一化问题。

（2）各类型节点地震仪器现场作业质控的合理性、有效性问题

这主要包括两个方面：一是如何实现地震采集施工现场节点地震仪器有效质控始终是节点地震仪器质控的难题之一；二是节点地震仪器现场质控技术指标的合理性与有效性问题。部分节点地震仪器产品将出厂技术指标作为节点地震仪器施工现场质控的技术指标，使得节点地震仪器现场作业质控存在技术指标的合理性、有效性问题。

（3）内置式节点单元检波器芯体的技术指标测试难题及测试标准与方法存在差异

这主要包括三个方面：一是内置式节点单元不能使用专业工具测试其内置检波器芯体的技术指标；二是不同节点地震仪器产品可提供的检波器芯体测试项目及数量占比不统一；三是不同节点地震仪器用于芯体测试的算法和信号源精度也不同。

（4）节点单元的物理特征及参数指标难以归一化

不同厂家的节点单元，在功耗、重量、体积、尾椎长短、形状等方面均有所不同，难以统一要求，对野外地震采集作业的便利性和地震数据品质均产生影响。

（5）节点地震仪器功能与特性及参数差异不利于地震仪器设备的选用

鉴于成本控制、应用便捷性或数据质控等方面的设计理念不同，不同节点地震仪器产品在系统功能、特性及工作参数等方面参差不齐，给如何综合评价节点地震仪器性能的优劣、合理选用满足地震勘探地质目标及工作环境要求的节点地震仪器、节点地震仪器规模化应用于高效地震采集等方面造成一定困难。

鉴于节点地震仪器是一种新近出现并不断得到较为广泛应用的陆上地震仪器，上述几个方面问题的核心在于不断发展与完善的节点地震仪器技术、尚未形成完备的节点地震仪器技术标准体系等。为此，基于物探需求，系统分析节点地震仪器技术的发展现状及趋势，综合考虑地震采集现场使用需求，制定技术标准以实现节点地震仪器的有效规范和节点地震仪器技术发展的引导。

3. 关键参数实验检测分析研究

在系统检测各类型节点地震仪器关键性能参数的综合研究基础上，标准制定工作组分析研究了表征节点地震仪器性能的关键参数，并进行了分级检测，收集了大量的节点地震仪器关键参数评级的珍贵数据，并据此对节点地震仪器的关键参数进行了分级评定，包括能满足现今基本需求的常规类型、现今技术现状下的先进类型、可以满足未来一段时间的技术发展变化及油气勘探需求的超前指导性类型。

节点地震仪器的关键参数主要包括节点地震数据采集系统的常规特性、软件特性和基本功能。其中，常规特性是从系统各部件的环境适应性、平均无故障工作时间、节点单元外形三个方面提出的技术要求；软件特性是从系统软件的运行环境、易用性、健壮性三个方面对用于节点单元测试、数据下载与合成、质控数据回收等的系统软件提出的要求；基本功能是从关键

参数设置、测试、充电、质控管理、数据下载、数据处理、数据输出等采集作业必需的功能提出的要求。

4. 节点地震仪器关键参数等级划分

考虑到当前节点地震仪器产品众多、技术特性差异较大的实际情况，并为今后节点地震仪器技术发展预留空间，引导节点地震仪器向更高标准的要求发展，将节点地震仪器的关键技术指标划分为3级：基本满足地震勘探需求的节点地震仪器为Ⅰ级（标准级）；功能和技术参数达到国际先进的节点地震仪器为Ⅱ级（先进级）；功能和技术参数需要经过一定时间的技术创新发展才能达到的节点地震仪器确定为Ⅲ级（领先级）。

6.3.3 标准编写原则和主要内容

1. 标准编写总体原则

本标准的制定以先进、通用为总体原则，以目前主流节点地震仪器为基础，规范节点地震仪器的基本功能特性、工作参数、性能指标、试验方法、辅助配套，以及标志、包装、运输和贮存等方面技术要求，适用于陆上节点地震数据采集系统的产品鉴定、质量监督审查以及应用过程中的性能检验和质量控制等。

本标准制定目的是通过对节点地震仪器产品关键技术要素的规范，确保节点地震仪器产品技术发展的有序性，重点解决节点地震仪器测试项目不统一、性能指标高低各异、外观形状差异性大等问题，使其能够满足物探的实际需求，从而保证野外采集质量、提高生产效率和采集设备技术性能的稳定性。

本标准的内容突出对技术的要求，不体现实现的方法，但对技术性能的试验方法提出要求；突出影响节点地震仪器性能的关键指标，注重一般性和通用性的要求。为此，在标准的编写过程中，充分考虑节点地震仪器的技术特点和质量控制关键点，同时兼顾节点地震仪器制造、应用、检验与评价过程中的合理性、有效性、方便性和可行性。在标准制定时，特别考虑以下几个方面：

① 定位于国际先进技术水平，突出引领、指导、规范的作用。

② 兼顾节点地震仪器技术现状，强调一般性和通用性，不针对具体型号的节点地震仪器产品。

③ 以物探技术发展需求为依据，结合节点地震仪器性能评价的关键指标确定技术指标。

④ 考虑到当前节点地震仪器产品众多、技术特性差异较大的实际情况，并为今后节点地震仪器技术发展预留空间，引导节点地震仪器向更高标准的要求发展，将节点地震仪器的关键技术指标划分为3级：基本满足地震勘探需求的节点地震仪器为I级（标准级）；功能和技术参数达到国际先进的节点地震仪器为II级（先进级）；功能和技术参数需要经过一定时间的技术创新发展才能达到的节点地震仪器确定为III级（领先级）。

2. 标准主要内容及编写依据

本标准的主要内容包括节点地震仪器的功能特性、工作参数、性能指标、试验方法、辅助配套，以及标志、包装、运输和贮存等。

本标准的编写依据是通过对业内节点地震仪器产品的技术调研和分析，结合物探和采集作业的实际需求，使得标准更加具有通用性、可行性和合理性，能够针对性地解决当前节点地震仪器使用量爆发性增长带来的勘探适用性、应用便捷性、质量控制等方面的问题。

（1）功能特性

主要内容包括节点地震数据采集系统的常规特性、软件特性和基本功能。常规特性从系统各部件的环境适应性、平均无故障工作时间、节点单元外形三个方面提出技术要求；软件特性从系统软件的运行环境、易用性、健壮性三个方面对用于节点单元测试、数据下载与合成、质控数据回收等的系统软件提出要求；基本功能从关键参数设置、测试、充电、质控管理、数据下载、数据处理、数据输出等采集作业必需的功能提出要求。

编写依据：以当前节点地震仪器技术现状为参考，结合物探作业的实际需求，选择合适的指标或技术要素作为技术条款，规范节点地震仪器的主要功能和关键技术特性，保障节点地震仪器应用的适应性和使用便利性。

（2）工作参数及性能指标

主要对节点地震数据采集系统的地震信号响应指标、检波器芯体性能指标、功能性指标、常规物理性能指标及可支持的采集参数等提出要求。

编写依据如下：

① 指标类型的划分原则。根据目前节点地震仪器的研制和应用特点，从满足和提高数据采集质量、参数对数据采集质量的影响程度、产品使用的效果等三个方面，确定将节点地震仪器的性能指标分为地震信号响应指标、检波器芯体性能指标、功能性指标、常规物理性能指标，目的是规范生产厂商根据勘探需求开发出应用效果更好的产品。

② 具体指标确定原则。以满足目前勘探要求所必需的指标为基础，以实际施工中节点地震仪器的测试数据为参考，以国际国内油气公司在技术合同中对节点地震仪器的规定为依据，以满足物探技术发展为目标，着重规定了地震信号响应指标测试的内容，节点单元采用检波器芯体内置的设计，所采用的高灵敏度检波器应满足的技术指标，最后通过调查研究和统计分析得出具有普遍性和代表性的参数值作为具体的量化指标。

③ 测试方法：包括测试环境、测试设备及具体的测试流程和步骤，以及检验规则等内容，是本标准的核心内容之一，用于说明每一项节点地震仪器技术要求的证实方法，一方面注重证实方法的可实施性和可再现性，另一方面又要保证方法的科学性和合理性，同时还要符合业内操作惯例。

④ 应用过程的技术性能测试：结合当前地震勘探作业时节点地震仪器技术指标检验的普遍做法，提出生产项目使用节点地震仪器时，应进行年检验、布设前检验和自主测试等，测试合格后，方可投入生产，并对年检验、布设前检验、自主检验的项目和周期进行要求。

⑤ 运输和贮存方面的要求：根据当前节点地震仪器普遍使用锂电池作为供电电池的实际情况，结合锂电池在运输和贮存等方面的技术要求，参考业内节点地震仪器运输和贮存方面的常用做法，确定节点地震仪器在运输、贮存方面的具体要求。

6.3.4 主要试验验证情况

本标准的制定全面考虑了节点地震仪器的现有技术和物探技术的发展需求，所确定的技术项目和参数都是根据实际需求而得来的。制定本标准的主要试验验证包括三个方面。

1. 节点地震仪器地震项目的试验验证

主要从标准编制前期的节点地震仪器地震项目案例分析、标准编制后节点地震仪器地震采集项目现场试验验证、节点地震仪器地震采集需求分析等三个方面开展本标准的试验验证工作。

（1）节点仪器地震采集项目案例分析

本标准编制工作组几年来追踪、收集、研究的国际国内节点地震仪器地震采集项目案例超过20个，涵盖陆上各种复杂地形地物区对节点地震仪器地震采集的不同需求及工作要求，如山地、沙漠、森林、丘陵等，涉及不同类型的节点地震仪器共5种。多年来的追踪及综合研究，确保了本标准的通用性。工作组在对国内外众多节点地震仪器采集项目的持续追踪、资料收集、项目案例综合分析研究的基础上，系统分析了节点地震仪器的功能特性、工作参数、性能指标、试验方法、辅助配套，以及标志、包装、运输和贮存等，并分析了节点地震仪器地震采集现场应用的关键环节、技术需求与工作要求，进而确定了本标准制定的目的、编制原则、架构设计、标准内容、核心技术及参数指标等，确保本标准的编制与实际需求有机结合。

（2）节点地震仪器地震采集项目现场试验验证

在本标准编制与审查进程中，工作组重点做好了标准编制与节点地震仪器地震采集项目现场试验验证工作的有机结合。深入国内正在运行的节点地震仪器地震采集项目6个，模拟运行本标准进行现场试验与验证。经过6个项目的整个工期的试运行与现场试验验证，本标准的技术要素和指标能够满足地震勘探生产需求，且可为合理、有效地评价节点地震仪器提供关键技术支撑。

（3）节点地震仪器地震采集需求分析

工作组系统收集了国内陆上节点地震仪器地震采集应用现状及节点地震仪器地震采集工程项目的案例分析，包括高密度三维高效地震采集项目、黄土塬与山地深层高精度三维地震采集项目等，重点研究分析了油气勘探地质需求变化及对节点地震仪器地震采集的需求变化，进而明确油气勘探与开发、复杂地表环境条件下高效地震采集对节点地震仪器方面的需求变化，渐进厘清油气勘探地质需求变化对节点地震仪器地震采集的需求变化，清晰描述节点地震仪器的发展需求及技术发展方向。由此，本标准的编制既充分考虑了当前节点地震仪器产品众多、技术特性差异较大的实际情况，又为今后节点地震仪器技术发展预留空间，重点在于引导节点地震仪器向更高标准的要求发展。

2. 节点地震仪器厂商调研及核心技术参数优选

近年来，本标准编制工作组强化与国内外节点地震仪器厂商及技术专家的沟通与调研，收集并分析了国内外节点地震仪器的性能特征及核心技术参数，分析研究了节点地震仪器的技术发展趋势，引导节点地震仪器向更高标准的要求发展，并达成共识，构建了节点地震仪器通用技术规范的关键性能与参数。

3. 关键参数实验室检测验证

在河北徐水北奥试验场地使用eSeis节点单元对节点地震仪器的关键技术指标和参数进行了验证，初步证实了本标准确定的主要技术要素和指标是合理可行的。下一步，将继续协调国内外主要节点地震仪器制造商，进一步对节点地震仪器的功能和性能参数进行验证，结合有关生产厂家和地震队的试用情况，确定标准的主要技术要素和指标。

6.3.5 预期达到的效果

① 规范节点地震仪器的功能特性、工作参数及性能指标相关的内容，并提供相应的测试方法。

② 对节点地震仪器的检波器性能评价提供既科学、合理，又满足生产需求的测试方法。

③ 规范节点地震仪器设备向物探需求的正确方向发展。

④ 本标准的制定将提高陆上节点采集作业质量，提高施工效率，本标准的推广应用将产生巨大的经济效益。

6.3.6 与现行法律、法规、政策及相关标准的协调性

本标准未引用国际/国外标准。经过调研与查询，未发现国外同类技术标准。

当前在用的标准体系中缺少专门针对节点地震仪器方面的技术规范，《石油地震数据采集系统通用技术规范》（SY/T 5391—2018）主要考虑传统的有线地震仪器，节点地震仪器方面的相关技术条款需要细化、补充；《陆上节点地震数据采集系统检验项目及技术指标》（SY/T 7071—2016）适用于 GSX/GSR、Zland、Hawk 和 Unite 这 4 种型号节点地震仪器的检验及测试，也不能完全涵盖现有的节点地震仪器产品；现行的《模拟地震检波器通用技术规范》（SY/T 7449—2019）不能很好地适用于内置高灵敏度检波器的节点地震仪器。本标准的内容符合有关的法律、法规要求，与其他石油行业标准内容协调一致。

6.3.7 贯彻标准的要求和措施建议

本标准作为推荐性标准，旨在引导地震仪器生产厂家向性能指标更高的方向研究发展节点地震仪器。

建议使用本标准的单位，在执行本标准的同时，根据实际情况配合使用相关国家标准、行业标准和企业标准；科研机构和生产制造商在开发新的节点地震仪器时执行此标准；应用单位在采购新的节点地震仪器时，按此标准进行检验。

参 考 文 献

[1] 石油工业标准化技术委员会石油仪器仪表专业标准化技术委员会. SY/T 5391—2018 石油地震数据采集系统通用技术规范.北京：石油工业出版社，2019.

[2] 石油工业标准化技术委员会石油仪器仪表专业标准化技术委员会. SY/T 6145—2019 石油浅层勘探地震仪. 北京：石油工业出版社，2019.

[3] 石油工业标准化技术委员会石油物探专业标准化技术委员会. SY/T 7071—2016 陆上节点地震数据采集系统检验项目及技术指标. 北京：石油工业出版社，2016.

反侵权盗版声明